Flávio Augusto Settimi Sohler &
Sérgio Botassi dos Santos
(Coordenadores e Organizadores)

GERENCIAMENTO DE OBRAS, QUALIDADE E DESEMPENHO DA CONSTRUÇÃO

Gerenciamento de Obras, Qualidade e Desempenho da Construção
Copyright© Editora Ciência Moderna Ltda., 2017

Todos os direitos para a língua portuguesa reservados pela EDITORA CIÊNCIA MODERNA LTDA.
De acordo com a Lei 9.610, de 19/2/1998, nenhuma parte deste livro poderá ser reproduzida, transmitida e gravada, por qualquer meio eletrônico, mecânico, por fotocópia e outros, sem a prévia autorização, por escrito, da Editora.

Editor: Paulo André P. Marques
Produção Editorial: Dilene Sandes Pessanha
Capa: Daniel Jara
Diagramação: Lucia Quaresma
Copidesque: Ana Cristina Andrade dos Santos

Várias **Marcas Registradas** aparecem no decorrer deste livro. Mais do que simplesmente listar esses nomes e informar quem possui seus direitos de exploração, ou ainda imprimir os logotipos das mesmas, o editor declara estar utilizando tais nomes apenas para fins editoriais, em benefício exclusivo do dono da Marca Registrada, sem intenção de infringir as regras de sua utilização. Qualquer semelhança em nomes próprios e acontecimentos será mera coincidência.

FICHA CATALOGRAFICA

SOHLER, Flávio Augusto Settimi; SANTOS, Sérgio Botassi dos. (Orgs.)

Gerenciamento de Obras, Qualidade e Desempenho da Construção

Rio de Janeiro: Editora Ciência Moderna Ltda., 2017.

1. Engenharia Civil 2. Construção
I — Título

ISBN: 978-85-399-0893-6

CDD 624
690

Editora Ciência Moderna Ltda.
R. Alice Figueiredo, 46 – Riachuelo
Rio de Janeiro, RJ – Brasil   CEP: 20.950-150
Tel: (21) 2201-6662/ Fax: (21) 2201-6896
E-MAIL: LCM@LCM.COM.BR
WWW.LCM.COM.BR

03/17

Sumário

Prefácio:	**Panorama da Construção Civil e Tendências Tecnológicas do Mercado**	ix
Capítulo 1:	**Incorporações Imobiliárias**	1
	Resumo	1
	Introdução	1
	Métodos de Gerenciamento de Obras	3
	Lei 4.591/1964 - Condomínio em Edificações e as Incorporações Imobiliárias	4
	Preço, Valor e Fração Ideal	6
	Regimento Interno e Convenção de Condomínio	7
	Vagas de Garagem	8
	NBR 12.721:2006 – Avaliação dos Custos Unitários e Orçamento para Incorporação	8
	Roteiro Prático de uma Incorporação Imobiliária	9
	Tabela de Vendas	14
	Conclusões	17
	Referências Bibliográficas	17
Capítulo 2:	**Construção Enxuta**	19
	Introdução	19
	A Gestão nas Construtoras	22
	A Nova Filosofia da Produção	23
	Planejamento e Controle da Produção	25
	Referências Bibliográficas	36
Capítulo 3:	**Racionalização e Coordenação de Projetos**	39
	Projetos - Fundamentos e as Influências	39
	O coordenador de projetos	42
	Desenvolvimento dos trabalhos do coordenador de projetos	45
	A racionalização do projeto com fator de performance	52
	Considerações Finais	54
	Referências bibliográficas	54
Capítulo 4:	**Elaboração de Projetos Utilizando o Ms-Project**	55
	Resumo	55
	Introdução	55
	Conclusão	71
	Referências	72

Capítulo 5: Ferramentas Estatísticas Aplicadas à Qualidade da Construção 73

Introdução	73
Princípios de Gestão da Qualidade Voltados para a Construção	73
Funções Estatísticas Básicas Aplicadas na Qualidade	75
Formas Gráficas de Análise de Dispersão	80
Planejamento de Experimentos	83
Análise de Variância - ANOVA	92
Controle Estatístico de Processos	98
Exercício Resolvido	104
Referências Bibliográficas	108

Capítulo 6: Gestão da Qualidade de Obras 109

Introdução	109
Sistema de gestão da qualidade	109
Estrutura para o gerenciamento da qualidade	114
Gestão de Processos e Procedimentos	114
Controle de Normas Técnicas	116
Método de Monitoramento da Qualidade	117
Não conformidade, Ações Corretivas e Preventivas.	119
Programa de Qualidade – PBQP-H / SiAC - 2012	120
Exigências de Desempenho da NBR 15.575	124
Técnica de Melhoria de Processo	126
Necessidade do Controle Estatístico da Qualidade	128
Considerações Finais	129
Referências Bibliográficas	129

Capítulo 7: Engenharia e Gestão de Segurança em Obras 131

Introdução	131
Conceitos Básicos	131
Consequências dos Acidentes do Trabalho	136
Medidas Preventivas	137
Normas Regulamentadoras Aplicáveis à Segurança na Construção Civil	141
Gerenciamento de Segurança	156
Considerações finais	157
Referências Bibliográficas	157

Sumário v

Capítulo 8: Práticas de Gestão Ambiental na Construção — 159

Introdução	159
O Que é Sustentabilidade	159
O Meio Ambiente e a Construção Civil	163
Plano de Gerenciamento de Resíduos da Construção Civil (Pgrcc)	166
Considerações Finais	177
Referências Bibliográficas	177

Capítulo 9: Engenharia de Custos de Empreendimentos — 179

Resumo	179
Introdução	179
Planejamento	181
Orçamentos e Orçamentação	183
Controladoria de Custos	194
Avaliação dos Custos	199
Considerações Finais	199
Referências Bibliográficas	201

Capítulo 10: Viabilidade Econômica de Projetos de Engenharia — 203

Resumo	203
Introdução	203
Competitividade e Estratégia Empresarial	204
Análise de Mercado	207
Definição do Produto Imobiliário	209
Seleção e Análise do Terreno	211
Estudo de Viabilidade Econômica de Empreendimentos Imobiliários	212
Matemática Financeira e Análise de Investimentos	221
Considerações Finais	226
Referências Bibliográficas	226

Capítulo 11: Princípios de Gestão de Projetos na Construção Civil — 229

A História do Gerenciamento de Projetos	229
Os Padrões de Gestão de Projetos	232
A Influência Organizacional no Projeto	234
Compreendendo a Gestão de Projetos Conforme O Guia PMBOK	239
Processos e Áreas de Gestão de Projetos	242
Síntese das Áreas de Gerenciamento de Projetos	245
A Maturidade Gerencial	255
Considerações Finais	256
Referências Bibliográficas	256

vi   **Gerenciamento de Obras, Qualidade e Desempenho da Construção**

Capítulo 12:   Projeto de Fundações   257

Introdução	257
Fatores que Influenciam na Escolha do Tipo de Fundações	257
Tipos de Fundações	258
Caracterização Geotécnica	259
Resistência Geotécnica X Resistência Estrutural	260
Projetos de Fundações – Procedimentos	260
Fundações Profundas	265
Referências Bibliográficas	272

Capítulo 13:   Boas Práticas para Execução de Revestimentos   273

Introdução	273
Revestimentos Aderidos	275
Revestimentos Cerâmicos	285
Outros Revestimentos - Sistemas Não Aderidos	290
Considerações Finais	293
Referências Bibliográficas	294

Capítulo 14:   Tecnologia da impermeabilização   297

Introdução	297
O Sistema de Impermeabilização	298
Projeto de Impermeabilização	299
As Camadas do Sistema Impermeabilizante	302
Classificação dos Sistemas Impermeabilizantes	305
Principais Sistemas de Impermeabilização no Mercado Nacional	307
A Impermeabilização e a Norma de Desempenho	312
Referências Bibliográficas	313

Capítulo 15:   Boas Práticas para Vedações e Alvenarias   315

Introdução	315
Aspectos Conceituais	315
Alvenarias	317
Seleção Tecnológica de Vedações Alternativas à Alvenaria	329
Considerações Finais	338
Referências Bibliográficas	338

Capítulo 16: Boas Práticas para Execução de Estruturas de Concreto — 341

Introdução	341
Sustentabilidade e Durabilidade do Concreto	342
Projeto Executivo e Projeto de Produção	345
Controle e Aceitação do Concreto	348
Produção do Concreto	352
A Evolução dos Estudos de Dosagem no Brasil	356
Controle na Produção	357
Considerações Finais	367
Referências Bibliográficas	368

Capítulo 17: Manifestações Patológicas em Estruturas de Concreto Armado — 371

Introdução	371
A Ciência	372
Normalização	372
As Manifestações Patológicas	378
Ensaios e Diagnóstico	384
Referências Bibliográficas	390

Capítulo 18: Boas Práticas para Execução de Estruturas Metálicas — 391

Introdução	391
Estrutura Metálica	392
Conclusão	409
Bibliografia	410

Capítulo 19: Boas Práticas de Instalações Prediais — 411

Resumo	411
Introdução	411
Boas Práticas de Instalações Elétricas	412
Boas Práticas de Redes Estruturadas	415
Boas Práticas de Instalações Prediais de Água Fria e Esgoto	420
Boas Práticas de Execução de Serviços de Instalação	425
Conclusões	430
Referências Bibliográficas	431

Capítulo 20: Análise e Soluções para Desempenho Acústico em Edifícios — 433

Paredes	438
Fachadas	439
Coberturas	440
Referências Normativas	442

viii Gerenciamento de Obras, Qualidade e Desempenho da Construção

Capítulo 21: Práticas Construtivas para Conforto Térmico e Eficiência Energética   **445**

Importância   445

Arquitetura e Climatologia   447

Arquitetura Bioclimática   456

ENCE – Etiqueta Nacional de Conservação de Energia   465

Conclusões   468

Referências Bibliográficas   469

Prefácio

PANORAMA DA CONSTRUÇÃO CIVIL E TENDÊNCIAS TECNOLÓGICAS DO MERCADO

Sergio Botassi dos Santos, DSc., MSc.
Flávio Augusto Settimi Sohler, PhD., DSc., MSc., PMI-PMP, PMI-RMP

Coordenadores e Organizadores do Livro

A construção civil vem passando por uma grande transformação no cenário nacional, mesmo ocorrendo oscilações de mercado típicas de qualquer país, cuja economia sofra interferências de diversas ordens: política, social, comportamental, ambiental etc. Mas *há transformações que se mostram irreversíveis e estão contribuindo para criar um novo panorama do nosso setor econômico*, tanto sob o viés de mercado, como também regulamentar, tecnológico entre outros, que procuraremos demonstrar em linhas gerais a partir deste prefácio.

Com certeza, é de suma importância destacar o quanto o setor vem gradativamente se preocupando em amparar as boas práticas da engenharia a partir de referências regulamentares, seja por meio de normas técnicas mais facilmente aplicáveis, seja por meio de leis cada vez mais restritivas e rigorosas no cumprimento das normas, ou o consumidor que está cada vez mais consciente e mais exigente da qualidade final de seu produto. Atualmente é impensável imaginar que o mercado aceite a má qualidade, representada por patologias típicas, como algo intrínseco da construção civil, e o retrabalho seja encarado como algo normal, que faz parte das planilhas de custos da construção, como historicamente assim o era. Não podemos esquecer que todo processo produtivo apresenta *perdas*, mas cada vez menos se tolera o *desperdício; desperdício esse que gera uma série de transtornos para a sociedade, além do retrabalho, como uma edificação com baixa durabilidade e baixa produtividade das equipes, culminando com custos diretos dos imóveis mais elevados para o consumidor final e para a sociedade.* Sendo assim, muito temos a evoluir como um setor organizado e controlável sob o aspecto da uniformidade do produto produzido, em decorrência da própria natureza do ser humano em se sentir capaz de construir e alterar o seu meio ambiente com as próprias mãos, ou a partir de profissionais práticos, mas desqualificados, que constroem edificações inadequadas e consomem insumos para construção sem qualquer preocupação com o desempenho que o produto possa oferecer.

Sob o prisma do ciclo de vida da edificação, percebe-se uma *tendência de mudança na cultura técnica ao se reconhecer que uma obra de engenharia deva ser pensada não de forma isolada*, tanto sob o aspecto das fases de implantação que definem o produto final (concepção, planejamento, projeto, construção, uso e manutenção), como sob o olhar ambiental (sustentabilidade e o seu entorno), pois entende-se que durabilidade e usabilidade sejam consideradas indispensáveis em uma edificação, e que inevitavelmente será exigida condição plena de uso por longa data. Há vários fatos atuais que corroboram com essa tendência: normas técnicas voltadas para o desempenho e sustentabilidade (NBR 15.575, ISO 21.930), crescimento da tecnologia BIM – *Building Informa-*

tion Modeling, incentivo a edificações com maior eficiência energética (ex.: etiquetagem do selo Procel Edifica), pressão da sociedade para haver um consumo mais racional dos recursos naturais, etc.

Em relação ao mercado imobiliário, é possível observar algumas evoluções substanciais, que em tempos passados eram impensáveis. Com o advento da economia estabilizada (controle da inflação e taxas de juros), o mercado tornou-se mais previsível e capaz de definir compromissos de médio-longo prazos para construção de empreendimentos, quanto para os consumidores adquirirem imóveis, mantendo o risco a níveis toleráveis. Investir em empreendimentos imobiliários se tornou menos arriscado também a partir da nova lei do mercado imobiliário Nº 10.931/2004, que regulamentou de forma mais clara e efetiva as regras do mercado, contribuindo decisivamente com a segurança jurídica, tão frágil em um país que ainda insiste no desrespeitar as leis.

A implantação de novas tecnologias também possui forte influência na contextualização da construção civil atual. Empreendedores vêm percebendo que a inovação pode ser um grande aliado, quando permite que novos produtos proporcionem desempenho superior com preço competitivo, além de se respeitar os princípios da sustentabilidade. Um exemplo nítido desta transformação tecnológica é o aumento do número de sistemas construtivos não convencionais que estão surgindo e outros que já se consolidaram no mercado nacional, como as edificações em placas de compósitos e também de concreto. Tal situação se deve em grande parte a programas setoriais de incentivo à inovação como o SINAT (Sistema Nacional de Avaliações Técnicas), pertencente ao PBQP-H (Programa Brasileiro da Qualidade e Produtividade no Hábitat). O SINAT valida tecnicamente as inovações na construção civil, mesmo que não haja norma prescritiva que as reconheçam. Essa tendência demonstra o quanto o setor está carente de novas tecnologias e a perspectiva é de que haja crescimento, pois gradualmente o consumidor vem percebendo os benefícios dessas novas soluções construtivas.

Finalmente, um dos pontos-chave para que a construção civil possa continuar a crescer é torná-la mais industrializada. Diferentemente do que se imagina, a base fundamental para a industrialização no setor deve partir da padronização dos processos, planejamento eficaz e eficiente, sistemas de controle da produção, e organização administrativa e de pessoas que efetivamente contribuam para o aumento da produtividade. Isso significa dizer que a utilização de equipamentos torna-se um facilitador que agiliza a produção e tenta garantir mais uniformidade de resultados, mas que de nada adianta se o processo produtivo não estiver industrializado, independente de máquinas. É importante destacar dentro desses princípios que para o setor da construção civil o desafio em industrializar é ainda maior, pois na maioria das vezes transformar o canteiro de obras numa planta industrial não é viável, uma vez que o investimento é alto para um produto que tem data para ser terminado (a obra). Assim, a industrialização na construção civil passa pela solução em se aplicar insumos cada vez mais industrializados e com maior valor agregado para a produção. Tal estratégia possui a intenção de substituir etapas da obra tradicional a partir de insumos já pré-prontos, evitando desperdícios *in loco* e tornando o processo mais enxuto, fazendo com que o processo construtivo seja gradualmente convertido em linhas de montagem, como se vê na construção de casas em *steel frame, wood frame*, fachadas prontas etc.

Logo, diante desta breve síntese do cenário atual, que na verdade demonstra que estamos ainda em um processo de transformação, percebe-se que estamos sendo testemunhas da mudança na história da construção civil nacional. Agora resta saber se você pretende ser meramente um espectador, sem explorar as oportunidades e os desafios, ou fazer parte desta história da transformação da construção civil. Em qual delas você pretende estar? Boa leitura do livro! Esperamos que você opte pela segunda alternativa.

Capítulo 1

INCORPORAÇÕES IMOBILIÁRIAS

Flavio Augusto Settimi Sohler,

PhD, DSc., MSc., PMI-PMP, PMI-RMP Eletrobrás Furnas Centrais Elétricas,
Instituto de Pós-Graduação e Graduação-IPOG,
Incorporações Imobiliárias — fsohler@gmail.com

RESUMO

Temos assistido nos últimos anos a uma tendência natural das grandes construtoras passarem a ser também incorporadoras, e as fusões e aquisições têm sido uma prática constante no mercado brasileiro. Para os incorporadores mais novatos, a experiência como construtora nem sempre é uma vantagem competitiva quando assumem também o papel de incorporador. O objetivo deste capítulo é apresentar as principais etapas componentes de uma incorporação imobiliária, seus conceitos, cuidados e ferramentas mais importantes, do ponto de vista do incorporador. A metodologia empregada foi a de revisão das leis que afetam as incorporações, além da visão de especialistas de mercado. Como resultado principal, foi elaborado um método com as etapas componentes de uma incorporação imobiliária.

Palavras-chave: Incorporações imobiliárias; construção; incorporador.

INTRODUÇÃO

A expressão "incorporação" deriva do latim *incorporatione*, que significa ato ou efeito de incorporar, dar corpo, e, no sentido lato, tornar efetivo, realizar (Avvad, 2012).

A palavra "incorporar" significa reunir ou juntar, duas ou mais coisas, num só corpo ou em uma única estrutura. Em se tratando de construção civil, essas duas coisas que se tornarão únicas são o terreno e o edifício que nele será construído. O edifício será incorporado ao terreno. O produto acabado de uma incorporação é o terreno acabado, incluindo a construção. O objetivo de uma incorporação é vender em planta durante a construção, ou seja, até o habite-se, pois só há incorporação durante a obra. Quem constrói para si mesmo não é incorporador, assim como também não é incorporador quem vende as unidades após a conclusão da obra. A incorporação é desfeita após a conclusão da obra, que se dá pela expedição do habite-se, averbação da construção no cartório de registro imobiliário e a convenção de condomínio.

Juridicamente, a expressão *incorporação imobiliária* tem o significado do meio pelo qual alguém (pessoa física ou jurídica) constrói um edifício, com diversas unidades autônomas, em um terreno. O proprietário do terreno geralmente recebe como pagamento um valor em reais ou, no caso de permuta, em unidades do edifício. A empresa que administrou a construção e que efetua a venda das unidades é chamada de incorporadora. Logicamente a construtora e incorporadora podem ser empresas diferentes.

A definição de incorporação imobiliária, segundo a Lei nº 4.591/1964, em seu Artigo 28, é a atividade exercida com o intuito de promover e realizar a construção, para alienação total ou parcial, de edificações ou conjunto de edificações compostas de unidades autônomas. Alienar é transformar alheio, é transferir o domínio para outra pessoa, podendo ser feita de forma gratuita ou envolvendo capital. Ainda segundo a mesma lei, em seu Artigo 29, define incorporador a pessoa física ou jurídica, comerciante ou não, que embora não efetuando a construção, compromisse ou efetive a venda de frações ideais de terreno, objetivando a vinculação de tais frações a unidades autônomas, em edificações a serem construídas ou em construção sob regime condominial.

Somente três pessoas podem incorporar (Lei 4.591/1964, Art. 31): o proprietário do terreno, o construtor ou o corretor, estes dois últimos se tiverem um mandato outorgado por instrumento público ou procuração para que possa vender frações ideais em nome do proprietário do terreno.

Segundo Cambler (1998), a incorporação pode ser identificada através da presença dos seguintes elementos, considerados indispensáveis:

- **Elemento objetivo:** representando a divisão do terreno em frações ideais vinculadas a unidades autônomas em edificação a ser construída;

- **Elemento subjetivo:** o incorporador, pessoa física ou jurídica que realiza a incorporação;

- **Elemento formal:** registro do memorial de incorporação no cadastro imobiliário da circunscrição competente, traduzindo como será construída a edificação;

- **Elemento negocial:** a atividade desenvolvida pelo incorporador.

As áreas componentes de uma incorporação imobiliária são: a área técnica de engenharia, arquitetura e planejamento; área jurídica representada pelos advogados que são os responsáveis pela elaboração dos contratos e a área comercial representado os profissionais de vendas como corretores.

Até 1960, o Brasil era um canteiro de obras paralisadas, quando finalmente em 1964 foi publicada a Lei 4.591/1964 de Condomínio em Edificações e as Incorporações Imobiliárias.

Antes da aprovação da Lei, existia a Figura do profissional organizador cuja função era montar empreendimentos imobiliários. Ele fazia o contato com o proprietário do terreno, encomendava o projeto de arquitetura e o aprovava na prefeitura, elaborava cálculos básicos, contratava o engenheiro construtor, procurava compradores e convocava uma assembleia. Ou seja, atuava como mero prestador de serviços. Esse modelo tinha, dentre outros, como principal problema, a falta de pagamento por parte dos compradores, o que impactava no atraso do cronograma, gerando novos custos. Desse modo, os compradores adimplentes eram os mais prejudicados. Em outras palavras, o empreendimento não tinha um responsável. Nessa época, a sociedade clamava por uma regulamentação com direitos e deveres aos compradores e construtores.

Com o advento da Lei 4.591/1964, o organizador foi alterado para incorporador, que deve permanecer até o fim da obra ou habite-se, e a Lei veio definir direitos e deveres a todos os envolvidos: incorporador, construtor, comprador e corretor.

MÉTODOS DE GERENCIAMENTO DE OBRAS

Os principais métodos de gerenciamento de obras são:

- **Obra por Empreitada Fixa:** também conhecido como preço irreajustável. Este método não é recomendado, pois existem muitos riscos para o incorporador, porque não podemos prever os custos de materiais, mão de obra, dentre outros, que poderão sofrer reajustes;

- **Obra por Administração:** também conhecido como preço de custo, ou seja, a remuneração do construtor será o somatório das despesas mais um percentual que é a taxa de administração, que incide sobre as despesas. A taxa de administração média praticada no Brasil é de 15%, podendo chegar a 20% em alguns casos;

- **Obra por Empreitada Reajustável:** também conhecido como preço fechado. Neste método, é previsto reajuste com correção por um índice, geralmente o Índice Nacional de Custo da Construção do Mercado (INCC-M) ou o Índice Geral de Preços do Mercado - IGP-M, mais juros, segundo a Lei 10.931/2004, Art. 46. Os juros poderão ser cobrados somente após o habite-se, ou seja, não podem ser cobrados durante a obra. O praticado atualmente no mercado são juros de 12% a.a. mais 1% ao mês.

Até os anos de 1980, a maioria dos empreendimentos utilizava o método de Obra por Administração. A partir de então, a grande maioria das obras é realizada utilizando o método por Empreitada Reajustável.

A Tabela 1.1 apresenta uma comparação entre os métodos por administração e por empreitada a preço reajustável.

Tabela 1.1 – Características comparativas entre os métodos.

	Obra a Preço de Custo (Administração)	Obra por Empreitada Reajustável
Conceito	Despesas + 1%	Preço definido reajustável
Correção	Custo real	Índice + juros
Quem paga pela inadimplência	Condôminos	Incorporador
Faturamento quando ocorre inflação	Aumenta	Diminui
Capital necessário pelo incorporador	Zero	Muito
Risco para o comprador	Menor	Maior
Prazo de pagamento	Reduzido (até o habite-se)	Durante e após a obra
Preço de venda ao comprador	Menor	Maior
Mais indicado para	Obras de alto luxo	Obras de luxo ou menores
Patrimônio de afetação	Com ou sem PA é exigido conta em separado	Não é exigida conta separada

A Lei 10.931/2004 regulamentou o patrimônio de afetação. Na incorporação imobiliária, o incorporador adquire o terreno para si próprio e realiza uma atividade econômica para dela extrair os benefícios que a exploração dessa atividade deve proporcionar. Na medida em que o incorporador contrate a venda de unidade a preço fixo (certo e determinado) para entrega futura, a função da afetação é dar segurança aos adquirentes quanto à conclusão e entrega da obra, respondendo pelo resultado com seu patrimônio geral (Avvad, 2012). O lucro que vier a ser apurado com a incorporação, uma vez liquidado o patrimônio de afetação, atendimento dos direitos e obrigações, pertence ao incorporador. Se não for suficiente o patrimônio de afetação, o incorporador terá de extrair bens do seu patrimônio geral para atender aos compromissos decorrentes da construção das unidades (Avvad, 2012).

Ainda segundo Avvad (2012), o adquirente fica duplamente protegido, tanto pelo regime da afetação e segregação do empreendimento, como pelas obrigações legais e contratuais que são atribuídas ao incorporador. Isto não elimina inteiramente os riscos de algum insucesso, porém garante ao adquirente o prosseguimento da obra, mesmo em caso de falência ou declaração de insolvência do incorporador, pois nesse caso o empreendimento não será arrecadado pela massa falida, podendo a obra ser concluída com os recursos existentes ou com os que vierem a ser criados pelos próprios interessados. Assim, nenhum empreendimento se apropria de recursos dos outros empreendimentos, nem cobre déficits de outros empreendimentos. Portanto, o empreendimento com o patrimônio de afetação ficará separado do patrimônio da própria empresa incorporadora e dos outros empreendimentos, e se o incorporador abrir concordata ou falência, esse negócio estará "blindado", não estando ligado à massa falida.

Nas obras por administração com ou sem patrimônio de afetação, é obrigatório uma conta em separado em nome do condomínio. Já nas obras por empreitada reajustável com patrimônio de afetação, também é obrigatório esta conta.

No Brasil, não é costume a utilização do patrimônio de afetação pelas incorporadoras e construtoras. Para o amadurecimento e seriedade dos empreendimentos no Brasil, é importante que as obras tenham conta específica para cada empreendimento, pois os empreendimentos passam a ter um melhor controle, dos adimplentes e inadimplentes. Esse fato pode, nos últimos anos, ter sido uma das principais causas pela falência de grandes incorporadoras e construtoras.

LEI 4.591/1964 - CONDOMÍNIO EM EDIFICAÇÕES E AS INCORPORAÇÕES IMOBILIÁRIAS

A Lei 4591/1964 definiu condomínio como a propriedade em comum, ou seja, há a necessidade de, no mínimo, duas unidades dividindo algo em comum, como portaria, escadaria, elevador etc. A cada unidade caberá, como parte inseparável, uma fração ideal do terreno e coisas comuns, expressa sob a forma decimal. A unidade autônoma é uma propriedade exclusiva com saída diretamente para a via pública ou por processo de passagem comum, vinculada a uma fração ideal. A fração ideal é indicada, por exemplo, na forma de 0,01020, ou seja, 1020 centésimos de milésimos, sendo expressa sempre com 5 casas decimais.

Suponha, por exemplo, um edifício de 20 andares e 1 apartamento por andar, rigorosamente iguais, cada fração ideal de um apartamento é igual a 0,05000, ou seja, cinco mil centésimos de milésimos.

Se houve inadimplência do comprador por 3 meses, a comissão de representantes poderá fazer leilão público daquela unidade (Art. 63, § 1º.).

Um cuidado importante que o incorporador deve ter é quanto ao custo da construção de cada unidade que deve ser o mesmo, tanto o registrado no Cartório de Registro de Imóveis quanto o expresso no contrato de venda com o cliente. Este é uma questão que muitos incorporadores não se atentam para o problema (Art. 32º h).

O incorporador ou corretor não pode lançar anúncio somente com o número do protocolo de entrada no Cartório de Registro de Imóveis, pois poderá induzir um comprador atento a ser ludibriado, pois um registro não tem validade de registro, pois registro é saída do cartório e protocolo é a entrada (Art. 32º).

O Cartório de Registro de Imóveis tem o prazo de 15 dias para emitir o parecer, mais 15 dias para o registro (Art. 32, § 6º.).

O registro é válido por 6 meses. Esse é o prazo para o incorporador vender as unidades para começar a obra, ou seja, pelo menos para que possa ser atingido o ponto de equilíbrio (Art. 33º.). Se ao final dos 6 meses não atingir o ponto de equilíbrio, o incorporador pode solicitar a prorrogação do prazo por mais 6 meses. Essa solicitação de prorrogação pode ser feita somente uma vez (Art. 33º.). Portanto, o prazo máximo para postergar o início da obra é de um ano.

O prazo de carência é o tempo permitido ao incorporador de desistir do empreendimento, chamado de denúncia do empreendimento. Este prazo é de até 6 meses e improrrogável (Art. 34, § 6º.). Quanto menor o prazo de carência, maior a força de vendas, mas maiores também são os riscos para o incorporador. No caso do incorporador, solicitar prorrogação do registro não pode mais denunciar o empreendimento.

O ponto de equilíbrio é o volume de vendas necessário para arcar com o custo de construção das unidades. Supondo que um edifício tenha 27 apartamentos e ponto de equilíbrio de 13 unidades. Em 6 meses vendeu apenas 10 unidades, das 13 que precisaria para atingir o ponto de equilíbrio. O incorporador deve decidir se denuncia ou solicita prorrogação do prazo por mais seis meses, sabendo que não poderá mais denunciar.

Essa é uma decisão importante para o incorporador e deve ser tomada considerando diversos fatores. Um dos fatores mais importantes no contexto do Brasil é que o primeiro semestre do ano tem uma força de vendas muito maior que o segundo semestre. Em algumas cidades do Brasil, as vendas do primeiro semestre chegam a representar 80% das vendas do ano.

O incorporador deve regularizar no Cartório de Registro de Imóveis, em até 60 dias seguintes ao término do prazo de carência, o contrato com o comprador e a convenção de condomínio (Art. 35º.). A Lei 4.864, em seu Artigo 13, mudou esse prazo de 45 para 60 dias. A multa pelo descumprimento dessa cláusula é de 50% do total das vendas das unidades (Art. 35, § 5º.).

Alguns dos principais erros cometidos pelos incorporadores no mercado brasileiro são:

- Em todos os anúncios, impressos, publicações e contratos preliminares e definitivos referentes à incorporação, deverão constar o número do registro do empreendimento junto ao Cartório de Registro de Imóveis e a indicação do Cartório (Art. 32, § 5º.);

- Em todos os anúncios, impressos, publicações e contratos preliminares e definitivos referentes à incorporação em obras a preço fechado, deverão constar a fração ideal do terreno e da construção, além do fator de reajuste (Art. 56, § 1º.), como por exemplo preço de R$ 200.000,00, sendo construção R$ 120.000,00 e fração ideal de R$ 80.000,00, reajuste pelo CUB + 1%;

- Nas obras a preço de custo, devem ser explicitados o preço da fração ideal, o custo da construção, mês de referência e o tipo padronizado pela ABNT 12.721/2006 (Art. 62), como por exemplo preço de R$ 200.000,00, sendo construção R$ 120.000,00 e fração ideal de R$ 80.000,00, Mês de referência 09/2016 e padrão R 8-A (acabamento de alto luxo), sabendo que a letra "M" significa acabamento médio e "B" para acabamento baixo.

PREÇO, VALOR E FRAÇÃO IDEAL

Para avançarmos nos conceitos de incorporação imobiliária, precisamos definir preço e valor. Preço é quando vendemos o imóvel, ou seja, é a quantidade de moeda que trocamos por um bem. Valor é quanto vale o imóvel, ou seja, o preço de mercado.

O preço é o somatório do custo da construção e da fração ideal, correspondente à cada unidade. Supondo que o custo total da construção (materiais de construção, equipamentos, mão de obra, serviços etc.) seja de R$ 5.000.000,00 e que tenha um total de 20 unidades rigorosamente iguais. Supondo, ainda, que o custo do terreno seja de R$500.000,00. Somados ao custo da construção e do terreno, temos ainda os custos de incorporação e o lucro do incorporador. Para exemplificar, tomamos os custos de incorporação de R$ 200.000,00 e o lucro de R$ 300.000,00.

A fração ideal (FI) é o rateio do terreno produzido entre todas as unidades.

A fórmula 1 apresenta o cálculo da fração ideal:

$$FI = Custo\ do\ Terreno\ (CT) + Custos\ de\ Incorporação\ (CI) + Lucro\ (L) \tag{1}$$

Ou seja, FI = 500000 + 200000 + 300000 = R$ 1.000.000,00

Portanto, se temos 20 unidades, FI para cada comprador será de R$ 50.000,00.

Dessa maneira, o Preço = Construção + FI = 5000000 + 1000000 = R$ 6.000.000,00

Portanto, o Preço para cada unidade será de R$ 300.000,00.

Estendendo mais um pouco esse raciocínio, suponha agora um edifício que tivesse dois apartamentos da cobertura com vista para o mar e que o preço seja de R$ 400.000,00 e R$ 450.000,00.

Supondo que o preço total da edificação fosse de R$ 2.000.000,00. O Preço para os outros 18 apartamentos (supondo que o edifício tem um total de 20 apartamentos) será de:

P (cada unidade-18 apartamentos) = (2000000 – 400000 – 450000)/18 = R$ 63.888,89.

Ou seja, a média de preço de venda para cada um dos 18 apartamentos dos andares de baixo, será de R$ 63.888,89.

O preço de venda dos apartamentos da cobertura será, respectivamente, de R$ 400.000,00 e R$ 450.000,00.

O custo da construção será igual, ou seja, R$ 5.000.000,00. Como são 20 apartamentos, o custo da construção para cada unidade será de R$ 250.000,00. Portanto, o que varia é a fração ideal.

Como P = C + FI, podemos definir FI = P – C.

Portanto, FI = 450000 – 250000 = R$ 200.000,00

O FI que era antes de R$50.000,00(edifício de 20 andares com todas as unidades iguais), passou a ser de R$ 200.000,00, para o apartamento mais caro deste edifício.

Desse modo, FI, representado em centésimos de milésimos, no primeiro exemplo, FI=0,05000 (cinco mil centésimos de milésimos), ou seja, R$50.000 de R$1.000.000.

Já nesse último exemplo, R$200.000 representa em R$1.000.000, 20%, ou seja, 0,20000 (20000 centésimos de milésimos).

A fração ideal será utilizada durante todo o empreendimento. Ela só não deve ser utilizada para rateio das taxas de condomínio. Na grande maioria dos condomínios no Brasil, a fração ideal é utilizada para o rateio das taxas de condomínio, o que é um equívoco. As taxas de condomínio são as despesas do condomínio, ou seja, o consumo real de cada unidade não tem ligação com o valor ou área do condomínio ocupada por cada unidade.

A Lei 4.591/1964, em seu Artigo 12, permite fazer o rateio pela fração ideal, se não tiver definido outro critério de rateio, registrado na convenção de condomínio. Desse modo, poderia estar previsto na convenção, que a cobertura pagará 30% a mais do que as outras unidades, e não o dobro, pois isso inibiria a venda da cobertura por um comprador que conhece esta questão. Esse valor de 30% a mais deve incidir sobre as despesas ordinárias e não as extraordinárias, pois, por exemplo, a pintura da fachada do edifício deve ser rateada por todos segundo sua fração ideal.

A fração ideal pode ser calculada pelo método do valor ou pela área. O método do valor é utilizado para venda das unidades, como unidades em andares mais altos, de frente ou fundos, possuem vista ou não, possuem 3 ou 4 quartos, dentre outros.

O método da área utiliza-se para rateio do preço da construção. Para eliminar a confusão, o mercado passou a utilizar a FI em reais e não em centésimos de milhares.

O novo Código Civil brasileiro de 2002 estabelece que somente valor pode ser utilizado para o cálculo dos preços. No entanto, essa ideia é muito dinâmica, pois, por exemplo, na frente do edifício tem um terreno baldio, então ninguém quer comprar uma unidade de frente e reduz-se o preço. Posteriormente, constrói-se uma grande praça muito bonita, então aumenta-se o preço. Na verdade, quando o Código Civil menciona "valor", está se referindo ao custo de construção, que significa a "área".

O ideal para obras por administração é o comprador pagar a fração ideal na assinatura do contrato, pois haverá um maior comprometimento do comprador. Nesse tipo de empreendimento, geralmente o comprador está capitalizado, porque o total deve ser pago durante a construção e até o habite-se. Nos empreendimentos a preço fechado, o incorporador tem que estar capitalizado e o comprador não. Nesse tipo de empreendimento, o ideal é que o incorporador tenha, no mínimo, 30% do custo da construção.

REGIMENTO INTERNO E CONVENÇÃO DE CONDOMÍNIO

O regimento interno tem uma visão "microscópica" ou detalhada do edifício. Ele trata da convivência interna entre os condôminos, como por exemplo a piscina pode ou não ser utilizada por pessoas de fora do condomínio, horário de funcionamento do salão de festas, etc. O regimento interno é elaborado pelos condôminos, após algum tempo de convivência e discussão do mesmo.

A convenção de condomínio tem a visão "macroscópica" do edifício e deve ser extremamente bem elaborada para não impactar nas vendas. A minuta deve ser elaborada pelo incorporador e registrada no cartório de registro de imóveis (Lei 4.591/1964, Art. 9, §1°). Para sua aprovação, é obrigatório, no mínimo, de 2/3 das frações ideais (Lei 4.591/1964, Art. 9, §2°).

VAGAS DE GARAGEM

Existem quatro tipos de vaga de garagem, mas só uma é a mais adequada para fomento das vendas. Saber selecioná-la pode ser determinante para o sucesso das vendas.

O Tipo I é para vaga de garagem de unidade autônoma. Tem fração ideal e poderá ser vendida em separado, mesmo para pessoas de fora do edifício, independente do consentimento dos outros condôminos (Lei 4.591/1964, Art. 4).

O Tipo II é para vaga de garagem não autônoma com direito de propriedade. É a mais comum. Trata-se de vagas demarcadas, é ligada à unidade e não tem fração ideal. Não pode ser vendida separadamente.

O Tipo III é a vaga de garagem não autônoma com direito de uso. São mais utilizadas nos edifícios antigos onde não havia vagas para todas as unidades. Normalmente, existe manobrista ou palette para colocar os automóveis nas vagas.

O Tipo IV é para vaga de garagem não autônoma sem direito de uso. São as vagas para visitantes, onde o condômino não pode utilizá-la.

Para empreendimentos residenciais, o tipo II é o mais indicado. Para esses empreendimentos, não é indicado o tipo I, principalmente nos residenciais de alto luxo, que geralmente possuem um investimento enorme em equipamentos de segurança, pois as vagas tipo I podem ser vendidas para pessoas de fora do condomínio.

Para os empreendimentos comerciais, o mais indicado é o tipo I. Não são recomendados para esses empreendimentos os tipos II, III ou IV, pois um comprador que tenha 3 carros não comprará a unidade se só tiver 1 ou 2 vagas por loja ou sala.

Adaptar a vaga de garagem ao tipo de empreendimento é fundamental para fomentar o sucesso das vendas. Supondo que um edifício com 20 apartamentos e cada um com 2 vagas de garagem tipo II. Supondo ainda que tenha 45 vagas, ou seja, 5 vagas sobrando. Se forem tipo I, podem ser vendidas separadamente. Se forem tipo II, poderíamos ter 5 apartamentos com 3 vagas. Se forem do tipo III ou IV, poderiam ser de visitantes.

NBR 12.721:2006 – AVALIAÇÃO DOS CUSTOS UNITÁRIOS E ORÇAMENTO PARA INCORPORAÇÃO

A norma NBR 12.721 criou novos padrões para avaliação de custos unitários e orçamento para incorporação e entrou em vigor a partir de fevereiro de 2007. Esta norma definiu que o Sinduscon (Sindicato da Indústria da Construção Civil) de cada Estado deve calcular o custo unitário de construção (CUC) para os 19 padrões de projetos (Art. 54). O incorporador deve utilizar um desses padrões, aquele que mais se aproxime do seu empreendimento.

O CUC é definido pela fórmula 2:

$$CUC = CUB + x \tag{2}$$

Onde:

CUB = Custo Unitário Básico

x = Itens não considerados no CUB (por m²), como elevadores, fundações profundas, projetos e remuneração do construtor. Esses itens não são considerados no CUB porque nem todas as obras os possuem ou eles podem ser muito diferentes de obra para obra.

O custo total de construção (CTC) é dado pela fórmula 3:

$$CTC = CUC \times \text{Área Equivalente Total} \tag{3}$$

Onde a Área Equivalente Total é a área total do empreendimento.

ROTEIRO PRÁTICO DE UMA INCORPORAÇÃO IMOBILIÁRIA

Considerando o preconizado pela Lei 4.591/1964 e NBR 12.721/2006, podemos observar que uma incorporação imobiliária pode ser dividida em 18 etapas conforme apresentado na Figura 1.1.

Para a definição do empreendimento, o incorporador deve saber que terá sempre um sócio chamado "mercado". Ou seja, para cada região, devem ser verificadas as opções ou desejos das pessoas daquela localidade ou a carência quanto ao tipo de imóveis que estão buscando. A localização do terreno é um ponto crucial em qualquer empreendimento imobiliário e devem ser buscados terrenos que atendam aos interesses do empreendedor e do cliente a ser atendido.

A pesquisa de mercado é uma ferramenta que auxilia a tomada de decisão por parte do incorporador. São informações coletadas de órgãos ou empresas de pesquisa, com corretores de imóvel do local, com trabalho de campo do próprio incorporador como verificação de outros empreendimentos em construção nas proximidades, dente outros.

O estudo de viabilidade técnica auxilia na tomada de decisão, pois aponta para as características que a obra naquele terreno deverá ter, influenciando, portanto, nos custos de construção. Este estudo deve constar de análise geológica quanto ao terreno, solo, tipo de fundação mais indicada, realizado por geólogos. Além disso, também deve incluir um estudo da infraestrutura do local, como se terá vista ou não das janelas do empreendimento; possui proximidade a supermercados, metrô, ponto de ônibus; a região possui barulho que possa incomodar; localiza-se próximo à praça e bancos, dentre outros.

Gerenciamento de Obras, Qualidade e Desempenho da Construção

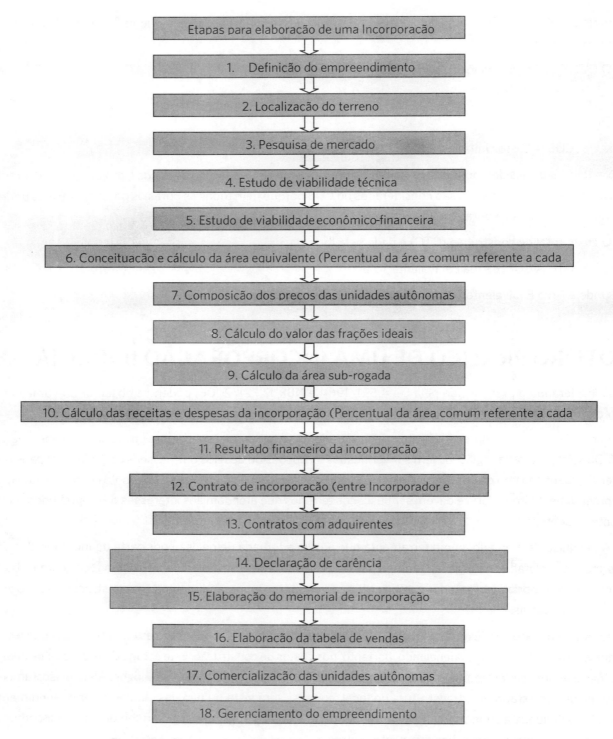

Figura 1.1: Etapas para elaboração de uma incorporação imobiliária

O estudo de viabilidade econômico-financeira deve analisar a Lei Municipal do Uso do Solo, geralmente realizado por arquiteto; verificar como esse terreno está registrado na prefeitura; elaborar a planilha do anteprojeto analítico que geralmente também é realizada por arquiteto; transformar o anteprojeto analítico para a NBR 12.721, que normalmente é realizado por um engenheiro calculista.

A incorporação imobiliária é um agrupamento de parceiros, onde o incorporador é o "cérebro" desta engrenagem.

A próxima etapa é a conceituação e cálculo da área equivalente. Nesta etapa, primeiramente temos que calcular a área real que é a área de superfície que inclui todas as paredes internas e externas, mas descontando os vazios, como shafts, etc.

Supondo que existem dois apartamentos por andar num edifício como apresentado na Figura 1.2.

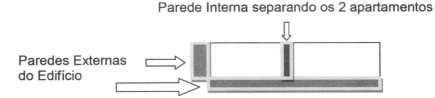

Figura 1.2: Edifício com 2 apartamentos por andar.

A área real do apartamento da esquerda será a soma das áreas das duas paredes externas mais a metade da parede interna (onde o apartamento da direita é o vizinho) mais sua área específica. A área real somente é utilizada no contrato com o comprador.

A área equivalente específica é a unidade autônoma em si, sem considerar a área comum. Nos anúncios de imóveis, geralmente é informada a área real que inclui, além da área do apartamento, também a área da garagem e do escaninho.

Para a composição dos preços das frações ideais, considera-se a fração ideal. Ela é a energia financeira do empreendimento da qual o incorporador extrairá o lucro. O lucro ótimo ou o maior lucro para o incorporador é quando não temos nenhuma espécie de desconto e elaboramos uma tabela de vendas definida corretamente. Desse modo, o ideal é maximizar sempre a FI, no sentido de obter o lucro ideal ou lucro ótimo.

Como FI = P – C, FI = P(apartamento tipo) – C (apartamento tipo), onde P é o Preço e C é o custo da Construção.

Da mesma maneira, FI (cobertura) = P(cobertura) – C(cobertura) e utilizando o mesmo raciocínio, temos que FI (loja) = P(loja) – C(loja).

A próxima etapa é o cálculo da área sub-rogada. A área sub-rogada corresponde às áreas das unidades que entraram na permuta com o proprietário do terreno. Pode ser realizada por escambo, como, por exemplo, trocar um terreno de R$ 500.000,00 por 2 unidades de R$ 250.000,00 cada. Essa alternativa é difícil de ser realizada porque nessa fase ainda não é possível detalhar os materiais para calcular o preço das unidades. O correspondente a área sub-rogada também pode ser como um percentual de permuta com o proprietário do terreno ou no correspondente em m². Além desses três métodos anteriores de troca pela área sub-rogada, também pode ser realizado por valor, que é o método mais interessante do ponto de vista do incorporador.

Para a aplicação dos métodos, suponha um terreno com valor de mercado de R$ 1.200.000,00. O proprietário deseja 25% da área equivalente total incluindo loja, cobertura, etc. Para o incorporador, as unidades de maior valor, evidentemente, são a cobertura pela enorme procura no mercado e as lojas, pois o custo de construção é baixo. Supondo que a área equivalente total seja de 3000 m², então 25% de 3000 = 750m².

Aplicando o primeiro método do escambo, seria a troca do terreno por unidades. O método 2 seria um percentual da área equivalente total. O método 3 seria um percentual sobre o VGV (Valor Geral de Vendas).

Método 1 - Escambo

A loja possui 80 m^2 mais cobertura com 500 m^2, resulta em 580 m^2. Para 750 m^2 que o proprietário deseja pelo terreno, faltam ainda 170 m^2.

Supondo ainda que o apartamento tipo possui 230 m^2. O valor restante de 170 m^2 (dando para o proprietário, a cobertura, a loja e 1 apartamento tipo), poderia ser devolvido ao proprietário, também chamado de "torna", em reais. No entanto, se o negócio for desfeito, esse valor não retorna ao incorporador, pois será prevista multa no contrato entre incorporador e proprietário. Deste modo, este método não é o mais indicado para o incorporador.

Método 2 – Entregar ao proprietário o equivalente em m^2

Dar o equivalente ao que está faltando (170 m^2) em percentual de uma unidade é juridicamente e tecnicamente possível. No entanto, comercialmente seria um problema, pois gera sociedade entre proprietário e incorporador ou proprietário e comprador. Deste modo, este método também não é o mais indicado do ponto de vista do incorporador.

Método 3 – Percentual sobre o Valor Geral de Vendas (VGV)

O importante para o incorporador no sentido de obter o lucro ótimo, é não pagar mais do que a avaliação do terreno.

Supondo o preço da loja de R$ 120.000,00, o preço da cobertura de R$ 500.000,00 e o preço do apartamento tipo de R$ 350.000,00, temos que juntamente, a loja mais a cobertura mais 1 apartamento tipo será um total de R$ 970.000,00 e a dimensão total será de 810 m^2. Esse valor dividido pela área equivalente total de 3000 m^2 é igual a 27%. O proprietário deseja 25% e, portanto, o negócio com ele estará fechado e o incorporador só gastou R$ 970.000,00. No mercado o terreno foi avaliado em R$ 1.200.000,00. Uma observação importante é comunicar ao proprietário do terreno em percentual da área equivalente e não em reais. O resultado é que o incorporador comprou o terreno com base ótima para o proprietário e abaixo do mercado.

Para o cálculo das receitas e despesas da incorporação temos que:

$$FI = ASR + CI + Lucro \tag{4}$$

Onde: ASR = Área Sub-Rogada; CI = Custo de Incorporação.

$$Então, Lucro = FI - ASR - CI \tag{5}$$

$$Ou\ seja: Lucro = FI - (ASR + CI) \tag{6}$$

As receitas são representadas pela FI e a parcela "ASR + CI" representa as despesas.

A Tabela 1.2 apresenta um resumo dos preços de venda para as unidades autônomas.

Tabela 1.2 – Preços de venda para as unidades

Unidades	Preços de Venda
Apartamento Tipo	R$ 350.000,00 x 19 apartamentos = R$ 6.650.000,00
Cobertura	R$ 500.000,00
Loja	R$ 120.000,00
TOTAL (VGV)	R$ 7.270.000,00

A área sub-rogada (ASR) não será vendida e, portanto, são 18 apartamentos tipo no cálculo dos preços de venda, pois um apartamento tipo faz parte da ASR.

Portanto, a receita do empreendimento será de R$ 6.300.000,00 (18 apartamentos x R$ 350.000,00).

As receitas são o resultado da fração ideal que, neste caso, será de R$ 6.300.000,00.

As despesas são o somatório da ASR mais os custos da incorporação.

A ASR será o somatório dos preços de venda da loja mais a cobertura mais 1 apartamento tipo. Desse modo, ASR será de:

ASR = 120.000 + 500.000 + 350.000 = R$ 970.000,00

Os custos da incorporação (CI) incluem qualquer tipo de despesas que não sejam estritamente necessárias à construção do edifício, como os custos do corretor do terreno, corretor das unidades, advogado, registro do memorial de incorporação, despachante, marketing, dentre outros. CI tem três naturezas: corretor do terreno, corretor das unidades e o custo operacional.

O custo do corretor das unidades será de:

18 unidades x R$ 350.000 x 5% = R$ 315.000,00

O custo do corretor do terreno será de R$ 1.200.000 x 5% = R$ 60.000,00

Supondo que o custo operacional (despesas com marketing, registro no cartório, advogado, despachante) seja de R$ 50.000,00, os custos de incorporação (CI) serão de:

CI = 315000 + 60000 + 50000 = R$ 425.000,00

Como as despesas são o somatório do ASR mais os custos de incorporação, temos que:

Despesas = 970000 + 425000 = R$ 1.395.000,00

O resumo financeiro da incorporação é dado pela fórmula:

Resultado = Receitas – Despesas (7)

Portanto: Resultado = 6300000 – 1395000 = R$ 4.905.000,00

O Valor Geral de Vendas (VGV) inclui todas as unidades mais ASR.

Desse modo, para calcular o percentual de participação do incorporador no VGV, basta dividir o lucro (resultado) pelo VGV. Portanto:

Percentual de participação do incorporador no VGV = Resultado / VGV (8)

Dessa maneira, o percentual de participação do incorporador no VGV =

4905000 / 7270000 = 67,46%

Esse resultado é bem superior do que a média no mercado brasileiro. Normalmente, para o mercado brasileiro, 5 a 10% do VGV é considerado um resultado confortável. Algumas incorporadoras trabalham de 7 a 15% do VGV, uma minoria trabalha com valores de 15 a 20% do VGV.

Para a remuneração do construtor (RC), utiliza-se a fórmula 9:

RC = (Custo da construção / 1,taxa) x 0,taxa   (9)

A taxa de administração geralmente utilizada no mercado brasileiro é de 15%. Portanto, para o nosso exemplo, RC seria:

RC = (5000000 / 1,15) x 0,15 = R$ 652.173,91

Portanto, o percentual de participação do incorporador no VGV =

652173,91 / 7270000 = 8,97%

Como a maioria das construtoras no mercado brasileiro pratica entre 5 a 10%, esta taxa de 8,97% é satisfatória. Portanto, 67,46% + 8,97% = 76,43%.

Considera-se que a incorporação foi excelente quando o incorporador, sendo o construtor, recebe como pagamento 20% das unidades. Normalmente, as incorporadoras que praticam esse formato adquirem a independência financeira em média em 10 anos. Considerando que o resultado ficou em 76,43% do VGV, conclui-se pelo estudo de viabilidade, que a compra desse terreno é bom negócio para o incorporador.

TABELA DE VENDAS

Para que o incorporador possa ter o lucro ótimo, a tabela de vendas deve ser muito bem planejada. Existem duas situações que podemos verificar que a tabela de vendas não foi bem planejada:

- Quando o incorporador oferece desconto para conseguir vender as unidades;
- Quando não atingimos o lucro ótimo.

Para melhor exemplificar, vamos considerar que foi realizada uma pesquisa de mercado numa determinada região da cidade em um edifício específico. Em média, um apartamento nesse edifício vale R$ 300.000,00. Nesse sentido, vamos responder às duas questões que surgem:

- Qual apartamento seria vendido primeiramente?
- Qual apartamento teria mais dificuldade de venda?

Suponha que foi elaborada a tabela 1.3, representando o preço de venda para dois edifícios de 8 andares cada um, do primeiro andar até a cobertura:

Tabela 1.3 – Preço de vendas

Tabela de Preços	Tabela de Preços
450000	300000
400000	299000
350000	298000
300000	297000
250000	296000
200000	295000
150000	294000

Na primeira situação (coluna da esquerda), o primeiro andar seria vendido primeiro e o último andar teria dificuldades para vender e, dessa forma, o incorporador teria que oferecer um desconto para que possibilitasse a venda de maneira mais rápida.

Na segunda situação (coluna da direita), o último andar seria vendido primeiramente, e o primeiro andar teria dificuldades para vender e, dessa forma, o incorporador teria que oferecer um desconto para que possibilitasse a venda de maneira mais rápida.

Dessa maneira, na primeira situação, as vendas acontecem de baixo para cima, ou seja, os apartamentos nos andares inferiores serão vendidos em primeiro lugar e os andares superiores poderão encalhar ou ter maiores dificuldades de venda.

Do mesmo modo, na segunda situação, as vendas acontecem de cima para baixo, ou seja, os apartamentos nos andares superiores serão vendidos em primeiro lugar e os andares inferiores poderão encalhar ou ter maiores dificuldades de venda.

Portanto, desse simples exercício, concluímos que uma tabela de vendas planejada incorretamente possui duas características principais:

- Venda direcionada, indicando a presença de unidades preferenciais;
- As unidades não possuem a mesma chance ou oportunidade de venda.

Depreende-se, então, que um corretor, ao verificar que as vendas das unidades estão seguindo uma determinada direção, de cima para baixo ou vice-versa, o melhor a fazer é interromper as vendas e planejar novamente a tabela de vendas.

A tabela de vendas ideal é elaborada pela média máxima vendável que impõe a mesma chance de venda entre todas as unidades. Em outras palavras, a dúvida do comprador de qual unidade adquirir é um sinal claro de que a tabela de vendas foi bem planejada, pois é um indicativo de que as unidades têm a mesma chance de venda. De um modo mais apurado, o ideal é elaborar um gráfico Preço (P) x Unidade (U). Se o gráfico P x U, é uma reta, então, a tabela de vendas foi elaborada incorretamente (Figura 1.3).

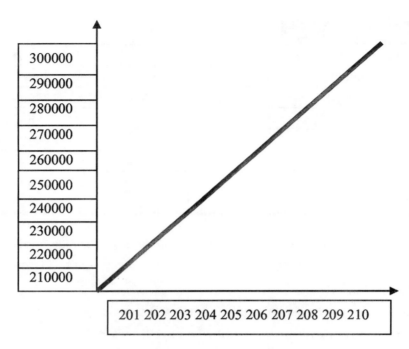

Figura 1.3: Tabela de vendas incorreta

Se a tabela de vendas P x U representar uma reta quase horizontal, significa que o apartamento do andar superior será o primeiro a ser vendido. Se o gráfico P x U apresentar uma reta acima de 45º, o apartamento do andar mais baixo será o primeiro a ser vendido. O gráfico ideal da tabela de vendas é a curva exponencial (Figura 1.4).

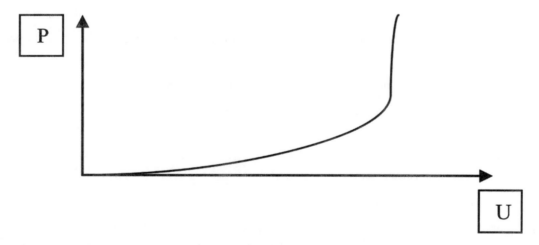

Figura 1.4: Curva ideal para o gráfico P x U.

Uma importante consideração para a elaboração da tabela de vendas é fazer uma pesquisa de mercado para levantar o preço médio da unidade mais alta. Suponha que em determinada região a unidade mais alta do edifício esteja sendo vendida ao valor de R$500.000,00, sendo a média de R$ 350.000,00. A variação para a tabela de vendas deve seguir uma escala logarítmica, com variação maior nas unidades superiores, passando para uma variação menor nos andares intermediários e menor ainda nos andares inferiores. Supondo um edifício de 10 andares, o apartamento da cobertura terá o preço de R$500.000,00, o 9º andar de R$450.000,00, o 8º andar de R$410.000,00.

Como a média do mercado levantado pela pesquisa foi de R$350.000,00, e o edifício tem 10 andares, o total médio será de R$3.500.000,00.

A soma dos preços dos três apartamentos superiores é de R$ 1.360.000,00. Desse modo, para os outros 7 apartamentos, temos que dividir o restante R$2.140.000,00 (3.500.000-1.360.000) por 7. Desse modo, podemos definir que o 7º andar terá o preço de R$380.000,00 e o 6º andar de R$360.000,00. Restam ainda R$1.400.000,00 para 5 unidades. Podemos definir, utilizando o mesmo raciocínio anterior, que o 5º andar terá o preço de R$340.000,00, o 4º andar será de R$ 320.000,00, o 3º andar será de R$300.000,00, o 2º andar será de R$280.000,00 e o 1º andar de 160.000,00.

CONCLUSÕES

O investimento imobiliário no Brasil sempre se mostrou rentável, apesar dos diversos planos econômicos e problemas globais de economia por que passamos nas últimas décadas. Diversos fatores influenciam a demanda por um crescimento dos negócios imobiliários como o crescimento populacional, necessidade de crescimento da atividade econômica, déficit habitacional, o desejo do brasileiro de melhoria das condições de moradia, dentre outros.

Com esses diversos componentes, os projetos bem elaborados tecnicamente, com estudos de mercado adequados, tendem a ser investimentos com certo grau de segurança e retorno em curto, médio ou longo prazo.

Neste capítulo apresentamos os principais conceitos, técnicas e ferramentas para que uma incorporação imobiliária possa ter sucesso, além das etapas necessárias para este processo.

REFERÊNCIAS BIBLIOGRÁFICAS

AVVAD, P. E. (2012). *Direito imobiliário*: Teoria geral e negócios imobiliários. 3ª. ed. Rio de Janeiro: Forense,

CAMBLER, E. A. (1998). *Responsabilidade civil na incorporação*. São Paulo: RT.

Lei Nº. 4.591 (1964). Condomínio em edificações e as incorporações imobiliárias. Presidência da República, Casa Civil. Subchefia para Assuntos Jurídicos. Lei Nº. 4.591, de 16 de dezembro de 1964.

Lei Nº. 4.864 (1965). Medidas de estímulo à Indústria de Construção Civil. Presidência da República, Casa Civil. Subchefia para Assuntos Jurídicos. Lei Nº 4.864, de 29 de novembro de 1965.

18   **Gerenciamento de Obras, Qualidade e Desempenho da Construção**

Lei N°. 10.406 (2002). Código Civil. Presidência da República, Casa Civil. Subchefia para Assuntos Jurídicos. Lei N°. 10.406, de 10 de janeiro de 2002.

Lei N°. 10.931 (2004). Patrimônio de afetação de incorporações imobiliárias, Letra de Crédito Imobiliário, Cédula de Crédito Imobiliário, Cédula de Crédito Bancário. Presidência da República, Casa Civil. Subchefia para Assuntos Jurídicos. Lei N°. 10.931, de 02 DE agosto de 2004.

NBR 12.721 (2006). Avaliação de custos de construção para incorporação imobiliária e outras disposições para condomínios edilícios. Associação Brasileira de Normas Técnicas. Rio de Janeiro: ABNT.

Capítulo 2

CONSTRUÇÃO ENXUTA

Alexandre Tadeu Santos Pereira Silva, MSc.

alexandre@aptavix.com.br

INTRODUÇÃO

Segundo dados do Instituto Brasileiro de Geografia e Estatística (IBGE, 2013), sabe-se que a construção civil foi responsável por 5,8% do produto interno bruto (PIB) nacional no ano de 2011, enquanto, no mesmo período, a cadeia produtiva da construção civil foi responsável por 8,9% do PIB do país e as construtoras apresentaram um crescimento de 3,9% de seu PIB (FGV; ABRAMAT, 2012).

A importância do setor também pode ser observada se analisados os dados referentes ao montante gasto pela construção civil em salários, que, no ano de 2011, foi de aproximadamente 74,7 bilhões de reais de reais (IBGE, 2013), e ao número de empregos gerados, que no mesmo ano foi de 2,7 milhões de empregos (IBGE, 2012).

Todos esses elementos juntos apenas mostram o grande impacto que esta indústria exerce no país.

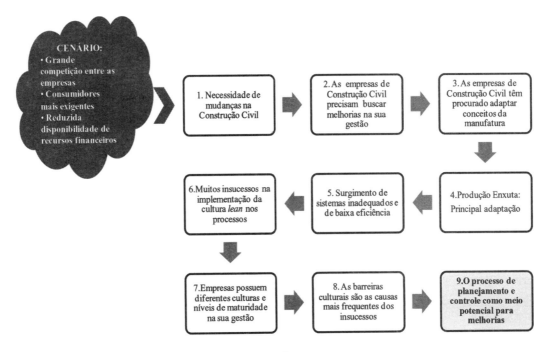

Figura 2.1: Contexto.

Segundo Formoso (2000, apud Tirintan et al., 2005), a indústria da construção no país tem sofrido nos últimos anos mudanças substanciais, provocadas, principalmente, pelo crescente grau de competição existente entre as empresas do setor, pelo crescente nível de exigência por parte dos consumidores e pela reduzida disponibilidade de recursos financeiros para a realização de empreendimentos, entre outros fatores. Além disso, segundo Lordsleem Jr., Franco e Bezerra (2007, apud DUARTE; LORDSLEEM Jr., 2009), observam-se novas formas de organização e atuação no setor, fortemente marcado pelo aumento da concorrência, pela expansão geográfica e pela diversificação por meio de parcerias, joint-ventures, perspectivas de investimentos públicos em habitação, oferta de ações das empresas em bolsa de valores, aumento do crédito imobiliário pelas instituições bancárias e entrada de capital estrangeiro. Isso tem estimulado as empresas a buscar melhores níveis de desempenho, com investimentos em gestão e tecnologia da produção.

Nesse contexto, o setor da Construção Civil tem procurado adaptar conceitos, métodos e técnicas desenvolvidos para ambientes de produção industrial, mas, segundo Assumpção (1996, apud TIRINTAN; SERRA, 2005), os sistemas desenvolvidos para o ambiente industrial nem sempre conseguem adaptar-se às situações de produção que ocorrem na Construção Civil, fazendo com que se acabe gerando sistemas inadequados e de baixa eficiência. Koskela (1992) afirma que geralmente essa ineficiência ocorre porque os princípios desenvolvidos na produção industrial não foram suficientemente abstraídos e aplicados de acordo com as peculiaridades intrínsecas do ambiente da Construção Civil. Isso tem dificultado a implementação dessa nova filosofia de gestão da produção e, consequentemente, a obtenção de bons resultados.

Entre as principais adaptações da indústria seriada encontra-se a filosofia da Produção Enxuta, que vem sendo estendida a outros setores da atividade econômica, inclusive o da Construção Civil. Abaixo, a justificativa de alguns autores para a utilização do adjetivo "enxuta" na definição da Nova Filosofia da Produção:

> [...] é "enxuta" por utilizar menores quantidades de tudo em comparação com a produção em massa: metade do esforço dos operários na fábrica, metade do esforço para fabricação, metade do investimento em ferramentas, metade das horas do planejamento para desenvolver novos produtos em metade do tempo. Requer também menos da metade dos estoques atuais no local de fabricação, além de resultar em bem menos defeitos e produzir uma maior e sempre crescente variedade de produtos (WOMACK et al., 1992 apud ALVES, 2000, p.17).

Porém, a literatura vem relatando que essas empresas têm enfrentado muitas dificuldades na implementação da filosofia Lean nos seus processos. Entre as mais citadas estão as barreiras culturais. Dulaimi e Tanamas (2001, apud LORENZON; MARTINS, 2009) descrevem que, em Cingapura, empresas da Construção Civil certificadas com a International Standard Organization (ISO) 9001 iniciaram o processo de implantação dos princípios da Construção Enxuta, destacando suas dificuldades e o fato de que somente partes dos princípios foram aprendidos. Apontam resistência cultural, carência de qualificação e de compromisso dos trabalhadores desqualificados e descomprometidos, alta rotatividade implicando necessidade de treinamento como elementos dificultadores do sucesso da implantação.

Isso ocorre porque cada empresa apresenta diferentes níveis de maturidade[1] no conhecimento e nas práticas da sua gestão. Ainda assim, existem dificuldades de se mudarem as práticas dos profissionais envolvidos, principalmente devido à formação que eles obtêm nos cursos de graduação, que focalizam apenas técnicas de preparação de planos (LAUFER; TUCKER, 1987, apud BERNARDES, 2001).

O processo de planejamento e controle da produção (PCP) pode ser considerado como o processo de maior potencial para a implantação de inovações, visto que, por meio dele, é possível efetuar ações que contribuam para a redução da parcela de atividades que não agregam valor ao processo produtivo (HOWELL, 1999, apud BERNARDES, 2001). Vários pesquisadores têm enfatizado a importância do PCP na construção como um meio de mitigar os fatores que resultam nos altos níveis de incerteza e também de contribuir para a estabilidade do fluxo de trabalho nos canteiros de obra. Segundo Laufer e Tucker (1987, apud SOUSA; SANTOS; MENDES Jr., 2009), o planejamento na construção é uma área em evidência, pois, com o aumento da competitividade, cresce a necessidade das empresas de programar melhor suas atividades na construção de empreendimentos, reduzindo prazos e custos. Segundo Conte (2002), os trabalhos de Ballard e Howell (1994) sobre a técnica do *Last Planner* demonstraram que a utilização de procedimentos formais e flexíveis de planejamento da produção deve ser o passo inicial para a estabilização do ambiente produtivo.

Porém, esses mesmos pesquisadores também afirmam que a grande maioria das empresas de construção executa os trabalhos de PCP com um alto grau de informalidade. Essa informalidade resulta em baixos níveis de consistência dos planos entre os diferentes níveis hierárquicos e ainda na baixa eficiência desses planos (KEMMER et al., 2007).

Bernardes (2001) afirma que o termo planejamento é em geral interpretado, na indústria da Construção Civil, como resultado da geração de planos, denominado programação ou cronograma geral da obra.

Como consequência, deficiências no planejamento têm sido apontadas como causa do baixo desempenho dos empreendimentos de construção (LIRA, 1996, apud BERNARDES, 2001). Diversos autores apontam as causas principais da ineficácia do planejamento (BERNARDES, 2001, p. 2):

a. *O planejamento da produção normalmente não é encarado como um processo gerencial, mas como resultado da aplicação de uma ou mais técnicas de preparação de planos e que, em geral, utilizam informações pouco consistentes ou baseadas somente na experiência e intuição de gerentes (LAUFER; TUCKER, 1987).*

b. *O controle não é realizado de maneira pró-ativa [...], visando a um curto prazo de execução e sem vínculo com o plano de longo prazo, resultando, muitas vezes, na utilização ineficiente de recursos (FORMOSO, 1991).*

c. *O planejamento e controle da produção em outras indústrias são focados [...] em unidades de produção, diferentemente da indústria da construção no qual o mesmo está dirigido ao controle do empreendimento [...], que busca acompanhar apenas o desempenho global e o cumprimento de contratos, não se preocupando em análises específicas de cada unidade produtiva. Como efeito, torna-se difícil a identificação de problemas no sistema de produção e a definição de ações corretivas (BALLARD; HOWELL, 1997a).*

---

[1] Entende-se por maturidade nesta pesquisa como o grau de aderência ou ajustamento do processo de PCP em relação às boas práticas, no caso, a Construção Enxuta.

d. *A incerteza, inerente ao processo de construção, é freqüentemente negligenciada, não sendo realizadas ações no sentido de reduzi-las ou de eliminar os seus efeitos nocivos (COHENCA et alli,1989). Isso pode ser evidenciado, principalmente, em situações nas quais os planos de longo prazo são muito detalhados. Nesses planos, a não consideração da incerteza e o excessivo detalhamento podem resultar em constantes atualizações dos mesmos (LAUFER; TUCKER, 1988).*

e. *[...] falhas na implementação de sistemas computacionais para planejamento [...], que produzem um grande número de dados irrelevantes ou desnecessários (LAUFER; TUCKER, 1987), que normalmente, indicam, apenas, desvios das metas planejadas com as executadas e não as causas que provocaram tal desvio [...] (SANVIDO; PAULSON, 1992).*

f. *Existem dificuldades de se mudar as práticas profissionais dos funcionários envolvidos com o planejamento, principalmente devido à formação obtida pelos mesmos nos cursos de graduação [...], contribuindo para o estabelecimento de um perfil de tocador de obras (FORMOSO et alli,1999a).*

Mesmo diante desses problemas, verifica-se que o PCP cumpre um papel fundamental para o desempenho das empresas de construção (BERNARDES, 2001).

Como foi destacado acima, entre as principais causas da ineficiência do planejamento, está o fato de que é esse processo não é encarado como um processo gerencial. Bernardes (2003) acredita que a melhor organização gerencial de uma empresa de construção deve começar por passos simples, o que requer baixo investimento financeiro.

Com base nesse contexto, pode-se afirmar que, para a obtenção de bons resultados no seu sistema de produção, o processo de PCP das empresas deve incorporar o pensamento enxuto, pois esse seria um meio eficaz para melhorar a organização gerencial de uma empresa.

A GESTÃO NAS CONSTRUTORAS

A palavra gestão advém do verbo latino gero, gessi, gestum, gerere, cujo significado é levar sobre si, carregar, chamar para si, executar, exercer e gerar. Desse modo, gestão é a geração de um novo modo de administrar uma realidade, sendo, então, por si mesma, democrática, pois traduz a idéia de comunicação pelo envolvimento coletivo, por meio da discussão e do diálogo (DALBÉRIO, 2008).

As empresas de Construção Civil são organizações baseadas em projetos, ou seja, organizações cuja receita é obtida principalmente da realização de empreendimentos para terceiros sob contrato (obras), que têm características de projeto de produção único, ou seja, cada um com as suas próprias peculiaridades. Com isso, a grande maioria dos projetos que compõem o seu portfólio são as obras. Portanto, uma boa gestão desse portfólio é fundamental para as empresas atingirem os resultados desejados.

Cada um dos projetos pertencentes ao portfólio tem o seu gerenciamento próprio, e os conceitos e as técnicas utilizados na Construção Civil são fortemente influenciados pelos conhecimentos oriundos do gerenciamento de projetos (*Project Management Institute* - PMI). De acordo com o PMI (2008), a gestão de projetos inclui a gestão da integração, do escopo, do tempo, do custo, da qualidade, dos recursos humanos, do risco, da comunicação, das aquisições. O gerenciamento do tempo e do custo é o mais utilizados nos empreendimentos civis.

De acordo com Vargas (2005), para se entender o que é gerenciamento de projetos, é importante que se saiba com clareza o que é um projeto.

> *Projeto é um empreendimento não repetitivo, caracterizado por uma seqüência clara e lógica de eventos, com início, meio e fim, que se destina a atingir um objetivo claro e definido, sendo conduzido por pessoas dentro de parâmetros predefinidos de tempo, custo, recursos envolvidos e qualidade (VARGAS, 2005, p.7).*

Porém, é importante ressaltar que a gestão de projetos é diferente da gestão da produção. Na gestão de projetos, o controle tem o foco no gerenciamento do contrato, com a utilização de macroindicadores. Entretanto, a gestão da produção deve envidar esforços para o controle das unidades produtivas, considerando a produção como um fluxo de materiais, equipamentos, pessoas e informações, com foco no levantamento prévio das necessidades para cumprir o que foi planejado, com o objetivo maior de agregar valor para todas as partes interessadas, entre elas clientes e acionistas.

A NOVA FILOSOFIA DA PRODUÇÃO

O conceito da Nova Filosofia da Produção originou-se em 1950, no Japão, após a II Guerra Mundial, através do Sistema Toyota de Produção (STP). Baseia-se em estoques mínimos de insumos e produtos inacabados, redução do tempo de preparação, máquinas automatizadas e relacionamento de parceria com os fornecedores (MONDEN, 1983; OHNO, 1988; SHINGO, 1984; SHINGO, 1988, apud KOSKELA, 1992). Simultaneamente, requisitos de qualidade eram atendidos pela indústria japonesa por meio dos conceitos apresentados pelos consultores americanos Deming, Juran e Feigebaum (KOSKELA, 1992).

No final da década de 1970, muitos setores industriais experimentaram profundas modificações na organização de suas atividades produtivas, estabelecendo um novo paradigma de gestão da produção (FORMOSO, 2000, apud BERNARDES, 2001), denominado no meio acadêmico e profissional como *Lean Production* ou Produção Enxuta, apresentado por Womack e outros (1992), no livro "A máquina que mudou o mundo".

Um dos focos principais da Produção Enxuta é eliminar qualquer tipo de trabalho que seja considerado desnecessário na produção de um determinado bem ou serviço (BERNARDES, 2001), ou seja, eliminar atividades que não agreguem valor, mas que gerem custos para a produção. As melhorias dos sistemas de produção devem focar esforços para a redução e/ou eliminação dessas atividades, bem como o diagnóstico correto de suas causas.

A aplicação da *Lean Production* na Construção Civil, ou seja, a *Lean Construction*, iniciou-se após o trabalho desenvolvido por Koskela (1992), o qual enfatizava a importância do estudo dos processos de produção baseados no conhecimento e na aplicação de conceitos básicos e teorias, e não na experiência prática adquirida. A produção deve ser entendida como um fluxo de geração de valor através de processos de conversão.

Destaque-se também o esforço do grupo internacional da *Lean Construction, International Group of Lean Construction* (IGLC), formado por pesquisadores, na realização de trabalhos que enfocam aplicação de conceitos, princípios e práticas da Nova Filosofia na Construção Civil (HOWELL, 1999, apud BERNARDES, 2001).

A *Lean Construction* traz como mudança conceitual mais importante para a Construção Civil a sua nova forma de entender os processos produtivos (KOSKELA, 1992).

Koskela (1992) afirma que, na visão tradicional (Figura 2.2), a produção é entendida unicamente como um conjunto de atividades de conversão de matérias primas (*inputs*) em produtos (*outputs*). Esse mesmo autor afirma que ainda na visão tradicional,

- as atividades de conversão são processos que podem ser divididos em subprocessos, também considerados processos de conversão;
- a visão tradicional do custo considera que a diminuição do custo global ocorre unicamente com a redução dos custos dos processos de conversão;
- o valor do produto de um processo (*output*) depende unicamente do valor da matéria-prima (*inputs*) desse processo.

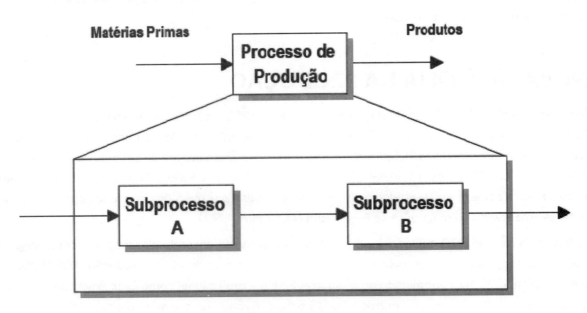

Figura 2.2: Modelo tradicional.[2]

Segundo Koskela (1992, apud BERNARDES, 2001, p. 14), o modelo de conversão é normalmente adotado nos processos de elaboração de orçamentos e dos planos, na medida em que são explicitadas nesses documentos apenas as atividades de conversão. As principais deficiências desse modelo são:

a. *Os fluxos físicos entre as atividades não são considerados, sendo que a maior parte dos custos oriunda desses fluxos;*

b. *O controle da produção tende a ser concentrado nos subprocessos individuais em detrimento do processo global, tendo o impacto limitado na eficiência global;*

c. *A não consideração dos clientes pode resultar em produtos inadequados [...].*

---

[2] Fonte: Koskela, 1992, apud Bernardes, 2001.

Entretanto, a Nova Filosofia da Produção (*Lean Construction*) (Figura 3) considera que a produção é composta de atividades de conversão e de fluxo (KOSKELA, 1992). Apesar de as atividades de conversão serem as únicas que realmente agregam valor, o bom gerenciamento das atividades de fluxo (transporte, movimentação e espera) é muito importante para a melhoria da eficácia dos sistemas de produção (KOSKELA, 1992).

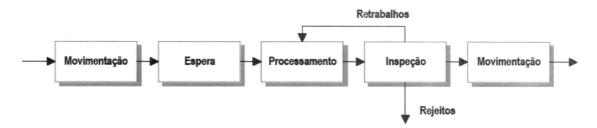

Figura 2.3: Modelo do processo da *Lean Construction*.[3]

Ballard e Howell (1994) afirmam que a *Lean Construction* se diferencia essencialmente do modelo tradicional predominante (conversão) pela redução das atividades que não agregam valor ao processo. Ao invés de simplesmente buscar melhorias para os processos de conversão, a tarefa estende-se para a gestão dos fluxos entre as atividades de conversão. A gestão dos fluxos é uma difícil tarefa quando se está tratando de empreendimentos civis. Nesse contexto, as práticas correntes da gestão da produção utilizadas na Construção Civil mostram-se insuficientes.

PLANEJAMENTO E CONTROLE DA PRODUÇÃO

Introdução

Segundo Bernardes (2001), diversos autores apresentam diferentes definições sobre o PCP. Para este livro, optou-se por adotar a definição de Formoso (1991) citado por Bernardes (2001), como segue: processo de tomada de decisão que envolve o estabelecimento de metas e de procedimentos necessários para atingi-las, sendo efetivo quando seguido de um controle.

A indústria da Construção Civil tem características intrínsecas, que contribuem para o aumento da incerteza no processo de produção. Por exemplo: o alto número de recursos e partes interessadas (*stakeholders*) envolvidas no processo de construção, variedade de produtos, localização e condições dos canteiros de obras (FORMOSO et al., 1999; KOSKELA, 2000, apud KEMMER et al., 2007).

O processo de PCP cumpre um papel fundamental nas empresas, já que tem um forte impacto no desempenho da função produção. Estudos realizados no Brasil e no exterior comprovam esse fato, indicando que deficiências no PCP estão entre as principais causas da baixa produtividade do setor, das suas elevadas perdas e da baixa qualidade dos seus produtos. Em que pese ao custo relativamente baixo desse processo e ao fato de que muitos profissionais têm consciência da sua importância, poucas são as empresas nas quais esse processo é bem estruturado (FORMOSO, 2000, apud TIRINTAN; SERRA, 2005).

[3] Fonte: Adaptado de Koskela 1992, apud Bernardes, 2001

Segundo Laufer (1990) citado por Bernardes (2001, p. 1), o planejamento é necessário devido a diversos motivos:

a. *Facilitar a compreensão dos objetivos do empreendimento, aumentando, assim, a probabilidade de atendê-los;*

b. *Definir todos os trabalhos exigidos para habilitar cada participante do empreendimento a identificar e planejar a sua parcela de trabalho;*

c. *Desenvolver uma referência básica para processos de orçamento e programação;*

d. *Disponibilizar uma melhor coordenação horizontal e vertical (multifuncional), além de produzir informações para a tomada de decisão mais consistente;*

e. *Evitar decisões errôneas para projetos futuros, através da análise do impacto das decisões atuais;*

f. *Melhorar o desempenho da produção através da consideração e análise de processos alternativos;*

g. *Aumentar a velocidade de resposta para mudanças futuras;*

h. *Fornecer padrões para monitorar, revisar e controlar a execução do empreendimento;*

i. *Explorar a experiência acumulada da gerência, obtida com os empreendimentos executados, em um processo de aprendizado sistemático.*

Para corroborar a importância estratégica do processo PCP nas empresas construtoras, através da análise da Figura 4 (PMI, 2008) é possível verificar que a capacidade das partes interessadas de influenciar as características finais do produto do projeto e o custo final é mais alta durante a fase de planejamento e torna-se cada vez menor conforme o projeto continue. Contribui muito para esse fenômeno o fato de que o custo das mudanças e da correção de erros geralmente aumenta ao longo do ciclo de vida do projeto.

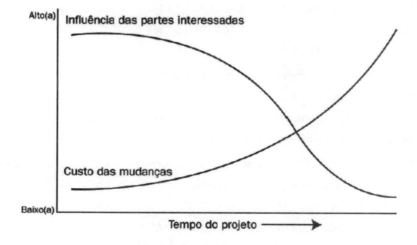

Figura 2.4: Influências das partes interessadas no projeto.[4]

---

[4] Fonte: PMI, 2013, p. 13.

Práticas de PCP dominantes na indústria da Construção Civil

O processo para planejamento e controle dos empreendimentos civis é baseado na visão tradicional de conversão (KOSKELA; HUOVILA, 1997, apud BALLARD, 2000).

A gestão dos empreendimentos tem o foco no desempenho global, e as medições de desempenho são realizadas após o término das atividades, ou seja, *after the fact*. Consi____ unicamente na comparação da utilização real dos recursos com a dos que foram planejados. A grande consequência é que esse processo de medições não gera impactos significativos nos projetos ora medidos, nem proporcionam lições aprendidas para a retroalimentação de projetos futuros. Em decorrência, os indicadores de desempenho utilizados não proporcionam condições para a melhoria dos processos (BALLARD, 2000).

O foco do modelo de conversão está na consideração de que o todo o trabalho pode ser dividido em partes e que é possível o gerenciamento das partes, independente da inter-relação entre elas. Algumas técnicas utilizadas, como *Work Breakdown Structure* (WBS) ou Estrutura Analítica do Projeto (EAP), Análise de Valor Agregado e *Critical Path Method* (CPM)[5] pertencem ao modelo de conversão. A técnica de rede CPM tem sido bastante utilizada para a elaboração dos planos e a programação dos empreendimentos civis, porém a sua eficácia tem-se mostrado bastante limitada, uma vez que não reflete facilmente as condições reais dos canteiros de obra, que praticamente mudam todos os dias (BERNARDES, 2001). Essas técnicas possibilitam o gerenciamento dos contratos, mas não o gerenciamento da produção ou do fluxo do trabalho.

Bernardes (2001) afirma que, na maioria das empresas de Construção Civil, as teorias e práticas utilizadas são fortemente influenciadas pelos conceitos e técnicas do gerenciamento de projetos *Project Management Institute* (PMI), ou seja, têm o foco no gerenciamento do contrato, com a utilização de macroindicadores. O gerenciamento do tempo e do custo é mais comumente utilizado nos empreendimentos civis. Importante reiterar que o gerenciamento do projeto é diferente do gerenciamento da produção.

A maioria dos desperdícios na indústria da Construção Civil pode ser relacionada à ineficácia do planejamento, incluindo também os atrasos na elaboração de projetos e a não integração dos fornecedores com o planejamento do empreendimento (BALLARD, 2000).

O processo de controle fornece a informação da situação (*status*) do empreendimento para as partes interessadas, apresentando possíveis desvios em relação às metas estabelecidas. Com isso, ações corretivas podem ser implementadas, buscando-se assim manter o custo e o tempo do empreendimento "sob controle" (DIEKMANN; THRUSH, 1986, apud BALLARD, 2000).

Os objetos de controle tradicional na Construção Civil são o tempo e os recursos (horas trabalhadas, material, equipamentos e custos indiretos) necessários para os processos de conversão. Um orçamento é elaborado e o uso dos recursos é monitorado com base nesse orçamento. O controle do tempo é realizado por meio da elaboração e controle de cronogramas. O objetivo do controle do tempo é produção e progresso, e não produtividade (BALLARD, 2000).

Segundo Duarte e Lordsleem Jr. (2009), a medição de desempenho tem sido apontada como uma questão fundamental para a gestão da qualidade. Entretanto, apesar da necessidade de controle e monitoramento dos processos dos sistemas de gestão da qualidade para atendimento aos requisitos normativos de certificação, a

---

[5] Método do Caminho Crítico.

utilização de sistemas de indicadores ainda não é realizada sistematicamente em grande parte das empresas construtoras.

De acordo com Lantelme e Formoso (2003) citados por Duarte e Lordsleem Jr. (2009), o setor da Construção Civil no Brasil já reconhece a importância da implementação de sistemas de medição de desempenho. Entretanto, a utilização de sistemas de indicadores de desempenho nas empresas da Construção Civil tem sido limitada em função de inúmeros fatores, tais como dificuldade em estabelecer e explicitar os objetivos, utilização de medidas inadequadas, grau de comprometimento da empresa com a melhoria da qualidade, entre outros.

Howell (1996), citado por Ballard (2000), considera que é impossível ter uma boa tomada de decisão sem o conhecimento das causas dos insucessos, que podem gerar a ineficiência na correção de desvios, se estes forem baseados unicamente na produtividade e nos dados de progresso, sem entender os fluxos existentes na cadeia produtiva.

Um processo de planejamento e controle sem ações corretivas transforma-se unicamente num processo de informação de custos e prazos (DIEKMANN; THRUSH, 1986, apud BALLARD, 2000).

O método tradicional utilizado na Construção Civil também é conhecido como sistema *Push* (empurrar). Nesse sistema, os recursos e informações são requeridos para os pacotes de trabalho baseados na meta de conclusão desses pacotes (BALLARD, 2000). Já o sistema *Pull* (puxar) é uma ação ou conjunto de ações realizadas durante o planejamento de longo e médio prazos, que possibilitam a disponibilização dos recursos necessários à execução dos pacotes de trabalho em tempo hábil no canteiro de obras. Está relacionado à reprogramação de tarefas conforme a necessidade e as condições de desenvolvimento do projeto (BERNARDES, 2003).

A visão tradicional da produção tem-se mostrado inadequada diante dos novos desafios das empresas de construção. Com isso, viu-se a necessidade de se desenvolver um novo modelo de gestão que seja consistente com as conversões, fluxos e criação de valor, buscando minimizar atividades que não agregam valor e maximizar resultados (BALLARD, 2000).

As práticas dominantes na indústria da Construção Civil diferem muito da que é praticada na manufatura, cuja proposta é executar ações proativas com o objetivo de antecipar as necessidades para o cumprimento das atividades planejadas (BALLARD, 2000).

Ballard (2000) afirma que os estudos relativos à produção originaram-se na engenharia industrial e que os processos de produção podem ser concebidos pelo menos de três formas:

- como um processo de conversão de *input* em *outputs*;
- como um fluxo de materiais e informações através do tempo e do espaço;
- como um processo de geração de valor para os clientes.

Todas as três concepções são apropriadas e necessárias, mas o processo de conversão é o dominante na indústria da Construção Civil.

Boas práticas do processo de PCP na Construção Civil

De acordo com Laufer e Tucker (1987, apud BERNARDES, 2001), o processo de PCP pode ser representado em duas dimensões básicas: horizontal e vertical. A primeira refere-se às etapas pelas quais o processo de planejamento e controle é realizado, e a segunda, como essas etapas estão vinculadas entre os diferentes níveis gerenciais de uma organização.

Dimensão Horizontal

De acordo com Laufer e Tucker (1987, apud BERNARDES, 2001), a dimensão horizontal envolve cinco etapas, conforme Figura 2.5.

A primeira e a última etapas ocorrem em períodos específicos, ou seja, no início e no final dos empreendimentos. As demais ocorrem continuamente, durante a fase de execução do empreendimento.

Ao analisar a Figura 2.5, pode-se verificar que, após a etapa difusão das informações, se inicia a etapa ação, que tem como principal objetivo a execução propriamente dita das atividades estabelecidas nos planos e, consequentemente, o cumprimento das metas fixadas. Também podem ocorrer ciclos de replanejamento, que se iniciam na etapa de coleta de novas informações ou atualização das informações disponíveis, que serão processadas na etapa de preparação de planos, concluindo com a difusão das informações, que nesse caso seria a comunicação das novas informações. No caso de mudanças realmente significativas, esse replanejamento pode gerar novos objetivos e metas para o empreendimento.

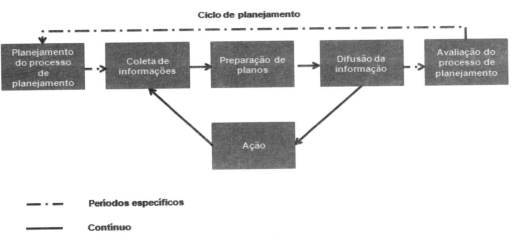

Figura 2.5: As cinco fases da dimensão horizontal do planejamento.[6]

Segundo Laufer e Tucker (1987, apud Bernardes, 2001), das etapas do processo de planejamento apresentadas na Figura 2.5, a primeira e a última são praticamente inexistentes, e as restantes, desenvolvidas de forma deficiente.

Planejamento do processo de planejamento

De acordo com Bernardes (2001), nesta etapa são tomadas decisões relativas ao horizonte e ao nível de detalhes dos planos, à frequência de replanejamento e às técnicas que serão utilizadas. Em seguida são analisadas as características da obra, para a definição da estratégia de ataque da execução.

---

[6] Fonte: Laufer e Tucker, (1987, apud BERNARDES, 2001, p. 18).

Coleta de informações

Conforme ensina Bernardes (2001), na segunda etapa ocorre a coleta das informações necessárias para a realização do planejamento, tais como contratos, plantas, especificações técnicas, informações sobre as condições do canteiro e ambientais, tecnologias que serão utilizadas, estudo da viabilidade da terceirização de processos, metas estabelecidas pela alta gerência e informações de obras realizadas anteriormente (índices de consumo e produtividade, informações de equipamentos). Iniciada a execução, a coleta de informações continua, mas com ênfase no consumo real de recursos e nos resultados das metas estabelecidas.

Preparação dos planos

Para Bernardes (2001), a etapa que recebe a maior atenção dos responsáveis pelo planejamento nas empresas de construção é a preparação dos planos. Para a elaboração dos planos, são utilizadas ferramentas e técnicas, das quais podemos destacar a de rede Critical Path Method (CPM) ou Método do caminho crítico, e a Linha de balanço.

Levitt e outros (1988, apud BERNARDES, 2001) afirmam que alguns autores consideram as técnicas de rede CPM indispensáveis para a elaboração dos planos. Entretanto, embora essas técnicas venham sendo empregadas há mais de três décadas, a sua eficácia tem-se mostrado bastante limitada.

Outra técnica para a preparação dos planos é a Linha de balanço, que é mais apropriada para empreendimentos/serviços repetitivos. Essa técnica está mais relacionada aos conceitos da Construção Enxuta, pois explicita os fluxos de trabalho e os ritmos das equipes de produção. A visibilidade está diretamente vinculada ao conceito da Linha de balanço, na medida em que é possível intervir na maneira como a produção será desenvolvida em termos de tempo e espaço, possibilitando a identificação de possíveis interferências do fluxo da mão de obra e, com isso, possibilitar a identificação e mitigação das atividades que não agregam valor (BERNARDES, 2001).

Difusão das informações

A etapa de preparação dos planos é seguida pela etapa da difusão das informações, que tem como objetivo principal a comunicação das metas do empreendimento para todas as partes interessadas. Um ponto relevante, que deve ser observado, é que os dispositivos utilizados para a transmissão das metas considerem as peculiaridades existentes entre os diferentes níveis de escolaridade existentes na Construção Civil.

Ação

Na etapa ação ocorre a execução do empreendimento propriamente dita, acompanhada do controle e monitoramento do progresso da produção. As informações oriundas do monitoramento são utilizadas para a retroalimentação do processo de planejamento e, consequentemente, para a elaboração dos relatórios de desempenho.

Assim, como para uma obra civil se pode aplicar o conceito de projeto (*Project*-PMI) e que, segundo o PMI (2008), um " [...] projeto é um esforço temporário empreendido para criar um produto, serviço ou resultado exclusivo", muitas situações inesperadas ocorrem após a etapa de preparação dos planos, ou seja, durante a execução. Isso vem corroborar a importância fundamental das atividades de controle e monitoramento.

Avaliação do processo de planejamento

Esta etapa deve ocorrer no término do empreendimento e corresponde à avaliação de todo o processo de planejamento (BERNARDES, 2001).

Deve ter o foco na análise de indicadores de desempenho globais, tais como a relação entre custos orçados e custos reais, o total de homem-hora previsto e realizado, o desvio de prazos, entre outros.

Importante também que os relatórios de avaliação apresentem lições aprendidas obtidas com experiências vivenciadas na execução dos empreendimentos, pois, assim, o conhecimento adquirido pode ser utilizado nos novos empreendimentos.

Dimensão Vertical

De acordo com Ghinato (1996) citado por Bernardes (2001), o planejamento deve ser realizado em todos os níveis gerenciais da organização e ser integrado de maneira a manter os diferentes níveis sintonizados uns com os outros. Devido à incerteza do processo construtivo, é importante que os planos sejam preparados em cada nível com um grau de detalhe apropriado (LAUFER; TUCKER, 1988; FORMOSO, 1991, apud BERNARDES, 2001).

Laufer e Tucker (1988, apud BERNARDES, 2001) afirmam que o grau de detalhe deve variar com o horizonte de planejamento, crescendo com a proximidade da implementação. Planos muito detalhados requerem um excessivo esforço para remanejá-los.

Uma forma para a mitigação da incerteza inerente ao ambiente da Construção Civil é a utilização de *buffers*.[7]

Hopp e Spearman (2000, apud KEMMER et al., 2007) sugerem que o planejamento da produção deve ser realizado em três níveis: plano de longo prazo (estratégico), plano intermediário (tático) e plano de curto prazo (operacional). De acordo com Shapira e Laufer (1993, apud BERNARDES, 2001), no nível estratégico são definidos o escopo e as metas do empreendimento. Segundo Davis e Olson (1987, apud BERNARDES, 2001), no nível tático são identificados os recursos, a estruturação do trabalho, além do recrutamento e treinamento do pessoal. Finalmente, Laufer e Tucker (1987, apud BERNARDES, 2001) relacionam o nível operacional com as decisões a serem tomadas no curto prazo.

Laufer e Tucker (1987, apud KEMMER et al., 2007) também sugerem que o processo de planejamento e controle deve ser dividido em diferentes níveis (longo, médio e curto prazo). O planejamento de longo e o de curto prazo são mais comumente utilizados pelas empresas. O planejamento de longo prazo, que é geralmente denominado *Master Plan,* apresenta todas as atividades do empreendimento; o de curto prazo, comumente conhecido como planejamento semanal, apresenta as atividades de curto prazo (semanais ou diárias) (BERNARDES, 2001, apud KEMMER et al., 2007). Por outro lado, a literatura que aborda o planejamento de médio prazo, também conhecido como *Lookahead Planning*, é escassa.

---

[7] Buffers são considerados como estoque de tempo, capacidade, materiais que possibilitam a continuidade das operações no canteiro, caso algo não planejado ocorra (BERNARDES, 2001).

Planejamento de longo prazo

Junnonen e Seppanen (2004) afirmam que nos planos de longo prazo os objetivos globais são estabelecidos e o monitoramento do progresso global do empreendimento é realizado. Para a execução das atividades nos canteiros, faz-se necessário um maior detalhamento. Isso pode ser realizado por meio do planejamento das atividades, que se inicia pelo conhecimento do que deve ser feito, seguido de uma detalhada análise dos requisitos relativos a tempo, custo, qualidade, recursos e riscos.

Tommelein e Ballard (1997, apud BERNARDES, 2001) salientam que esse plano descreve todo o trabalho que deve ser executado por meio de metas gerais.

Planejamento de médio prazo

Formoso e outros (2000) definem o planejamento de médio prazo como um segundo nível do planejamento tático. Ballard (1997) afirma que o plano de médio prazo (*Lookahead Planning*) representa a interligação entre o plano de longo prazo e o plano operacional (*Weekly Plan*). Ele permite que o gerente do empreendimento identifique o que será feito nas semanas ou meses seguintes, qual será a necessidade de recursos e também as restrições existentes para cada atividade, antes de ser liberada para a execução.

Bernardes (2001) afirma que no plano de médio prazo são tomadas decisões e realizadas ações de forma a, em tempo hábil, disponibilizar recursos e remover restrições relacionadas à execução dos pacotes de trabalho.

A análise de recursos necessários e restrições permite que se verifique o que precisa ser providenciado para cada atividade. O seu horizonte compreende geralmente um período de quatro a seis semanas. Apenas as atividades que não apresentam nenhuma restrição, ou seja, que se encontram aptas a serem executadas, podem ser incluídas nos planejamentos de curto prazo.

Esse plano é considerado elemento essencial na melhoria da eficácia do plano de curto prazo (BALLARD, 1997, apud BERNARDES, 2001). Isso pode ser explicado porque é através dele que os fluxos de trabalho são analisados, visando a um sequenciamento que reduza a parcela das atividades que não agregam valor ao processo produtivo.

A elaboração do plano de médio prazo é fundamentada no plano de longo prazo. Por meio de um processo de triagem (*screening*) são identificadas quais as atividades que devem ser incluídas no plano de médio prazo. Na medida em que as atividades são planejadas para o plano de médio prazo, é estabelecido um conjunto de ações em prol da disponibilização de recursos necessários à execução das mesmas (TOMMELEIN; BALLARD, 1997, apud BERNARDES, 2001).

A Figura 2.6 apresenta um exemplo típico de um plano de médio prazo (*Lookahead*).

Obra: PORTO PRÍNCIPE						Engenheiro: José		Mestre: João		Data:01/01/1999		Folha: 01												
ATIVIDADES	Q	Q	S	S	S	T	Q	Q	S	S	S	T	Q	Q	S	S	S	T	Q	Q	S	S	S	T	NECESSIDADES
Equipe: Hélio e Miguel																									
PISO CERÂMICO APT. 201 E 202	X	X	X	-	X	X																			Mat. No canteiro até 30/08
AZULEJO APT. 301							X	X	X	-	X	X													Preparar azulejo até 08/09
AZULEJO APT. 401													X	X	X	-	X	X							Contratar + 1 azulej. Até 12/09
AZULEJO APT. 403																			X	X	X	-	X	X	*Necessidade.......*
Equipe: Pintores																									
1 ª demão apts. 203 e 204							X	X	X	-	X	X													*Necessidade.......*
Massa corrida apts. 304													X	X	X										*Necessidade.......*
2 ª demão apt. 404																			X	X	X	-	X	X	*Necessidade.......*
1 ª demão apt. 202 e 203	X	X	X	-	X	X																			*Necessidade.......*
Massa corrida portaria																	X	X							*Necessidade.......*

Figura 2.6: Exemplo típico de um plano de médio prazo.[8]

Laufer e Tucker (1987, apud KEMMER et al., 2007), afirmam que a definição de planos de contingência é um fator muito importante para a melhoria do desempenho dos processos de construção. Os planos de contingência são elaborados no plano de médio prazo, com base na simulação de diferentes cenários possíveis, permitindo à equipe de produção maior flexibilidade de mudança que se fizer necessária das estratégias de execução.

Planejamento de curto prazo

No nível de curto prazo, Ballard e Howell (1997a, apud BERNARDES, 2001) propõem que o planejamento deve ser desenvolvido por meio de ações direcionadas a proteger a produção (*Shielding Production*) contra os efeitos da incerteza. A proteção da produção é obtida mediante a utilização de planos passíveis de consecução.

Bernardes (2003) define *Shielding Production* como uma sistemática de planejamento de curto prazo, cujo intuito é atribuir às equipes de produção pacotes de trabalho que realmente podem ser executados. Com a realização de ações corretivas sobre a causa de problemas que interferem no plano pode-se promover a estabilização da produção.

A Figura 2.7 apresenta um modelo de plano de curto prazo típico. Na primeira coluna são descritos os pacotes de trabalho executáveis para a semana seguinte. Nas demais colunas registram-se o número de pessoas da equipe de produção, em seus respectivos dias de trabalho, bem como a finalização da tarefa (coluna "OK") e a identificação da causa real do problema em pacotes que não foram totalmente concluídos (100%) (coluna "problemas") (BERNARDES, 2001).

---

[8] Fonte: Bernardes, 2001, p. 30.

34 Gerenciamento de Obras, Qualidade e Desempenho da Construção

LISTA DE TAREFAS SEMANAIS

Semana: 21/07 a 25/07

Mestre: *Alberi*
Engenheiro: *Carlos*

Tarefa	S	T	Q	Q	S	S	OK	Problemas
Colocação das fôrmas do 4º pavimento	6	6	6	6			X	*OK!*
Desformar 2º pavimento		4	4	4	4		X	*OK!*
Alvenaria área 1 do 1º pavimento			3	3	3			*Faltou Material*

PPC = 2/3 = 66.67 %

Tarefas Reservas:
- *Preparação das armaduras das vigas do 4º pavimento*
- *Colocação da armadura das vigas no 4º pavimento*

Figura 2.7: Exemplo típico de um plano de curto prazo.[9]

Existe também espaço para o planejamento das tarefas reservas (*buffers*), identificadas durante a elaboração do plano de médio prazo, que atendem aos requisitos de qualidade do plano de curto prazo, mas que não são identificadas como prioritárias pelo plano de longo prazo (BALLARD; HOWELL, 1997a, apud BERNARDES, 2001).

Bernardes (2001, p. 33) afirma que, para se obter um plano de curto prazo de qualidade e, consequentemente, proteger a produção, os pacotes de trabalho designados para o curto prazo devem atender os requisitos abaixo listados:

a. Definição: os pacotes devem ser suficientemente especificados [...], sendo possível identificar claramente ao término da semana aqueles que foram completados;

b. Disponibilidade: os recursos devem estar disponíveis quando os mesmos forem solicitados;

c. Seqüenciamento: os pacotes de trabalho devem ser selecionados de forma a garantir a continuidade dos serviços desenvolvidos por outras equipes de produção;

d. Tamanho: os pacotes devem ser compatíveis com as capacidades das equipes de produção;

e. Aprendizagem: os pacotes que não foram completados nas semanas anteriores e as reais causas dos atrasos devem ser analisadas, de forma a se definir as ações corretivas necessárias, assim como identificar os pacotes passíveis de serem atingidos.

O principal objetivo do plano de curto prazo é garantir a continuidade do trabalho para as equipes de produção (CHOO et al.,1999, apud BERNARDES, 2001).

No final do ciclo do plano de curto prazo são realizadas as análises de causas das atividades planejadas e não realizadas e a medição do percentual de planejamento cumprido (PPC). A análise das causas e a apuração do PPC acontecem simultaneamente nas reuniões semanais de planejamento. As razões dos insucessos devem ser tipificadas com base nas causas identificadas. O PPC é calculado dividindo-se o número de atividades planejadas e concluídas pelo número total de atividades planejadas, num determinado período (LIM, YU; KIM, 2006). Dado um plano de qualidade, o aumento do PPC corresponde a uma maior produtividade e progresso da produção para uma mesma quantidade de recursos (BALLARD, 2000). Os problemas apresentados quando da

---

[9] Fonte: Bernardes, 2001, p. 32.

medição de desempenho nos planos de curto prazo não demonstram unicamente a necessidade de mudanças no nível operacional. As causas dos problemas podem estar nos demais níveis da organização (BALLARD, 2000).

Para Ballard (2000, apud BERNARDES, 2001), a aplicação conjunta do plano de curto prazo com o de médio prazo (*Lookahead*) faz parte de um conjunto de ferramentas que facilitam a implementação de um sistema de controle da produção denominado *Last Planner*.

Last Planner System – LPS

O processo de PCP na Construção Civil pode ser considerado uma atividade extremamente complexa. É executado por pessoas diferentes, nos diversos níveis dentro da organização e em momentos diferentes durante a realização dos empreendimentos. O planejamento elaborado pela alta direção, comumente chamado estratégico, estabelece os objetivos e restrições globais dos empreendimentos. Esses objetivos devem ser desdobrados em todos os níveis hierárquicos. Em um dado momento, uma pessoa ou um grupo decide que trabalhos serão realizados no dia seguinte, bem como quais recursos serão necessários. Esse grupo de pessoas é chamado de *Last Planner* (BALLARD; HOWELL, 1994, apud BALLARD, 1997).

O sistema de controle da produção *Last Planner* é uma filosofia, são regras, procedimentos e um conjunto de ferramentas que possibilitam a implementação dessa prática. Esse sistema consiste de dois componentes (BALLARD, 2000):

- controle dos fluxos de trabalho, cuja finalidade é assegurar o fluxo contínuo entre as unidades de produção, dentro de um melhor sequenciamento e eficiência;
- controle das unidades produtivas, cuja finalidade é elaborar, progressivamente melhor, o planejamento das unidades produtivas para os trabalhadores diretos, por meio de contínuo aprendizado e ações corretivas.

A sua utilização possibilita a melhoria contínua dos processos, aumenta a transparência e também evita a recorrência de erros, mediante a análise das causas relativas às atividades não realizadas (BALLARD, 1997). Embora o LPS consista de quatro estágios, o seu foco principal está no plano de médio prazo e no plano de curto prazo (LIM; YU; KIM, 2006).

Programação de recursos

O processo de aquisição de recursos tem fundamental importância no desempenho da função produção. A má gestão dos recursos pode paralisar os serviços no canteiro, potencializando as atividades que não agregam valor.

De acordo com Formoso e outros (1999, apud BERNARDES, 2001, p. 34), a gestão de recursos ocorre nos três níveis de planejamento apresentados, ou seja, no longo, médio e curto prazos. Os recursos podem ser classificados em três classes distintas:

a. Recursos classe 1: são aqueles cuja programação de compra, aluguel e/ou contratação deve ser realizada no horizonte de longo prazo, caracterizando-se geralmente por um longo ciclo de aquisição e baixa repetitividade desse ciclo [...];

36 **Gerenciamento de Obras, Qualidade e Desempenho da Construção**

b. Recursos classe 2: são aqueles cuja programação de compra, aluguel e/ou contratação deve ser realizada a partir do plano de médio prazo [...];

c. Recursos classe 3: são aqueles cuja programação pode ser realizada em ciclos relativamente curtos. Em geral, a compra desses recursos é realizada a partir do controle de estoque da obra [...].

A importância da administração do tempo e o envolvimento da equipe

De acordo com Laufer e Tucker (1988, apud BERNARDES, 2001), o tempo dispensado para as atividades de planejamento deve ser livre de pressões, facilitando-se, assim, os processos de deliberação e ponderação, indispensáveis à tomada de decisão. Normalmente os ambientes em que a gerência está envolvida não apresentam essas características (MINTZBERG, 1973, apud BERNARDES, 2001), o que dificulta muito a alocação de um tempo de qualidade para os trabalhos de planejamento e controle nos canteiros.

Para isso, é fundamental a implementação de conceitos, técnicas e ferramentas voltada à administração do tempo nas empresas construtoras.

Para a elaboração de um planejamento de qualidade e, consequentemente, obtenção de sucesso no empreendimento, também é fundamental o envolvimento de todas as partes interessadas: engenheiro responsável pela obra, técnicos, administrativos, equipe de segurança e meio ambiente, encarregados, operários, fornecedores e contratados. Cada participante pode agregar valor aos trabalhos dentro do seu conhecimento e experiência.

REFERÊNCIAS BIBLIOGRÁFICAS

BALLARD, G.; HOWELL, G. Implementing lean construction: stabilizing work flow. In: ANNUAL CONFERENCE OF THE INTERNATIONAL GROUP FOR LEAN CONSTRUCTION, 2., 1994, Santiago, Chile. Proccedings... Santiago: IGLC, 1994. Disponível em: <http://www.iglc.net/conferences/1994/ConfrencePapers/>. Acesso em: 28 abr. 2009.

BERNARDES, M. M. e S. Desenvolvimento de um modelo de planejamento e controle da produção para micro e pequenas empresas de construção. Tese (Doutorado em Engenharia Civil) – Programa de Pós-Graduação em Engenharia Civil, Universidade Federal do Rio Grande do Sul, Porto Alegre, 2001.

CONTE, A. S. I. Lean construction: from theory to practice. In: ANNUAL CONFERENCE OF THE INTERNATIONAL GROUP FOR LEAN CONSTRUCTION, 10., 2002, Gramado. Proceedings... Gramado: IGLC, 2002. Disponível em: <http://www.iglc.net/conferences/2002/ConfrencePapers/>. Acesso em: 28 mar. 2009.

DALBÉRIO, M. C. B. Gestão democrática e participação na escola pública popular. Uberlândia: Ed. da Universidade Federal de Uberlândia, 2008.

DUARTE, C. M. de M.; LORDSLEEM JR., A. C. Indicadores de desempenho de empresas construtoras com certificação ISO 9001 e PBQP-H. In: SIMPÓSIO BRASILEIRO DE GESTÃO E ECONOMIA DA CONSTRUÇÃO, 6., 2009, João Pessoa. Anais... João Pessoa: SIBRAGEC, 2009. 1 CD.

JUNNONEN, J.; SEPPANEN, O. Task planning as a part of production control. In: ANNUAL CONFERENCE OF THE INTERNATIONAL GROUP FOR LEAN CONSTRUCTION, 12., 2004, Copenhagen, Denmark. Proceedings...

Copenhagen: IGLC, 2004. Disponível em: <http://www.iglc.net/conferences/2004/ConfrencePapers/>. Acesso em: 15 mar. 2009.

KEMMER, S. et al. Medium-term planning: contributions based on field application. In: ANNUAL CONFERENCE OF THE INTERNATIONAL GROUP FOR LEAN CONSTRUCTION, 15., 2007, Michigan/USA. Proceedings... Michigan: IGLC, 2007. Disponível em: <http://www.iglc.net/conferences/2007/ConfrencePapers/>. Acesso em: 11 mar. 2009.

KOSKELA, L. Application of the new production philosophy to construction – a technical report. Helsinki, Finland: CIFE, 1992.

LIM, C.; YU, J.; KIM, C. Implementing PPC in Korea's construction industry. In: ANNUAL CONFERENCE OF THE INTERNATIONAL GROUP FOR LEAN CONSTRUCTION, 14., 2006, Santiago, Chile. Proceedings... Santiago: IGLC, 2006. Disponível em: <http://www.iglc.net/conferences/2006/ConfrencePapers/>. Acesso em: 23 jan. 2010.

LORENZON, I. A.; MARTINS, R. A. Avaliação do nível de adoção da Construção Enxuta por meio de seus princípios. In: SIMPÓSIO BRASILEIRO DE GESTÃO E ECONOMIA DA CONSTRUÇÃO, 6., 2009, João Pessoa. Anais... João Pessoa: SIBRAGEC, 2009. 1 CD.

PROJECT MANAGEMENT INSTITUTE. A guide to the project management body of knowledge – PMBOK. 5rd ed. Pennsylvania, USA: PMI, 2013.

SOUSA, C. R. de; SANTOS, A. P. L.; MENDES JÚNIOR, R. A produção científica sobre planejamento e controle de obras no Brasil. In: SIMPÓSIO BRASILEIRO DE GESTÃO E ECONOMIA DA CONSTRUÇÃO, 6., 2009, João Pessoa. Anais... João Pessoa: SIBRAGEC, 2009. 1 CD.

TIRINTAN, M. R. A.; SERRA, S. M. B. Vinculação entre os níveis hierárquicos do PCP, através de reflexões da lean construction. In: SIMPÓSIO BRASILEIRO DE GESTÃO E ECONOMIA DA CONSTRUÇÃO, 4., 2005, Porto Alegre. Anais... Porto Alegre: SIBRAGEC, 2005. p. 8.

VARGAS, R. Gerenciamento de projetos: estabelecendo diferenciais competitivos. 6. ed. atual. Rio de Janeiro: Brasport, 2005.

WOMACK, J.; JONES, D.; ROSS, D.A máquina que mudou o mundo .Rio de Janeiro: Campus,1992. 347p.

Capítulo 3

RACIONALIZAÇÃO E COORDENAÇÃO DE PROJETOS

Nilson Carvalho da Mata

Mestrando em Engenharia da Produção, Especialista em Gerenciamento de Projetos
E-mail: nilson.carvalho@transformacaolean.com.br

PROJETOS - FUNDAMENTOS E AS INFLUÊNCIAS

O que é projeto e gerenciamento

Projeto deriva do latim *projectum* e significa "algo alcançado à frente" e se caracteriza por um conjunto de atividades que são temporárias, realizadas em grupo e que objetiva produzir um produto, um serviço ou resultado.

O projeto tem início e fim bem definidos e contém escopo e recursos de modo a que se deseja desenvolver ou aperfeiçoar o alcance a resultados a serem atingidos.

Segundo PMBOK (2013) do PMI – Project Management Institute, o gerenciamento de projetos, portanto, é a aplicação de conhecimentos, habilidades e técnicas para a execução de projetos de forma efetiva e eficaz. Trata-se de uma competência estratégica para organizações, permitindo com que elas unam os resultados dos projetos com os objetivos do negócio e, assim, melhor competir em seus mercados.

Um empreendimento de engenharia é um projeto a ser idealizado e alcançado quando se unem as forças que são capazes de produzir resultados para o consumidor final.

Um projeto a ser coordenado leva-se em consideração os aspectos como qualidade, escopo, prazos, recursos envolvidos, contratos, riscos e as partes envolvidas sendo que a integração destes aspectos se dará com maior eficiência e resultados.

A importância do gerenciamento de projetos na engenharia

A construção civil, de um modo geral, necessita de uma gama de documentações e informações que sejam capazes de realizar o empreendimento a que se destina com qualidade, segurança, dentro dos prazos e que garantam retorno financeiro à instituição construtora ou que garanta a realização do empreendimento com a programação financeira a que se propõe. Dentro destas definições, temos que diferenciar o que é projeto de engenharia e projeto de gestão:

- Projeto de engenharia – são especificações técnicas e operacionais para construir algo dentro das normas vigentes através de desenhos e cálculos que simbolizam o que será construído.

- Projeto de gestão – metodologia que aplica fundamentos gerenciais para a implantação de processos ou procedimentos dentro de uma organização para a obtenção de um produto, serviço ou resultados.

Segundo o PMBOK (20013), um projeto pode criar:

- Um produto como, por exemplo, a construção de uma casa;
- Um serviço ou a capacidade de realizar o serviço como, por exemplo, a coordenação de um projeto de empreendimento de engenharia;
- Realizar melhorias nas linhas de produtos ou serviços;
- Produzir um resultado como exemplo a obtenção de documentação para a expedição de alvará de construção de um edifício junto aos órgãos governamentais;

Figura 3.1: Processos de produção do projeto.

Um projeto a ser coordenado é a aplicação dos conhecimentos, habilidades, ferramentas e técnicas de gestão para atender a requisitos impostos pelos clientes que necessitam do produto ou do serviço advindo dessa gestão.

Um projeto de gestão passa por cinco grupos de processos:

- Iniciação
- Planejamento
- Execução
- Monitoramento e Controle
- Encerramento

Todo projeto que um coordenador foi gerenciar necessariamente deverá passar por estas cinco etapas, de modo que o produto, serviço ou resultado possam ser alcançados e as partes interessadas tenham suas premissas atendidas e garantidas.

A influência organizacional no projeto

A estrutura organizacional das empresas terá papel fundamental para que o projeto seja bem implementado e difundido entre os participantes. Existem as estruturas linear, funcional, por projetos, por colegiados, matricial, atomizada, orientada a processo, holográfica, holding e unidades de negócios, sendo as mais comuns conforme CHIAVENATO (1994):

Estrutura Linear

É a estrutura mais presente em pequenas empresas onde não há diversificação do trabalho, pouca especialização das equipes e a autoridade total são do líder principal e as decisões são centralizadas.

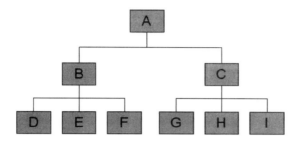

Figura 3.2: Estrutura Linear.

A vantagem da estrutura linear é a autoridade única, sendo mais simples e econômica e detém clara definição de responsabilidades.

Estrutura Funcional

É aquela que se concentra um líder para cada função, de modo que os liderados exerçam mais de uma função, ficando sob o comando de mais de um líder sendo que os objetivos são em longo prazo e a necessidade básica é a especialização. Todos os níveis de execução se subordinam funcionalmente aos seus correspondentes níveis de comando funcional.

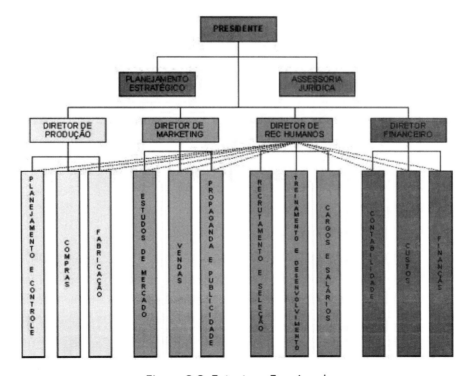

Figura 3.3: Estrutura Funcional.

A estrutura funcional tem como vantagem promover o aperfeiçoamento, facilitar a especialização e o trabalho em equipe.

Estrutura por Projetos

A organização por projetos faz com que os recursos sejam separados em unidades independentes para cada gerente. A clara compreensão dos objetivos é a concentração de esforços criando um espírito de equipe, uma unidade para atingir os resultados esperados.

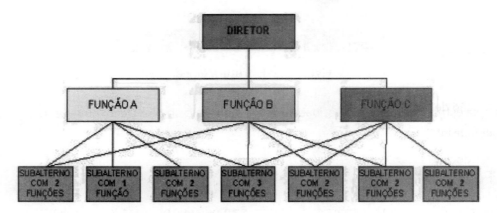

Figura 3.4: Estrutura por projetos.

A estrutura por projeto às vezes se torna provisória e podendo voltar a estrutura organizacional funcional.

O COORDENADOR DE PROJETOS

Os gerentes e os coordenadores de projetos

Os gerentes são profissionais que se dedicam a planejar, executar e monitorar a implantação de um determinado projeto e que possam garantir o sucesso do mesmo respeitando as restrições identificadas e liderando as equipes que estarão envolvidas no processo.

De acordo com a estrutura funcional de cada empresa, serão delineados os profissionais que serão responsáveis por coordenar outros gerentes e que nortearão através de planejamento delineado os rumos que as equipes envolvidas estarão caminhando.

As mudanças organizacionais atuais levaram os gestores dos projetos a terem competências que fossem capazes de gerar nas equipes compromissos que garantam entregas, gerir metas e avaliar cada parte integrante do projeto. Digamos que o coordenador de projetos seja o maestro que lidera os demais músicos orientando-os quanto a hora certa de tocar e organizar os arranjos musicais de modo a que o som produzido seja compreensível e que os expectadores apreciem a apresentação, ou seja, é o responsável por harmonizar todas as equipes envolvidas sob a sua responsabilidade fazendo com que todos obtenham o máximo de suas potencialidades a fim de que o resultado seja expresso como uma música bem orquestrada.

O coordenador sendo o maestro tem por objetivo apresentar as estratégias, desenvolver novos produtos e serviços, estabelecer a direção, alinhar as diretrizes, inspirar os participantes de sua equipe, ou seja, fazer com que todos possam produzir os resultados esperados e delineados no escopo de trabalho.

Para MAXIMIANO (2002), as qualificações e o desempenho de qualquer gerente dependem de suas habilidades e qualificações e isso determina qual será o grau de sucesso que obterá do produto ou serviço que está a buscar. Enumeramos as habilidades e competências do coordenador:

- Técnica
- Humana
- Conceitual
- Relacionamento
- Liderança
- Resolução de Conflitos
- Processar informações
- Tomar decisões
- Alocar recursos
- Empreendedorismo

O autor KERZNER (2006) enumera dez habilidades necessárias ao Gerente de Projetos:

- Construção de equipes
- Liderança
- Resolução de conflitos
- Competência técnica
- Planejamento
- Organização
- Empreendedorismo
- Administração
- Suporte gerencial
- Alocação de recursos

A habilidade técnica tem uma característica muito importante, pois o mesmo sendo conhecedor de normas e técnicas que envolvam o projeto específico como, por exemplo, o tipo de estrutura em que o edifício será construído, o tipo de fundação a ser definida, a logística de canteiro de obras a ser executada, conhecimento em documentações como alvarás e licenças darão ao coordenador capacidade de decisão que impactarão a implantação do projeto.

Relacionamento e liderança do coordenador será um ponto-chave, pois as equipes que estarão sob sua direção deverão executar suas tarefas de modo que os conflitos sejam o menores possíveis e a compreensão dos objetivos serão notórios aos olhos de cada envolvido nos processos.

Gerenciamento de Obras, Qualidade e Desempenho da Construção

As habilidade que são listadas acima serão obtidas através da experiência que o profissional terá ao longo de sua carreira e habilidades como resolução de conflitos e competência técnica serão alcançados a medida que novos projetos e desafios forem enfrentados e amadurecidos pelo profissional.

"A tomada de decisões é a atividade específica do gerente. A tomada de decisões eficazes envolve um processo disciplinado, e decisões eficazes possuem características específicas" - Peter Drucker (1909-2005), escritor, professor e consultor administrativo de origem austríaca, considerado um dos grandes pensadores da administração contemporânea e do fenómeno dos efeitos da globalização na economia em geral e em particular nas organizações.

O escopo de trabalho do coordenador

O escopo de trabalho do coordenador será o de promover a integração entre as equipes de gestão, medir constantemente a performance de cada frente de avanço, vencer as barreiras organizacionais e burocráticas que cercam o ambiente ou cenário que o projeto está sendo executado através de procedimentos ou processos capazes de desenvolver com sucesso o produto, serviço ou resultado a que se propõe o contrato estabelecido. No desenvolvimento do escopo de trabalho do coordenador, diversas restrições deverão ser elencadas para que os riscos sejam o de menor impacto possível de modo que sejam mitigados todos os problemas que são propensos a ocorrem no trajeto do projeto.

A restrição está relacionada a algo que faz com que o projeto diminua o ritmo ou mesmo seja paralisado devido a fatores internos ou externos. Os fatores que envolvem o projeto devem ser mensurados no momento da definição do escopo do projeto através da avaliação dos riscos envolvidos.

Requisitos para o sucesso do projeto

Requisitos são solicitações caracterizadas pelos agentes financiadores do projeto e que precisam ser gerenciados durante toda a vida do projeto e estes requisitos precisam estar alinhados com as ações do coordenador para garantir as entregas pactuadas no escopo.

Escopo bem delineado

Um alvo que se pretende atingir denomina-se escopo e deriva da palavra grega *skopos,* que significa "aquele que vigia ou que protege", e tem a finalidade de estabelecer as equipes e os gerentes envolvidos à meta ao qual se pretende alcançar.

É através do escopo que se delineiam os recursos que serão alocados para a execução do projeto como, por exemplo, os profissionais envolvidos nos estudos e determinação da viabilidade técnica e econômica do empreendimento futuro, do tipo de estrutura que o edifício será construído, os empreiteiros que serão alocados para determinadas fases da construção da obra, da equipe responsável por obter junto aos órgãos competentes licenças do tipo ambientais, de construção. O escopo também é capaz de gerar avalições de custos e de prazos para que haja o acompanhamento da saúde do projeto em implantação.

O escopo do projeto a ser coordenado deverá ser fracionado em partes que sejam facilmente gerenciáveis como exemplo o delineamento da EAP (Estrutura Analítica do Projeto) que é o processo de subdivisão das entregas do trabalho do projeto em partes menores capazes de dar direcionamento às equipes atuantes e também o norte para a coordenação. Dentro das subdivisões da EAP serão identificados os custos envolvidos e definidos os prazos prováveis das entregas.

Focar em uma construção enxuta

Um requisito muito importante na implantação de um determinado projeto é focar em realizar o empreendimento com base em metodologia que produza uma construção enxuta primando por organizar na empresa construtora processos que diminuam desperdícios de prazos, custos e proporcionando aumento da qualidade e do retorno financeiro.

A construção enxuta é uma filosofia que se iniciou com a Toyota após a Segunda Guerra Mundial e a introdução de paradigmas que focavam na redução de desperdícios na fabricação de automóveis e a adaptação desse método se mostraram eficientes no ambiente da construção civil. O princípio da Construção Enxuta é proposta por KOSKELA (1992):

- Reduzir a parcela que não agrega valor
- Aumentar o valor do produto através da consideração nas necessidades do cliente
- Reduzir a variabilidade
- Reduzir tempo do ciclo de produção
- Simplificar através da redução do número de passos ou partes
- Aumentar a flexibilidade na execução do produto
- Aumentar a transparência do processo
- Focar o controle no processo global
- Introduzir melhoria contínua ao processo
- Manter o equilíbrio entre melhorias nos fluxos e nas conversões
- Benchmarking

DESENVOLVIMENTO DOS TRABALHOS DO COORDENADOR DE PROJETOS

Tomamos como exemplo a idealização e construção de um edifício residencial onde o responsável pela coordenação deverá entregar através da EAP (Estrutura Analítica do Projeto) definido as seguintes fases do projeto:

Figura 3.5: Fases de um projeto.

Estudos de concepção de empreendimento

Estudo de viabilidade econômica e financeira – EVEF

O estudo de viabilidade econômica e financeira tem como objetivo orientar os agentes financeiros a avaliar o plano de investimento a ser realizado, demonstrando a viabilidade ou inviabilidade do projeto. O coordenador buscará frente aos profissionais que detenham a expertise necessária para desenvolver o estudo que fará a orientação para a decisão pelos participantes responsáveis financeiramente pelo empreendimento.

Este estudo visa identificar:

- Mercado consumidor do produto a ser idealizado
- Estrutura de comercialização do produto
- Os custos envolvidos na execução do projeto
- Aspectos financeiros como financiamentos com recursos próprios ou de capital externo

A fase de viabilidade é de vital importância e deverá ser minuciosamente avaliada e gerida, pois decisões tomadas de forma equivocada poderão colocar todo o projeto ao fracasso e também gerar passivos financeiros que talvez não possam ser mais revertidos.

Estimativas de custos

Vários são os custos que estarão sendo consumidos pelo desenvolvimento do projeto e é de extrema importância fazer com que sejam identificados e calculados em forma de estimativa para as tomadas de decisões e de definições de marcos de desembolso ao longo da vida do projeto.

Como base, poderão ser utilizadas experiências utilizadas em projetos executados anteriormente e caso não haja estes dados a melhor forma é contratar uma consultoria especializada no ramo para identificar com um grau de assertividade capaz de gerar decisões corretas para o prosseguimento do desenvolvimento do empreendimento.

A análise de viabilidade gerará um grande benefício porque conseguirá demonstrar através de projeções e números o real potencial de retorno financeiro e decisão das premissas que são interessantes para o prosseguimento do projeto ou não.

Projetos preliminares

Os projetos preliminares eles são capazes de dar diretrizes ou orientações ao anteprojeto que será definido em fase futura e envolve a análise de várias condicionantes do projeto e normalmente são constituídos por uma série de croquis e esboços dos traços arquitetônicos. É uma forma livre de desenho constituído por traços sem a rigidez dos desenhos das fases sucessoras.

Memorial descritivo

É um item fundamental na constituição da documentação dos projetos na área da engenharia e arquitetura e como o próprio nome diz o memorial vai aprofundar e descreve o projeto. O memorial abrange várias especialidades, tais como a engenharia civil, mecânica, elétrica e também a arquitetura, e sua função principal é especificar todos os detalhes do projeto sendo o elo entre o projeto e o produto a ser executado no canteiro de obra e que garanta o seu correto funcionamento.

O memorial descrito também traz especificações sobre os materiais a serem utilizados nas obras ou na manufatura dos produtos decorrentes da obra.

O coordenador envolverá na determinação do memorial descritivo do empreendimento gerando esta documentação para fases seguintes.

Parte legal e jurídica do empreendimento

Um grande entrave que muitas vezes acontecem em uma obra é a falta total ou parcial de documentações de cunho legal e jurídico que garantam a execução da obra sem intervenções por parte de órgãos reguladores e fiscalizadores e o coordenador é uma peça importante para gerenciar as suas equipes para que elas produzam os elementos legais e jurídicos para o transcorrer normal da obra.

Documentações como alvarás de construção ou demolição, de regularidade fiscal, de impacto ambiental, de taxas e emolumentos, de segurança e de licenças devem fazer parte do escopo de trabalho do coordenador de projeto.

São inúmeras as taxas e emolumentos a serem quitados ao longo do desenvolvimento do projeto que está sendo gerido pelo coordenador, e as certidões oriundas destes pagamentos passam a garantir tranquilidade às equipes de execução da obra sem que haja interrupções e quebras de ritmo no canteiro de obras.

Estudos de planejamento

Projetos executivos

Os projetos executivos são oriundos dos projetos preliminares e são definidos como um conjunto dos elementos necessários e suficientes à execução completa da obra, de acordo com as normas pertinentes da Associação Brasileira de Normas Técnicas – ABNT.

O projeto executivo deverá apresentar todos os elementos necessários à realização do empreendimento demonstrando detalhamento todas as interfaces dos sistemas e subsistemas dos componentes e além de gerar desenhos representando estes detalhes com base em projetos aprovados pelos órgãos competentes e pela empresa construtora.

O projeto executivo deverá estar de acordo com as normas pertinentes e abrirá para o desenvolvimento do orçamento executivo do empreendimento.

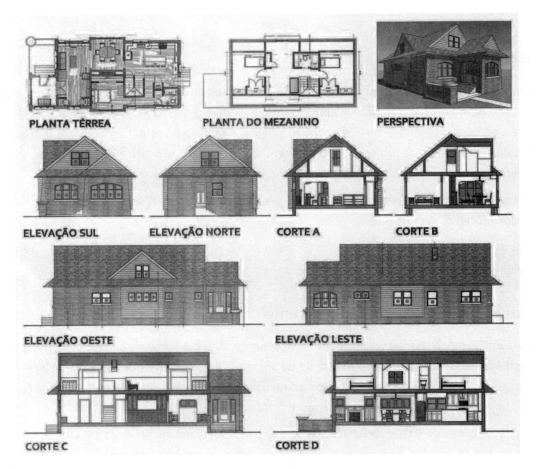

Figura 3.6: Projeto executivo.

Orçamento executivo

O orçamento é uma das partes mais importantes antes do início da obra em si porque será através do orçamento que verificaremos quanto custarão aos bolsos do agente construtor os serviços a serem realizados e um orçamento bem delineado trará vantagens como:

- Noção exata do quanto será desembolsado;
- Auxílio nas contratações de mão de obra, materiais e empreiteiros;
- Junto com a previsão de receitas trará quanto será a lucratividade do empreendimento;
- Possibilita ao executor da obra buscar melhores negociações quanto às compras dos insumos;
- Grande auxílio no dimensionamento das equipes de produção e delineamento do planejamento físico.

Planejamento Executivo

O planejamento é de fundamental importância, pois executar um projeto sem realizar os estudos de planejamento é o mesmo que realizar uma viagem sem saber para qual estrada se dirigir.

Segundo MATTOS (2010), planejar é o processo de vital importância nas empresas e visa orientar e medir a performance de um empreendimento indicando através de métodos a obtenção de eficiência operacional na obra.

O coordenador do projeto fará a atuação, no auxílio do desenvolvimento deste planejamento, mensurando prazos e controlando desvios que possam ocorrer no transcorrer do projeto de sua gestão.

Diretrizes de contratação

Construtores e fornecedores

O objetivo desta fase é definir, através de normas e procedimentos para a seleção, contratação e monitoramento das partes que serão envolvidas no projeto, tais como consultores, projetistas, construtores, empreiteiros, e podem abranger uma ampla gama de entidades públicas e privadas como empresas de engenharia, administradores de obras, empresas gerenciadoras, agentes de compras, agentes de inspeções, auditores, bancos comerciais e de investimentos e outros organismos multilaterais.

O coordenador fará o gerenciamento das partes a fim de evitar o conflito entre eles e realizar a harmonização entre as partes.

Gestão na construção

Execução, monitoramento e avaliação de performance

Na fase de execução da obra, o coordenador já terá distribuídos todos os documentos referentes às etapas anteriores e fará o monitoramento do que está sendo construído na obra em consonância com o que foi estipulado no escopo de seu trabalho.

Em boa parte das definições gerais de atuação do coordenador de projetos não está vinculada a execução da obra em si, mas sendo definido por um profissional competente que reportará ao coordenador a performance obtida ao longo da obra. A gestão do coordenador sobre os resultados advindo destes gerentes serão encaminhados aos agentes financiadores e também àqueles que estão ligados as decisões superiores.

Pós-obra

Satisfação do cliente

WHITELEY (1999) mencionava que as organizações não conseguiriam obter ou manter uma participação no mercado se não conseguissem aprender a medir seus sucessos e fracassos diante do cliente e toda medição se torna uma oportunidade de aprender a atender o cliente de maneira satisfatória. Programas de qualidade como ISO 9000 (International Organization for Standartization) e o PBQP-H criado pelo governo brasileiro e se significa Programa Brasileiro da Qualidade e Produtividade do Habitat é utilizada exatamente para medir o grau de satisfação de cada cliente que recebe o empreendimento e o coordenador deverá realizar com frequência a análise e obtenção de medições capazes de identificar quaisquer anomalias que decorram da falta de qualidade de uma obra.

"A satisfação do cliente é o tema recorrente em todas aspublicações e artigos sobre marketing publicados nos últimos trinta anos. Expressões como "o cliente é o rei" e "a hora da verdade" tornaram-se jargões em todas as palestras da área. Satisfazer as necessidades do cliente virou um sonido do marketing direto. Mas ainda, como o conceito da qualidade está intimamente associado à satisfação das necessidades do cliente, não se faz qualidade sem saber quais os requisitos do cliente" (PALLADINI, 2002).

Monitorando o projeto através da fiscalização

Em uma obra que está sendo executada normalmente existe a identificação de uma parte interessada que chama de fiscalização e ela é o agente que assume um papel de assegurar a verificação das conformidades do projeto, do cumprimento das licenças, dos prazos e custos para garantir qualidade ao processo de execução da obra.

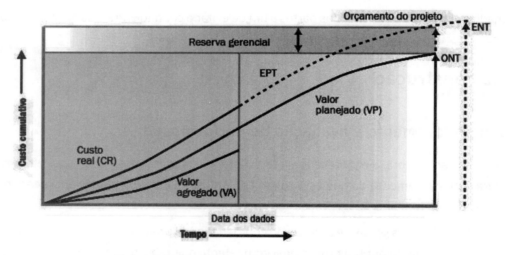

Figura 3.7: Curva S – medição de performance.

No âmbito da gestão do projeto, o fiscal passa a ser também um agente como descrito acima, realizando vistorias para verificação das conformidades, exigências, normas e especificações.

Um gerenciamento eficiente precisa também de ferramentas que sejam capazes de mensurar a saúde do projeto. A saúde do projeto precisa ser monitorada através de indicadores de custos, de prazos, de qualidade, dos riscos identificados e da análise de confiabilidade do agente financiador para o desenvolvimento do projeto.

Na definição do escopo do projeto e seus orçamentos e prazos, o coordenador passa a ter com clareza as metas e objetivos a serem alcançados, não deixando que haja estouros ou mesmo atrasos porque isso pode levar à ruina do projeto.

Algumas das formas de monitoramento da performance do projeto é o gerenciamento do valor agregado segundo PMBOK (2013), que é uma metodologia que combina escopo, cronograma, e medições de recursos para avaliar o desempenho e progresso do projeto:

Tab.3.1 Análise de desempenho.

CR	Custo Real
VA	Valor Agregado
VP	Valor Planejado
EPT	Estimativa do Projeto ao Término
ENT	Estimativa do Projeto no Término
ONT	Orçamento no Término

Fórmulas de avaliação de desempenho:

Índice de desempenho de prazos (IDP)

$$IDP = VA \div VP$$

Índice de desempenho de custos (IDC)

$$IDC = VA \div CR$$

Coordenando o pós-obra

Após a conclusão de toda a construção do empreendimento, é necessário realizar a documentação definitiva de projeto, denominada *built*, que é uma expressão inglesa significando "como construído" e é especificada pela norma brasileira NBR 14.645-1 que trata da elaboração deste projeto. O trabalho consiste no levantamento de todas as medidas existentes nas edificações, transformando as informações aferidas, em um desenho técnico que ira representar a situação atual de dados e trajetos das instalações hidráulicas, elétricas, estrutural e demais para que seja criado um registro das alterações ocorridas durante a obra para que seja facilitada a manutenção futura pelo usuário.

A função do coordenador do projeto é gerenciar, após a conclusão da obra, a confecção deste documento para ser anexo aos documentos que o usuário receberá para habitar no empreendimento construído.

Documentação das Lições Aprendidas

Uma forma de potencializar o compartilhamento das informações obtidas durante o transcorrer do projeto e da obra é a catalogação das lições que fizeram parte do aprendizado das equipes e dos problemas e soluções adotadas e pelas experiências vivenciadas. A forma de catalogar estas experiências é a adoção de um banco de dados permanente ao qual se possam buscar em qual época os registros de desenvolvimento do projeto para o tipo de empreendimento que foi executado.

Segundo PMBOK (2013), as lições aprendidas correspondem à aprendizagem obtida durante o processo de realização do projeto e que contribuem de forma bastante importante para o futuro da empresa executora ou dos participantes de novos projetos.

A RACIONALIZAÇÃO DO PROJETO COM FATOR DE PERFORMANCE

Princípios da racionalização

Compatibilização de projetos é a etapa que proporciona a integração de projetos correlatos de uma obra visando ao ajuste perfeito entre as suas partes, inclusive facilitando o seu próprio gerenciamento. Segundo GRAZIANO (2003), a compatibilidade define-se como um atribuído do projeto cujos componentes dos sistemas e subsistemas ocupam espaços que não entram em conflito entre si.

Em síntese, a compatibilização é definida como a sobreposição dos projetos onde as interferências são identificadas e corrigidas. Esta compatibilização deverá ocorrer em todas as fases do gerenciamento do projeto, sendo nos projetos preliminares, no anteprojeto, nos projetos legais e também no projeto executivo gerando uma integração completa nas geometrias de cada projeto.

Um dos maiores problemas que ocorrem em obras e consequentemente perdas de produtividade é a falta da compatibilização dos projetos de engenharia e arquitetura e isso influi nos custos e nos prazos. O coordenador de projeto deverá buscar minimizar o impacto decorrente da realização da eliminação das interferências ocorridas nas fases de estudos de engenharia e arquitetura.

Como se dá a racionalização de projetos

Os projetos são elaborados utilizando-se algum software CAD (Computer Aided Design) ou desenho com auxílio de computador e ocorre simplesmente pela sobreposição de plantas, como visualizado na Figura a seguir:

Sobrepor mais dois projetos poderá ser prejudicial à análise e afetará a visualização das interferências físicas entre eles, sendo mais aconselhável realizá-lo em etapas distintas. As sobreposições poderão corresponder a um edifício com:

- Estrutura x Hidráulico
- Estrutura x Elétrico
- Estrutura x Alvenaria
- Estrutura x Acabamentos
- Estrutura x Elevadores
- Hidráulico x Elétrico
- Outros projetos que sejam necessários para a perfeita interpretação

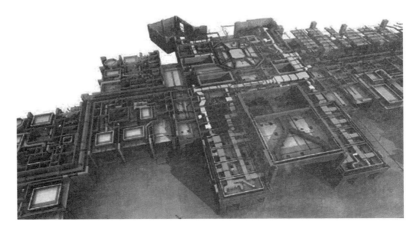

Figura 3.8: Racionalização de projetos.

Outro exemplo de compatibilização é a utilização de software em três dimensões, como exemplo:

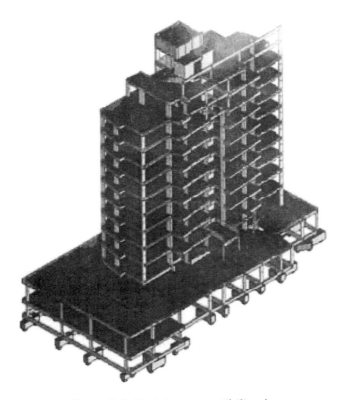

Figura 3.9: Projeto compatibilizado.

Por fim, a vantagem da compatibilização de um empreendimento será a redução substancial de dúvidas sobre a operacionalização das etapas construtivas e também ao ganho de produtividade por parte das equipes de produção ocasionando reduções de desperdícios de materiais, de prazos, e fazendo com que a qualidade seja mantida e o retorno financeiro que o coordenador de projeto busca alcançar.

CONSIDERAÇÕES FINAIS

Este capítulo teve como objetivo apresentar fundamentos teóricos e práticos sobre os coordenadores de projetos e também sobre a racionalização de procedimentos de projetos de obra.

Com essa exposição, vislumbramos notadamente que as construtoras e empreendedores devem possuir em seus quadros funcionais profissionais ou mesmo a contratação de consultorias especializadas que detenham a capacidade de poder gerir seus projetos com qualidade e com garantia de que os resultados possam surgir de maneira positiva. Na atualidade da engenharia brasileira, faz-se importante que as avaliações de viabilidade, adequações de projetos no tocante à racionalização, aos seus custos e prazos se tornem procedimentos comuns na sua rotina de trabalho porque haverá um grande ganho de competitividade em um cenário onde empresas estão disputando palmo-a-palmo os clientes consumidores.

A Figura do coordenador de projetos é cada vez mais importante e essencial para aumentar a qualidade dos empreendimentos e também para que as equipes que estarão envolvidas na execução da obra tenham a maior exatidão sobre as atividades que desenvolverão em suas frentes de trabalho.

REFERÊNCIAS BIBLIOGRÁFICAS

ASSOCIAÇÃO BRASILEIRA DE NORMAS TÉCNICAS. NBR 14645-1: Elaboração do "como construído" (as built) para edificações. Rio de Janeiro, 2000

CHIAVENATO, Idalberto. *Gerenciando pessoas – o passo decisivo para a administração participativa*. 2ª ed. São Paulo: Makron Books, 1994.

GRAZIANO, F. P. Compatibilização de Projetos. 2003. Dissertação (Mestrado Profissionalizante) - Instituto de Pesquisa Tecnológica (IPT), São Paulo.

KERZNER, Harold. *Gestão de Projeto*: as Melhores Práticas. 2a ed. Ed. Bookman, 2006, 822 p.

KOSKELA, L.; BALLARD,G. TANHUANPAA, V.P. Towards lean desing management. In: Annual Conference of The International Group for Lean Construction, 4, 1996, Birmingham. Proceedings...Birmingham: University of Birmingham, 1996.

MATTOS, Aldo Dorea. *Planejamento e controle de obras*. 1ª ed. São Paulo: PINI, 2010.

MAXIMIANO, Antonio C. A. *Teoria geral da administração*: da revolução urbana à revolução digital. 3ª ed., São Paulo: Atlas, 2002.

PALLADINI, João S. S. Priorização de Indicadores de desempenho empresarial baseados na satisfação de clientes. Universidade Federal do Rio Grande do Sul, Mestrado Profissionalizante, 2002.

PMI. Um Guia do Conjunto de Conhecimentos em Gerenciamento de Projetos, Quinta Edição 567p. EUA: Project Management Institute, 2013.

WHITELEY, R. A. *Empresa totalmente Voltada para o Cliente*. Rio de Janeiro: Campus, 1999.

Capítulo 4

ELABORAÇÃO DE PROJETOS UTILIZANDO O MS-PROJECT

Marcos Baroni – marcos.baroni@gmail.com

IPOG Instituto de Pós-Graduação

RESUMO

A gerência de qualidade está entre as prioridades de todas as empresas do mercado. Qualidade significa obter os melhores resultados na produção de produtos e na prestação de serviços, atendendo de maneira a satisfazer as necessidades dos negócios de nossos clientes, mas também entregar os projetos no tempo combinado e de acordo com o custo planejado. Sendo assim, o controle dos projetos, em todos os seus aspectos, de cronograma, custos, escopo e alocação de recursos, compreendendo pessoas, equipamentos e materiais. O MS-Project veio preencher essa lacuna e ajudar às organizações a ter um maior controle de todos os aspectos inerentes à um projeto.

Palavras-chave: Projetos; Gerência; MS Project.

INTRODUÇÃO

Embora cada tipo de projeto tenha suas fases de implantação distintas, genericamente podemos citar as fases a seguir como adaptáveis à grande maioria dos projetos. Podemos dividir basicamente em 5 fases: Iniciação, Planejamento, Execução, Controle e Encerramento.

Em cada uma dessas fases, temos suas particularidades. Uma ferramenta que é largamente utilizada no mercado é o MS Project que permite ao gestor monitorar recursos, custos, dentre outras variáveis.

A competitividade no mercado acirra ainda mais a necessidade de entregarmos nossos empreendimentos dentro de prazos e custos acertados no início. A utilização de uma ferramenta de controle de projetos faz que o fluxo de atividades aconteça de forma mais harmônica, diminuindo a chance de imprevistos futuros.

Neste artigo, serão abordadas questões relevantes ao processo de elaboração e gerenciamento de projetos, a fim de orientar o profissional da área de engenharia e arquitetura a utilizar uma ferramenta computacional bastante acessível para controlar seus projetos.

Nosso principal objetivo é ilustrar as principais funcionalidades do MS Project, para que os gestores possam se familiarizar com a ferramenta e se tornar mais produtivos, lembrando sempre da segurança computacional e da qualidade dos empreendimentos.

56   Gerenciamento de Obras, Qualidade e Desempenho da Construção

A seguir, iremos tratar as tarefas que são abordadas em cada uma das fases inerentes a um projeto. É válido ressaltar que o MS Project é uma ferramenta computacional adequada em todas as fases, porém com destaque especial para a fase de controle, onde o monitoramento das tarefas ocorre:

1. FASE I – INICIAÇÃO: esta fase caracteriza-se pela execução de atividades de reconhecimento e de definição das estratégias do projeto, tais como:

   - Formulação do empreendimento;
   - Estudo e análise da viabilidade;
   - Identificação das necessidades do cliente;
   - Identificação das necessidades do projeto;
   - Verificação dos termos contratuais e condicionantes;
   - Preparação de proposta executiva;
   - Plano preliminar de implantação;
   - Identificação da equipe de coordenação do empreendimento;
   - Identificação dos riscos.

2. FASE II – PLANEJAMENTO: esta fase caracteriza-se pelo desenvolvimento de um plano de projeto que servirá de diretriz para a sua implantação, compreendendo:

   - Execução das normas de projeto;
   - Detalhamento do planejamento, incluindo execução de cronogramas físicos e financeiros, determinação de recursos humanos e materiais, etc.;
   - Estabelecimento do plano de aquisição/contratação;
   - Estabelecimento do plano de qualidade;
   - Estabelecimento do plano de comunicação;
   - Estabelecimento do plano de gerenciamento de riscos.

3. FASE III – PROJETO DE EXECUÇÃO: nesta fase será alocada a maior quantidade de recursos, sejam humanos, materiais ou financeiros. Além disso, é da estrita observância das normas, especificações, desenhos e documentos do projeto que se obterá o resultado previsto e desejado. Geralmente esta fase compreende as seguintes atividades:

   - Execução das atividades previstas no planejamento;
   - Administração dos contratos de fornecedores e de prestadores de serviços.

4. FASE IV – CONTROLE: esta fase caracteriza-se pelo conjunto de atividades de acompanhamento da execução, incluindo:

   - Controle da qualidade;
   - Controle de alterações do escopo e quantidades;

- Atualizações e revisões dos cronogramas físicos e financeiros;
- Retroalimentação do Planejamento.

5. FASE V – ENCERRAMENTO: a fase de encerramento inicia-se quando a fase de execução concluir todos os serviços essenciais à operação ou produção e caracteriza-se pelo conjunto de atividades que visam:
- O encerramento contratual;
- O encerramento administrativo.

Na Figura a seguir, podemos perceber de forma bastante clara que o MS Project atua principalmente na fase de controle, conforme dito anteriormente:

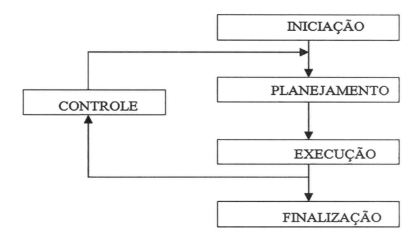

Figura 4.1: Fases de um projeto.

No conjunto, os componentes têm o objetivo de executar as atividades necessárias para a implantação do projeto, garantindo o fiel cumprimento dos desenhos, especificações, normas e padrões, em conformidade com prazos e custos previstos, assegurando que a execução se desenvolva de acordo com a qualidade desejada. Para atingir o objetivo acima, a cada um dos componentes devem ser estabelecidos parâmetros de custos, prazos e qualidade, e definidos métodos, procedimentos e padrões para a execução e controle.

Os componentes de um projeto são:
- Engenharia: compreende a execução dos cálculos, desenhos, normas, especificações e demais documentos do projeto, visando aquisição de materiais e equipamentos e construção e montagem;
- Suprimentos: compreendem a aquisição dos materiais e equipamentos conforme os requisitos da Engenharia, visando suprir as necessidades da construção e montagem;
- Construção e montagem eletromecânica: compreende a execução de obras civis, mecânicas, elétricas e instrumentação, testes, partida e treinamento da operação e manutenção, de acordo com os requisitos da Engenharia.

A Estrutura Analítica de Projetos (EAP) é uma estrutura similar a um fluxo de informações, onde cada caixa representa uma atividade no projeto. O nível 1 da EAP é o nome do projeto.

A partir do nível 2 podemos ter atividades-resumo, atividades normais ou marcos. A EAP não está preocupada com a seqüência das atividades, mas sim com a representação de todas as atividades que serão realizadas pelo projeto.

Devemos sempre nos lembrar de que o que está fora da EAP está fora do escopo, ou seja, a EAP é uma maneira visual de ilustrar as "partes" de um projeto de formar a criar módulos/pacotes de trabalho. Veja:

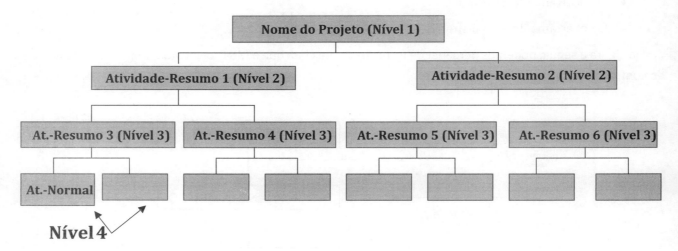

Figura 4.2: EAP (Estrutura Analítica de Projetos).

Conforme dito anteriormente, o MS Project é usado para controle e monitoramento das tarefas e tudo que esteja de forma direta ou indireta relacionado a elas, tais como: custos, recursos, prazos e outros. O início do trabalho começa a configuração do ambiente de trabalho e definição de calendário. É importante traçar a adequadamente os feriados de um projeto para que os prazos possam ficar devidamente dimensionados, evitando, assim, quaisquer contratempos no futuros e adiamentos. O ambiente de trabalho deve ser formatado de acordo com o gosto do gestor de projetos, para que possa se sentir confortável durante o processo de visualização.

Em alguns casos, é possível a utilização de modelos pré-definidos, inclusive calendários que já tenham sido usados em outros empreendimentos. Desde que o gestor tenha certeza de que as particularidades de cada projeto tenham sido devidamente tratadas em cada uma das fases, não há problemas e reaproveitar o mesmo cenário.

Como a EAP já foi criada, fica mais fácil inserir as atividades. Devemos sempre frisar que a relação do escopo, EAP e atividades devem ser fiel, pois quaisquer diferenças poderão gerar problemas futuros, não só de gestão de projetos, como também, caso haja necessidade, em eventuais auditorias. Como o nosso foco é sempre manter o aspecto da qualidade nos projetos, deverá existir sempre uma sintonia entre as fases.

Além de se trabalhar com apenas um projeto, o MS Project permite soluções corporativas, a fim de atender a maiores demandas. Encontramos a vantagem de implementação de todos os projetos com a possibilidade de definir prioridades entre eles para alocação de recursos, definir a segurança de acesso para os diversos projetos, de cadastrar uma nova tarefa e por e-mail é enviado automaticamente uma informação para o profissional responsável por essa tarefa dizendo que ele tem uma nova tarefa designada para ele, por exemplo.

Elaboração de Projetos Utilizando o Ms-Project 59

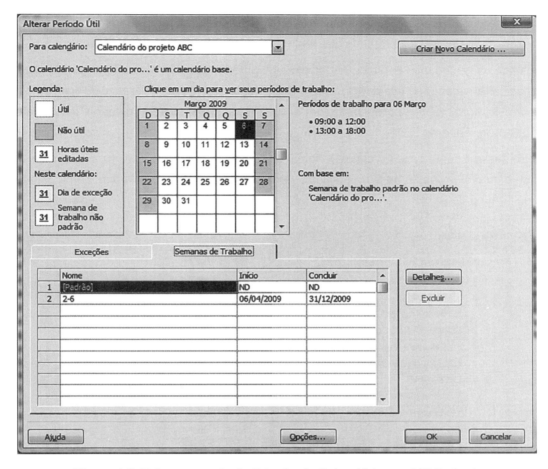

Figura 4.3: Tela capturada da Criação de Calendários no MS Project.

Esse pacote compõe-se dos seguintes produtos:
- MS-Project Professional;
- MS-Project Server;
- MS-Project Web Access;
- Team Services e
- SQL Server.

Faz parte do processo de criação de um projeto o gestor definir algumas informações essenciais. Entrar com a data de início do projeto, quando o mesmo já tiver uma data definida de início e no campo "Agendar a partir de" selecionar "data de início do projeto". Entrar com a data de término do projeto, quando o projeto tiver que terminar numa determinada data. O MS-Project calcula o cronograma para trás, até uma data de início. No campo "Agendar a partir de", selecionar "Data de término do projeto".

Algumas questões de segurança devem ser lembradas. Para entrar uma senha para o projeto, selecionar na opção "Arquivo / Salvar Como", opção "Ferramentas / Opções Gerais". A senha de proteção protege o arquivo contra abertura e a senha de gravação permite que todos abram o arquivo sem uma senha, mas como um arquivo "somente leitura", impedindo a alteração do arquivo por pessoas que não possua essa senha.

60 **Gerenciamento de Obras, Qualidade e Desempenho da Construção**

A opção "Recomendável usar como somente leitura" é exibida uma mensagem recomendando que todos não façam alteração nele, mas não impede que realmente uma pessoa faça alterações.

À medida que os calendários estão definidos e o ambiente de trabalho moldado, devemos então proceder com a inserção das atividades na tela principal da ferramenta, conhecido como Gráfico de Gantt. Nesta situação, o gestor deverá primeiramente se preocupar com cadastrar as tarefas, para que depois possa tratar de forma individual suas propriedades.

O primeiro passo a seguir, após o cadastro incial de tarefas, é criar uma estrutura de tópicos adequada e coerente com o que foi proposto no EAP. A seguir, vemos uma Figura que ilustra bem como as tarefas ficarão agrupadas no Gráfico de Gantt:

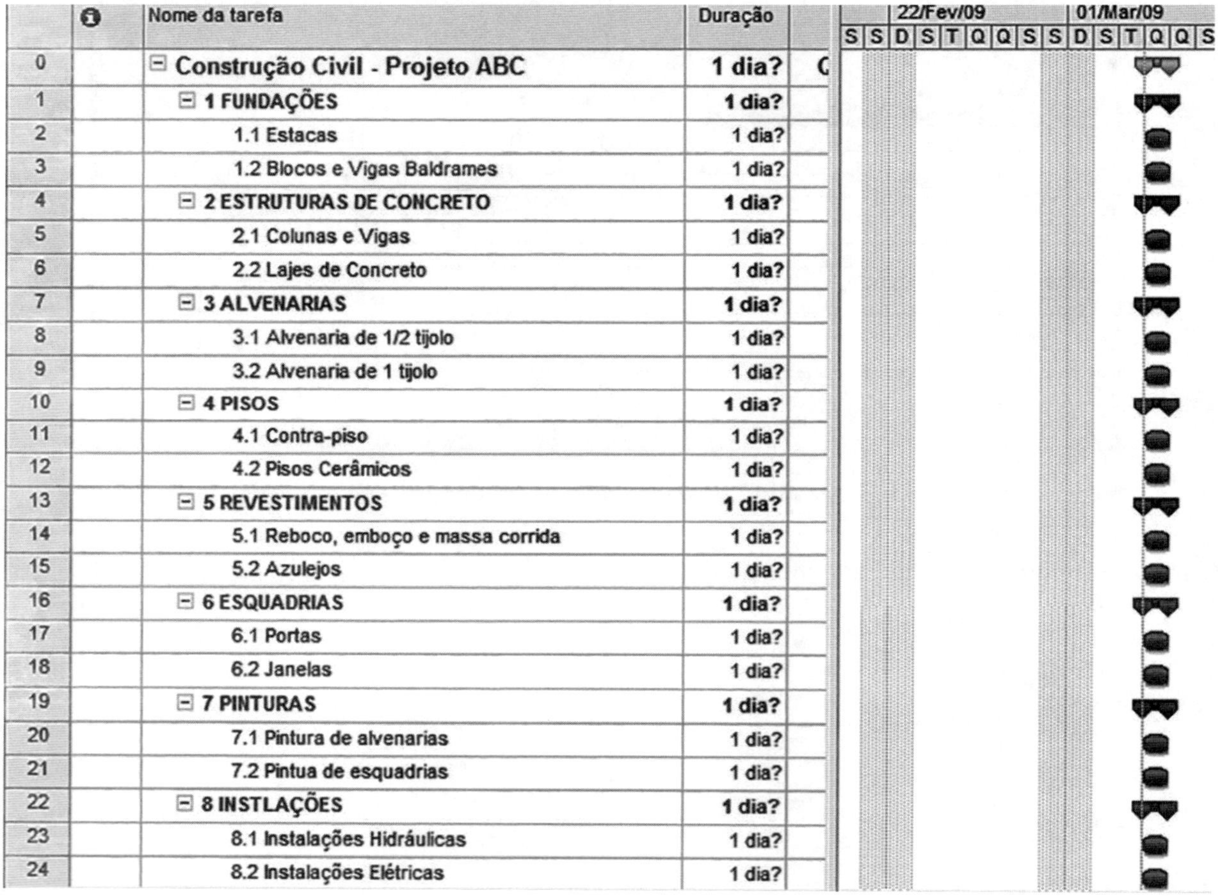

	❶	Nome da tarefa	Duração
0		⊟ Construção Civil - Projeto ABC	1 dia?
1		⊟ 1 FUNDAÇÕES	1 dia?
2		1.1 Estacas	1 dia?
3		1.2 Blocos e Vigas Baldrames	1 dia?
4		⊟ 2 ESTRUTURAS DE CONCRETO	1 dia?
5		2.1 Colunas e Vigas	1 dia?
6		2.2 Lajes de Concreto	1 dia?
7		⊟ 3 ALVENARIAS	1 dia?
8		3.1 Alvenaria de 1/2 tijolo	1 dia?
9		3.2 Alvenaria de 1 tijolo	1 dia?
10		⊟ 4 PISOS	1 dia?
11		4.1 Contra-piso	1 dia?
12		4.2 Pisos Cerâmicos	1 dia?
13		⊟ 5 REVESTIMENTOS	1 dia?
14		5.1 Reboco, emboço e massa corrida	1 dia?
15		5.2 Azulejos	1 dia?
16		⊟ 6 ESQUADRIAS	1 dia?
17		6.1 Portas	1 dia?
18		6.2 Janelas	1 dia?
19		⊟ 7 PINTURAS	1 dia?
20		7.1 Pintura de alvenarias	1 dia?
21		7.2 Pintua de esquadrias	1 dia?
22		⊟ 8 INSTLAÇÕES	1 dia?
23		8.1 Instalações Hidráulicas	1 dia?
24		8.2 Instalações Elétricas	1 dia?

Figura 4.4: Ilustração das tarefas agrupadas em estruturas de tópicos.

A seguir, devemos nos preocupar em inserir as durações de cada uma das tarefas. É válido ressaltar que neste momento não nos preocupamos com o prazo inicial e prazo final, já que os vínculos já foram definidos previamente. Ou seja, à medida que as durações forem cadastradas, o próprio MS Project irá colocar o prazo inicial de cada tarefa. Lembrando também que as tarefas "mães" (negrito) não podem ter prazos cadastrados, pois a própria ferramenta que fará o cálculo ajustado.

Ainda com relação às entradas dos prazos, o ideal é padronizar o projeto para que todas as atividades tenham a mesma unidade, como, por exemplo, dias). A duração "?" indica uma duração estimada. As durações podem ser:

- M = Minuto
- H = Hora
- D = Dia
- S = Semana
- Mês = Mês

Para as tarefas com duração contínua, não interessando feriados ou finais de semana, acrescentar um "d" (decorrido) ao final da letra anterior.

Exemplo: Se uma atividade tem duração de 7 dias decorridos, ela começará no domingo e terminará no sábado posterior: (7 dd = 7 dias decorridos). Assim que as durações forem inseridas nas tarefas, teremos a seguinte situação:

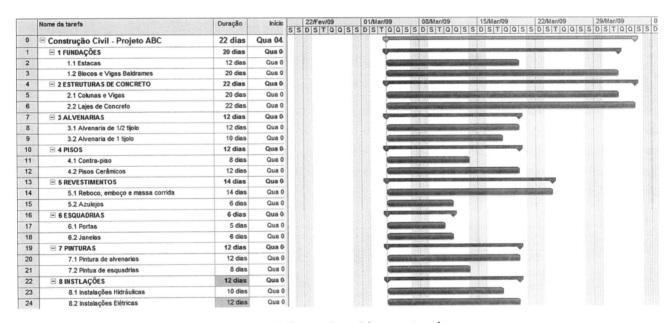

Figura 4.5: Prazos inseridos nas tarefas.

Um ponto importante a ser abordado é a necessidade de fazermos a relação de interdependência das atividades, denominada Rede PERT. Estes vínculos são feitos de tal forma que o projeto passa a ter uma seqüência adequada de trabalho. É uma espécie de "engrenagem" do projeto, permitindo que o gestor veja as tarefas e suas dependências, conforme ilustrado na Figura abaixo.

	Nome da tarefa	Duração	Início	Término	Predecessoras	Nomes do
0	⊟ Construção Civil - Projeto ABC	13,4 dias	Qua 04/03/09	Seg 04/05/09		
1	⊟ 1 FUNDAÇÕES	28,4 dias	Qua 04/03/09	Seg 13/04/09		
2	1.1 Estacas	12 dias	Qua 04/03/09	Qui 19/03/09		
3	1.2 Blocos e Vigas Baldrames	20 dias	Seg 16/03/09	Seg 13/04/09	2TI-30%	
4	⊟ 2 ESTRUTURAS DE CONCRETO	43,4 dias	Qua 04/03/09	Seg 04/05/09		
5	2.1 Colunas e Vigas	20 dias	Seg 06/04/09	Seg 04/05/09	3II+15 dias	
6	2.2 Lajes de Concreto	22 dias	Qua 04/03/09	Qui 02/04/09		
7	⊟ 3 ALVENARIAS	12 dias	Ter 31/03/09	Qui 16/04/09	6TI-10%	
8	3.1 Alvenaria de 1/2 tijolo	12 dias	Ter 31/03/09	Qui 16/04/09		
9	3.2 Alvenaria de 1 tijolo	10 dias	Ter 31/03/09	Ter 14/04/09		
10	⊟ 4 PISOS	12 dias	Qua 04/03/09	Qui 19/03/09		
11	4.1 Contra-piso	8 dias	Qua 04/03/09	Sex 13/03/09		
12	4.2 Pisos Cerâmicos	12 dias	Qua 04/03/09	Qui 19/03/09		
13	⊟ 5 REVESTIMENTOS	14 dias	Qua 04/03/09	Seg 23/03/09		
14	5.1 Reboco, emboço e massa corrida	14 dias	Qua 04/03/09	Seg 23/03/09		

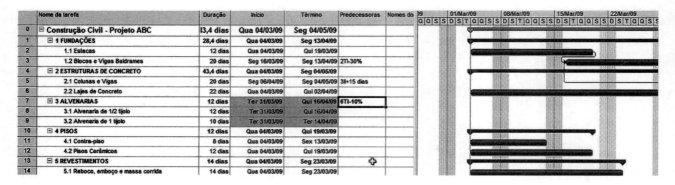

Figura 4.6: Exemplo de Rede PERT.

Sempre que falamos de Rede PERT, não podemos deixar mencionar que existem também 4 tipos de vínculos que são utilizados no MS Project, afim de enriquecer a relação de dependência entre as tarefas. São elas:

- TI = Término a Início => Atividade Predecessora deve terminar para a sucessora poder começar
- TT = Término a Término => Atividade Predecessora deve terminar para a sucessora também poder terminar
- II - Início a Início => Atividade Predecessora deve iniciar para a sucessora também poder iniciar
- IT = Início a Término => Atividade Predecessora deve iniciar para a sucessora poder terminar

Válido lembrar que todos estes vínculos podem receber uma latência positiva ou negativa. Isto quer dizer que o gestor poderá ter folgas entre as tarefas. Mesmo assim, o MS Project permite que o gestor de projetos cadastre folgas negativas, ou seja, uma forma de encurtar o cronograma de andamento do empreendimento. Sendo assim, o gestor deverá atribuí-las diretamente no Gráfico de Gantt, afim de atender as demandas do planejamento.

	Nome da tarefa	Duração	Início	Término	Predecessoras	Nomes do
0	⊟ Construção Civil - Projeto ABC	51,8 dias	Qua 04/03/09	Qui 14/05/09		
1	⊟ 1 FUNDAÇÕES	28,4 dias	Qua 04/03/09	Seg 13/04/09		
2	1.1 Estacas	12 dias	Qua 04/03/09	Qui 19/03/09		
3	1.2 Blocos e Vigas Baldrames	20 dias	Seg 16/03/09	Seg 13/04/09	2TI-30%	
4	⊟ 2 ESTRUTURAS DE CONCRETO	43,4 dias	Qua 04/03/09	Seg 04/05/09		
5	2.1 Colunas e Vigas	20 dias	Seg 06/04/09	Seg 04/05/09	3II+15 dias	
6	2.2 Lajes de Concreto	22 dias	Qua 04/03/09	Qui 02/04/09		
7	⊟ 3 ALVENARIAS	12 dias	Ter 31/03/09	Qui 16/04/09	6TI-10%	
8	3.1 Alvenaria de 1/2 tijolo	12 dias	Ter 31/03/09	Qui 16/04/09		
9	3.2 Alvenaria de 1 tijolo	10 dias	Ter 31/03/09	Ter 14/04/09		
10	⊟ 4 PISOS	16,8 dias	Qua 04/03/09	Qui 26/03/09		
11	4.1 Contra-piso	8 dias	Qua 04/03/09	Sex 13/03/09		
12	4.2 Pisos Cerâmicos	12 dias	Ter 10/03/09	Qui 26/03/09	11II+60%	
13	- 5 REVESTIMENTOS	20 dias	Qui 16/04/09	Qui 14/05/09	7	
14	5.1 Reboco, emboço e massa corrida	14 dias	Qui 16/04/09	Qua 06/05/09		
15	5.2 Azulejos	6 dias	Qua 06/05/09	Qui 14/05/09	14	
16	⊟ 6 ESQUADRIAS	6 dias	Qua 04/03/09	Qua 11/03/09		
17	6.1 Portas	5 dias	Qua 04/03/09	Ter 10/03/09		
18	6.2 Janelas	6 dias	Qua 04/03/09	Qua 11/03/09		

Figura 4.7 - Exemplo de latências.

Dentro do planejamento, é comum encontrarmos tarefas recorrentes, ou seja, tarefas se que repetem ao longo do seu projeto seguindo um determinado padrão. Por exemplo: é freqüente ocorrer reuniões semanais, todas as sextas-feiras. O MS Project permite inserir este tipo de atividade de tal forma que o gestor possa ficar atento às estas demandas durante a evolução do cronograma do seu empreendimento.

Caminho Crítico em gerência de projetos é um termo criado para designar um conjunto de tarefas vinculadas a uma ou mais tarefas que não têm margem de atraso.

Matematicamente, um tarefa é crítica quando o tempo mais cedo da tarefa é igual ao tempo mais tarde que a tarefa pode ter sem alterar a data final do projeto. O valor do tempo mais cedo (Time Earlier) e do tempo mais tarde (Time Later) pode ser calculado através do diagrama de Rede.

O caminho crítico é a seqüência de atividades que devem ser concluídas nas datas programadas para que o projeto possa ser concluído dentro do prazo final. Se o prazo final for excedido, é porque, no mínimo, uma das atividades do caminho crítico não foi concluída na data programada. É importante entender a seqüência do caminho crítico para saber onde você tem e onde você não tem flexibilidade. Por exemplo, você poderá ter uma série de atividades que foram concluídas com atraso, no entanto, o projeto como um todo ainda será concluído dentro do prazo, porque estas atividades não se encontravam no caminho crítico. Por outro lado, se o seu projeto está atrasado, e você alocar recursos adicionais em atividades que não estão no caminho crítico, não fará com que o projeto termine mais cedo.

Segundo TAVARES (1996), o Método do Caminho Critico (CPM - Critical Path Method) é um dos vários métodos de análise de planejamento de projetos. O CPM está dire tamente ligado no planejamento do tempo, com o objetivo de minimizar o tempo da duração total do projeto. As atividades ou tarefas críticas definem assim o caminho crítico, ou seja, revela a sequência de tarefas que condicionam a duração total do projeto. Com isto, fornece também informação útil para que com isso se possa elaborar um projeto atendendo aos recursos necessários em função das restrições aliadas ás tarefas críticas, conseguindo então uma equilibrada gestão de recursos por todo o projeto.

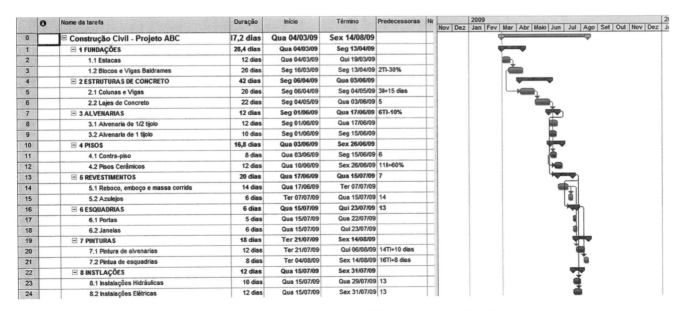

Figura 4.8: Exemplo de Rede PERT (caminho crítico).

64 Gerenciamento de Obras, Qualidade e Desempenho da Construção

A criação do Banco de Dados de Recursos tem como principal objetivo atender a uma demanda corporativa e é bastante pertinente para um controle mais adequado durante a execução das tarefas. Os recursos podem ser criados dentro do arquivo do projeto ou em separado.

	Nome do recurso	Tipo	Unidade do Material	Iniciais	Grupo	Unid. máximas	Taxa padrão	Taxa h. extra	Custo/uso	Acumular	Calendário base	Código
1	Carpinteiro	Trabalho		C	Mão de obra	1	R$ 5,70/hr	R$ 10,40/hr	R$ 0,00	Rateado	Calendário do projeto ABC	Categoria Carpinteiros
2	Engenheiro Flavio	Trabalho		E	Mão de obra	1	R$ 30,00/hr	R$ 60,00/hr	R$ 0,00	Rateado	Calendário do projeto ABC	ABC1010
3	Ferreiro	Trabalho		F	Mão de obra	1	R$ 5,70/hr	R$ 10,40/hr	R$ 0,00	Rateado	Calendário do projeto ABC	Categoria Ferreiros
4	Pedreiro	Trabalho		P	Mão de obra	1	R$ 5,70/hr	R$ 10,40/hr	R$ 0,00	Rateado	Calendário do projeto ABC	Categoria Pedreiros
5	Servente	Trabalho		S	Mão de obra	1	R$ 3,85/hr	R$ 7,70/hr	R$ 0,00	Rateado	Calendário do projeto ABC	Categoria Serventes
6	Bancada para ferragens	Trabalho		B	Equipamento	1	R$ 2,50/hr	R$ 0,00/hr	R$ 0,00	Rateado	Calendário do projeto ABC	Equipamento alugado
7	Betoneira	Trabalho		B	Equipamento	1	R$ 5,00/hr	R$ 0,00/hr	R$ 0,00	Rateado	Calendário do projeto ABC	Equipamento alugado
8	Serra elétrica	Trabalho		S	Equipamento	1	R$ 3,00/hr	R$ 0,00/hr	R$ 0,00	Rateado	Calendário do projeto ABC	Equipamento alugado
9	Vibrador de concreto	Trabalho		V	Equipamento	1	R$ 3,20/hr	R$ 0,00/hr	R$ 0,00	Rateado	Calendário do projeto ABC	Equipamento alugado
10	Empresa de Instalações Elétricas	Trabalho		E	Contratada	1	R$ 0,00/hr	R$ 0,00/hr	R$ 3.200,00	Fim	Calendário do projeto ABC	Empresa contratada
11	Empresa de Instalações Hidráulicas	Trabalho		E	Contratada	1	R$ 0,00/hr	R$ 0,00/hr	R$ 3.260,00	Fim	Calendário do projeto ABC	Empresa contratada
12	Empresa de Pintura	Trabalho		E	Contratada	1	R$ 0,00/hr	R$ 0,00/hr	R$ 3.600,00	Fim	Calendário do projeto ABC	Empresa contratada
13	Aço CA-25	Material	kg	A	Materiais		R$ 0,75		R$ 0,00	Início		
14	Aço CA-50	Material	kg	A	Materiais		R$ 0,88		R$ 0,00	Início		
15	Areia	Material	m3	A	Materiais		R$ 44,20		R$ 0,00	Início		
16	Azulejos 15x15cm	Material	m2	A	Materiais		R$ 10,80		R$ 0,00	Início		
17	Brita	Material	m3	B	Materiais		R$ 39,00		R$ 0,00	Início		
18	Cal hidratada	Material	kg	C	Materiais		R$ 0,30		R$ 0,00	Início		
19	Cimento	Material	Kg	C	Materiais		R$ 0,30		R$ 0,00	Início		
20	Cimento branco	Material	kg	C	Materiais		R$ 2,70		R$ 0,00	Início		
21	Cimento corante	Material	kg	C	Materiais		R$ 0,55		R$ 0,00	Início		
22	Concreto	Material	m3	C	Materiais		R$ 155,00		R$ 0,00	Início		
23	Escoramento	Material	metro	E	Materiais		R$ 2,85		R$ 0,00	Início		
24	Formas	Material	m2	F	Materiais		R$ 14,80		R$ 0,00	Início		
25	Impermeabilizante	Material	l	I	Materiais		R$ 2,80		R$ 0,00	Início		
26	Janelas completas	Material	un	J	Materiais		R$ 75,00		R$ 0,00	Início		
27	Laje pré-fabricada	Material	m2	L	Materiais		R$ 13,50		R$ 0,00	Início		
28	Massa corrida	Material	kg	M	Materiais		R$ 6,20		R$ 0,00	Início		
29	Piso cerâmico 30x30cm	Material	m2	P	Materiais		R$ 12,60		R$ 0,00	Início		
30	Portas completas	Material	un	P	Materiais		R$ 110,00		R$ 0,00	Início		
31	Tijolo	Material	un	T	Materiais		R$ 0,30		R$ 0,00	Início		
32	Estadia	Custo		E	Outros custos					Rateado		

Figura 4.9: Exemplo de tela de cadastro de Recursos.

O ideal, visando à aplicação do MS-Project em nível corporativo, é que os recursos sejam criados em um arquivo diferente. Nesse caso, teremos um arquivo (extensão MPP – Microsoft Project Professional) contendo somente o projeto e outro arquivo (extensão MPP) contendo somente os recursos. Após a criação dos dois arquivos, vincula-se o Banco de Dados de Recursos ao projeto.

Os recursos podem ser de quatro tipos: recursos humanos, equipamentos, materiais e custo. O MS-Project trata os recursos humanos e os equipamentos como "trabalho", pois são orçados em horas. Os recursos materiais são do tipo "Materiais". Os recursos "custo" não afetam o cronograma ou o projeto em si em termos de materiais ou trabalho.

- Recursos Humanos: os recursos humanos devem ser criados em primeiro lugar no Banco de Dados e na alocação dos recursos humanos nas atividades do projeto também devem aparecer em primeiro lugar.

- Recursos Equipamentos: os equipamentos devem ser criados em segundo lugar no Banco de Dados, após a criação dos recursos humanos. Na alocação dos equipamentos nas atividades do projeto também devem aparecer em segundo lugar. Os equipamentos podem ser de dois tipos: alugados e próprios. Para os equipamentos próprios, podemos considerar a depreciação e obsolescência na taxa padrão.

- Recursos Materiais: os materiais devem ser criados em último lugar no Banco de Dados e na alocação dos materiais nas atividades do projeto também devem aparecer em último lugar.

- Recursos Custo: são usados para custos que não dependem da duração da tarefa e da quantidade de trabalho necessária para completar a tarefa. Esses recursos não afetam o cronograma (exemplo: para as tarefas reunião e viagem, podemos ter como recursos custo os seguintes: hotel, gasolina, comida). São despesas que não afetam o projeto em termos de material ou trabalho.

Após o cadastro dos recursos, o próximo passo será atribuí-los, justamente para que o custo total do projeto seja composto. Neste momento, devemos ter muitos cuidados, evitando sobrecargas e situações onde sabemos que, na realidade, não irá acontecer. Os recursos devem ser atribuídos sempre se baseando no que foi planejado.

Alguns gestores optam por atribuir recursos diretamente nas etapas. Já outros preferem atribuí-los diretamente a cada uma das tarefas. É uma decisão corporativa, ou seja, a empresa normalmente convenciona a melhor forma de se trabalhar. Não há uma regra definida.

O processo de atribuição é muito trabalhoso. A palavra é essa mesma. Não é difícil e sim trabalhoso. O gestor deve conhecer muito bem os recursos que dispõem para que a alocação ocorra da melhor forma possível, evitando assim o retrabalho. A seguir, veja uma tela, a qual considero muito intuitiva, para atribuição de recursos:

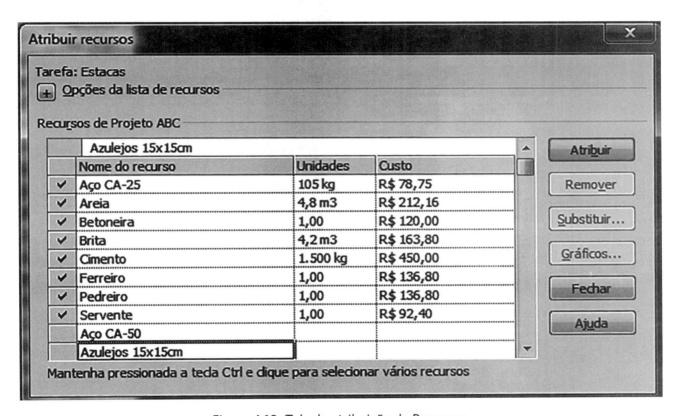

Figura 4.10: Tela de atribuição de Recursos.

Existem também outras formas de visualização, conforme ilustrado a seguir, para que o gestor possa enxergar de forma mais discriminada. É muito comum, através destas informações, a equipe de projetos tomar decisões de realocações, ou seja, substituições de recursos que estão com um custo que esteja fora do orçamento.

	❶	Nome da tarefa	Trabalho	Custo	Duração	Início
0	📖	⊟ Construção Civil - Pı	571 hrs	R$ 6.098,29	24,55 dias	ua 04/03
1		⊟ FUNDAÇÕES	571 hrs	R$ 6.098,29	28,38 dias	Qua 04/0
2		⊟ Estacas	231 hrs	R$ 1.884,21	22,5 dias	Qua 04/0
		Areia	4,8 m3	R$ 212,16		Qua 04/0
		Cimento	1.500 kg	R$ 450,00		Qua 04/0
		Brita	4,2 m3	R$ 163,80		Qua 04/0
		Aço CA-25	105 kg	R$ 78,75		Qua 04/0
		Betoneira	6 hrs	R$ 30,00		Qua 04/0
		Servente	180 hrs	R$ 693,00		Qua 04/0
		Ferreiro	15 hrs	R$ 85,50		Qua 04/0
		Pedreiro	30 hrs	R$ 171,00		Qua 04/0
3		⊟ Blocos e Vigas Bak	340 hrs	R$ 4.214,08	12 dias	Qua 25/0
		Formas	57,6 m2	R$ 852,48		Qua 25/0
		Concreto	8,8 m3	R$ 1.364,00		Qua 25/0
		Aço CA-50	480 kg	R$ 422,40		Qua 25/0
		Bancada para	48 hrs	R$ 120,00		Qua 25/0
		Carpinteiro	96 hrs	R$ 547,20		Qua 25/0
		Ferreiro	72 hrs	R$ 410,40		Qua 25/0
		Pedreiro	16 hrs	R$ 91,20		Qua 25/0
		Serra elétrica	8 hrs	R$ 24,00		Qua 25/0
		Vibrador de cc	4 hrs	R$ 12,80		Qua 25/0
		Servente	96 hrs	R$ 369,60		Qua 25/0

Figura 4.11: Visualização de Uso da Tarefa.

Além do utilizarmos recursos em cada uma das tarefas, podemos também anexar arquivo a fim de dar mais informações detalhadas para o gestor de projetos. Como dito, através dessa opção, podemos anexar qualquer tipo arquivo, podendo ser do Word, PowerPoint, AutoCAD, etc. Essa opção é importante para anexarmos o escopo do projeto e todas as outras informações sobre o projeto, por exemplo.

Vejamos que, apesar de trabalhoso, esse processo permite uma boa visualização da utilização dos recursos de mão de obra e durações. Além disso, o método permite visualizar onde poderíamos alocar quantidades maiores de determinados recursos e diminuir a duração da tarefa. A adequação dos recursos de equipamentos, analogamente aos recursos de mão de obra, deve levar em consideração, além do prazo necessário de utilização dentro da duração total da tarefa, a intenção de utilização durante toda a jornada de trabalho diária, totalizando 40 horas semanais (quando o total de horas for igual ou maior que 40 horas). Contudo, o primeiro critério a ser definido é a necessidade de alocação do recurso pelas características da tarefa.

A adequação dos recursos materiais deve levar em consideração que, com exceção de materiais que terão aplicação pontual, é recomendável tê-los no início da tarefa, para que não ocorra a falta dos serviços durante a execução. Obviamente, para atividades de longa duração e que demandam grande quantidade de materiais, essa alocação (ou chegada dos materiais) pode ser dividida em duas ou mais vezes.

O MS Project é uma ferramenta bastante interativa e intuitiva, permitindo a gestor uma rápida e fácil visualização de recursos problemáticos. Veja a figura:

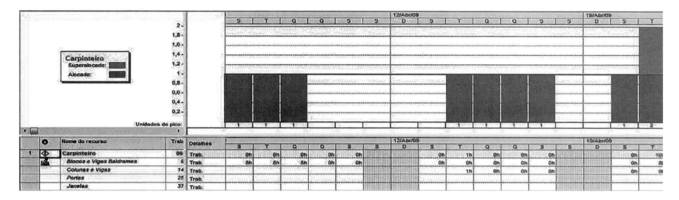

Figura 4.12: Exemplo de recurso super alocado.

Enfim, concluímos que para cada tarefa e recurso há necessidade de o gestor decidir as melhores alternativas, mas sempre se baseando naquilo que foi feito previamente no planejamento.

O MS-Project dispõe de uma barra de ferramentas de desenho com a qual podemos desenhar uma variedade de figuras geométricas, linhas e setas na área gráfica do gráfico de Gantt, bem como caixas de textos que poderão auxiliar no realce de tarefas ou lembretes relacionados a elas.

As possibilidades são: linha, seta, retângulo, oval, arco, polígono, caixa de texto, cor de preenchimento e anexar à tarefa.Exemplo de aplicação da barra de ferramentas:

- Inserir uma elipse circundando alguma tarefa do Projeto ABC, criando linha, seta e texto indicando alguma importante observação sob a tarefa selecionada;
- Clicar na barra de ferramenta de desenho Oval, pressionar e manter pressionado o botão esquerdo do mouse na área do Gráfico de Gantt (próximo à tarefa desejada) e arraste até circundar a tarefa;
- Para alterar cor e espessura da linha, selecionar o menu " Formatar / desenho" ou dar um duplo clique na Figura onde aparecerá a caixa de diálogo "Formatar desenho";
- Selecionar a aba "Linha e preenchimento" para alterar cor e espessura da linha;
- Para enviar para trás ou para frente, selecionar o menu "Formatar / desenho" ou clicar com o botão direito do mouse sobre a Figura escolhendo o menu "Ordem";
- Clicar no botão "Seta" na barra de desenho e depois na área do gráfico, pressionando e mantendo pressionado o botão esquerdo do mouse, arrastando a seta até o ponto desejado para desenhar a linha com uma seta;

Para formatar a cor e a espessura da linha, dar um duplo clique na linha da seta e na aba "Linha e preenchimento", alterar a cor e a espessura da linha;

Clicar na caixa de texto, pressionando e mantendo pressionado o botão esquerdo do mouse, arrastando e soltando para que seja criada uma caixa de texto, redimensionando e formatando da mesma maneira que o anteriormente feito para a seta.

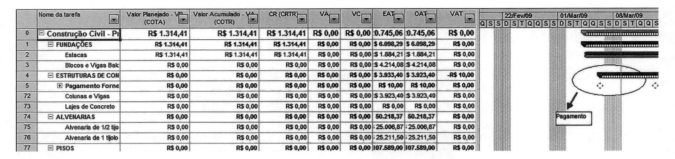

Figura 4.13: Exemplo de inserção de desenhos.

Os indicadores gráficos são recursos de extrema importância gerencial, pois permitem a visualização imediata de atrasos no cronograma, facilitando assim a tomada de decisão sem que o empreendimento seja necessariamente comprometido. O MS Project dispõe destes recursos a fim de dar ao gestor uma informação visual dentro do próprio Gráfico de Gantt, conforme ilustrado na sequência.

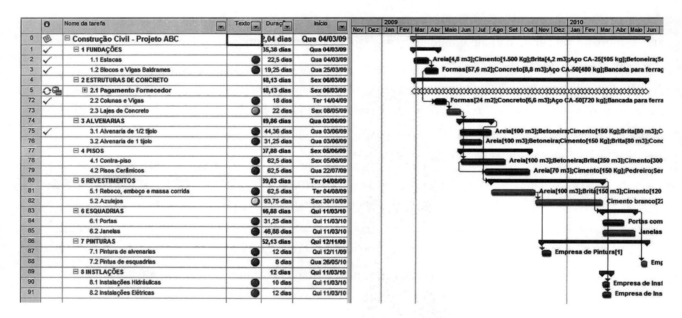

Figura 4.14: Visualização de indicadores gráficos.

Os relatórios são acessados através da opção "Relatório / Relatórios". Os tipos de relatórios disponíveis no MS Project podem ser textuais ou visuais. No caso de um relatório textual, o gestor poderá acessar configurações básicas de impressão, tais como cabeçalho/rodapé e até mesmo inserir a logomarca da sua empresa, por exemplo. No caso de relatórios visuais, existe então uma integração total com o MS Excel, que assume as funcionalidades básicas da ferramenta. Os principais modelos de relatórios estão descritos abaixo:

- Visão Geral / Resumo do Projeto: mostra as informações de primeiro nível sobre o projeto. Apresenta informações resumidas sobre datas, duração, o trabalho, os custos, o status de tarefa e o status de resumo.

- Visão Geral / Tarefas Nível Superior: mostra até a data de hoje as tarefas de resumo no nível mais alto do projeto. Apresenta as datas inicial e final programadas, a porcentagem concluída de cada tarefa, o custo e o trabalho requerido para concluir a tarefa.

- Visão Geral / Tarefas Críticas: mostra o status das tarefas no caminho crítico do projeto – aquelas que atrasam o projeto caso não sejam concluídas no prazo. Apresenta a duração planejada de cada tarefa, as datas inicial e final, os recursos designados para a tarefa, antecessoras e sucessoras da tarefa.

- Visão Geral / Etapas: mostra as informações sobre cada marco do projeto. Se as tarefas de resumo foram marcadas como marcos (Opção "Informações sobre a tarefa"), as tarefas de resumo também aparecem nesse relatório como marcos. Para cada marco ou tarefa de resumo, é exibida a duração planejada, as datas inicial e final, as tarefas antecessoras e os recursos designados para cada marco.

- Visão Geral / Dias Úteis: mostra as informações sobre todos os calendários definidos no projeto. Apresenta o nome do calendário e as horas trabalhadas estabelecidas para cada dia da semana juntamente com todas as exceções definidas.

- Atividades Atuais / Tarefas não Iniciadas: mostra as tarefas que ainda não foram iniciadas, classificadas pela data inicial programada. Para cada tarefa, são exibidas a duração, tarefa antecessora e as informações de recursos.

- Atividades Atuais / Tarefas com início breve: mostra as tarefas que começam ou terminam entre as datas de início e fim selecionadas. Para cada tarefa, são exibidas a duração, tarefa antecessora e as informações de recursos, além das tarefas concluídas (que aparecem com a marca de conclusão na coluna "Indicador").

- Atividades Atuais / Tarefas em andamento: mostra as tarefas que começaram, mas ainda não terminaram. Apresenta a duração das tarefas, as datas inicial e final planejadas, as tarefas antecessoras e as informações de recursos.

- Atividades Atuais / Tarefas concluídas: mostra as tarefas que foram concluídas. Apresenta a duração real, as datas de início e final reais, a porcentagem concluída (sempre 100%), o custo e as horas de trabalho.

- Atividades Atuais / Tarefas que já deveriam ter iniciado: para cada tarefa do relatório, são exibidas as datas inicial e final planejadas, as datas inicial e final da linha de base e as variações para as datas inicial e final.

- Atividades Atuais / Tarefas adiadas: mostra as tarefas que foram reprogramadas a partir das datas iniciais de linha de base.

- Custos / Fluxo de Caixa: mostra os custos por tarefa em incrementos semanais. Para alterar o incremento e outras informações, selecionar a opção "Editar".

- Custos / Orçamento: ,mostra os custos fixos, totais e da linha de base por tarefa.

- Custos / Tarefas com orçamento estourado e Recursos com orçamento estourado: mostra os custos fixos, totais e da linha de base por tarefa ou por recurso cujo orçamento esteja estourado, ou seja, onde o custo total é maior que o custo da linha de base.

70 Gerenciamento de Obras, Qualidade e Desempenho da Construção

- Custos / Valor Acumulado: mostra o status dos custos de cada tarefa quando comparamos os custos planejados com os custos reais. Apresenta os valores COTA (PV), COTR (EV), CRTR (AC), VA, VC, EAT (Estimativa Ao Término), OAT (Orçamento Ao Término), VAT (Variação Ao Término).

- Atribuições / Quem faz o que: mostra os recursos e as tarefas às quais eles foram designados, a quantidade de trabalho planejado para cada tarefa, as datas inicial e final planejadas e todas as anotações dos recursos.

- Atribuições / Quem faz o que e quando: mostra os recursos e as tarefas às quais eles foram designados. Porém, apresenta o trabalho diário programado para cada recurso de cada tarefa.

- Atribuições / Lista de tarefas pendentes: mostra semanalmente as tarefas designadas para um recurso selecionado. Apresenta o número ID, a duração, as datas inicial e final, as tarefas antecessoras e uma lista de todos os recursos designados para cada tarefa.

- Atribuições / Recursos Superalocados: mostra os recursos superalocados, as tarefas as quais eles foram designados e número total de horas do trabalho designado para eles. Também podem ser apresentados os detalhes de cada tarefa, tal como a alocação, a quantidade de trabalho, os atrasos e as datas inicial e final.

- Carga de Trabalho / Uso da Tarefa: mostra as tarefas e os recursos designados para cada tarefa. Também apresenta o valor do trabalho designado a cada recurso em incrementos semanais. Para alterar o período de semanal para o desejado, clicar na opção "Editar".

- Carga de Trabalho / Uso do Recurso: mostra os recursos e as tarefas para as quais eles foram designados. Também apresenta o valor do trabalho designado a cada recurso em incrementos semanais. Para alterar o período de semanal para o desejado, clicar na opção "Editar".

Além disso, o MS-Project possui vários tipos de relatórios personalizados. A seguir, listamos alguns desses relatórios:

- Relatório de Tarefa: mostra informações sobre as tarefas, tais como número ID, nome da tarefa, ícones indicadores, duração da tarefa, as datas inicial e final planejadas, tarefas antecessoras e os nomes dos recursos.

- Relatório de Recurso: mostra informações sobre os recursos como os números ID, os ícones de indicadores, nomes dos recursos, as iniciais, os grupos, as unidades máximas, as informações de taxa, informações acumuladas, informações do calendário.

- Relatório de Referência Cruzada: mostra informações de tarefa e recursos nas linhas e os incrementos de tempo nas colunas.

- Personalização de um relatório já existente: para personalizar um relatório existente, selecionar a opção "Personalizados", o relatório desejado e no botão "Editar".

Veja que podemos utilizar o MS Project para cálculo de valor agregado, conforme ilustrado na Figura a seguir e isso faz com que o gestor possa ter um controle mais próximo da evolução do orçamento do seu empreendimento.

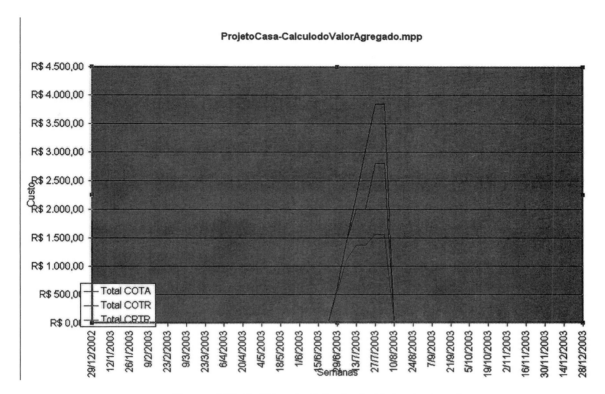

Figura 4.15: Gráfico de Cálculo de Valor Agregado.

CONCLUSÃO

A habilidade do gestor de projetos é fundamental para que os empreendimentos adquiram sucesso em um ambiente corporativo. Porém, a utilização de ferramentas que possam auxiliar o trabalho faz com que a eficácia seja adquirida de forma mais competitiva.

Existem várias metodologias que podem ser utilizadas a fim de aprimorar o planejamento de projetos, porém o foco dado aqui foi prático, ou seja, mostrando os principais passos e recursos para elaboração de projetos utilizando o MS Project 2010.

REFERÊNCIAS

NOCÊRA, Rosaldo de Jesus. Planejamento de Obras Industriais com MS-Project. Ed. Pini.

PRADO, Darci. Usando o MS-Project 2007 em Gerenciamento de Projetos – INDG.

STOVER, Teresa S. Microsoft Office Project 2007 inside out – Microsoft Press.

VARGAS, Ricardo V. Microsoft Project 2010 Standard and Professional. Rio de Janeiro: Brasport, 2010.

Capítulo 5

FERRAMENTAS ESTATÍSTICAS APLICADAS À QUALIDADE DA CONSTRUÇÃO

Sergio Botassi dos Santos, DSc., MSc.

Pontifícia Universidade Católica de Goiás - PUC
e-mail: sbotassis@gmail.com

INTRODUÇÃO

A construção civil brasileira ao longo das últimas décadas começou a perceber que para tornar-se mais competitiva, reduzindo custos e garantindo um mínimo de qualidade, precisava evoluir seus processos executivos com foco na industrialização. A norma de desempenho NBR 15.575 (ABNT, 2013) é um importante marco desta mudança, pois vem exigindo que se pense na qualidade de umimóvel ainda na fase de projeto, demandando esforços para que se garanta o nível mínimo de atendimento das necessidades de seu cliente, vinculada a todas as fases do ciclo de vida da edificação (concepção, projeto, planejamento, execução, uso e manutenção).

Diante deste cenário é fundamental se utilizar de ferramentas que tragam maior confiabilidade às obras. Vários selos da qualidade, como ISO 9001 (ABNT, 2015) e SiQ/PBQP-H (Ministério das Cidades, 2012) possuem esse intuito, necessitando de análises estatísticas que permitam avaliar a estabilidade dos processos em produzir conforme planejado e projetado, atendendo os requisitos dos clientes. O maior nível de padronização das atividades da construção civil nacional, como já realizado em larga escala em vários países pelo mundo, também é um forte argumento para o uso de ferramentas estatísticas já que assim pode-se ter melhor controle e garantir a qualidade com menor probabilidade de não-conformidades, aumentando a credibilidade dos processos atingirem os propósitos de qualidade e ainda aumentar a produtividade.

PRINCÍPIOS DE GESTÃO DA QUALIDADE VOLTADOS PARA A CONSTRUÇÃO

É preciso inicialmente ter em mente que, embora a definição de qualidade seja ampla e genérica, ela também pode ser aplicada de maneira objetiva a qualquer propósito, inclusive na construção civil. Pode-se definir de maneira prática e simplificada qualidade como sendo:*"capacidade de se atender a necessidade de alguém ou de algo"*. Quando fala-se em atender à necessidade, esse é o ponto-chave da qualidade, pois somente se respeita a qualidade quando atendemos à finalidade ao qual foi concebida, vinculada obviamente aos desejos do cliente, independentemente de que um terceiro possa achar desta situação. Por exemplo, quando se constrói

74 Gerenciamento de Obras, Qualidade e Desempenho da Construção

um edifício com uma arquitetura ousada, onde há uma preocupação maior com as questões estéticas do que funcionais, para determinados usuários das edificações tais atributos são louváveis e dignos de se valorizar, inclusive monetariamente, já para outros com uma visão mais pragmática podem ignorar que essas características arquitetônicas possam fazer alguma diferença em suas necessidades, não se valorizando essa edificação.

Sendo assim, torna-se imprescindível atender à qualidade tomando como referência os requisitos que o consideram como acolhida a necessidade do cliente. Pode-se assim associar os requisitos provenientes:

- Respeito a requisitos normativos (ex.: NBR, ISO);

- Interesses sociais proveniente de instituições reguladoras (ex.: decretos, regulamentos);

- Necessidades coletivas (ex.: tendências de mercado); e

- Necessidades individuais (ex.: requisitos específicos de projetos).

É importante que se tenha essa visão mais ampla dos referenciais de qualidade, pois os profissionais da construção civil tendem a imaginar que os padrões estão limitados a requisitos técnicos de norma, quando na verdade pela própria magnitude de um projeto de edificação (na sua concepção mais ampla) envolve interesses diversos das mais distintas áreas que precisam ser criteriosamente levantadose respeitados. Dentro da área técnica tanto as próprias normas quanto a comunidade técnica começam a abrir alternativas aceitáveis de novas soluções construtivas, materiais, modelos de dimensionamento que precisam ser validados para garantir a qualidade não só do produto ou serviço pretendido, como do processo envolvido. Desta forma é importante fazer essa distinção, conforme a seguir:

1. ***Qualidade do Produto***: Possui o foco no atendimento das necessidades do cliente a fim de garantir a qualidade pretendida. Possui como objetivo:

   - Satisfação do cliente;

   - Alto desempenho (uso racional e durável); e

   - Confiabilidade e segurança.

2. ***Qualidade do Processo***: Visa atuar no meio ao qual se consiga atender aos padrões de qualidade definidos para o produto com menor variabilidade em seus atributos técnicos. Faz parte do foco na qualidade do processo:

   - Racionalização dos recursos;

   - Padronização das rotinas;

   - Confiabilidade e previsibilidade dos resultados; e

   - Foco na produtividade e melhoria contínua.

A partir destes princípios da qualidade em se avaliar tanto o produto quanto o processo, pode-se ainda associar dentro do gerenciamento da qualidade a garantia e controle da qualidade, que se diferenciam a partir das seguintes denominações:

1. ***Garantia da Qualidade***: ações previamente programadas para se assegurar os padrões de qualidade, normalmente tomadas na fase de planejamento, procuram assim conceber o produto ou processo de maneira otimizada e racionalizada. Fazem parte dos princípios da garantia da qualidade:

- Produto deve ser adequado à finalidade pretendida;
- Erros devem ser eliminados antes que aconteçam.

2. *Controle da Qualidade*: permitir de forma preventiva que processos resultem em produtos e serviços conformes durante a implantação do projeto. Um dos principais princípios do controle da qualidade é:

- Capacidade de previsibilidade dentro de limites aceitáveis.

Desta forma, ao se pensar nos projetos de uma obra, deve-se ter uma visão sistêmica do produto final (edificação pronta), pois de nada adianta ter requisitos devidamente levantados no seu planejamento e que atendam às especificações técnicas conforme normas prescritivas, regulamentos, etc., quando não se concebe a obra como um todo para que tenha uma interface inteligente, não somente com os elementos construtivos da edificação (vedações, acabamentos, impermeabilizações, instalações, etc.), como também pensar nas fases construtivas até o seu uso durante a vida útil, conforme estabelecido pela norma de desempenho NBR 15.575 (ABNT, 2013).

As certificações que lidam com práticas de gestão da qualidade deixam explícitos em seus requisitos a necessidade de comprovação estatística para se atestar a qualidade. O Sistema de Avaliação da Conformidade (SiAC) do PBQP-H explicita a importância e obrigatoriedade do uso de técnicas estatísticas para medição e análise da conformidade do produto,quanto do próprio sistema de gestão da qualidade. A ISO 9001, em seu item 8.4, quando trata da análise de dados na gestão da qualidade, informa que é preciso avaliar a conformidade dos requisitos do produto e características e tendências dos processos para um melhor e mais confiável entendimento da evolução da gestão da qualidade em uma empresa. Tal importância da análise estatística na gestão da qualidadefoi materializada com a publicação da NBR ISO 10.017 (ABNT, 2005) a qual apresenta um catálogo de ferramentas estatísticas para o gerenciamento da qualidade, formas de aplica-las, restrições, propósitos, etc., onde algumas delas serão detalhadas neste capítulo.

FUNÇÕES ESTATÍSTICAS BÁSICAS APLICADAS NA QUALIDADE

A estatística surge no gerenciamento da qualidade para permitir que seja possível avaliar o atendimento de requisitos do cliente de uma maneira prática e com maior confiabilidade, uma vez que a mensuração da qualidade por si só não é garantia de se alcançar o propósito pretendido. Fazendo uma analogia simples para explicar essa ideia, pode-se dizer que, por exemplo, ao se monitorar o prumo de elementos estruturais para que estejam dentro dos limites normativos deve-se avaliar não somente os resultados isoladamente, mas também os desvios de qualidade por oscilação dos resultados. Caso essas variações se apresentarem expressivas, podem ocasionar uma série de problemas de ordem gerencial (desperdícios, atraso da obra, etc.), bem como de ordem técnica (danos estruturais, redução de durabilidade, etc.), tanto na estrutura como em outras partes e componentes da edificação. É fundamental, portanto, avaliar estatisticamente os valores dentro de um mesmo grupo de resultados, aceito pelas partes interessadas, para que haja a confiabilidade não somente dos lotes de produção atual, mas dos serviços futuros.

As duas formas clássicas de se trabalhar com estatística na qualidade são por meio da:

- **Estatística Descritiva:** responsável pelo estudo das características de uma dada população de tamanho conhecido (ex.: análise da qualidade técnica de todas peças pré-moldadas de uma produção).
- **Estatística Indutiva:** infere-se os resultados de um grupo, admitindo-o representativo de um mesmo conjunto de valores, a partir da amostra de uma dada população ou universo, enunciando as consequentes leis (ex.: controle de qualidade dos insumos por meio de amostragem).

A estatística indutiva é largamente utilizada pela capacidade que possui de ser mais facilmente aplicada e ainda por haver menor custo associado aos serviços. Por outro lado, ao assumir que uma amostra de medidas represente um grupo de resultados maiores há o risco de ocorrer diferenças entre a amostra e a população que precisam ser consideradas no processo estatístico.

Medidas de Posição

Ao lidar com grande quantidade de dados numéricos em um determinado evento que se deseja verificar a qualidade, é interessante obter algum tipo de número que possa representá-los a fim de facilitar futuras comparações. É comum na estatística haver mensurações repetidas de um mesmo grupo de produtos ou serviços para que se tenha uma representatividade estatística dos dados que supostamente possuem características semelhantes. Assim, deste grupo de resultados faz-se necessário adotar um dado numérico que os represente de maneira equilibrada. Uma forma intuitiva de representar esse grande volume de dados numéricos pode ser por meio de medidas que permitam avaliar onde há maior concentração ("posição") de valores em uma dada distribuição numérica, como exemplo apresentado na Figura 5.1. Percebe-se por meio desta Figura que dos 10 resultados de absorção de piso cerâmico que mais ocorreram dentro da mesma amostra está entre 3% e 4% e possivelmente algum número dentro deste intervalo seja considerado como referência para representar essa amostra.

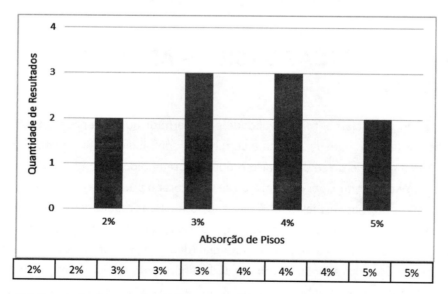

Figura 5.1: Exemplo de grupo de resultados onde há maior concentração de valores.

A essa medida que procura representar o grupo é denominada na estatística *medida de posição*. Na prática utilizam-se três tipos:

- Média aritmética: quociente da soma dos valores das medidas individuais pela quantidade total de medidas;

- Moda: valor que ocorre com mais frequência (que se repete) em uma série de dados;

- Mediana: refere-se ao valor central de uma série em ordem crescente ou decrescente.

A grande vantagem da média em relação as demais medidas de posição é que o seu cálculo envolve diretamente a contabilização de todos os valores individuais, embora a média possa não fazer parte do grupo de resultados. A aplicação de cada uma dessas medidas depende do foco em que se deseja avaliar dentro dos grupos de resultados. Normalmente utiliza-se a média para análise equilibrada de todos os valores individuais de um grupo, incorporando suas dispersões, já a moda ocorre quando o foco da análise estatística e do fenômeno estudado é verificar dentro de conjunto de valores aqueles que se repetem, possivelmente pelo fato de indicarem um comportamento mais provável de resultados. A mediana é aplicada em situações onde deseja-se avaliar o valor central de um grupo de resultados independente de possíveis dispersões no seu entorno.

Exemplo: uma grande empresa de âmbito nacional resolveu realizar uma pesquisa junto aos seus principais clientes pelo Brasil, para verificar o nível de satisfação quanto aos serviços prestados pelas suas redes regionais (Tabela 1). A partir dessas informações, pretendeu-se compará-las entre si por meio do cálculo da média, moda e mediana. Pergunta-se: Em qual região do país a empresa possui os clientes mais satisfeitos?

Tabela 5.1: Exemplo de aplicação das medidas de posição – Análise do Nível de Satisfação (NS) de clientes nas regionais.

Norte		Sul		Nordeste		Centro-Oeste		Sudeste	
Cliente	**NS**	**Cliente**	**NS**	**Cliente**	**NS**	**Cliente**	**NS**	**Cliente**	**NS**
A	5	A	6	A	8	A	7	A	7
B	9	B	6	B	4	B	9	B	10
C	5	C	8	C	7	C	5	C	10
D	9	D	7	D	6	D	5	D	6
E	8	E	6	E	7	E	9	E	7
F	9	F	9	F	3	F	6	F	8
G	6	G	9	G	4	G	7	G	7
H	9	H	7	H	10	H	4	H	6
I	8	I	9	I	7	I	9	I	7
J	6	J	6	J	4	J	8	J	6
K	5	K	9	K	7	K	6	K	7
L	7	L	8	L	3	L	9	L	6
M	7	M	9	Média	5,8	N	4	N	5
Média	7,2	N	7	moda	7	O	6	O	4

Gerenciamento de Obras, Qualidade e Desempenho da Construção

Norte		Sul		Nordeste		Centro-Oeste		Sudeste	
Cliente	**NS**	**Cliente**	**NS**	**Cliente**	**NS**	**Cliente**	**NS**	**Cliente**	**NS**
moda	9	O	10	mediana	6,5	P	6	P	7
mediana	7	P	4			Média	6,7	Q	5
		Q	7			moda	9	R	5
		R	6			mediana	6	S	8
		S	8					T	8
		T	8					U	6
		Média	7,5					V	3
		moda	6					X	4
		mediana	7,5					Z	7
								Média	6,5
								moda	7
								mediana	7

Pelos resultados da Tabela 5.1 somos tentados a supor que na região sul haja os clientes mais satisfeitos, pois sua média e mediana são superiores às demais. De fato, esses indicadores demonstram essa possibilidade, embora não se possa negar também que as demais regiões possuam a moda superior, demonstrando que há maior possibilidade de notais mais relevantesnas outras regionais. Percebe-se, portanto, que essa simples análise não é suficiente para se eleger indiscutivelmente a região que apresenta os clientes mais satisfeitos, apesar de ajudar na triagem (possivelmente regiões norte e sul). Requer ainda que seja analisado também a dispersão de seus valores, pois assim avalia-se a concentração de resultados mais significativos do grupo.

Medidas de Dispersão

Percebe-se, pelo simples exemplo da Tabela 1, que para a interpretação de dados estatísticos é fundamental que se conheça não só uma medida de posição, mas também medidas de variabilidade/dispersão dos resultados dentro de um grupo de valores que supostamente deveriam ser iguais.As principais medidas de dispersão são:

- Amplitude: é a diferença entre o maior e o menor valor observado. Possui a desvantagem de não considerar valores intermediários;

- Variância: é a diferença quadrática média entre cada um dos valores e a média aritmética de um conjunto de observações;

- Desvio-padrão: equivale à raiz quadrada da variância. Possui unidade similar à população de dados;

- Coeficiente de variação: o desvio padrão, quando utilizado comparativamente, por si só não diz muita coisa. Ele possui maior destaque se relacionado com uma medida de posição (média).

As fórmulas que mensuram dispersão encontram-se resumidas no Quadro 1, considerando um grupo hipoteticamente homogêneo de n valores: $x_1, x_2, ..., x_n$, e seu valor médio $\overline{x}$.

Quadro 5.1: Equações para cálculo de dispersão.

Amplitude: $r = x_{maior} - x_{menor}$	Variância: $\sigma^2 = \dfrac{\sum(x_i - \bar{x})^2}{N}$ (população) $s^2 = \dfrac{\sum(x_i - \bar{x})^2}{n-1}$ (amostra)
Desvio Padrão: $\sigma = \sqrt{\sigma^2}$ (população) $s = \sqrt{s^2}$ (amostra)	Coef. Variação: $CV = \dfrac{s}{\bar{x}} \cdot 100$

Para ilustrar a aplicabilidade dessas equações, será relatado a seguir um exemplo em que uma indústria faz retirada de amostras de um determinado insumo vendido por 3 fornecedores para verificação da qualidade do mesmo. Adotando o valor 1 como péssimo e 10 como ótimo, foram calculadas a média e todas as medidas de dispersão, conforme resumido na Tabela 5.2.

Tabela 5.2: Exemplo de aplicação das medidas de dispersão – Análise da qualidade de insumo.

Fornecedor 1		Fornecedor 2		Fornecedor 3	
Amostra	Qualificação	Amostra	Qualificação	Amostra	Qualificação
1	5,6	1	5	1	7,1
2	5,8	2	4,7	2	5,5
3	6,4	3	4	3	6,4
4	5,5	4	5,9	4	9,5
5	5,0	5	5,0	5	9,3
6	5,9	6	5,3	6	7,5
7	6,3	7	5,5	7	9,7
8	6,5	8	4,3	8	6,8
9	2,6	9	5,9	9	6,2
10	6,0	10	5,5	10	6,1
11	5,1	11	4,6	11	8,1
12	6,0	12	4,2	12	5,0
13	5,2	13	5,2	13	5,0
14	5,2	14	4,8	14	9,1
15	6,4	15	5,0	15	5,6
16	5,0	16	4,7	16	6,1
17	5,9	17	4,3	17	8,5

Fornecedor 1	
Amostra	Qualificação
18	5,7
19	5,1
20	9,7
21	5,4
Média	5,7
Amplit.	7,1
Variância	1,5
Desv. Pad.	1,2
Coef. Var.	21%

Fornecedor 2	
Amostra	Qualificação
Média	4,9
Amplit.	1,9
Variância	0,3
Desv. Pad.	0,6
Coef. Var.	12%

Fornecedor 3	
Amostra	Qualificação
18	6,3
19	5,1
20	5,5
21	9,9
22	8,7
23	6,9
Média	7,1
Amplit.	4,9
Variância	2,7
Desv. Pad.	1,6
Coef. Var.	23%

Fica visível na compilação dos resultados da Tabela 5.2 Que, embora o fornecedor 3 apresente em média os melhores resultados de qualidade do insumo, sua dispersão de resultados também é alta. Isso equivale a dizer que a capacidade de previsibilidade na entrega do insumo fica prejudicada, podendo gerar grandes transtornos e custos adicionais para empresa, pois essa variabilidade interfere no ajuste dos processos subsequentes da cadeia produtiva. Já fornecedor 2, embora não apresente os melhores resultados médios, sua dispersão é baixa em relação aos demais fornecedores, contribuindo para que as atividades que dependam deste insumo tenham condição de desenvolver seus trabalhos sem grandes ajustes na produção, tendendo a aumentar a produtividade e reduzir insucessos. Sendo assim, fica claro que não basta avaliar a qualidade de um trabalho a partir dos atributos técnicos dos produtos (resultados finais), mas também por meio da sua capacidade de reproduzir o serviço com baixa variabilidade (qualidade do processo).

FORMAS GRÁFICAS DE ANÁLISE DE DISPERSÃO

Existem várias formas gráficas para a análise estatística de dispersão de resultados, porém duas das mais recomendadas para garantia e controle da qualidade, quando há uma base de dados significativa e confiável, serão apresentadas a seguir.

Uma delas é a partir do gráfico tipo *histograma*, cujo eixo horizontal agrupa os resultados em intervalos (classes) que serão calculadas as suas respectivas frequências de valores dentro desses intervalos – eixo vertical, conforme ilustrado na Figura 2.O histograma normalmente é acompanhado de um outro gráfico referente ao percentual acumulado dos resultados.

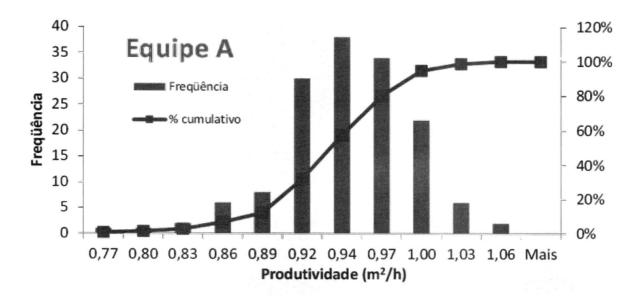

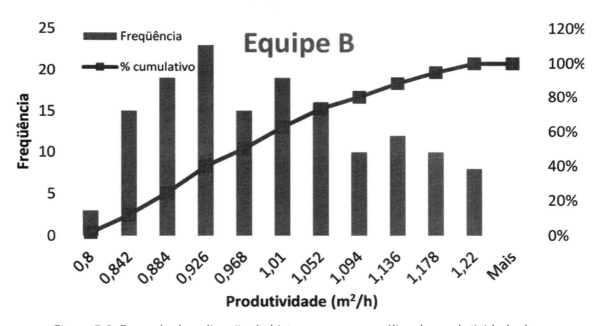

Figura 5.2: Exemplo de aplicação do histograma para análise de produtividade de equipes de trabalho.

No exemplo da Figura 2, é perceptível que, embora a equipe B apresente intervalos extremos de produtividade maior que A, a equipe A concentra seus resultados em intervalo menor (entre 0,92m^2/h e 1,00m^2/h), o que significa dizer que a produtividade de A possui menor dispersão de valores e, portanto, mais previsível e capaz de ser reproduzido para planejamento futuro da obra.

As etapas típicas de montagem de um histograma são as seguintes:

Gerenciamento de Obras, Qualidade e Desempenho da Construção

- Coletar dados para compor o histograma de forma aleatória (recomenda-se no mínimo 50 valores) referente a variável que se deseja estudar.

- Definir um número de intervalos (quantidade de classes k) da variável em que se deseja estudar para se realizar a contagem de frequências. A Tabela 3 apresenta algumas sugestões de quantidade de classe em função da quantidade de resultados em se deseja criar o histograma. É válido ressaltar que a definição desses intervalos é muito particular e específica do que se está monitorando, pois a ideia das classes é se estabelecer intervalos que considere os valores com efeitos semelhantes ao propósito do estudo. Exemplo: sabe-se que muitos fenômenos de mensuração da durabilidade de estruturas de concreto estão associados a fenômenos de difusão/percolação de agentes agressivos em seu meio, que são mensurados na escala de potencias de 10, ou seja, agrupamentos mais consistentes de resultados devem ocorrer variando a potência e não a base.

Tabela 5.3: Sugestão de quantidade de intervalos de classes.

Números de Resultados	Quant. de intervalos de classes (k)
<50	5-7
50-100	6-10
100-250	7-12
>250	10-20

- Calcule a amplitude total (R) dos dados coletados, referente a diferença entre o maior e o menor valor do intervalo de dados que deseja criar o histograma.

- Calcule a amplitude de cada classe: $h = R / k.$

- Adote intervalos de classe partindo do menor valor dos dados e acrescente gradativamente h até alcançar o maior valor.

Outra forma gráfica de análise estatística de dados bastante conhecida é o gráfico de Pareto. Vilfredo Paretono século XVIII percebeu em alguns levantamentos de dados de empresas que, após agrupados por meio de resultados semelhantes e colocados em ordem decrescente de valores, poucos grupos representavam a grande maioria dos resultados, demonstrando a importância de haver essa triagem de valores para fins estratégicos. A partir desta ideia percebe-se que o comportamento do gráfico pode ser aplicado em várias áreas do conhecimento, inclusive para o controle e garantia da qualidade, gerando uma sériede postulados: "Um número pequeno de causas é responsável pela maior parte das não-conformidades"; "Grande parte dos esforços em uma empresa é destinado a poucos propósitos"; "Muitos úteis, porém poucos vitais"; etc.

Em termos práticos, o gráfico de Pareto é semelhante ao histograma, porém com os intervalos de classe colocados em ordem decrescente, como ilustrado na Figura 3. Percebe-se neste exemplo que três dos sete tipos de não conformidades agrupam 80% dos casos de peças pré-moldadas defeituosas e necessitam cuidados especiais para o tratamento.

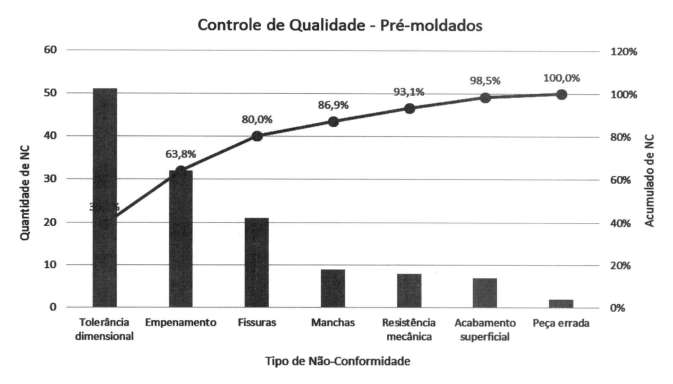

Figura 5.3: Exemplo de aplicação do gráfico de Pareto.

É válido ressaltar que tanto o histograma quanto o gráfico de Pareto devem ser utilizados como ferramentas complementares na análise estatística de dados e não como uma única forma de se avaliar os resultados. Isso se deve ao fato de que os dados contidos nesses gráficos possuem suas particularidades técnicas que somente um conhecedor da área possui condições de interpretá-las. Por exemplo, na Figura 3 percebe-se que a não conformidade de falha na resistência mecânica embora sua incidência nas peças pré-moldadas não tenha sido generalizada, mas sabe-se que essa patologia gera risco de colapso estrutural e, consequentemente, maior efeito sobre a obra como um todo.

PLANEJAMENTO DE EXPERIMENTOS

A cultura do "imediatismo", onde grandes e pequenos projetos da construção civil vêm sendo "forçados" a cumprir com cronogramas cada vez mais enxutos, demandam por procedimentos de execução com pequenas chances de desperdício, exigindo gradualmente aumento da eficiência, eficácia, racionalização dos processos e melhoria do desempenho. Percebe-se no histórico mundial, com a evolução da tecnologia nas mais diversas áreas, inclusive na construção civil, que o tempo médio de implantação de grandes projetos que demandavam até dezenas de anos passou para algumas unidades de anos, mas por outro lado a qualidade desses projetos, seja por questões regulamentares quanto da própria exigência de mercado, requerem que os processos sejam ajustados e otimizados em tempo exíguo.*O Planejamento dos Experimentos possui como premissa analisar a qualidade do produto/processo previamente para garantir o seu desempenho, preocupando-se em racionalizar recursos (tempo, insumos, equipe e equipamentos).*

Quando se trata de desempenho a norma brasileira NBR 15.575 (ABNT, 2013) na parte um em seu item seis informa que *para atingir essa finalidade é realizada uma investigação sistemática baseada em métodos consistentes, capazes de produzir uma interpretação objetiva sobre o comportamento esperado do sistema em condições de uso definidas.* Ou seja, isso significa dizer que o desempenho das edificações precisa ser provado por meios consistentes, sabendo que em muitos casos seja necessário realizar experimentos com comprovação estatística, principalmente para novos sistemas construtivos.

Segundo a NBR ISO 10.017 (ABNT, 2008), define-se Planejamento dos Experimentos, ou *Design of Experiments – DOE*, como sendoum conjunto de investigações planejadas para comprovar estatisticamente efeitos avaliados por meio de experimentos. Para fins ilustrativos, imagine que uma construtora irá implantar um sistema de gestão da qualidade onde pretende definir procedimentos operacionais para as principais atividades fins da obra. Dentre as várias atividades ela resolveu iniciar por uma etapa estratégica da obra que é a execução da estrutura de concreto, conforme fluxograma apresentado na Figura 4. Fica visível neste exemplo que o DOE envolve as principais etapas do ciclo PDCA (*Plan, Do, Check, Act*) e é utilizada com uma forte ferramenta de melhoria contínua, princípio este da ISO9001. Desta forma, percebe-se que é necessário se conhecer de forma aprofundada os processos envolvidos em um trabalho de qualidade, avaliando quais são os parâmetros fundamentais que interferem nos objetivos deste processo e como é possível ajusta-los a fim de otimizar os trabalhos e em paralelo atender as necessidades do seu cliente.

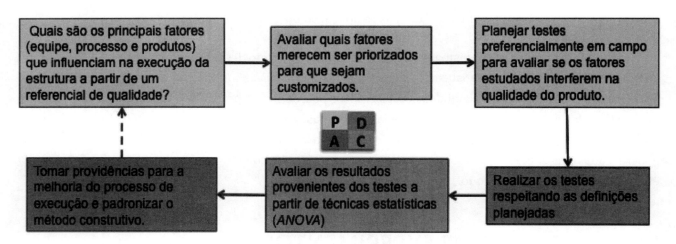

Figura 5.4: Etapas do Planejamento de Experimentos aplicadas à construção civil.

Em síntese, pode-se afirmar que a partir do DOE tem-se condição de avaliar se os processos e produtos atenderão aos requisitos dos clientes e ainda procurar garantir que haja uma melhora contínua dos mesmos.

Terminologias

Para um melhor entendimento dos elementos técnicos que compõem o DOE, apresentam-se a seguir as principais terminologias, seus significados e propósitos.

1. **Característica de qualidade:** refere-se a todos os atributos do produto que o cliente considera como importantes, mesmo que embora ele não saiba mensurar ou descreve-los tecnicamente (ex.: durabilidade). Essas características são o ponto de partida para a montagem do planejamento de experimentos.

2. **Variáveis de Resposta:** aspectos do produto que podem ser medidos e que permitem quantificar as características de qualidade (ex.: vida útil). Quem normalmente deve estabelecer as variáveis respostas é o especialista na produção deste serviço ou produto, e que consegue "traduzir" o desejo do cliente em meios técnicos, seja qual área for.

3. **Parâmetros do Processo:** todas as variáveis da linha de produção que podem ser alteradas, tensional ou intencionalmente, interferindo sobre a qualidade final do produto ou processo (variáveis de resposta) em magnitudes das mais diversificadas. Dentro dos parâmetros do processo tem-se:

   - *Fatores manipulados (ou controláveis):* são aqueles que foram selecionados para serem estudados, estimando poder haver efeito significativo sobre a variável resposta. Normalmente se testam os fatores controláveis em vários níveis no experimento (ex.: Testar tipos de matéria-prima diferentes).

   - *Fatores constantes:* Equivalemàqueles que não são o foco do experimento e, por isso, são mantidos constantes durante os teste(ex.: considerar a mesma equipe).

   - *Fatores não controláveis (Ruídos experimentais):* são as variáveis que não podem ser controladas por motivostécnicos ou econômicos (ex.: produtividade das equipes ao longo do tempo, oscilações climáticas, etc.). São responsáveis pelo erro experimental ou variabilidade residual; considerado inerente e, portanto, admissível dentro de um processo controlado.

   - *Níveis*: correspondem às quantidades variáveis de valores dentro dos fatores controláveis (ex.: fator controlável taxa de armadura na estrutura, testados em 3 níveis de 0,4%, 0,6% e 0,8%).

Etapas do Planejamento de Experimento

O planejamento de experimentos consiste em uma série de atividades devidamente organizadas para que atinja ao principal propósito de se constatar quais são os parâmetros que interferem de forma significativa no processo e se alcance o ajuste ótimo de forma que se racionalize recursos e se consiga atingir o desempenho esperado do seu cliente. As principais etapas serão transcritas a seguir.

1. Consulta ao cliente

É de suma importância iniciar o planejamento de experimentos a partir do seu cliente direto, seja ele interno ou externo ao processo, pois o propósito fundamental do DOE é atender expectativas de quem possui interesse em seu serviço e/ou produto. Entretanto, a consulta ao cliente deve ser realizada de forma planejada e direcionada, uma vez que normalmente o cliente possui conhecimento limitado a respeito das qualidades potenciais que um serviço possa proporciona-lo. Existem defensores da ideia de que a consulta ao cliente seja aberta, sem direcionamentos, para não inibir ou limitar os desejos de quem irá pagar por eles. De certo modo esse princípio tem fundamento, porém ao nos referirmos em direcionamento entenda-se delimitar de maneira organizada os principais aspectos esperados pelo cliente, mas sem restringir a capacidade do mesmo em opinar sobre as particularidades dos atributos mais desejados e ainda um *ranking* dos mais relevantes. As principais formas de consulta ao cliente são: pesquisas de mercado, análise de indicadores setoriais, *benchmarking* com parceiros da área, consulta direta, levantamento junto aos órgãos de classe (associações, conselhos, comitês, etc.) etc.

86 Gerenciamento de Obras, Qualidade e Desempenho da Construção

Há também situações particulares de produto ou serviço, que pelas características intrínsecas desconhecidas de seu cliente, demandam definir os atributos de qualidades pelo seu próprio criador e em um segundo estágio avaliar essas características junto ao cliente para verificar se agregaria valor ao produto ou serviço. Um exemplo típico desta situação é quando há intenção de se lançar um produto ou serviço novo e/ou inovador em que não haja parâmetros comparativos de qualidade no mercado, ou se há por questões de haver algum similar é ainda restrito comparado com os atributos diferenciados deste seu produto inovador. Para exemplificar este fato, percebe-se com a vigência da norma de desempenho foi possibilitada a implantação de novos sistemas construtivos que possuem atributos, muitos deles associados a necessidades do construtor, que não são atendidos a contento no sistema tradicional, como: baixo desperdício, alta produtividade e durabilidade diferenciada.

2. Interpretação dos especialistas

Nesta etapa deve-se estruturar o modelo experimental a ser considerado nos experimentos, levantando quais variáveis respostas irão representar as necessidades do cliente e os potenciais parâmetros do processo intervenientes no atingimento de qualidade pretendida. Esta é uma etapa estratégica, pois a partir dela se desenvolverá todos os experimentos acreditando-se de que seus resultados permitirão melhorar os processos e produtos alvo do trabalho.

As variáveis respostas, como abordado anteriormente, devem sempre que possível refletir o mais fielmente as características de qualidade, e de forma mensurável capaz de atestar com facilidade o atingimento dos objetivos. Sabe-se na prática que essa não é uma tarefa fácil, pois a mensuração de qualidade por meio da variável resposta é uma representação técnica de um parâmetro normalmente subjetivo ou de difícil constatação, havendo portanto risco de não representar com fidelidade as necessidades do cliente. Obviamente quando o processo que se deseja melhorar esteja mais voltado para um cliente técnico é de se esperar características de qualidade mais fáceis de estarem associadas a variáveis resposta, como por exemplo ao se definir pelo cliente (equipe de acabamento da obra) que a verticalidade da alvenaria é uma variável resposta importante que é naturalmente mensurada pelo desvio em relação ao fio de prumo.

3. Execução dos experimentos

É necessário realizar o planejamento dos experimentos a serem realizados para que os resultados alcançados estejam dentro de um nível de confiabilidade a ponto de serem extrapolados para aplicação em larga escala na obra. Desta forma recomenda-se realizar os passos a seguir:

- *Elaborar a matriz experimental (listagem dos testes):* deve-se organizar todos os ensaios/testes que serão realizados a fim de obedecer os critérios estatísticos importantes, principalmente relacionado a aleatoriedade na sequência dos teste a fim de diluir os ruídos.

- *Padronizar os testes:* é sempre recomendável que haja rotinas de ensaios pré-definidas que ajudem a representar mais fielmente possível o padrão de qualidade em que se deseja seguir na produção. Uma excelente referência nos padrões técnicos são as normas brasileiras advinda das mais variadas fontes de boas práticas da construção civil (ex.: ABNT, ISO, associações técnicas, programas da qualidade, SiAC, SiNAT, normas DNIT, etc.). Diferente do que se imagina é recomendável que os testes ocorram *in loco*, onde o serviço ou fabricação do produto ocorrerá, pois assim se terá uma precisão maior das dispersões frente a realidade local. Logicamente que se o ambiente onde os serviços ocorrem houver baixa condição de controle de sua execução, ou o alvo do estudo envolva análise não relacionada ao processo, os testes poderão ser realizados em ambiente controlado, diferente da realidade do local de serviço.

- **Registro dos resultados:** os valores advindos dos testes monitorados precisam ser documentados e organizados de tal forma que facilite o tratamento estatístico. Não se pode validar ou eliminar resultados, antes que se analise criteriosamente a significância técnica, pois é importante lembrar que os testes muitas vezes fogem a rotina de resultados típicos conhecidos na literatura técnica, normas, valores de mercado, etc.

4. Análise e otimização dos resultados

A análise e otimização coroa todo o planejamento de experimentos, pois deve-se realizar o tratamento dos resultados para diagnosticar como o processo monitorado se comporta com a variação intencional dos fatores controláveis. Deve-se prioritariamente realizar a análise dos resultados sob o aspecto estatístico com o objetivo de verificar se há correlação significativa entre a variável resposta de interesse e os níveis dos fatores controláveis a partir da ferramenta estatística conhecida como Análise de Variância, ou em inglês por *AnalisysofVariance* – ANOVA, que será reportado mais a frente neste capítulo.

Verificada a significância estatística daquilo que se testou é importante avaliar se existe alguma curva que se ajuste a variável resposta, pois assim pode-se predizer expectativas de resultados futuros em casos de necessidade de ajustes nos parâmetros do processo. Essa modelagem em curva ainda permite verificar se existe ponto otimizado em que se utiliza de maneira racional os recursos do processo para atingir os melhores resultados de saída, como ilustrado na Figura 5.

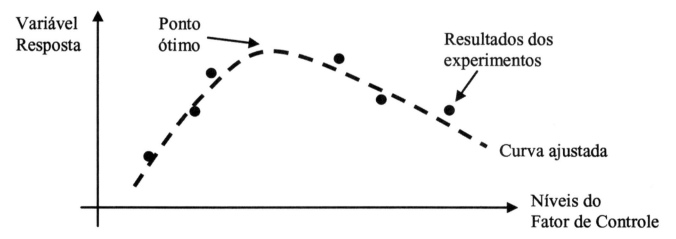

Figura 5.5: Ilustração de determinação do ponto ótimo (aquele em que se alcança o melhor resultado da variável resposta em função do fator controlável).

Estudo de Caso

A fim de ilustrar as etapas do DOE, apresenta-se a seguir um exemplo aplicado na construção civil. Uma construtora resolve implantar uma série de melhorias em seus procedimentos operacionais e para tanto irá

88 Gerenciamento de Obras, Qualidade e Desempenho da Construção

aplicar o Planejamento de Experimentos para avaliar a etapa de execução de vedações verticais externas, com o seguinte título: *Avaliação do Sistema de Vedação Vertical Externa (SVVE)*. O processo atual desta construtora para execução do SVVE é em alvenaria convencional de blocoscerâmicos com acabamento em argamassa de reboco e pintura texturizada, conforme dados contidos na Tabela 4.

Tabela 4: Dados gerais do processo atual de execução.

		Tipo:	Cerâmico
Alvenaria	Bloco	Dimensões:	14x19x29 (cm)
	Argamassa	1:2:8 (cimento:cal: areia média) – Esp.: 1cm	
	Processo	Execução manual tradicional	
Revestimento Externo	Argamassa	1:2:5 (cimento:cal:areia média) – Esp.: 2cm	
	Chapisco	1:3 (cimento: areia grossa)	
	Pintura	Texturizada hidrófuga	

1. Consulta ao cliente

Foi realizada uma pesquisa de mercado junto aos seus principais clientes e partes interessadas para avaliar o SVVE realizado pela construtora. Os diretores da empresa diagnosticaram que essa etapa da obra é uma das que mais está gerando desperdícios e aparecimento de patologias após finalizada, durante uso. As principais características de qualidade identificadas foram:

- *Redução de desperdício:* constatou-se que o consumo de insumos estava variando muito (cimento e blocos);
- *Durabilidade:* a empresa já teve que recuperar várias fachadas que apresentaram patologias ainda dentro do prazo de garantia;
- *Planicidade:* superfícies irregulares com desaprumo.

2. Análise dos especialistas

Resolveu-se, então, a partir das características de qualidade identificadas, eleger as variáveis respostas que representassem as mesmas de forma mensurável, chegando aos resultados apresentados na Tabela 5.5.

Tabela 5.5 Variáveis respostas selecionadas.

Caract. da Qualidade	Variáveis de Resposta			
	Designação	Tipo	Import.	Alvo (Meta)
Desperdício	Volume de argamassa de assentamento (litros/m2)	Menor-Melhor	2	14,6 - 21,2
	Consumo de blocos (unid./m2)	Menor-Melhor	1,5	24 a 29
Durabilidade	Resistência à ação do calor e choque térmico[1]	Maior-Melhor	1	Desloc.<h/300 e Menor quantidade possível de patologias[2]
Planicidade	Desaprumo	Menor-Melhor	0,5	<= 0,2%[3]

Posteriormente, foi realizado um levantamento dos parâmetros do processo que se estima serem os mais relevantes para interferir na qualidade final do SVVE, conforme resumido na Tabela 5.6. A partir desses principais parâmetros do processo foram selecionados três deles e com níveis variáveis devidamente discriminados na Tabela 5.7.

Tabela 5.6 Parâmetros do processo SVVE.

	Designação	Intervalo de Variação	Limitesde Norma
Produto	Consumo de cimento na argamassa (kg/m3)	230 - 350	-
	Tipo de Cimento	Disponível no mercado	-
	Tipo de areia	fina, média, grossa	-
	Dimensões efetivas (L, H e C) em mm[4]	+10 até -10	+/- 5mm*
	Planeza das faces e desvio ao esquadro (mm)[5]	+6 até -6	+/-3mm*
Proces	Junta de assentamento (cm)	1,0 a 2,0	-
	Tempo de execução (min./m2)	45 a 75	-
	Junta vertical	com e sem	-

---

[1] Requisito de Desempenho 14.1.1 da NBR 15.575: Parte 4 (SVVIE).

[2] Ensaio para verificação: Anexo E - Parte 4 da NBR15.575.

[3] Adotado mesmo limite da NBR 15812: Alvenaria estrutural - Blocos cerâmicos Parte 2: Execução e controle de obras. Rio de Janeiro, 2010.

[4] NBR 15812: Alvenaria estrutural - Blocos cerâmicos Parte 2: Execução e controle de obras. Rio de Janeiro, 2010.

[5] Idem

Gerenciamento de Obras, Qualidade e Desempenho da Construção

Tabela 5.7: Fatores controláveis selecionados a partir dos parâmetros do processo

Fatores	Nº Níveis	Níveis	Unidade
Tipo de cimento	3	CPII-F, CPIV, CPIII	Tipo
Dimensões efetivas (L, H e C)	4	+10, +5, -5, -10	mm
Junta de assentamento	2	1,0 a 2,0	Cm

Pela Tabela 5.7, percebe-se que se for avaliar todas as iterações possíveis entre os níveis dos fatores controláveis teremos 24 combinações diferentes de experimentos, a qual nem sempre é viável operacional ou economicamente, pois os experimentos demandam de tempo e recursos para que os mesmos sejam executados. Nessa situação, recomenda-se que sejam avaliados os experimentos combinados dos níveis, quando desconfia-se que haja interação entre os fatores controláveis. Neste estudo de caso, por exemplo, é grande a possibilidade de que as dimensões efetivas dos blocos interfiram na espessura da junta de assentamento, logo, a análise combinada dos experimentos para esses dois fatores controláveis é essencial.

3. Execução dos experimentos

Os ensaios devem ocorrer de forma aleatória, criando-se para isso uma planilha a fim de definir a sequência dos experimentos. É fundamental para a execução dos ensaios manter alguns procedimentos padronizados:

- Fixar parâmetros do processo não incorporados no experimento (Fatores Constantes);
- Utilizar equipamentos aferidos (calibrados) para medição de volume, peso, etc.
- Observar sempre a mesma sistemática de ensaios, mesmas máquinas, operadores, etc.

No caso da verificação da durabilidade foi definido o ensaio especificado no Anexo E, Parte 4 da NBR 15.575 a partir de ciclos de calor e esfriamento da alvenaria (ensaio acelerado) que não será detalhado neste capítulo.

4. Análise e otimização dos resultados

Após os ensaios, realizados deve-se proceder à análise dos resultados utilizando-se da ferramenta estatística *ANOVA* (que será detalhada no próximo item deste capítulo). Com a *ANOVA* provavelmente irá se constatar que os fatores controláveis manipulados nos ensaios demonstraram significância estatística a ponto de se afirmar a relevância dos mesmos na qualidade da alvenaria. Ainda na fase de análise deve-se verificar se existem níveis dos fatores controláveis que produzam resultados na variável resposta semelhantes ao ponto de considerarem dentro de um mesmo grupo de resultados.

A otimização será realizada para os fatores controláveis em que se constatou serem relevantes no processo de execução da alvenaria, demando verificar se existe alguma combinação dos níveis relevantes nos resultados que mensuram a qualidade do processo.

O que se Espera como Saída do *DOE*?

Depois de realizados vários experimentos para tentar avaliar se existe correlação entre os fatores controláveis e a variável resposta, agora faz-se necessário comprovar estatisticamente se é possível confirmar a seguinte indagação:

Existe correlação significativa entre os fatores que eu estou experimentando (FC) com as variáveis respostas (VR), a qual mensura a qualidade?

A resposta a esta pergunta deve ser avaliada a partir de dois aspectos: Expressividade estatística e Significância técnica.

- ***Significância Técnica:*** situação ocorrida quando a Variável Resposta é modificada a partir da alteração dos FC`s a ponto de haver uma alteração tecnicamente reconhecida como expressiva. Normalmente essa análise é avaliada a partir de especificações técnicas.

- ***Expressividade Estatística:*** a estatística permite avaliar o nível de interferência numérica de um fator controlável sobre a variável resposta, sem haver uma preocupação técnica com essa relação.

Parte-se do princípio que toda variável resposta oscila de valor naturalmente, independente de mudanças propositais no processo, considerando que nenhum produto fabricado ou serviço prestado consiga gerar resultados idênticos. Assim, é preciso distinguir as fontes de variação da variável resposta quando houver alteração dos fatores controláveis.Para tanto, existe uma ferramenta estatística conhecida pela sigla em inglês *ANOVA* – Analise de Variância - que avalia a capacidade dos Fatores Controláveis em interferir na Variável Resposta a partir da dispersão dos resultados de ensaios, conforme esquema ilustrado na Figura 6.

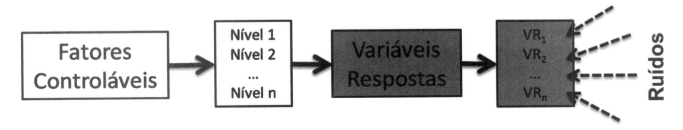

Figura 5.6: Representação esquemática da análise realizada dos resultados do *DOE*.

A *ANOVA* avalia, portanto, o quanto de dispersão das variáveis respostas é devido aos fatores controláveis em relação aos ruídos experimentais. Essa distinção da origem da dispersão é importantíssima, pois se atribui que as variações provocadas pelos ruídos sejam inerentes do processo e qualquer tentativa de redução desta origem será inócua. Um exemplo bastante ilustrativo deste fenômeno foi comprovado por *Deming* (MONTGOMERY, 2009) no "Experimento do Funil". Neste experimento *Deming* utilizou um funil posicionado acima de um alvo e com algumas esferas de diferentes densidades testou a melhor combinação da verticalidade do funil, nivelamento do alvo e densidade da esfera para se chegar em resultados mais próximos do alvo. Ao alcançar a combinação "ideal" realizou novo teste percebendo que ainda assim as esferas não se posicionavam exatamente sobre o alvo. Percebeu-se, portanto, que ruídos em todo processo vão gerar certa oscilação de resultados e que, se estiverem dentro dos padrões aceitáveis de mercado, serão tomados como referência.

ANÁLISE DE VARIÂNCIA - ANOVA

A análise de variância pode ser realizada para os mais diversos tipos de planejamento de experimentos, porém os mais comuns, possivelmente pela menor complexidade na interpretação dos resultados e facilidade de realização, são:

- **DOE** - Fator Único (*One-way ANOVA*): a análise de variância avaliará somente o efeito de um fator de controle sobre uma variável resposta. O fator controlável poderá ter mais de um nível, da seguinte forma: nível fixo (ex.:5 valores de temperatura) ou variável (ex.: três lotes de fabricação escolhidos ao acaso).

- **DOE** – Multifatorial[6] com Dois Fatores (*Two-way ANOVA*): a análise de variância avaliará o efeito de dois fatores de controle sobre 1 variável resposta. Realiza a combinação de todos os níveis dos dois fatores sobre a variável resposta. A cada combinação pode haver repetição de testes. Deve-se avaliar a interação entre os dois fatores (Ex.: Efeito da temperatura em conjunto a umidade sobre o concreto)

Neste livro não haverá detalhamento dos cálculos estatísticos para que se mantenha o foco na aplicação da ferramenta. Por tanto, para que seja possível a realização dos cálculos será apresentada a seguir exemplo utilizando ferramenta contido no *software MS-Excel*®. Será apresentado ainda a análise de variância para um fator controlável. Para maior aprofundamento sobre o assunto com análises multifatoriais, sugere-se consultar Montgomery (2009).

ANOVA – Fator Único - Princípios

O método considera que o efeito dos ruídos deve ser o menor o possível para que não atrapalhe na verificação do efeito dos níveis do fator de controle sobre a variável resposta. É adotado um modelo linear para correlacionar os efeitos dos níveis dos fatores de controle sobre a Variável Resposta (*VR*) conforme apresentado na Equação 1.

$$VR_{ij} = \mu + \tau_i + \varepsilon_{ij} \qquad \text{(Equação 1)}$$

Onde:μ representa a média da variável resposta hipoteticamente independente do fator controlável e ruídos; τ representa a variação de *VR* decorrente das oscilações dos níveis*i*; e ε a variação de *VR* devido aos ruídos das observações *j* dentro dos níveis.

A partir do modelo acima podemos ter duas hipóteses:

$\tau \neq 0$: O efeito dos Níveis do FC pode ser significativo sobre a VR.

$\tau = 0$: O efeito dos Níveis do FC pode *não*ser significativo sobre a VR.

A hipótese $\tau = 0$ deixa de ser verdadeira quanto maior for a relação representada pela Equação 2. Nesta relação o numerador representa o efeito provocado pelos níveis do fator de controle sobre a variável resposta em termos de variância, e o denominador representa o efeito provocado pelos ruídos sobre a variável resposta.É

---

[6] Maiores detalhes para ANOVA Multifatorial consultar livro de Montgomery – Estatística Aplicada e Probabilidade para Engenheiros.

necessário comparar a relação acima com um valor tabelado da "distribuição estatística F". O Excel quando utilizado fornece esse valor automaticamente.

$$\frac{MQ_{níveis}}{MQ_{ruídos}}$$ (Equação 2)

Aplicação do *MS-Excel*®na Análise de Variância

Para realização da ANOVA por meio do *software Excel* iremos utilizar um exemplo resolvido conforme sequenciado a seguir:

Você começou a perceber em sua obra que dependendo do tipo de cimento utilizado em argamassas para rebocar a parede, em algumas situações ocorre a presença de grande quantidade de fissuras e em outras não. A partir desse problema você resolve fazer um DOE, testando as quatro principais marcas de cimento disponível no mercado local e mantendo os demais fatores influentes constantes, obtendo os resultados conforme apresentados na Tabela 5.8. A partir dessas informações responda:

- Os tipos de cimentos disponíveis no mercado influenciam na aparição de fissuras no reboco?
- Qual(is) tipo(s) de cimento(s) promovem maiores quantidades de fissuras no reboco?
- Qual tipo de cimento é o mais recomendado para o uso em reboco?

Tabela 5.8: Monitoramento médio de fissuras visíveis no acabamento de paredes.

Nº de Observações	Quantidade Média de Fissuras (Área de parede de 2x2m)			
	Cimento A	Cimento B	Cimento C	Cimento D
1	10	10	13	6
2	11	13	11	7
3	13	12	16	10
4	13	13	14	11
5	13	10	16	9
6	13	12	14	8
7	12	8	11	10
8	12	12	16	10
9	11	9	15	10
10	10	10	13	11
11	13	9	14	8
12	12	13	11	11

O modelo estatístico deste DOE possui um fator controlável (tipo de cimento) com quatro níveis (tipo A, B, C e D), sendo 12 repetições por nível, e uma variável resposta (quantidade média de fissuras). Para a utilização da ferramenta *ANOVA-Fator Único* no *Excel*[7] deve-se selecionar na sequência:menu "Dados", comando "Análise de Dados"[8], ferramenta "Anova: fator único", conforme ilustrado na Figura 5.7.

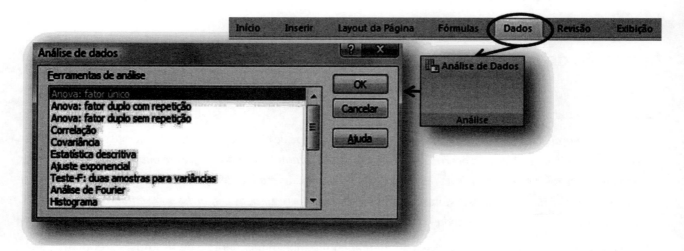

Figura 5.7: Passos para selecionar a ferramenta de análise *Anova: fator único* no *Excel 2007*[3].

Ao selecionar a *ANOVA*: fator único no *Excel* aparecerá a tela de entrada de dados da Figura 5.8. Deve-se selecionar como intervalo de entrada toda a tabela com os resultados da variável resposta, que neste caso equivale à quantidade de fissuras, podendo selecionar a linha com o rótulo das colunas (tipos de cimentos – Ver Tabela 8), mas devendo deixar habilitado a caixa "Rótulos na primeira linha" na tela de entrada de dados. Deve-se estar atento ao agrupamento (*agrupado por*), pois define se as observações por nível estão agrupadas em linhas ou colunas. Neste exemplo resolvido elas estão agrupadas em colunas. Há ainda nesta tela de entrada de dados o valor alfa que refere-se ao nível de precisão do modelo. Ele aponta a probabilidade do efeito do fator controlável não ser significativo sobre a população.Quanto menor possível for esse valor mais representativa será a análise para a população, porém mais exigente será o modelo[9].

---

[7] Utilizou-se a versão 2007 do Excel para ilustrar as imagens das telas, porém para as demais versões o menu "Dados" e subsequentes telas possuem semelhantes informações.

[8] Caso este comando não esteja habilitado (visível), deve-se proceder da seguinte forma: ir nas "Opções do Excel"; selecionar a opção "Suplementos"; e ativar o suplemento "Ferramentas de Análise".

[9] Neste exemplo será considerado o valor de alfa de 5% (ou 0,05).

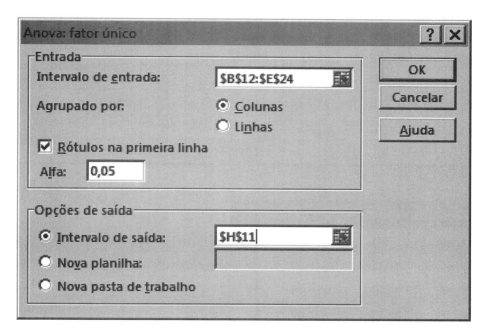

Figura 5.8: Tela de entrada de dados para *Anova: fator único* do *Excel*.

Os resultados gerados pela ANOVA do Excel encontram-se nas Tabelas 9 e 10. A primeira refere-se ao resumo estatístico por nível do fator controlável tipo de cimento; já asegunda apresenta os resultados principais da análise de variância, com as seguintes interpretações:

- Fonte de variação "Entre grupos" equivale à análise de variação proveniente dos níveis dos fatores controláveis;
- Fonte de variação "Dentro dos grupos" equivale à análise de variação proveniente de dentro dos níveis (para cada tipo de cimento), representando os ruídos experimentais;
- SQ refere-se à soma quadrática para o cálculo da média quadrática (MQ) a partir da divisão pelo grau de liberdade (gl);
- O valor de F refere-se à relação entre variâncias das fontes de variação Fator Controlável e Ruídos, conforme cálculo apresentado na Equação 2. Para este exemplo o efeito provocado pelo fator controlável é quase 15 vezes maior do que o gerado pelo ruído na variável resposta;
- O *valor-P* equivale à probabilidade das amostras retiradas para o experimento não representarem a população. Se convertido o valor em percentual neste exemplo teremos que essa probabilidade é de cerca de 0,00008%, ou seja, praticamente nula;
- Por fim, o valor de *F crítico* é tomado como referência comparativa com o valor *F*. Se o valor F é superior ao crítico significa dizer que é relevante a probabilidade do fator controlável interferir na variável resposta, que é o principal foco da análise de variância.

Tabela 5.9: Resumo estatístico gerado automaticamente pela ferramenta ANOVA do Excel.

Tipo de Cimento	Contagem	Soma	Média	Variância
Cimento A	12	143	11,9	1,4
Cimento B	12	131	10,9	3,2
Cimento C	12	164	13,7	3,7
Cimento D	12	111	9,3	2,8

Tabela 5.10: Resultados da ANOVA do Excel.

Fonte da variação	SQ	gl	MQ	F	valor-P	F crítico
Entre grupos	123,06	3	41,02	**14,95**	**7,55E-07**	**2,82**
Dentro dos grupos	120,75	44	2,74			
Total	243,81	47	---			

Depois de verificado que o fator controlável "tipo de cimento" interfere no aparecimento de fissuras (resposta da questão "a" deste exemplo), é preciso avaliar aqueles cimentos que tendem a apresentar maior quantidade de fissuras no reboco, situação essa indesejável. Pelo gráfico da Figura 9, onde representa os valores médios e extremos (amplitude) para cada tipo de cimento, é possível estimar quais são os maiores geradores de fissuras, porém sem haver uma confiabilidade estatística a ponto de um construtor confiar a tomada de decisão na escolha do cimento para sua obra. Recomenda-se assim primeiramente avaliar quais tipos de cimentos promovem efeitos distintos e os que geram resultados semelhantes para que se possa, posteriormente, eleger os resultantes de maiores e menores quantidades de fissuras no reboco. Existem várias formas de se realizar esse processo de seleção (ou agrupamento, como é conhecido na estatística), mas o apresentado neste capítulo é um dos mais simples métodos, conhecido por "Comparação Múltipla de Médias" a ser apresentado no item a seguir.

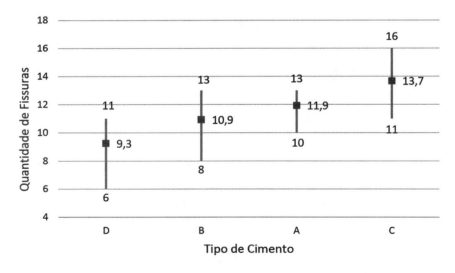

Figura 5.9: Resultados da variável resposta apresentado seus valores médios e extremos (amplitude).

Comparação Múltipla de Médias

A proposta desta técnica estatística é realizar o agrupamento de níveis do fator controlável a ponto de se selecionar os níveis com resultados semelhantes, que não são passíveis de serem distinguidos dentro da nuvem resultados sobrepostos de valores próximos. Para realizar esse processo, deve-se primeiramente calcular a *mínima diferença significativa* (L), apresentada na Equação 3, que refere-se ao intervalo de valores da variável resposta onde não se consegue distinguir se a variação é decorrente do fator controlável ou dos ruídos. O valor de $MQ_{ruídos}$ refere-se à variância provocada pelos ruídos experimentais e $n_{repetições}$ equivale ao número de observações por nível. Para o exemplo resolvido do item anterior o valor obtido para L é de 1,4.

$$L = 3 \cdot \sqrt{\frac{MQ_{Ruídos}}{n_{repetições}}} \qquad \text{(Equação 3)}$$

O cálculo de L deve ser comparado com os valores médios dos níveis do fator controlável, verificando que se houver uma diferença de médias relevante (superior ao valor de L) equivale a dizer que as observações por níveis tendem a gerar resultados distintos, mesmo que haja alguma sobreposição de valores, porém com baixa probabilidade de acontecerem em grande quantidade.Deve-se então criar uma tabela com os valores médios por nível e coloca-los em ordem crescente para que seja calculada a diferença entre médias sucessivas, conforme apresentado na Tabela 11 para o exemplo iniciado no item anterior.

Tabela 5.11: Análise múltipla de médias para agrupamento de níveis

Cimento	Média	Diferença de médiassucessivas	Agrupamento	Classificação
Cimento D	9,3	---	G1	Melhor
Cimento B	10,9	1,7	G2	Efeito intermediário similar
Cimento A	11,9	1,0		
Cimento C	13,7	1,8	G3	Pior

Pelos resultados desta Tabela 11 percebe-se que apenas a diferença entre médias dos cimentos A eB apresentam valor inferior ao L calculado que foi de 1,4. Sendo assim, em ambos os níveis não se percebe diferença estatística entre os cimentos A e B, considerando-os dentro de um mesmo grupo de resultados semelhantes. Já para os demais tipos de cimento a diferença entre médias foi maior que L e, portanto, não se percebendo similaridade entre resultados a ponto de considera-los pertencentes a grupos distintos. Sendo assim, como já se desconfiava o cimento C é o que apresenta piores resultados, e os melhores resultados ficam com o cimento D. Caso se perceba que o cimento D hipoteticamente não esteja disponível no mercado o construtor terá a alternativa de escolha entre os cimentos A e B sem se preocupar qual deles será o mais recomendado tecnicamente, pois a estatística não percebeu diferença de resultados na variável resposta para esses cimentos decorrente da grande sobreposição de valores gerados.

CONTROLE ESTATÍSTICO DE PROCESSOS

O controle estatístico de processos – CEP – envolve uma série de ações para que a qualidade se perpetue ao longo de todo o ciclo de vida de um processo, neste caso voltado para a etapa de produção/execução do serviço ou produto planejado. Ou seja, após tomada as providências para garantir a qualidade no planejamento deve-se controlar a produção a fim de que todos os parâmetros-chave que ditam a qualidade do produto sejam respeitados durante sua execução. Fazendo uma breve analogia com a construção civil, pode-se dizer que para que se construir um edifício deve-se realizar várias ações na fase de planejamento da obra (detalhamento dos projetos, cronogramas, definição de equipes e processos de trabalhos, etc.), essas associadas a garantia da qualidade, bem como durante a execução da obra para o monitoramento e ajuste dos processos a fim de se procurar manter o nível de qualidade dentro do planejado (controle da qualidade). Montgomery (2004), dentro deste raciocínio distingue dois tipos de ações da qualidade:

- **Qualidade de Projeto:** Estar de acordo com os anseios do cliente (*foco na concepção eplanejamento do produto/serviço para atendimento da qualidade*).

- **Qualidade de Conformidade:** Redução sistemática de variabilidade e a eliminação de defeitos até que cada unidade produzida tenha a tendência de ser "idêntica" e livre de defeito (*foco no processo de produção*).

O CEP enquadra-se na qualidade da conformidade para que assim os produtos/serviços estejam dentro das expectativas do cliente sem haver grande oscilação de qualidade nos atributos das variáveis respostas, pois caso contrário gera-se maiores desperdícios, retrabalhos, custos e, consequentemente, redução do valor agregado na saída do processo.

Segundo a NBR ISO 10.017 (ABNT, 2005), define-se CEP como uma ferramenta que avalia a estabilidade do processo a partir de limites que descrevem a variabilidade inerente da atividade, utilizando-os para monitorar a variável que mensura a qualidade. Montgomery (2004) agrupa as variabilidades a partir das suas causas geradoras em:

- **Causas casuais (inerentes):** também conhecido por variabilidade natural ou "ruído de fundo". As suas causas são essencialmente inevitáveis, porém aceitáveis pelos clientes e inerentes dentro de um processo controlável do ponto de vista estatístico;

- **Causas atribuídas (vinculadas):** causas passíveis de reconhecimento de sua origem e que normalmente geram maior oscilação de resultados. Essa oscilação geralmente surge de três fontes: máquinas não propriamente ajustadas, erro dos operadores ou insumos defeituosos. Representam um nível inaceitável de desempenho do processo (fora de controle).

Portanto, a ideia principal do CEP é *monitorar sistematicamente as variáveis respostas (que mensuram a qualidade) por meio de amostragem na produção de um produto/serviço acompanhando as oscilações de resultados para verificar se elas encontram-se dentro de limites aceitáveis pelo cliente*. Constatada anomalia que possa estar associada a alguma causa atribuída, e que venha a prejudicar significativamente em um futuro próximo a qualidade do produto, deve-se proceder para corrigir esses problemas, mantendo o processo sob controle.

Gráficos de Controle: Princípios e Definições

O uso de gráficos é um meio bastante utilizado para o CEP, pois é uma forma simples de visualização da variável reposta (variável que representa a característica de qualidade) ao longo do tempo a partir de amostragens sistêmicas com o objetivo de tomada de decisão para controle contínuo da qualidade na saída de um processo. Os elementos típicos do gráfico de controle estão ilustrados na Figura 10. Cada ponto do gráfico equivale a um valor representativo da amostra (medida de posição ou dispersão). A linha média (LM) ou linha central (LC) representa o valor médio das amostras, considerado o processo estável e, portanto, passível de inferir que essa linha equivale a média da produção na condição atual. Já as linhas limites superior e inferior de controle (LSC e LIC, respectivamente) delimitam um intervalo ao qual associa-se que grande parte dos resultados ocorram dentro do mesmo, inclusive com capacidade preditiva de ocorrerem, podendo desta forma haver um planejamento prévio das oscilações de qualidade do produto ou serviço alvo da qualidade.

O posicionamento das linhas limites está associado a capacidade do processo de gerar resultados dentro deles, ou seja, os limites são calculados para que seja possível prever a chance dos resultados amostrais ocorrem dentro e fora dos limites. Qualquer variável resposta está passível de apresentar uma curva de probabilidade que a represente, abrigando variabilidades provenientes de causas casuais (aquelas em que é inerente do próprio processo),sendo elas completamente aleatórias, e ainda causas atribuídas que tendem a provocar oscilações de resultados captadas por uma curva prognóstica. Neste capítulo será apresentado somente o caso em que a variável resposta apresenta comportamento de curva *gaussiana normal*, capaz de se obter um nível de previsibilidade associada a dispersão, mensurada pelo desvio padrão, como já classicamente conhecido na literatura científica e exemplificado na Figura 5.11.

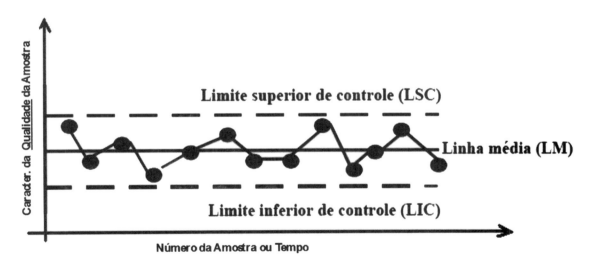

Figura 5.10: Elementos típicos de um gráfico de controle.

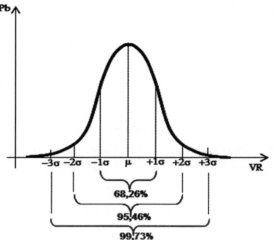

Posicionamento dos Limites	Probabilidade de estar dentro dos limites
+/- 1σ	68,26%
+/- 2σ	95,46%
+/- 3σ	99,73%
+/- 6σ	99,99985%

Legenda:
Pb = Probabilidade
VR = Variável resposta (mede qualidade)
μ = média amostral
σ = desvio padrão amostral

Figura 5.11: Representação esquemática da curva normal associado ao posicionamento dos limites de controle.

Pode-se concluir da curva normal apresentada na Figura 5.11, assumindo que ela represente a variabilidade da variável reposta, que, para limites LSC e LIC fixos, quanto maior possível for o número que multiplica o desvio padrão mais resultados estarão dentro deste intervalo e, portanto, maior é a capacidade do processo de se produzir resultados dentro dos limites considerados aceitos pelo cliente, ou seja, menos dispersos serão os resultados que mensuram a qualidade, trazendo consigo todos os benefícios comentados neste capítulo. Para exemplificar essa afirmação imagine que se um processo aumentar seu controle de 3 para 6 sigma, mantendo os limites extremos fixos (LSC e LIC), o desvio padrão deverá reduzir para ½ do anterior (ou ¼ da variância), ou seja, o processo deverá estar melhor ajustado aos quesitos de qualidade (será mais exigido). Em termos práticos pode-se assim concluir, associando desvio-padrão (sigma) com probabilidade:

- Limites de controle +/- 1 sigma: Aproximadamente 3 resultados fora do limite (maior variabilidade do que esperado) a cada 10 amostras monitoradas;

- Limites de controle +/- 2 sigma: Aproximadamente 5 resultados fora do limite (maior variabilidade do que esperado) a cada 100 amostras monitoradas;

- Limites de controle +/- 3 sigma: Aproximadamente 3 resultados fora do limite (maior variabilidade do que esperado) a cada 1.000 amostras monitoradas;

- Limites de controle +/- 6 sigma: Aproximadamente 2 resultados fora do limite (maior variabilidade do que esperado) a cada 1.000.000 amostras monitoradas; etc.

Processo de Amostragem

O projeto de um gráfico de controle tem que especificar o tamanho da amostra e a frequência com que elas devem ser retiradas, tendo ciência de que a forma da amostragem interfere no propósito do controle da qualidade:

- Amostragem grande tornará mais fácil detectar pequenas mudanças no processo; e

- Amostragem pequena está mais susceptível a captar apenas mudanças relativamente grandes no processo.

A prática corrente nas indústrias tende a favorecer pequenas amostras e mais frequentes, particularmente em processos de fabricação de alta produção ou onde muitos tipos de causas atribuídas possam ocorrer. Não será detalhado neste livro como se define o tamanho e a frequência da amostragem pelo fato de serem parâmetros muito particulares do que está se controlando e com que propósito é feito o controle. Experiências apontam para tamanhos em torno de 3 a 6 medidas. Já a frequência deve estar em intervalos condizentes com a ocorrência das variações por causa atribuída, para que haja tempo de resposta suficiente para corrigir possíveis desvios na produção.

Comportamento dos Resultados

Assumindo que um processo esteja sob controle, é de esperar que os resultados plotados no gráfico estejam dentro dos limites (LIS e LSC) e ainda que apresentem comportamento aleatório, sem haver uma tendência de lógica presumível.Tal comportamento aleatório é esperado, pois se considera que as amostras foram selecionadas de forma aleatória e que as variações de resultados monitorados estejam sob influência das causas casuais não previsíveis.

Um gráfico pode ter comportamento não-aleatório, situação essa não desejável pois sugere que há influência de causas atribuídas que geram uma variabilidade além da aceitável, mesmo que os resultados estejam dentro dos limites de controle. Há alguns sinais de comportamento do gráfico que podem avaliados como não-aleatórios:

- Sequência crescente ou decrescente com mais de 5 amostras contínuas (conhecido por "corrida").

- Sequência maior que 8 pontos do mesmolado da linha média.

- Possuem um comportamento cíclico. Tal padrão de comportamento pode indicar um problema com o processo, como por exemplo: fadiga do operador, entrega de matéria-prima e desenvolvimento de variações ambientais.

Cálculo dos Limites

Para calcular os limites, deve-se inicialmente retirar uma amostragem prévia para tomar como referência dos limites. Essas amostras são chamadas de "racionais". É importante coletar dados amostrais que evitem, na medida do possível, observações sob influência de variabilidades atribuídas, e aceitar observações sujeitas a variabilidades de causas casuais. Assim, será possível estabelecer as fronteiras (LIC e LSC) para englobar as causas casuais e deixar de fora as causas atribuídas, que evidenciam o processo fora de controle. Recomenda-se que a quantidade de amostras m não seja inferior a 20 para que se tenha um valor representativo do conjunto universo de observações.

102 **Gerenciamento de Obras, Qualidade e Desempenho da Construção**

É recomendado que seja feito o CEP a partir das **médias, amplitudes** e **desvios-padrão** das amostras racionais, conforme apresentado a seguir. Serão tomadas como referência o cálculo dos limites para três desvios-padrão.

1. Gráfico de controle das médias amostrais ($\overline{xx}$)

Inicialmente retira-se uma quantidade m de amostras racionais de tamanho n e realiza-se os cálculos apresentados na Tabela 12 com as suas respectivas simbologias. Posteriormente a partir das equações 4 a 6 realizam-seos cálculos dos limites do gráfico das médias. As constantes destas e demais equações que calculam os limites estão apresentadas resumidamente na Tabela 13.

Tabela 12: Amostragem racional para o cálculo dos limites.

Amostras Racionais	N° de observações			Cálculo Amostral		
	1	2	n	média	amplitude	desvio-padrão
1	$x1_1$	$x1_2$	$x1_n$	$\overline{xx}_1$	r_1	s_1
2	$x2_1$	$x2_2$	$x2_n$	$\overline{xx}_2$	r_2	s_2
3	$x3_1$	$x3_2$	$x3_n$	$\overline{xx}_3$	r_3	s_3
m	xm_1	xm_2	xm_n	$\overline{xx}_n$	r_n	s_4
média				$\overline{\overline{x}}$	$\overline{\overline{r}}$	$\overline{\overline{s}}$

$$LSC = \overline{\overline{x}} + A_2 \cdot \overline{r} \qquad \text{(Equação 4)}$$

$$LC = \overline{\overline{x}} \qquad \text{(Equação 5)}$$

$$LSC = \overline{\overline{x}} + A_2 \cdot \overline{r} \qquad \text{(Equação 6)}$$

Tabela 13: Constantes para o cálculo dos limites dos gráficos de controle.[10]

n (tamanho da amostra)	Gráfico $\overline{xx}$		Gráfico RR		Gráfico SS
	A_2	d_2	D_3	D_4	c_4
2	1,880	1,128	0	3,267	0,7979
3	1,023	1,693	0	2,575	0,8862
4	0,729	2,059	0	2,282	0,9213

---

[10] Adaptado de Montgomery (2004).

n (tamanho da amostra)	Gráfico $\bar{x}$		Gráfico R		Gráfico S
	A_2	d_2	D_3	D_4	c_4
5	0,577	2,326	0	2,115	0,9400
6	0,483	2,534	0	2,004	0,9515

2. Gráfico de controle das amplitudes amostrais (R)

Tomando como base as Tabelas 12 e 13, calculam-se por meio das equações 7 a 9 os limites do gráfico das amplitudes. É importante controlar a qualidade a partir de medidas de dispersão, pois dentro da amostra pode ocorrer variações de resultados inaceitáveis na produção de um produto, como já devidamente comentado no início deste capítulo.

$$LSC = D_4 \cdot \bar{r}$$

(Equação 7)

$$LC = \bar{r}$$

(Equação 8)

$$LIC = D_3 \cdot \bar{r}$$

(Equação 9)

3. Gráfico de controle dos desvios-padrão amostrais (S)

Tomando como base as Tabelas 12 e 13, calculam-se por meio das equações 10 a 12 os limites do gráfico do desvio-padrão. Este gráfico possui função semelhante ao gráfico da amplitude ao controlar a dispersão dentro da amostra. Para o cálculo do LIC, deve-se ficar atento, pois caso ele apresentar resultado negativo adota-se valor igual a zero, uma vez que não existe desvio-padrão negativo.

$$LSC = \bar{s} + 3\,\frac{\bar{s}}{c_4}\,\sqrt{1 - c_4^2}$$

(Equação 10)

$$LC = \bar{s}$$

(Equação 8)

$$LIC = \bar{s} + 3\,\frac{\bar{s}}{c_4}\,\sqrt{1 - c_4^2}$$

(Equação 9)

EXERCÍCIO RESOLVIDO

Uma grande construtora irá controlar a qualidade das argamassas de acabamento de suas obras a partir da resistência à compressão, a fim de atender requisitos da norma de desempenho NBR 15.575. Para tanto, foram realizadas várias medições de forma padronizada nos primeirosserviços e registrados nas cinco primeiras colunas das amostras listadas na Tabela 14.

Para o cálculo dos limites, realizou-se o resumo estatístico de cada amostra, calculando-se a média, amplitude e desvio-padrão (três últimas colunas da Tabela 14), e ao final calculando-se a média de cada medida estatística (última linha da Tabela 14). Com esses dados em mãos, calcularam-se os limites a partir das equações 4 até 12, conforme apresentado no Quadro 2 a seguir.

Tabela 5.14: Amostras racionais para criação dos gráficos de controle

Nº Amostra	Resistência Compressão Argamassa (MPa)					Resumo Estatístico das Amostras		
	x1	x2	x3	x4	x5	Média	Amplit.	Desv. Pad
1	3,3	2,9	3,1	3,2	3,3	3,16	0,40	0,17
2	3,3	3,1	3,5	3,7	3,1	3,34	0,60	0,26
3	3,5	3,7	3,3	3,4	3,6	3,50	0,40	0,16
4	3,0	3,1	3,3	3,4	3,3	3,22	0,40	0,16
5	3,3	3,4	3,5	3,3	3,4	3,38	0,20	0,08
6	3,8	3,7	3,9	4,0	3,8	3,84	0,30	0,11
7	3,0	3,1	3,2	3,4	3,1	3,16	0,40	0,15
8	2,9	3,9	3,8	3,9	3,9	3,68	1,00	0,44
9	2,8	3,3	3,5	3,6	4,3	3,50	1,50	0,54
10	3,8	3,3	3,2	3,5	3,2	3,40	0,60	0,25
11	2,8	3,0	2,8	3,2	3,1	2,98	0,40	0,18
12	3,1	3,5	3,5	3,5	3,4	3,40	0,40	0,17
13	2,7	3,2	3,4	3,5	3,7	3,30	1,00	0,38
14	3,3	3,3	3,5	3,7	3,6	3,48	0,40	0,18
15	3,5	3,7	3,2	3,5	3,9	3,56	0,70	0,26
16	3,3	3,3	2,7	3,1	3,0	3,08	0,60	0,25
17	3,5	3,4	3,4	3,0	3,2	3,30	0,50	0,20
18	3,2	3,3	3,0	3,0	3,3	3,16	0,30	0,15
19	2,5	2,7	3,4	2,7	2,8	2,82	0,90	0,34
20	3,5	3,5	3,6	3,3	3,0	3,38	0,60	0,24

Nº Amostra	Resistência Compressão Argamassa (MPa)					Resumo Estatístico das Amostras		
	x1	x2	x3	x4	x5	Média	Amplit.	Desv. Pad
				Média			3,33	0,58	0,23

Quadro 2: Cálculos dos limites de controle

Gráfico $\bar{x}x$	Gráfico RR	Gráfico SS
$LSC = 3{,}00 + 0{,}577 \cdot 0{,}58 = 3{,}67$	$LSC = 2{,}115 \cdot 0{,}58 = 1{,}023$	$LSC = 0{,}23 + 3 \cdot \dfrac{0{,}23}{0{,}94} \cdot \sqrt{1 - 0{,}94^2} = 0{,}49$
$LC = 3{,}33$	$LC = 0{,}58$	$LC = 0{,}23$
$LIC = 3{,}00 + 0{,}577 \cdot 0{,}58 = 3{,}67$	$LIC = 0 \cdot 0{,}58 = 0$	$LIC = 0{,}23 - 3 \cdot \dfrac{0{,}23}{0{,}94} \cdot \sqrt{1 - 0{,}94^2} \therefore = 0{,}49$

Os gráficos de controle plotados encontram-se nas Figuras 12 a 14. Percebe-se pelos resultados dos gráficos que as amostras de número 6, 8, 9, 11 e 19 localizam-se fora dos limites de controle. Ou seja, cinco das 20 amostras estão fora de controle, o que demonstra que o processo não está estável a ponto de considera-lo como referência para controle de qualidade dos serviços de produção de argamassa de acabamento. Nesta situação, deve-se detectar os motivos dessa alta dispersão, acima do esperado para um processo sob controle três sigmas, e realizar as devidas correções para então realizar novas amostragens e utiliza-las para o cálculo de novos limites de controle.

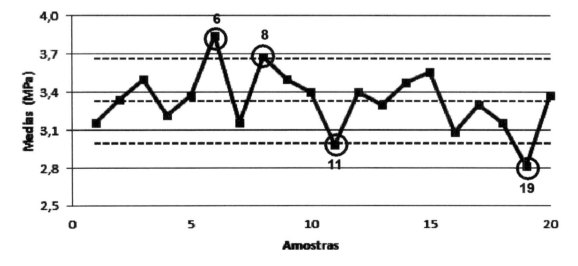

Figura 5.12: Gráfico de controle da média amostral.

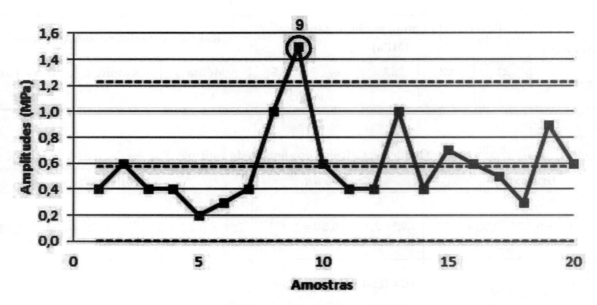

Figura 5.13: Gráfico de controle da amplitude amostral.

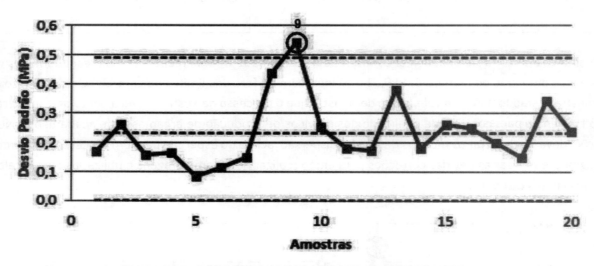

Figura 5.14: Gráfico de controle do desvio-padrão amostral.

Capacidade do Processo

Refere-se à capacidade de o processo gerar saídas (produtos e serviços) conforme as especificações previamente definidas pelo cliente (normas, mercado, leis, exigências específicas de clientes, etc.). A intenção é verificar se o processo de produção é capaz de gerar variabilidade estatisticamente controlável (previsível) e ainda suportável, dentro das expectativas do cliente.

Sendo assim, não basta estar com o processo sob controle estatístico da qualidade (dentro dos limites de controle), mas é preciso também garantir que ele gere resultados dentro do esperado pelo cliente (dentro dos limites de especificação). Daí surge a definição de limites de especificação (LE`s) que representam os requisitos de engenharia do produto para satisfazer um cliente interno ou externo. Os LE`s delimitam o quanto certa característica do produto pode ser aceita dentro dos padrões de qualidade exigidos pelo cliente (ou outro interessado). Caso um produto ou serviço esteja fora desses limites,ele é considerado não-conforme aos padrões de qualidade, porém não quer dizer necessariamente que o processo esteja fora de controle.

Por isso, é necessário avaliar a capacidade do processo a partir da relação apresentada na Equação 13, chamada de RCP (razão da capacidade do processo), onde o numerador representa o intervalo de variação da qualidade aceito pelo cliente (distância entre os limites de especificação superior e inferior), e o denominador representa o intervalo de variação gerado pelo processo em um controle três sigmas.

$$RCP = \frac{LSE - LIE}{6\sigma} \qquad \text{(Equação 13)}$$

A situação desejável é RCP$\geq\geq$1, pois o intervalo de variação da qualidade aceito pelo cliente engloba a dispersão inerente do processo, considerando que o valor médio da variável respostado processo esteja próximo o suficiente do valor alvo médio esperado pelo cliente. Caso RCP seja inferior a 1 significa dizer embora o processo possa estar sob controle poderá produzir produtos ou serviços não conformes o desejo do seu cliente. Em termos práticos a situação mais recorrente equivale ao RCP<1, havendo a necessidade contínua de se trabalhar para que os produtos não-conformes não sejam produzidos em larga escala.

Desempenho do Processo

É inviável tecnicamente abrigar dentro dos limites de controle todos os resultados possíveis, até mesmo porque há limites de especificação do produto que devem ser respeitados. Desta forma, deve-se prever qual será o desempenho do processo em gerar resultados dentro dos limites, a fim de se planejar quando o oposto ocorrer e ainda não gerar uma expectativa errônea sobre a condição de controle da gestão da qualidade.

Uma das formas de se avaliar o desempenho do processo é por meio do Comprimento Médio de Corrida (CMC), conforme apresentado na Equação 14, onde p é a probabilidade de um ponto exceder os limites de controle. CMC refere-se ao número de médio de pontos que tem de ser plotado no Gráfico de Controle antes de um resultado indicar uma condição fora de controle.

$$CMC = \frac{1}{p} \qquad \text{(Equação 14)}$$

Se o processo estiver sob controle, as chances de um ponto estar fora dos três sigmas é de p=0,0027 (ou 0,27%). Assim, CMC é igual a aproximadamente 370. Isso significa dizer que mesmo se o processo permanecer sob controle, um sinal de fora de controle será gerado, em média, a cada 370 amostras.

Quando o processo estiver apresentando sinais de fora de controle, há grandes chances das médias amostrais começarem a se distanciar da Linha Central (LC).Nesta situação é importante avaliar qual seria a probabilidade e frequência que poderiam ocorrer pontos fora dos limites de controle (Figura 15) para então tomar medidas preventivas. Pode-se calcular essa probabilidade a partir das equações 15 e 16.

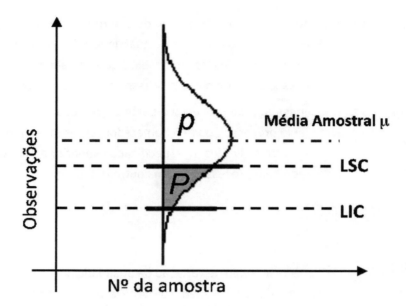

Figura 5.15: Ilustração da probabilidade de se ter resultados fora dos limites de controle quando a média amostral de desloca da linha central.

$$p = 1 - P\,[LIC \leq \bar{X} \leq LSC] \qquad \text{(Equação 16)}$$

$$p = 1 - P\left[\frac{3(LIC - \mu)}{A_2 \cdot \bar{r}} \leq \bar{X} \leq \frac{3(LSC - \mu)}{A_2 \cdot \bar{r}}\right] \qquad \text{(Equação 15)}$$

REFERÊNCIAS BIBLIOGRÁFICAS

ABNT - Associação Brasileira de Normas Técnicas. *NBR ISO 10.017: Guia sobre técnicas estatísticas para a ISO 9001*. Rio de Janeiro, 2005.

ABNT - Associação Brasileira de Normas Técnicas. *NBR 15.575: Edificações habitacionais — Desempenho*. Rio de Janeiro, 2013.

ABNT - Associação Brasileira de Normas Técnicas. *NBR ISO 9001: Sistemas de gestão da qualidade - Requisitos*. Rio de Janeiro, 2015.

Ministério das Cidades. *PBQP-H: Sistema de Avaliação da Conformidade de Empresas de Serviços e Obras da Construção Civil – SiQ*. Brasília, 2012.

MONTGOMERY, D. C. *Introdução à Controle Estatístico de Processos*. Ed. LTC, 2004.

MONTGOMERY, D. C. *Estatística Aplicada e Probabilidade para Engenheiros*. Ed. LTC, 2009.

GESTÃO DA QUALIDADE DE OBRAS

Jaqueline Joana Teixeira Borges
Especialista, Universidade Salvador - UNIFACS
e-mail: jjtborges@gmail.com

INTRODUÇÃO

A gestão da qualidade de obras é essencial para as empresas construtoras que desejem gerar resultados eficazes e se manterem competitivas, tanto do ponto de vista operacional como financeiro, pois podem abrir novos mercados e ampliar aqueles já existentes através da garantia do atendimento aos requisitos do cliente e, consequentemente, a satisfação das partes envolvidas. Além disso, compreendem uma série de outras vantagens, dentre as quais o **aumento da produtividade** dos funcionários, a redução de desperdícios e custos, o controle eficiente de processos e uma melhor organização interna. Este capítulo aborda questões como os requisitos NBR ISO 9001 aplicáveis ao setor de construção civil assim como, gestão de processo e importância em estabelecer procedimentos na obra, método de monitoramento, não conformidade, programas de qualidade, exigências de desempenho da NBR 15575, técnica de melhoria de processo e necessidade do controle estatístico da qualidade. A metodologia utilizada foi uma pesquisa bibliográfica disponíveis em normas, livros e artigos científicos.

SISTEMA DE GESTÃO DA QUALIDADE

O conceito básico da qualidade está diretamente ligado a três fatores: redução de custos, aumento da produtividade e satisfação do cliente, ou seja, fazer melhor com menos custos e entregando ao cliente o produto que corresponde as suas expectativas ou as superam.

No século XX, diversos autores e pesquisadores ficaram famosos por suas ideias sobre gestão da qualidade, - os chamados "Gurus" da Qualidade. O Quadro 6.1 sintetiza o conceito de qualidade para vários autores.

Quadro 6.1 – Conceito da Qualidade[1]

Conceito de Qualidade	Autor
"É a satisfação das necessidades do cliente, em primeiro lugar".	William Edwards Deming (1900) – Inventor do PDCA

---

[1] MELLO, 2011

Conceito de Qualidade	Autor
"É o nível de satisfação alcançado por um determinado produto, no atendimento aos objetivos do usuário, durante a sua utilização, chamado de adequação ao uso".	Joseh M. Juran (1904) – Responsável por aplicar os princípios do Pareto no controle da qualidade.
"É a satisfazer radicalmente ao cliente, para ser agressivamente competitivo".	Kaoru Ishikawa (1915) – Inventor do Diagrama Causa-Efeito.
"É a diminuição das perdas geradas por um produto, desde a produção até o seu uso pelos clientes".	GenechiTagushi (1924)
"É a conformidade com as especificações".	Philip B. Crosby (1926)
"É aquela que atende perfeitamente, de forma confiável, de forma acessível, de forma segura e no tempo certo às necessidades do cliente".	Vicente Falconi Campos (1940).

É importante salientar que as três premissas da qualidade estão presentes em todas as definições, sendo elas: ética, redução de custos e começar antes da produção, ou seja, antes da execução da obra. A Figura 3.1 define a influência da qualidade na competitividade de uma empresa. Segundo Campos (2014), entender a qualidade como o valor que o cliente atribui ao produto conforme requisitos estando o baixo custo diretamente ligado à competitividade, ou é o mesmo que, máxima satisfação das necessidades do cliente ao menor custo.

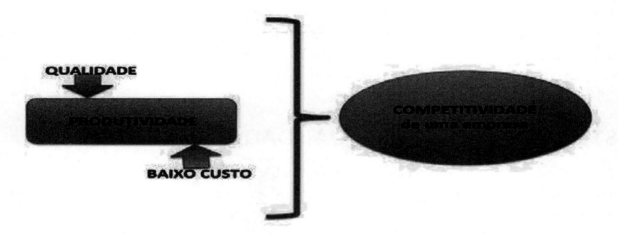

Figura 6.1: Influência da qualidade na competitividade de uma empresa.

A relação entre o nível de qualidade, a satisfação, a fidelização de clientes com a lucratividade e a rentabilidade das empresas, proporcionam maiores níveis de sustentabilidade e competitividade perante o mercado (EBERLE; MILAN; LAZZARI, 2010 apud COSTA; NASCIMENTO; PEREIRA, 2011).

O Sistema de Gestão da Qualidade é normalizado através dos requisitos da ABNT NBR ISO 9001. No setor da construção civil, deve-se entender a necessidade em implementar a qualidade desde o projeto, planejamento passando para execução e, também, na manutenção do produto final.

A introdução de modelos gerenciais por parte das construtoras, que consideram a qualidade desde a perspectiva estratégica, é incentivada por uma série de fatores que caracterizam o cenário mercadológico da construção civil brasileira, em especial o subsetor dedicado às edificações.Atualmente, a gestão da qualidade é um modelo estratégico importante para o desenvolvimento do setor da construção civil. Levando em conta uma economia globalizada, as exigências de órgãos de financiamento e de órgãos públicos contratantes de serviços de construção civil, aumento daconcorrência, dentre outros fatores.

A implementação e, consequentemente, a certificação do Sistema de Gestão da Qualidade podem ser relevantes para o funcionamento, produtividade e a competitividade das organizações que atuam neste setor. A indústria da construção civil possui características próprias que difere de outras atividades. Destacando-se a participação de diversos setores com diferentes funções: incorporadoras, construtoras, projetistas, usuários, fornecedores, empreiteiros, empresa de gerenciamento e laboratórios de ensaio.

Desse modo, além dos requisitos gerais, requisitos de documentação, responsabilidade da direção, gestão de recursos, medição, monitoramento e melhoria, os requisitos específicos da seção 7 – Realização do Produto da NBR ISO 9001:2008 devem ser levados em consideração e faz referência a qualidade na execução dos serviços da construção civil, sendo eles:

- Planejamento da realização do produto;
- Determinação de requisitos relacionados ao produto;
- Análise crítica dos requisitos relacionados ao produto;
- Comunicação com o cliente;
- Planejamento de projeto e desenvolvimento, contemplando: entradas, saídas, análise
- crítica, verificação, validação e controle de alterações;
- Aquisição;
- Controle de produção;
- Identificação e rastreabilidade;
- Preservação de produto;
- Controle de equipamentos de monitoramento e medição.

Para planejamento e realização do produto, a NBR ISO 9001:2008 contempla no que um Plano de Qualidade que no setor de construção também é chamado de Plano da Qualidade da Obra – PQO. Para todos os canteiros de obra, as construtoras precisam estabelecer uma rotina de controle de processos, como por exemplo: programas de treinamento específicos,identificação dos processos considerados críticos para a qualidade da obra, projeto do canteiro, relação de serviços e materiais controlados,estrutura organizacional da obra, objetivos da qualidade específicos, plano de gerenciamento de resíduo, etc.

A Figura 6.2 mostra as etapas para o projeto e desenvolvimento de um empreendimento.Vale salientar a importância em manter evidências de atendimento aos requisitos relacionados ao produto, incluindo requisitos entrega e pós-entrega, legislação aplicável, registros do resultado da análise crítica do projeto, assim com, verificação, validação e controle das alterações do projeto.

112 Gerenciamento de Obras, Qualidade e Desempenho da Construção

Figura 6.2: Projeto e desenvolvimento – NBR ISO ISO 9001:2008.

O processo de aquisição deve incluir a seleção, avaliação e monitoramento do desempenho do fornecedor de material ou serviço, como por exemplo, avaliação de empreiteiros subcontratados para execução de serviços controlados, através de critérios que estabelecidos pela própria construtora. As especificações de aquisição deverão ser informadas ao fornecedor conforme adequação dos requisitos de aquisição e a verificação do produto ou serviço adquirido deverá ser realizada através de inspeção para assegurar que este produto ou serviço atende aos requisitos especificados. Após inspeção os materiais críticos deverão ser armazenados adequadamente conforme orientação do fabricante ou norma específica.

Para o controle da execução da obraa construtora deverá disponibilizar equipamentos adequados, instruções de trabalho, equipamentos de monitoramento e medição e atividades de liberação, entrega e pós-entrega do empreendimento.

Um exemplo para identificação e rastreabilidade em construção civil é o controle tecnológico do concreto que é adquirido de acordo com a resistência (FCK) exigida no projetoe solicitado pelo engenheiro calculista responsável da obra.

Ao receber o concreto na obra, o responsável pelo controle deve coletar amostra e enviar para análise. A amostra deve ser identificada e o código registrado no mapa de concretagem para identificar onde o concreto recebido foi utilizado. O resultado da análise deverá ser verificado, comparado com as exigências do projeto, registrado e laudo do ensaio e armazenado conforme sistemática estabelecida pelo sistema de gestão, caso o resultado esteja fora do padrão ações corretivas deverão ser adotadas juntamente com o engenheiro calculista para que não ocorram problemas estruturais durante a execução e entrega da obra.

Com a publicação da nova versão NBR ISO 9001:2015 em 30 de setembro de 2015, os requisitos específicos para realização dos produtos foram revisados e dispostos conforme Matriz de Correlação apresentada no Quadro 6.2.

Quadro 6.2: Matriz de Correlação entre NBR ISO 9001:2008 e NBR ISO 9008:2015

ABNT NBR ISO 9001:2008	ABNT NBR ISO 9001:2015
7. Realização do Produto	8. Operação
7.1. Planejamento da realização do Produto	8.1. Planejamento e controle operacional
7.2. Processos relacionados a clientes	8.2. Requisitos para produtos e serviços
7.2.1. Determinação dos requisitos relacionados ao produto	8.2.1. Generalidades 8.2.2. Determinação dos requisitos relativos a produtos e serviços
7.2.2. Análise crítica dos requisitos relacionados ao produto	8.2.3. Análise crítica dos requisitos relativos a produtos e serviços
7.2.3. Comunicação com o cliente	8.2.1. Comunicação com o cliente
7.3. Projeto e Desenvolvimento	8.3. Projeto e Desenvolvimento de produtos e serviços
7.3.1. Planejamento de projeto e desenvolvimento	8.3.2. Planejamento de projeto e desenvolvimento
7.3.2. Entradas de projeto e desenvolvimento	8.3.3. Entradas de projeto e desenvolvimento
7.3.3. Saídas de projeto e desenvolvimento	8.3.5. Saídas de projeto e desenvolvimento
7.3.4. Análise crítica de projeto e desenvolvimento	8.3.4. Controle de projeto e desenvolvimento
7.3.5. Verificação de projeto e desenvolvimento	
7.3.6. Validação de projeto e desenvolvimento	
7.3.7. Controle de alterações de projeto e desenvolvimento	8.3.6. Mudanças de projeto e desenvolvimento
7.4. Aquisição	8.4. Controle de processo, produtos e serviços providos externamente
7.4.1. Processo de aquisição	8.4.1. Generalidades 8.4.2. Tipo e extensão de controle
7.4.2. Informações de aquisição	8.4.3. Informações para provedores externos
7.4.3. Verificação do produto adquirido	8.4.2. Tipo e extensão de controle
7.5.1. Controle de Produção e prestação de serviço	8.5. Produção e provisão de serviço
7.5.2. Validação dos processos de produção e prestação de serviço	8.5.1. Controle de produto e de provisão de serviços 8.5.5. Atividade Pós-entrega 8.5.6. Controle de mudanças 8.6. Liberação de produtos e serviços
7.5.3. Identificação e rastreabilidade	8.5.2. Identificação e rastreabilidade
7.5.4. Propriedade de cliente	8.5.3. Propriedade pertencente ao cliente ou provedores externos
7.5.5. Preservação de produto	8.5.4. Preservação
7.6. Controle de equipamento de monitoramento e medição	7.1.7. Recursos de Monitoramento e Medição

ESTRUTURA PARA O GERENCIAMENTO DA QUALIDADE

A estrutura para o gerenciamento do Sistema de Gestão da Qualidade é baseado no modelo de abordagem de processo e a estrutura utilizada está ligada ao método gerencial de melhoria, conhecido como Ciclo PDCA (*Plan, Do, Check e Act* – Planejar, Executar, Verificar e Agir).

Segundo Mello (2011), O Ciclo PDCA propõe análise dos processos visando à melhoria contínua. Os aspectos descritivos de cada etapa são apresentados como:

- **PLAN** – Planejar: significa definir os objetivos e metas a serem alcançadas, bem como a identificação de estratégias ou métodos para atingir o resultado planejado.

- **DO** – Executar: inclui colocar o planejamento e prática. Nesta fase são executadas as ações analisando e medindo cada etapa com o objetivo de coletar dados para futura análise.

- **CHECK** – Checar: analisar os dados gerados pelo processo para verificar sua coerência com as metas estabelecidas anteriormente. Caso o resultado pretendido não seja alcançado, verificam-se os desvios e propõem-se mudanças.

- **ACT** – Agir: implementar as mudanças propostas na etapa anterior, voltando à primeira etapa e corrigindo o método ou as metas no planejamento.

O processo de gerenciamento estabelecido no ciclo PDCA não pressupõe isolamentos entre uma etapa e outra, ou seja, abrange um processo cíclico de evolução, ocorrendo a integração e a retroalimentação entre as etapas. O método pode ser utilizado tanto para controlar um processo quanto para aperfeiçoá-lo, buscando a melhoria contínua (MELLO, 2011).

O ciclo PDCA, como controle, busca melhorar os processos definidos e estabelecer as melhorais como padrão ao utilizar o PDCA na manutenção do sistema de gestão.É possível, também, melhorar o modelo sempre que novas metas forem definidas. Com essa melhoria do padrão,pode-se concluir que foi alcançada a melhoria continua do processo.

GESTÃO DE PROCESSOS E PROCEDIMENTOS

Um processo é um conjunto de causas que provoca um ou mais efeitos. A empresa pode ser definida como um grande processo, formado por vários processos menores de manufatura ou de serviços (CAMPOS, 2014). Ou seja, gerenciar uma empresa égerenciar um grande processo.

Para Juran (1992) é uma série sistemática de ações direcionadas para consecução de uma tarefa. Neste contexto, segundo a NBR ISO 9000 (Fundamentos e Vocábulos)todo processo pode ser definido como umconjunto de atividades inter-relacionadas que transforma insumos (entradas) em produtos (saídas).Vale ressaltar que as entradas são compostas por requisitos do cliente, matéria-prima, tecnologia, capital e recursos humanos necessários para a execução do processo. Enquanto as saídas, ou seja, o resultado do processo é tudo aquilo que é recebido pelo cliente (interno ou externo), por exemplo: produto acabado, serviços, informações, materiais processados.

Diversos processos podem se inter-relacionar, sendo a saída de um, a entrada do outro, o que pode formar uma cadeia de fornecimento, conforme demonstradona Figura4.

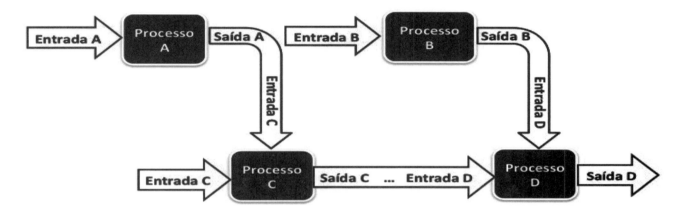

Figura 6.3: Inter-relação entre os processos.

A NBR ISO 9001 adota a abordagem de processo para o estabelecimento, implementação e melhoria da eficácia do sistema de gestão da qualidade visando aumentar a satisfação do cliente através do atendimento aos seus requisitos. Ainda, a gestão de processos apresenta vantagens como exemplo:

- Permite uma visão horizontal do negócio.
- Envolve os funcionários de toda a estrutura organizacional.
- Permite o monitoramento do processo e do produto.
- Facilita a padronização com visão sistêmica.
- Permite visualizar as atividades que agregam valor.
- Facilita a definição de responsabilidades.
- Permite a identificação da interação entre os processos.

Na Figura 6.4 apresenta o macrofluxo de processo de uma empresa de construção, onde o demonstra a interação dos processos inerentes às atividades de construção civil.

Figura 6.4: Exemplo de Macro fluxo de processo – Construção Civil.

A organização precisa determinar seus procedimentos para assegurar o planejamento, a operação e o controle eficazes de seus processos.Plano de qualidade da obra, Controle de serviços e materiais, Instruções técnicas de trabalho são exemplos de procedimentos que asseguram melhor atendimento dos processos construtivos e controle das atividades realizadas em cada fase do processo.

A padronização das informações no canteiro de obra evita o retrabalho, desperdícios e aumenta a produtividade e, consequentemente, reduz os custos da obra elevando a competitividade e a satisfação do cliente.

CONTROLE DE NORMAS TÉCNICAS

O cumprimento de normas técnicas tem caráter obrigatório, previsto em leis e instrumentos regulatórios, e proporciona isonomia técnica, sendo um referencial indispensável neste sentido. Cumpre também, o papel de ser um dos pilares da segurança jurídica, devendo ser encarado pelas construtoras e profissionais como um referencial teórico a ser seguido. Esta prática proporciona, ainda, ganhos de qualidade e desempenho dos componentes, elementos, sistemas e processos regulamentados pelas normas.

A Figura 6 exemplifica o Controle de Documentos externos (podendo ainda ser controlado através de sistemas informatizados de controle de documentos definidos pela empresa).

CONTROLE DE DOCUMENTOS EXTERNOS				
Código	Data	Título	Data da Próxima Atualização	Local de Arquivo

Figura 6.6: Planilha de controle de documentos externos.

O SINDUSCON-MG (Sindicato da Indústria da Construção Civil de Minas Gerais) com apoio da CBIC (Câmara Brasileira da Indústria da Construção) elaborou o livro "Principais Normas Técnicas – Edificações". A última edição elenca 986 normas aprovadas pela ABNT, conforme Tabela 1. O trabalho foi idealizado a partir da demanda das empresas de construção e dos profissionais do setor, por um sumário das principais normas específicas para edificações.

Tabela 6.1 - Principais Normas Técnicas – Edificações[2]	
NORMAS	QUANTIDADE
Viabilidade, contratação e gestão	13
Desempenho, projetos e especificação de materiais e sistemas construtivos	571
Execução de serviços	59
Controle tecnológico	328
Manutenção	2
Qualificação de Pessoas	13
TOTAL	986

MÉTODO DE MONITORAMENTO DA QUALIDADE

Os sistemas de medição permitem às organizações monitorar os processos executados, gerando de forma quantitativa uma avaliação do mesmo. Um bom sistema de medição pode detector os pontos fortes de uma obra, assim como as necessidades de melhoria.

Qualquer ação ou decisão tomada por uma organização necessita de um acompanhamento, pois somente desta forma é possívelconstatar se as metas estabelecidas estão sendo alcançadas. Abaixo estão listadas as razões pelas quais uma empresa deve investir emum sistema de monitoramento e medição de desempenho:

---

[2] Fonte: CBIC, 2015)

Gerenciamento de Obras, Qualidade e Desempenho da Construção

- Controlar as atividades operacionais;
- Alimentar os sistemas de incentivo de funcionários (caso exista);
- Controlar o planejamento;
- Criar, implantar e conduzir estratégias competitivas;
- Identificar problemas que necessitem intervenção dos gestores;
- Verificar se a missão da empresa está sendo atingida.

Vale salientar a importância das etapas de Planejamento, Monitoramento e Controle, ou seja, deve-se definir a linha de base através do Planejamento adequado determinando informações iniciais de prazo, custo, qualidade, escopo e risco. Seguindo para o Monitoramento com medições dos resultados parciais de execução do projeto e comparação do que foi planejado e executado. Finalizando com o Controle através de intervenções, com o objetivo de corrigir os desvios e alcançaros resultados esperados (MELLO, 2011).

Os indicadores de desempenho são ferramentas importantes no controle da qualidade dos de uma organização, pois fornecem informações para a identificação dos problemas e desvios nos processos de uma construtora, permitem a realimentação, tomada de decisões e intervenções eficazes para a melhoria do desempenho.

Um sistema de indicadores pode trazer dados importantes simultaneamente à execução do serviço por obter através do monitoramento das rotinas de inspeções para o recebimento de materiais e para a verificação dos serviços executados nas várias fases da construção visando implantar as melhorias noprocesso construtivo, elevando assim a qualidade do produtofinal e reduzindo os custos.

Quadro 3 – Tipos de Indicadores de Desempenho.

INDICADORES DE DESEMPENHO		
de Qualidade	de Prazo	de Custos
% de itens conforme	Cumprimento da programação Semanal	Índice de desvio do orçamento
Índice de cumprimento de Procedimento	Índice de contratação no prazo (MO)	Índice de perda de concreto
Índice de cumprimento de Treinamento	Índice de compras no prazo (MAT)	Índice de perda aço
Resultado de teste hidrostático	Avanço físico (unidades executadas dentro do prazo)	Consumo de água e energia
Estanqueidade. Índice de Boas Práticas no canteiro de obras	% conclusões (por atividade)	Custo efetivo por unidade

NÃO CONFORMIDADE, AÇÕES CORRETIVAS E PREVENTIVAS.

Para o controle de produto não conforme, a organização deve assegurar que produtos que não estejam conformes com os requisitos do produto sejam identificados e controlados para evitar seu uso ou entrega não pretendida (NBR ISO 9001:2008).

Um produto não conforme é o resultado insatisfatório de um processo, ou seja, um produto que não atende a um requisito estabelecido. Onde aplicável, a organização deve tratar os produtos não conformes executando ações para eliminar a não conformidade detectada, assim como, autorizar, liberar ou aceitar o uso sob concessão, impedindo a aplicação original, inclusive adotar ação apropriada aos Efeitos quando o produto não conforme for identificado após entrega ou início do seu uso. Quando o produto não conforme for corrigido, este deve ser submetido à reverificação para demonstrar a conformidade com os requisitos.

Um método para eliminação de não conformidade contatada é a ação corretiva, que atua ma causa raiz do problema para evitar a repetição do desvio. Após a implantação de uma ação corretiva, é necessário avaliar a eficácia da ação com a documentação do resultado da análise. Se a ação corretiva for considerada eficaz a mesma deverá ser encerrada, caso contrário uma nova ação corretiva deverá ser aberta visando eliminar a causa raiz do problema e, consequentemente, a não conformidade.

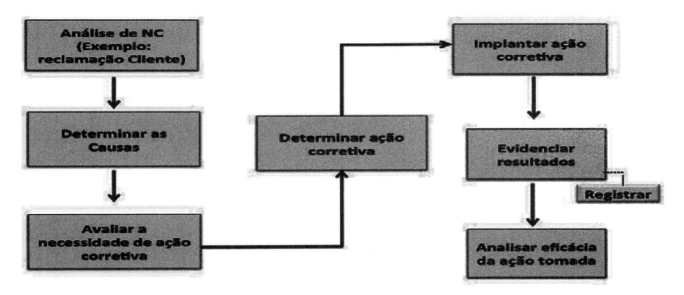

Figura 6.6: Fluxo para ação corretiva (NBR ISO 9001:2008).

Uma medida preventiva é uma ferramenta para prevenção da ocorrência de uma não conformidade potencial. Segundo Melo (2009), uma ação preventiva envolve a análise de tendência em histórico de dados de vários registros e dados da qualidade para identificar oportunidades de evitar a ocorrência de problemas potenciais.

Os dados para iniciação das ações preventivas podem ser originadosapoiado em uso de ferramenta de análise de risco, análise crítica de necessidades e expectativas de clientes, análise de mercado, resultados de análise de dados, medições de satisfação de clientes, aprendizagem com experiências anteriores, registros pertinentes do sistema de gestão da qualidade e processos que fornecem recomendação antecipada de situações potencialmente fora de controle (MELLO, 2009).

Desenvolver uma rotina de manutenções antes da ocorrência de problemas é um exemplo de uma medida preventiva em uma construtora, pois uma ação rotineira acompanhada com atividades de prevenção de falhas e defeitos pode reduzir de forma significativa os gargalos indesejáveis gerados, por exemplo, pela quebra inesperadas um de equipamentos, evitando, assim que seja geradauma não conformidade que possa impactar na execução da obra.

A sistemática para controle das ações preventivas segue o mesmo processo descrito para ações corretivas descrito na Figura 7, desde o início até o encerramento, apesar de tais ações serem adotadas para reduzir a probabilidade de um problema potencial ocorrer.

PROGRAMA DE QUALIDADE – PBQP-H / SIAC - 2012

O PBQP-H é o Programa Brasileiro de Qualidade e Produtividade do Habitat instituído pelo governo federal, tem como objetivo organizar o setor da construção civil, promovendo melhoria da qualidade, modernização produtiva e elevar os patamares da qualidade e produtividade da construção civil por meio da criação e implementação de mecanismos de modernização tecnológica e gerencial, contribuindo para ampliar o acesso à moradia para a população.

O SiAC é específico para execução de obras.Baseada na NBR ISO 9001 apresenta dois níveis certificáveis:Nível Bque corresponde a 77% dos requisitos da norma e Nível A quecorresponde a 100% dos requisitos da norma. O Quadro4 apresenta as exigências de atendimento do SiAC 2012 para o nível B e A.

Quadro 6.4 – Exigência de atendimento para certificação SiAC 2012.

NÍVEL B	NÍVEL A
77% dos requisitos SiAC	100% dos requisitos SiAC
40% serviços controlados	100% serviços controlados
50% materiais controlados	100% materiais controlados
50% serviços e materiais já inspecionados	50% serviços e materiais já inspecionados
¼ de serviços e materiais em execução	¼ de serviços e materiais em execução

Conforme Portaria nº 583, o SiAC é dividido em:

- Anexo I "Regimento Geral": Princípios, definições, obrigações do organismo certificador, declaração de adesão, qualificação dos auditores, falta das empresas, etc.

- Anexo II "Regimento Específico": Setores do SiAC, declaração de adesão, regras, dimensionamento da auditoria em dias e obras.

- Anexo III "Referencial Normativo Nível B e Nível A": Requisitos para implantação do SiAC. Anexo IV "Requisitos Complementares": Controle dos materiais e serviços por escopo.

Os principais pontos tratando noregimento específico da especialidade técnica execução de obras do SiAC 2012 são:

- A auditoria em canteiro de obras é essencial para certificação;

- Somente serão aceitas obras cuja responsabilidade técnica pela sua execução esteja em nome da construtora, sendo demonstrada através da ART (Anotação de responsabilidade técnica);

- No ciclo de 36 meses, a construtora pode não possuir obra para ser auditada em uma auditoria de manutenção (critério de excepcionalidade), sendo este o caso o OAC – Organismo de Acreditação e Certificação deverá ser comunicado, neste caso deverá ser auditado os registros da construtora. A Auditoria de certificação e Fase 2;

Fase 2: auditoria para avaliar a conformidade do sistema de gestão da qualidade para com as exigências normativas.

- Não é recomendado que o tempo decorrido entre as auditorias de Fase 1 e 2 seja superior a 3 meses.

- Deve ser evidenciado pelo OAC que a empresa construtora:quando empregando materiais com certificação compulsória, se assegura do uso de produtos que atendam a essa exigência, sendo obrigatória a verificação da respectiva marca do INMETRO ou da rastreabilidade dos ensaios constantes nos laudos, se assegura das condições de calibração do equipamento de ensaio dos materiais e componentes utilizados na estrutura de suas obras.

- Deve ser evidenciado pelo OAC que a empresa construtora tem a capacidade em atender normas técnicas, requisitos legais, bem como requisitos deSegurança, Saúde e Meio Ambiente.

A estrutura dos requisitos do SiAC/2012 - Nível B e Nível A é a mesma da NBR ISO 9001:2008, exceto no requisito 7 que difere apenas por ser específico para execução de obra, conforme Quadro 5.

Quadro 6.5 – Estrutura do Referencial Normativo SiAC 2012.

REQUISITOS DO SIAC 2012	
1.	Objetivo
2.	Referência Normativa
3.	Termos e Definições
4.	Sistema de Gestão da Qualidade
5.	Responsabilidade da Direção
6.	Gestão de Recursos
7.	Execução de Obras
8.	Medição, Análise e Melhoria

122 Gerenciamento de Obras, Qualidade e Desempenho da Construção

O SiAC 2012 inovou contemplando os objetivos da qualidade voltados para a sustentabilidade dos canteiros de obra. Esses são considerados indicadores obrigatórios medidos ao longo e ao final da obra, conforme definido no Anexo III – Referencial Normativo Nível B e A. sendo eles: Indicador de geração de resíduos, Indicador de consume de água e indicador de consumo de energia.

Quadro 6.6 – Indicadores de Sustentabilidade[3]

INDICADORES DE SUSTENTABILIDADE		
Indicador de geração de Resíduo (exceto solo)	Ao longo da obra	m^3/trabalhador/mês
	Ao final da obra	m^3/m^2 de área construída
Indicador de Consumo de Água	Ao longo da obra	m^3/trabalhador/mês
	Ao final da obra	m^3/m^2 de área construída
Indicador de Consumo de Energia	Ao longo da obra	kWh/trabalhador/mês
	Ao final da obra	kWh/m^2 de área construída

Os indicadores de sustentabilidade são obrigatórios apenas para as empresas construtoras que atuam no subsetor de obras de edificações e as metas dos indicadores devem ser definidas pela própria construtora.

No processo de aquisição, a construtora deve assegurar que a compra de materiais e a contratação de serviços estejam conforme com os requisitos especificados de aquisições. Os controles de aquisição devem ser aplicados para: Serviços e Materiais controlados, Serviços laboratoriais, Locação de equipamentos, Serviços de projetos e engenharia. A construtora deve estabelecer critérios para qualificar (pré-avaliar e selecionar) seus fornecedores. No caso de fornecedores de materiais deve considerar a sua formalidade e legalidade, porém poderá ser dispensada do processo de seleção a empresa fornecedora considerada qualificada pelo: PSQ (Programa Setorial da Qualidade), SBAC (Sistema Brasileiro de Avaliação da Conformidade) e DATec (Documento de Avaliação Técnica, do sistema nacional de avaliações técnicas de produtos inovadores). Sendo vedado à empresa adquirir produtos de fornecedores de materiais considerados não conformes pelo PSQ (SiAC 2012).

Nos requisitos complementares da especialidade técnica de Execução de Obras de Edificações são apresentados todos os serviços que deverão ser obrigatoriamentecontrolados na obra, conforme destacados no Quadro 6 (SiAC 2012).

Adicionalmente a empresa construtora deve elaborar uma lista mínima de materiais que afetem tanto a qualidade dos seus serviços de execução controlados quanto a qualidade da obra, e estes materiais devem ser

---

[3] (Fonte: SiAC 2012).

controlados. Esta lista deve ser representativa dos sistemas construtivos utilizados pela Construtora e deverão constar, no mínimo, 20 materiais controlados.

Quadro 6.7- Serviços controlados conforme etapas da obra (PBQP-H SIAC 2012).

Serviços de execução controlados do subsetor obras de edificações	
Serviços preliminares:	1. compactação de aterro; 2. locação de obra.
Fundações:	3. execução de fundação.
Estrutura:	4. execução de fôrma; 5. montagem de armadura; 6. concretagem de peça estrutural; 7. execução de alvenaria estrutural.
Vedações verticais:	8. execução de alvenaria não estrutural e de divisória leve; 9. execução de revestimento interno de área seca, incluindo produção de argamassa em obra, quando aplicável; 10. execução de revestimento interno de área úmida; 11. execução de revestimentoexterno.
Vedações horizontais:	12. execução de contrapiso; 13. execução de revestimento de piso interno de área seca; 14. execução de revestimento de piso interno de área úmida; 15. execução de revestimento de piso externo; 16. execução de forro; 17. execução de impermeabilização; 18. execução de cobertura em telhado (estrutura e telhamento).
Esquadrias	19. colocação de batente e porta; 20. colocação de janela.
Pintura	21. execução de pintura interna; 22. execução de pintura externa.
Sistemas prediais	23. execução de instalação elétrica; 24. execução de instalação hidrossanitária; 25. colocação de bancada, louça e metal sanitário.

EXIGÊNCIAS DE DESEMPENHO DA NBR 15.575

A ABNT NBR 15575 Edificações Habitacionais – Desempenho é um conjunto normativo (Parte 1 a 6) que constitui um importante marco para a modernização tecnológica da construção brasileira e melhoria da qualidade de nossas habitações (CBIC, 2013).

As 6 partes da norma são compreendidas por:

Parte 1: Requisitos Gerais

Trata das interfaces entre os diferentes elementos da construção e do seu desempenho global, como por exemplo, no caso do desempenho térmico, onde influem simultaneamente fachadas, cobertura, etc. Estabelece diretrizes para implantação das edificações habitacionais e indicações gerais sobre estabilidade, durabilidade, segurança no uso e na ocupação, desempenho lumínico, etc.

Parte 2: Requisitos para os sistemas estruturais

Para a estrutura, a norma estabelece quais os critérios de estabilidade e resistência do imóvel, inclusive com métodos para medir que tipos de impactos a estrutura pode suportar sem apresentar falhas ou rachaduras.

Parte 3: Requisitos para os sistemas de pisos

Os pisos devem suportar a força de certos impactos especificados e manter níveis seguros contra escorregamento, para evitar acidentes domésticos.

Parte 4: Requisitos para os sistemas de vedaçõesverticais internas e externas

As paredes externas e internas devem garantir a estanqueidade, proteção acústica contra sons externos e conforto térmico. A norma apresenta os níveis internos de variação de temperatura obrigatórios de acordo com cada região climática brasileira.

Parte 5: Requisitos para os sistemas de coberturas

A norma estabelece quais os pesos mínimos a cobertura deve suportar e quantas horas ela deve resistir ao fogo sem ceder.

Parte 6: Requisitos para os sistemas hidrossanitários

Todas as edificações devem estar ligadas à rede de esgoto ou possuir alternativas próprias de tratamento dos dejetos. Também define que pressão e peso as tubulações devem suportar.

Cada parte da norma foi organizada por elementos da construção, percorrendo uma sequência de exigências relativas à segurança (desempenho mecânico, segurança contra incêndio, segurança no uso e operação), habitabilidade (estanqueidade, desempenho térmico e acústico, desempenho lumínico, saúde, higiene e qualidade do ar, funcionalidade e acessibilidade, conforto tátil) e sustentabilidade (durabilidade, manutenibilidade e adequação ambiental).

A ABNT NBR 15575:2013 é aplicável a edificações habitacionais com qualquer número de pavimentos, geminadas ou isoladas, construída com qualquer tipo de tecnologia, trazendo em suas respectivas partes as ressalvas necessárias no caso de exigências aplicáveis somente para edificações de até 5 pavimentos.

O conceito de desempenho é "Comportamento em uso de uma edificação e de seus sistemas". O desempenho da mesma edificação poderá variar de um local para outro e de um ocupante para outro (cuidados diferentes no uso e na manutenção, por exemplo). Ou seja, variará em função das condições de exposição. A norma apresenta o conceito de vida útil de projeto (VUP), definição de responsabilidade e parâmetros de desempenho mínimo (compulsório) intermediário e superior.

A NBR 15.575:2013 trouxe como novidade o conceito de comportamento em uso dos componentes e sistemas das edificações, sendo que a construção habitacional deve atender e cumprir as exigências dos usuários ao longo dos anos, promovendo o amadurecimento e melhoria da relação de consumo no mercado imobiliário, na medida em que todos os envolvidos na produção habitacional são incumbidos de suas responsabilidades, sendo eles: Projetistas, Fornecedores de insumo, componente e/ou sistema, Construtor, Incorporador e Usuários.

Quadro 6.8– Incumbênciasdos intervenientes (NBR 15575:2013).

INCUMBÊNCIAS E RESPONSABILIDADES	
INCORPORADOR	• Identificar os riscos previsíveis na época do projeto; • Providenciar estudos técnicos requeridos; • Prover informações necessárias aos projetistas; • Definir níveis de desempenhos em consonância com os projetistas; • Elaborar os Manuais de Uso, Operação e Manutenção, eventualmente.
CONSTRUTOR	• Elaborar os Manuais de Uso, Operação e Manutenção, conforme NBR 14037 e NBR 5674; • Disponibilizar ao usuário o Manual deUso, Operação e Manutenção; • Seguir o projeto, não alterando os componentes sem autorização do projetista.
FORNECEDOR	• Caracterizar o desempenho do seu produto ou sistema; • Fornecer o prazo de vida útil previsto para o produto; • Fornecer informações de operação e manutenção.
PROJETISTA	• Especificar componentes do sistema que atendam ao menos o desempenho mínimo exigidos na NBR 15575, baseado nas diretrizes dos incorporadores. • Registrar no projeto os dados técnicos utilizados como critérios do projeto para evitar troca de especificações pela construtora; • Estabelecer e indicar a Vida Útil de Projeto (VUP) de cada sistema que compõe a obra.
USUÁRIO	• Utilizar a edificação corretamente, não alterando sua destinação, nas cargas ou nas solicitações previstas nos projetos originais, sem prévia autorização da construtora; • Realizar as manutenções preventivas e corretivas, conforme Manual de Uso, Operação e Manutenção; • Utilizar empresas especializadas quando for o caso.

126 Gerenciamento de Obras, Qualidade e Desempenho da Construção

Para aplicar a metodologia e as normas de desempenho, é necessário: conhecer as características de uso do edifício e suas partes ao longo da vida útil (como o edifício será usado), conhecer e registrar no projeto as características de exposição que os materiais estarão sujeitos, componentes e sistemas da edificação como um todo e definir os requisitos e critérios para atendimento diante das características de uso e das condições de exposição.

Cada parte da norma foi organizada por elementos da construção, percorrendo uma sequência de exigências relativa aos requisitos de Segurança, Habitabilidade e Sustentabilidade.

A norma não é aplicável para: Obras já concluídas / construções preexistentes, Obras em andamento na data da entrada em vigor da norma, Projetos protocolados nos órgãos competentes até data de entrada em vigor da norma, Obras de reforma ou retrofit, Edificações provisórias.

TÉCNICA DE MELHORIA DE PROCESSO

Melhorar os processos da organização é fator crítico para o sucesso institucional de qualquer organização, seja pública ou privada, desde que realizada de forma sistematizada e que seja entendida por todos na organização.

Das diversas metodologias existentes, destaca-se a ferramenta MAMP – Método de Análise e Melhoria de Processos, por teruma aplicação simples. O MAMP foi desenvolvido pelo IBQN – Instituto Brasileiro da Qualidade Nuclear em 1997 e é um conjunto de ações desenvolvidas para aprimorar as atividades executadas, identificando possíveis desvios, corrigindo erros, transformando insumos em produtos, ou serviços com alto valor agregado (DIAS, 2006).

Quadro 6.9 – Etapas do MAMP (adaptado IBQN, 1997 – apud Dias 2006).

PASSO	ATIVIDADE
1. Análise do Processo	1. Conhecer o processo atual
	2. Identificar os problemas
	3. Priorizar os problemas
	4. Identificar possíveis causas do problema
	5. Priorizar as causas
2. Melhoria do processo - Soluções	6. Identificar as alternativas de solução para possíveis causas
	7. Priorizar as soluções
	8. Desenvolver soluções
	9. Identificar s problemas potenciais
3. Melhoria do processo – Planejamento e Implantação	10. Definir metas
	11. Definir métodos
	12. Normalizar
	13. Considerar o planejamento da implantação

PASSO	ATIVIDADE
4. Melhoria do processo – Implantação, avaliação e análise da implantação	14. Disseminar informações
	15. Treinar
	16. Executar
	17. Medir
	18. Comparar com o planejado.

O MAMP estabelece os seguintes princípios: satisfação total do cliente, gerência participativa, desenvolvimento humano, melhoria contínua, gerência de processos, definição de responsabilidades, gerência de informação e comunicação, garantia da qualidade e busca da excelência.

Utilizando a técnica do MAMP a organização possibilita seu desenvolvimento através de:

- Clareza e definição dos objetivos da organização, a fim de promover o compartilhamento destes com todos os colaboradores;

- Pleno conhecimento da organização de suas atribuições favorecendo motivação a fim de cumpri-las;

- Processos avaliados e constantemente melhorados;

- Colaboradores motivados e capacitados para executar atividades ereconhecimento;

- Participação e comprometimento dos funcionários com a qualidade racional;

- Inovação, mudança e superação de desafios;

- Circulação rápida e correta das informações entre os funcionários;

- Satisfação dos clientes e usuários com atuação em seus serviços e/ou produtos.

A metodologia considera como fundamental o princípio da gestão de processos, onde o referencial é o Ciclo PDCA.

Para aplicação do método, é de suma importância o treinamento dos colaboradores, criação o de indicadores que possibilitem a verificação dos resultados e estabelecimento de ações frente aos resultados negativos.

A metodologia do MAMP é composta de 18 passos que, devidamente seguidos, proporcionarão condições seguras e eficazes para um bom desempenho dos processos. As etapas do método estão descritas no Quadro 8.

Para implementação da metodologia, é necessário ter uma ampla abordagem de todos os elementos que compõem o processo e esta análise se dá através de um estudo de como se comporta este processo identificando suas entradas e saídas. Também é importante definir três tipos de indicadores para o monitoramento e medição dos processos que são: Indicador de Qualidade que ocorre quando se evidencia as conformidades ou adequações ao uso das saídas de um processo e se relacionam esses resultados com o volume ou quantidade total produzida,

Indicador de Produtividade que representa o resultado da relação entre as saídas de um trabalho e os recursos utilizados para sua produção e Indicador de Capacidade que relaciona uma determinada produção realizada em um intervalo de tempo (DIAS, 2006).

NECESSIDADE DO CONTROLE ESTATÍSTICO DA QUALIDADE

Controle da qualidade é definido como um conjunto de atividades planejadas e sistematizadas que objetivam avaliar o desempenho de processos e a conformidade de produtos e serviços com as especificações e prover ações corretivas necessárias. A qualidade de um produto pode ser avaliada de várias maneiras. Oito componentes ou dimensões da qualidade podem ser dadas por:

- Desempenho (o produto realizará a tarefa pretendida?).
- Confiabilidade (qual é a frequência de falhas do produto?).
- Durabilidade (quanto tempo o produto durará?).
- Assistência técnica (qual é a facilidade para se consertar o produto?).
- Estética (qual é a aparência do produto?).
- Características (o que o produto faz?).
- Qualidade percebida (qual é a reputação da companhia ou de seu produto?).
- Conformidade com especificações (o produto é feito como o projetista pretendia?).

A II Guerra Mundial trouxe a necessidade de se produzir grande quantidade de produtos militares com qualidade e prazos pequenos.Nesta época, financiado pelo Departamento de Defesa dos EUA, tem grande difusão o controle estatístico de qualidade (CEQ), tendo como base os estudos de Shewhart – Cartas de Controle e Dodge e Romig – Técnicas de Amostragem. O uso de técnicas de amostragem tornou a inspeção mais eficiente, eliminando a "amostragem 100%" o que representava custo elevado e excesso de tempo.O CEQ se preocupava apenas em detectar defeitos. No entanto, não havia uma preocupação em investigar as causas que levam a tais defeitos nem com a prevenção dos mesmos.

O controle estatístico do processo (CEP) apresenta uma evolução do CEQ, pois se preocupa com a monitoração de um processo, verificando, se o mesmo está dentro de limites determinados e busca a estabilização de processos através da redução de sua variabilidade, visando à melhoria e manutenção da qualidade (MONTOGOMERY, 2003).

O CEP é uma poderosa coleção de ferramentas úteis na obtenção da estabilidade do processo e na melhoria da capacidade através da redução da variabilidade. Um processo estará sob controlese os resultados estão em conformidade com os limites impostos, caso contrário o processo deve ser investigado para que sejam detectadas as causas do desvio. As ferramentas que permitem monitorar um processo e concluir se ele estar ou não sob controle são chamadas "As Sete Ferramentas da Qualidade": Folha de Verificação, Histograma, Estratificação, Diagrama de Pareto, Gráfico Sequencial (ou Carta de Tendência), Gráfico de Correlação (ou Diagrama de Dispersão), Diagrama de Causa-e-Efeito (Ishikawa).

Para avaliar a qualidade de um produto ou serviço, é necessária a utilização de métodosestatísticos. O controle estatístico se preocupa com a coleta, análise, interpretação e apresentação dos dados, permitindo a obtenção de conclusõesválidas a partir desses dados, bem como a tomada de decisões razoáveis baseadas nessas conclusões. O Quadro 9 resume as Sete Ferramentas Estatísticas da Qualidade com sua aplicação básica.

6.10- Aplicação das Ferramentas da Qualidade (Adaptado de Kume e Mizuno, 1993).

FERREMENTA	APLICAÇÃO
1. Folha de Verificação	Uma ferramenta de registro, que permite que a coleta organizada de dados.
2. Histograma	Representação da distribuição de freqüência de um conjunto de dados, permitindo a observação da dispersão dos dados, sua amplitude e distribuição. Muito usada na avaliação do comportamento de um processo, quanto à sua estabilidade e capacidade.
3. Estratificação	Focalização de dados coletados, (pelo seu agrupamento em subgrupos estratos) com determinados fatores característicos.
4. Diagrama de Pareto	Focalização de dados coletados, identificando prioridades para ação e onde envidar esforços.
5. Gráfico Sequencial	Acompanhamento das variações de determinado parâmetro no decorrer do tempo. Em conjunto com o Histograma, é muito usado na avaliação do comportamento de um processo.
6. Gráfico de Correlação	Visualização da correlação existente entre duas variáveis.
7. Diagrama de Causa-e-Efeito	Relaciona determinado efeito (resultado) com suas causas (fatores que afetam o resultado) que são agrupados por afinidades (podendo ainda existir causas secundárias, terciárias, etc).

CONSIDERAÇÕES FINAIS

Este capítulo do livro abordou a gestão da qualidade para a construção civil, considerando as particularidades do setor, as normas específicas e os benefícios que a implantação do sistema de gestão da qualidade poderá proporcionar através da padronização, organização e gerenciamento dos processos, definição de controles, redução do desperdício e retrabalhos e, consequentemente, redução de custo, aumento da produtividade e competitividade. Outro aspecto importante é o aprendizado, melhoramento contínuo dos processos e o valor agregado para a empresa que busca atender aos requisitos estabelecidos visando a satisfação do cliente e das partes interessadas.

REFERÊNCIAS BIBLIOGRÁFICAS

ASSOCIAÇÃO BRASILEIRA DE NORMAS TÉCNICAS, *NBR ISO 9000: Sistemas de Gestão da Qualidade – Fundamentos e Vocabulário*. ABNT, 2005.

_____. *NBR ISO 9001: Sistema de Gestão da Qualidade – Requisitos*. Rio de Janeiro, 2008.

_____. *NBR ISO 9001: Sistema de Gestão da Qualidade – Requisitos*. Rio de Janeiro, 2015.

_____, *NBR ISO 15575: Edificações Habitacionais – Desempenho*. ABNT. 2013.

BARBARÁ, Saulo (Org.): *Gestão por processos: fundamentos, técnicas e modelos de implementação.* 2ª ed. Rio de Janeiro: Ed. Qualitymark,, 2009.

BRASIL, Ministério das Cidades. *Programa Brasileiro da Qualidade e Produtividade do Habitat – PBQP-H (Regimento SIAC).* 2012.

CBIC. *Desempenho de edificações habitacionais: guia orientativopara atendimento à norma ABNT NBR 15575/2013.* 2. ed. Câmara Brasileira da Indústria da Construção. Fortaleza: Gadioli Cipolla Comunicação, 2013. Disponível em: < http://www.cbic.org.br/arquivos/ guia_livro/Guia_CBIC_Norma_Desempenho.pdf >. Acesso em: 20 out. 2015.

CAMPOS, V. F.*TQC Controle da Qualidade Total no Estilo Japonês.* 9.ed. Nova Lima: INDG Tecnologia e Serviços, 2014. 286p.

COSTA, E. F.; NASCIMENTO, R. N.; PEREIRA, F. S.; Gestão da Qualidade: A Qualidade como fator de Competitividade e Satisfação do Cliente. 2011. 18 f. Trabalho de Conclusão de Curso (Graduação em Administração de Empresas) - Centro Universitário Herminio Ometto de Araras, São Paulo, 2011. Disponível em: <http://www.senaispeditora.com.br/media/tcc/RENATO_NUNES_DO_NASCIMENTO.pdf> Acesso em: 15 nov. 2015.

DIAS, E. E. P. Análise de melhoria de processos: aplicações a indústria automobilística. 2006. 100f.Dissertação (Mestrado em Sistemas de Gestão) – Universidade Federal Fluminense, Rio de Janeiro, 2006. Disponível em: <http://biblioteca.universia.net/ficha.do?id=29473087> Acessado em: 10 nov.2015.

JURAN, J. M.; GRYNA, F. M. *Controle da qualidade* - handbook. 4 ed. vol. III. São Paulo: Makron Books & McGraw-Hill, 1992.

KUME, H., *Métodos Estatísticos para Melhoria da Qualidade,* 4ª ed., São Paulo: Ed.Gente, 1993.

MELLO, C. H. P. et al. *ISO 9001:2008: Sistema de Gestão da Qualidade para Operações de Produção e Serviços,* Ed. ATLAS, 2009.

MELLO, C. H. P. et al. *Gestão da Qualidade.* São Paulo: Ed. Pearson, 2011.

MIZUMO, S., *Gerência para Melhoria da Qualidade* – As Sete Novas Ferramentas da Qualidade, Rio de Janeiro: LTC, 1993.

MONTOGOMERY, D.C. *Introdução ao controle estatístico de qualidade.* Rio de Janeiro: LTC Editora, 2003.

RAMOS, E. M. L. S.; ALMEIDA, S. S.; ARAÚJO, A. R. *Controle Estatístico da Qualidade.* Bookman, 2013.

SINDUSCON-MG. *Principais normas técnicas para edificações.* 4. ed. Belo Horizonte: Sinduscon-MG/CBIC, 2015. Disponível em: <http://cbic.org.br/normas_tecnicas/Normas_ Tecnicas_Edificacoes_BOOK_3_edicao_versao_web.pdf >. Acesso em: 20 out. 2015.

Capítulo 7

ENGENHARIA E GESTÃO DE SEGURANÇA EM OBRAS

Lessio Kyldare Alves de Queiroz

Especialista, Focco Desenvolvimento organizacional
email: lessiokyldare@gmail.com

INTRODUÇÃO

A segurança do trabalho é um elemento de gestão extremamente importante nos aspectos da gestão geral de obras e demais empreendimentos, de forma a reduzir riscos tanto de acidentes do trabalho, quanto de perdas financeiras, como custos com reparos de equipamentos atingidos em acidentes ou custos como recuperação de funcionários e pagamento de ações trabalhistas e econômicas, como redução da produtividade por perda de profissionais qualificados e pelo impacto na imagem e valor de mercado de marcas e empresas por associação a um elemento tão negativo quanto mortes no trabalho e acidentes que geram lesões irreversíveis como paraplegias ou amputações.

Este capítulo trata de aspectos técnicos, legais e práticos com relação à gestão de segurança e engenharia de segurança relacionados à gestão de obras, buscando sempre chegar a visão de que segurança do trabalho é portfólio de produtos e elemento principal de qualidade em qualquer área mas com especial importância na de construção civil.

CONCEITOS BÁSICOS

É importante conhecer e entender os conceitos mais básicos relativos àsegurança do trabalho, pois sem isso seu uso efetivo é prejudicado por uma visão reduzida de seu potencial e resultados.

Conceitos

Segundo Saliba (2010), a segurança do trabalho é "a ciência que atua na prevenção dos acidentes do trabalho decorrentes dos fatores de risco operacionais".

Entendendo, então, este conceito para a prática, a segurança do trabalho é baseada em elementos científicos como estatística, engenharia, matemática, medicina, psicologia, entre outros conhecimentos científicos de forma a prevenir, evitar, não permitir que aconteçam os acidentes de trabalho, que acontecem por certos processos realizados no dia a dia do trabalho que podem aumentar ou diminuir as chances de ocorrência destes acidentes e que variam de acordo com a natureza do trabalho.

Acidente do trabalho

O acidente do trabalho, como foi comentado, é um conceito legal baseado no artigo 19 da Lei 8.213/91, que define que:

> *"É o que ocorre pelo exercício do trabalho a serviço da empresa [...], no exercício de suas atividades, provocando lesão corporal ou perturbação funcional que cause a morte, a perda ou redução, temporária ou permanente, da capacidade para o trabalho."*

É importante entender certos elementos deste conceito, pois ele traz elementos legais de responsabilidade civil e até criminal e podem causar grandes prejuízos ao processo de gestão do canteiro de obras.

O primeiro elemento a ser entendido é o termo *exercício do trabalho*, que é referente à necessidade legal de contratar os profissionais através da carteira de trabalho e do contrato de trabalho, exigência esta baseada no Decreto-lei 5.452/43 e suas alterações também conhecida como C.L.T. ou Consolidação das Leis Trabalhistas, que prescreve tanto esta necessidade de registrar o trabalhador, quanto às obrigações dos seus empregadores.

Deve haver então cuidado como o devido registro de seus trabalhadores e lembrar que mesmo que a carteira de trabalho e o contrato de trabalho não existam, se um indivíduo esta prestando algum tipo de serviço a nossa empresa ou canteiro de obras e não existe qualquer registro ou contrato de prestação de serviço mesmo sendo ele autônomo ou terceirizado, o mesmo pode ser considerado no exercício do trabalho segundo o princípio do contrato tácito citado no artigo 443 da C.L.T.

O segundo elemento são os termos a serviço da empresa e no exercício de suas atividades que podem ser entendidos como uma atividade qualquer que esteja beneficiando a empresa quer a mesma tenha solicitado ou não o que pode criar vários problemas já que não é incomum ouvir a expressão *não impediu, permitiu* de juízes e profissionais responsáveis pela análise de acidentes definindo a obrigação da organização de impedir que seus profissionais tomem atitudes perigoras ou executem serviços que não possuem habilidade ou autorização para tal.

O terceiro elemento são as expressões lesão corporal e perturbação funcional que indicam que o acidente de trabalho para ser efetivo tem que gerar algum tipo de prejuízo ao trabalhador seja ele físico como uma fratura ou um corte, até doenças como um câncer proveniente de exposição a elementos químicos ou problemas respiratórios como a silicose proveniente da exposição a poeiras ricas em sílica e problemas mentais como stress, depressão e síndrome do pânico.

Tipos de Acidentes

Seguindo uma classificação que existe na própria comunicação de acidente do trabalho, a CAT, podemos dividir os acidentes do trabalho em três tipos, a saber:

- **Acidentes típicos:** são os acidentes que envolvem lesões corporais e que são causados diretamente pelos processos produtivos, suas falhas, ou ocorrências não programadas e até mesmo desastres naturais ou agressões de colegas de trabalho e tem como consequências todos os aspectos negativos relativos aos acidentes do trabalho como os custos de recuperação do dano causado ao trabalhador e estabilidade do mesmo além do risco de processos judiciais e a responsabilização civil e criminal pela ocorrência.

- **Doenças do trabalho:** são ocasionados pelas exposições a agentes nocivos à saúde do trabalhador como poeiras, posturas inadequadas, calor, radiações ionizantes, produtos químicos tóxicos, entre outros elementos que possam causar ou facilitar o adoecimento dos profissionais expostos a estes elementos e tem as mesmas consequências de um acidente típico com a diferença que estes só são reconhecidos mediante relatório médico e/ou diagnóstico da doença e que suas existência seja reconhecida por lista existente no Decreto 3.048/99 em seu anexo II. Importante deixar claro que doenças degenerativas, inerentes à idade, ou endêmicas, como a dengue ou H1N1, que não forem adquiridas diretamente do processo produtivo, como no caso de laboratórios de saúde que podem expor seus profissionais diretamente a material contaminado, não são considerados doenças do trabalho.

- **Acidentes de trajeto:** ocorre no percurso da residência ao local de trabalho e vice-versa se iniciando na saída da estrutura da empresa ou dá área de sua casa e acaba quando da chegada a estas estruturas e independe do meio de transporte usado no momento do acidente no caso de oferta do vale transporte e o tempo de percurso deve ser adequado a realidade do trabalhador sem que exista um tempo específico que possa descaracterizar este tipo de acidente. É o único tipo de acidente de trabalho cujo único efeito na empresa é o da estabilidade do funcionário se seu afastamento ultrapassar 15 dias de atestado médico.

Prevenção

A prevenção é, então, o grande elemento gerador de resultados positivos em relação à segurança do trabalho, já que tem o objetivo de não permitir que as lesões corporais e perturbações funcionais não tenham chance de acontecer nos ambientes e processos de trabalho.

É preciso ter em mente que, ao se trabalhar com prevenção, é necessário entender que o acidente é um elemento provável e não certo, ou seja, existe uma chance dele acontecer e não uma certeza.

Isso explica a tendência dos profissionais em geral não acreditarem muitas vezes nas recomendações de segurança, pois não existem garantias de que algo realmente venha a acontecer, mas cada ação preventiva reduz as chances de alguma coisa venha a acontecer e qualquer atitude ou a falta de um ou mais cuidados aumenta e melhor as chances de algum venha a sair do controle e o dano venha a acontecer.

Mesmo na ocorrência de um acidente é possível estar preparado para sua ocorrência através de planos de emergência e até mesmo retirar algo positivo, ganhando-se a chance de analisá-lo a as suas razões de forma a aprender com o erro não permitindo mais que estes ocorram no processo.

Conceito Alternativo de Segurança do Trabalho

Diante destes elementos então, podemos chegar a um conceito mais prático da segurança do trabalho podendo ser entendida como os elementos preventivos que se valem de ações normativas, comportamentais e/ou de saúde para evitar ou reduzir a chance de ocorrência ou as consequências de danos que venham a se fazer presentes no decorrer dos processos produtivos.

Conceito Prevencionista

É muito importante não encarar a prevenção de forma a controlar somente os acidentes do trabalho com base nas lesões físicas e perturbações funcionais, já que há muito o que se ganhar quando o assunto é prevenção, por isso é mais interessante em nível de gestão utilizar-se do conceito prevencionista do acidente do trabalho que é baseado na NBR 14.280/00 que considera este uma "ocorrência imprevista e indesejável, instantânea ou não, relacionada ao exercício do trabalho, de que resulte ou possa resultar lesão corporal".

Esta visão diferenciada do acidente gera a possibilidade de enxergar outros elementos preventivos como as ações que visam combater os acidentes que não envolvam somente lesões e perturbações mais também perdas materiais ou mesmo apenas a possibilidade da perda através do conceito de quase acidente.

O quase acidente é qualquer evento negativo que poderia gerar uma situação mais grave se as variáveis tivessem sido diferentes segundo a convenção 174 da Organização Internacional do Trabalho – OIT.

Esta visão possibilita a intervenção em situações antes negligenciadas como um quase atropelamento de um funcionário por uma pá carregadeira que em uma outra situação seria simplesmente mais um evento na obra, nesta visão deve ser analisado e controlado de alguma maneira já que foi um quase acidente.

Vários estudos foram feitos ao longo do tempo para determinar uma base estatística para os acidentes sendo um dos mais recentes o da Insurance Company of North American – ICNA que analisou mais de 290 empresas que empregavam mais de 1 milhão e meio de trabalhadores e chegando a uma base estatística demonstrada na Figura 7.1.

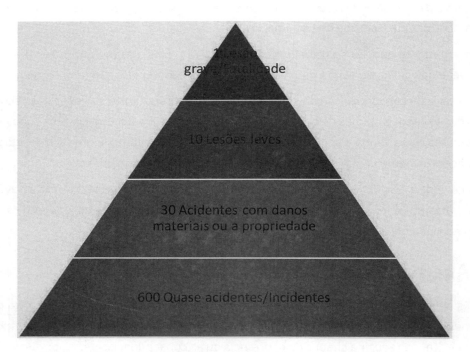

Figura 7.1: Elementos estatísticos dos acidentes por consequência[1]

---

[1] Adaptado de SALIBA, 2010

Diante dos dados estatísticos do estudo, é possível avaliar então as grande possibilidades de controle de acidentes decorrentes das ações que visem evitar ou não mais permitir a ocorrência de quase acidentes pois sendo estes a base de todos os outros, cada situação de quase acidente evitada ou resolvida pode atuar diretamente na chance de ocorrência de todos os outros resultados negativos acima destes reduzindo podendo reduzir custos e melhorar processos.

Causas de Acidentes

As causas de acidentes são diversas, mas para um entendimento geral podem ser separadas em três conceitos básicos:

- Ato inseguro: Ação ou omissão que, contrariando preceito de segurança, pode causar ou favorecer a ocorrência de acidentes. Hoje, não é possível se usar mais este termo como forma de se explicar um acidente já que a Norma Regulamentadora 1 ou simplesmente NR 1 a retirou de seus itens sendo esta mesma norma que a utilizava em versões anteriores e tem como exemplos as alterações em sensores de segurança e sinalizações de segurança feitas por trabalhadores treinados ou mesmo o excesso de velocidade em vias perfeitamente sinalizadas.

- Fator pessoal de insegurança: Causa relativa a más condições físicas e fisiológicas do trabalhador e seu perfil em relação ao trabalho a ser executado, que pode levar à ocorrência do acidente. Podem ser dados como exemplos a existência conhecida ou não de epilepsia ou problemas cardíacos no trabalhador, principalmente na operação de equipamentos pesados como gruas, motoniveladoras, pás carregadeiras, entre outros ou contratar um indivíduo sem resistência física para descarregamento de cargas ou mesmo a indicação esporádica de indivíduos sem condições adequadas para as atividades requeridas como trabalho em altura para quem tem medo de lugares altos.

- Condições ambientais de insegurança: Condições do meio ambiente de trabalho e do processo produtivo que podem causar o acidente ou contribuiu para a sua ocorrência. Como exemplos podemos citar a existência de uma única tomada para a conexão de vários aparelhos eletrônicos e máquinas e ferramentas de trabalho sem proteções como serras circulares sem coifa ou a cremalheira da betoneira sem proteção.

A grande oportunidade da prevenção de acidentes é a melhoria das condições de trabalho por se tratar de um elemento causador de acidentes em que a empresa tem total controle e detrimento aos outros em que o controle é muito mais difícil e limitado.

Antes de buscarmos um culpado, é necessário identificar quais foram as condições que levaram, por exemplo, um trabalhador a ultrapassa a velocidade permitida em um certo local já que pode ter sido uma escolha pessoal, mas é mais provável que ele estivesse atrasado para um compromisso marcado em cima da hora pela empresa ou a obra estava atrasada e ele estava apenas tentando recuperar o tempo perdido tentando colaborar do seu jeito para o sucesso da empresa. As condições de trabalho e os atos dos trabalhadores possuem mais correlação do que se gosta de admitir e garantir um ambiente de trabalho que de totais condições de cumprir os procedimentos de trabalho seguros e dentro de um padrão adequado é sempre a melhor opção.

CONSEQUÊNCIAS DOS ACIDENTES DO TRABALHO

Várias podem ser as consequências de um acidente do trabalho em seu processo produtivo podendo variar entre:

Vítima e Familiares

O trabalhador atingido por uma ocorrência de acidente é o principal prejudicado, podendo apresentar sequelas físicas e emocionais que perdurem por toda a vida, além de muitas vezes passar por dificuldades financeiras, já que normalmente sua capacidade financeira é prejudica pela impossibilidade de complementação de renda e de sua permanência em seu domicílio, aumentando do consumo de itens como água, energia e alimentação.

Sua família sempre refletirá estas consequências negativas sofrendo junto como seu ente querido e sendo impactada pela sua redução de renda.

Empresa

As organizações sofrem grandes consequências como os acidentes, já que sua produção é realizada por sua força de trabalho e esta é diretamente atingida por estes.

Com a qualificação cada vez mais necessária dos profissionais, cada trabalhador que se permite perder por acidentes do trabalho é um bem precioso que pode nunca mais voltar agravando ainda mais a escassez de bons profissionais no mercado de trabalho.

Elementos legais também são uma consequência básica dos acidentes de trabalho como a necessidade de realização da CAT comunicação de acidente do trabalho em até 1 dia útil após o acidente e imediatamente em caso de morte conforme determina o artigo 22 da Lei nº 8.213/91.

Outra questão é a necessidade de assumir os custos de recuperação do acidentado relativos ao dano causado, baseando-se no artigo 927 do código civil brasileiro que diz: "Aquele que, por ato ilícito, causar dano a outrem, fica obrigado a repará-lo".

Esta mesma base legal pode ser utilizada para entender mais um elemento negativo à empresa, que é a possibilidade de a vítima do acidente processar a empresa pelos danos causados mesmo se esta lhe prestar todo o auxílio inicial, já que muitas vezes o dano causado esta acima da reparação completa deixando sequelas e consequentes consequências de longo prazo.

Outra possibilidade é a estabilidade do profissional na organização pelo prazo de 12 meses após o seu retorno conforme o artigo 118 da Lei 8.213/91 baseando se na oferta pela previdência social do auxílio-acidente que, neste caso, só ocorrerá após 15 dias de afastamento devidamente justificado, ou seja, através de atestado médico relativo ao afastamento pelos danos sofridos no acidente do trabalho, não fazendo jus, então, a afastamentos iguais ou inferiores a 15 dias.

A responsabilidade criminal ou penal é uma possibilidade nos acidentes do trabalho para engenheiros, supervisores, encarregados, profissionais de segurança do trabalho e donos de empresas com base em vários artigos do Código Penal como o 18 que considera crime culposo quando um agente dá causa a um resultado como um acidente do trabalho por imprudência, negligência ou imperícia e pode ser agravado se este for causado por não cumprimento de regra técnica de profissão, por não prestação de socorro imediato, não tentar diminuir as consequências da situação ou ato ou fugir para evitar flagrante conforme artigo 121 do mesmo código.

Sociedade

Nossa sociedade também é atingida pelas consequências do acidente, pois cada trabalhador que é atingido é um profissional que deixa de produzir para a sociedade e gera custos sociais e deverá ser amparado por ela em vez de colaborar com ela.

Estes custos segundo estimativa do TST chegaram a cerca de 17 bilhões de reais com esses benefícios em 2010 e as perdas por não produção podem atingir até o PIB nacional.

MEDIDAS PREVENTIVAS

Segundo a Norma regulamentadora 6, que legisla sobre as questões relativas aos equipamentos de proteção individual também determina uma hierarquia de ações a ser utilizada na prevenção de acidentes do trabalho que segue sempre como primeira opção as medidas de ordem geral, sendo seguidas pela implantação de equipamentos de proteção coletivas – EPCs e, no caso de ambas não serem suficientes para garantir a segurança dos trabalhadores ou durante a implantação dos EPCs é que se fará uso dos equipamentos de proteção individual – EPIs.

O uso desta hierarquia nas ações de prevenção é importante pois os EPIs, apesar de eficientes, são capazes apenas de evitar ou reduzir as lesões que podem ocorrer em um acidente mas nunca evitá-los e esta afirmação pode ser melhor entendida quando se pensa num capacete sendo atingido por um tijolo ou um profissional que escorrega de um andaime e fica dependurado pelo seu cinto de segurança contra quedas pois em ambos os exemplos as lesões tem chances de serem evitadas mas os acidentes, que são a queda do tijolo e a queda do trabalhador aconteceram, só possuem uma chance menos de causar grandes consequências a ele.

Medidas Preventivas de Ordem Geral ou Medidas Administrativas

São ações que visam controlar os riscos nos ambientes de trabalho através de decisões gerenciais e padronização de processos implantando melhorias sistêmicas normalmente com custos bastante compensativos como, por exemplo:

- Mudanças na maneira como são realizadas tarefas e atividades de trabalho e padronização de boas práticas técnicas determinando as melhores maneiras de se realizar um serviço como nos padrões gerais normalmente chamados de POPs ou procedimentos operacionais padrão e os procedimentos de execução de serviços ou PES. Um princípio muito importante destas ações é a da participação dos profissionais responsáveis pelas execuções dos serviços na elaboração destes procedimentos, pois só assim eles realmente representarão a realidade dos processos e poderão verdadeiramente fazer parte da rotina do dia a dia de forma a tornar as práticas mais seguras e produtivas.

- Utilização de autorizações por escrito para atividades perigosas como trabalhos em altura, em espaços confinados, trabalhos a quente como soldas e cortes com maçarico de forma a manter sempre as melhores práticas de trabalho.

- Treinamentos e fiscalizações constantes também fazem parte das medidas administrativas e são primordiais para a efetiva implementação de qualquer procedimento de trabalho já que somente após um treinamento devidamente realizado é possível cobrar algo da equipe de trabalho de forma efetiva e a fiscalização constante ajuda a observar e a tornar habitual os comportamentos e técnicas padronizadas por estes procedimentos.

- Troca de produtos perigosos por elementos menos nocivos ou mesmo inofensivos a vida e saúde humana sempre que existir opções de mercado para este fim.

- Redução de peso de equipamentos ou a utilização de ferramentas para substituir o esforço humano como o uso de gruas e mini gruas para carregar, descarregar, elevar ou descer materiais e ferramentas ou o uso de carrinhos ou plataformas de quatro rodas para a movimentação de material de trabalho.

- A criação de processos de manutenção corretiva, preventiva e preditiva para garantir sempre as melhores condições de equipamentos, ferramentas e até ambientes de trabalho.

- Diversas outras ações que podem ser tomadas tendo por base decisões gerenciais e de chefia e que visem sempre o melhor equilíbrio entre segurança e produtividade.

Equipamentos de Proteção Coletiva

São equipamentos utilizados para proteção de segurança enquanto um grupo de pessoas realiza determinada tarefa ou atividade tanto evitando ou sinalizando o contato com agentes nocivos a saúde quanto dando recursos para evitá-los de alguma forma como:

- Isolamentos de área com o uso de telas de proteção, cercas metálicas, madeirites, ou tela tapume também chamada tela *cerquite*. Os isolamentos também incluem o controle de acesso através de autorização para limitar o número de trabalhadores em locais considerados muito perigosos e o isolamento acústico através de tratamento de paredes de oficinas com material específico ou o afastamento de oficinas e locais separados para atividades de lixamento, solda entre outros.

- Sinalizações dos locais de trabalho tanto para informar quanto para determinar obrigações de usos de equipamentos, atitudes a serem tomadas em locais específicos ou de forma geral, alertar sobre riscos nos locais de trabalho entre outras possibilidades. Uma diferenciação crucial deve ser feita entre o isolamento e a sinalização, pois enquanto a primeira busca impedir o acesso a locais ou processos considerados perigosos, a outra visa informar e comunicar podendo trabalhar bem juntas, mas só o isolamento garante uma proteção efetiva quando a necessidade é impedir o acesso a áreas perigosas não sendo então efetivo o uso das famosas fitas zebradas já que estas são sinalizações e não isolamentos.

- Sistemas Guarda-corpo-rodapé ou GcR em todas as imediações de prédios e outras estruturas que apresentem risco de queda de pessoas ou mesmo de materiais, pois podem atingir equipes abaixo da estrutura. Estas estruturas devem seguir certas questões técnicas exigidas pelo item 18.13.5 da NR 18 e as especificações da Recomendação Técnica de Procedimentos nº 1 ou RTP nº 1 da Fundacentro sendo estas:

  - Altura mínima de 1,20m para o travessão superior e 0,70m para o travessão intermediário;

  - Rodapé com no mínimo 0,20m;

- Ter vãos entre travessas preenchidos com tela ou outro dispositivo que garanta o fechamento seguro da abertura e;
- Ter resistência mínima de 150 kgf por metro linear no centro da estrutura.
- Poderá ser utilizado madeira ou outro material com igual ou superior resistência e durabilidade.
- A madeira utilizada deve estar em perfeitas condições sem rachaduras, nós ou outras imperfeições só sendo indicado como tratamento de sua superfície verniz claro em 2 demãos ou óleo de linhaça quente.

• Plataforma principal de proteção na altura que deve ser instalado em todo perímetro da construção de edifícios com mais de 4 pavimentos ou altura equivalente, a ser instalação a partir da primeira laje que esteja, no mínimo, um pé-direito acima do nível do terreno e ter dimensões, no mínimo, 2,50m de projeção horizontal da face externa da construção e 1 complemento de 0,80m de extensão, com inclinação de 45º (quarenta e cinco graus), a partir de sua extremidade com instalação obrigatória logo após a concretagem da laje a que se refere e retirada, somente, quando o revestimento externo do prédio acima dessa plataforma estiver concluído.

• Plataformas secundárias devem ser instaladas acima e a partir da plataforma principal de proteção a cada 3 lajes. Essas plataformas devem ter dimensões mínimas de 1,40m de balanço e um complemento de 0,80m de extensão, com inclinação de 45º, a partir de sua extremidade sendo sua remoção somente permitida quando a vedação da periferia até a plataforma imediatamente superior estiver concluída.

• Plataformas terciárias de proteção devem ser instaladas no caso de construções de subsolos a cada 2 lajes, contadas em direção ao subsolo e a partir da laje referente à instalação da plataforma principal de proteção devem ter dimensões de no mínimo 2,20m e um complemento de 0,80m de extensão, com inclinação de 45º a partir de sua extremidade seguindo os mesmos critérios de remoção das plataformas secundárias.

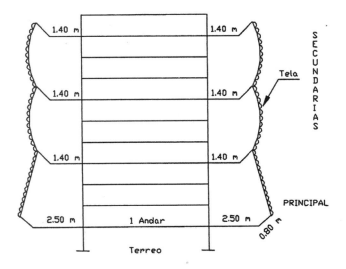

Figura 7.2: Plataformas e Telas

Fonte: Extraído da RTP 01 da Fundacentro

- Máquinas e equipamentos devem possuir proteções contra contato acidental de suas partes móveis ou de algum tipo de projeção seja por acidente ou pela operação normal do equipamento sempre que os trabalhadores puderem ter contato direto nestas operações ou pela sua proximidade com estes itens tendo como exemplos coifas e painéis de proteção, entre outros.

- Diversos outros instrumentos podem ser aqui incluídos com a determinação de que equipamentos de proteção coletiva devem se não vierem de fábrica, possuir projetos com os devidos RTs disponíveis no Programa de Condições e Meio Ambiente de Trabalho na Indústria da Construção ou PCMAT.

Equipamentos de Proteção Individual

Os equipamentos de proteção individual são regulamentados pela norma regulamentadora 06 e só podem ser considerados nesta categoria os itens que possuem o certificado de aprovação ou CA e que sirvam para a proteção pessoal dos trabalhadores a riscos inerentes aos processos produtivos conforme a mesma norma.

O CA é concedido aos equipamentos que passaram por testes realizados pela fundação Jorge Duprat Figueiredo de segurança e medicina do trabalho ou FUNDACENTRO que é referencia na área e mais recentemente, no caso dos capacetes de segurança que, alem do CA, devem apresentar o selo do Inmetro e seu uso é obrigatório sempre que as outras opções de proteção estiverem em implantação ou quanto não puderem garantir totalmente a segurança dos processos produtivos ou ainda em casos de emergência.

Um elemento muito importante sobre os EPIs é que eles não evitam os acidentes e sim as possíveis lesões de formas bastante específicas com limitações vindas de suas próprias características técnicas.

Uma explicação para isso é analisar uma queda de objeto contra um trabalhador que faça uso de um capacete. O capacete tem boa chance de lhe proteger mas isso depende do objeto tanto em formato quanto em peso e mesmo assim o seu uso não muda o fato do objeto ter caído, situação que pode ser evitada utilizando os outros processos de prevenção.

Alguns exemplos de EPIs são:

- Capacetes para proteção ou capacetes de segurança nos modelos aba completa, usado com frequência por eletricistas, semiaba, item mais comum em construção civil e atividades em geral ou sem aba, usados com frequência em trabalhos em altura ou em espaços confinados e bastante usados em caso de risco de quedas, seja de materiais ou mesmo de própria altura com a recomendação do uso da jugular para torná-lo efetivo já que este item garante que este não saia da cabeça quanto o trabalhador mais precisar.

- Óculos para proteção dos olhos com vários tipos e modelos com possibilidade de proteção contra radiação ultravioleta e infravermelha, partículas volantes, luminosidade intensa entre outros sendo bastante efetivo o uso de modelos mais elaborados de forma a atrair a atenção e o interesse dos trabalhadores para seu uso e conservação.

- Protetores faciais com as mesmas proteções dos óculos com a possibilidade também da proteção contra riscos térmicos como nos casos de cortes a quente.

- Protetores auditivos normalmente encontrados nos modelos de inserção e concha estes sendo conhecidos tecnicamente como circum-auriculares e/ou semi-auriculares e utilizados para proteção em ambientes cujos níveis de pressão sonora sejam iguais ou superiores a 85dB, limite este estabelecido pela norma regulamentadora 15.

- Respiradores purificadores ou mascaras de proteção de vários modelos e especificações de proteção como no caso das mascaras descartáveis como são conhecidas que podem proteger contra poeiras, fumos metálicos, névoas, entre outras proteções dependendo de seu modelo.

- Luvas para proteção das mãos com várias especificações como para baixas e altas temperaturas, contra choques elétricos, produtos químicos entre outros.

- Cremes protetores para mãos também chamados luvas químicas que protegem contra diversos elementos químicos dependendo de suas especificações protegendo quando o uso de luvas é difícil ou até perigoso.

- Calçados de proteção também chamados de botinas de segurança para vários tipos de riscos como queda de objetos, eletricidade, altas temperaturas, perfurações, etc...

- Entre outros equipamentos que podem colaborar com redução da possibilidade de dano aos trabalhadores.

NORMAS REGULAMENTADORAS APLICÁVEIS À SEGURANÇA NA CONSTRUÇÃO CIVIL

Várias legislações fazem parte do dia a dia da segurança do trabalho nas diversas áreas produtivas e na construção civil não se faz diferente.

A legislação mais específica conhecida são as normas regulamentadoras baseadas na portaria 3.214/78 do MTB, hoje MTE e definidas como regras padrão a serem seguidas no que concerne ao campo da segurança do trabalho.

Entretanto, as próprias normas muitas vezes deixam claro em seus textos que não bastam apenas segui seus preceitos indicando a necessidades de seguir normas federais, estaduais e municipais que existam relacionados ao assunto e variando de estado para estado.

Como exemplos destas legislações podemos citar as Normas Técnicas Brasileiras ou NBRs da Associação Brasileira de Normas Técnicas ou simplesmente ABNT, os códigos estaduais de incêndio, os acordos e convenções coletivas, entre outras.

Seguem algumas das normas regulamentadoras mais cobradas na área da construção civil nos últimos anos.

NR 01

Esta norma trata das questões gerais relativas a segurança do trabalho e descreve obrigações das partes envolvidas nestes processos.

Uma questão importante retratada nesta norma é a obrigatoriedade dos cuidados com a segurança de todas as empresas que de forma geram contratem trabalhadores em regime celetista, ou seja, via carteira de trabalho.

Algo que deve ser levado em consideração quanto a questão da terceirização é o que diz o item 1.6.1 sobre a responsabilidade solidária já que todos dentro do canteiro respondem pelas questões de segurança tanto contratantes quanto contratados.

Outra questão importante é a obrigação do empregador de determinar ordens de serviço, procedimentos em caso de acidentes ou doenças e informar os trabalhadores quantos as questões de segurança além de fazer cumprir todos os preceitos de segurança do trabalho e ainda permitir que representantes dos trabalhadores possam fiscalizar e acompanhar os processos produtivos.

Esta norma também define o trabalhador como responsável por cumprir as determinações dos empregadores de forma a ser alto faltoso o não cumprimento destas determinações, ou seja, vale a pena em nível de gestão criar procedimentos e regras claras para orientar os trabalhadores por dar clareza a todos sobre o deve ser feito e ainda cria parâmetros para possíveis punições se necessárias e evidências de que o empregador esta cumprindo suas obrigações desde que estas orientações sejam evidenciadas por documentos de integrações e treinamentos constantes e outros como as ordens de serviço por função e os procedimentos operacionais e de serviços.

A integração anteriormente comentada é um treinamento que deve acontecer no ato da admissão de um novo funcionário e este ser periódico segundo a NR 18 item 18.28.1 que cita claramente esta questão e baseado também nas NRs 1 e 9 que deixam claro a necessidade de informar os trabalhadores sobre os riscos. O Ministério Publico federal tem fortalecido esta cobrança através da determinação de termos de ajustamento de conduta, os TACs de forma a desenvolver a cultura da integração anual o que atende a questão do treinamento ser periódico sendo determinado no item 18.28.3 também obrigatório sempre que se fizer necessário e em inícios de fases das obras.

Em termos de horas, mais uma vez nos vemos buscar a NR 18 em seu item 18.28 que determina em 6 horas o tempo mínimo necessário para as integrações sendo necessário distribuir aos trabalhadores os procedimentos e informações de forma escrita.

A mesma importância deve ser dada no treinamento de profissionais que forem se utilizar máquinas e equipamentos perigosos, como serras circulares, maquinas, betoneiras, lixadeiras e até equipamentos pesados como motoniveladoras e escavadeiras sendo as 6 horas uma boa referência em termos de horas mínimas de treinamentos em geral fora os cuidados já descritos e a identificação desta condição de treinado no crachá conforme item 18.22.1.

NR 03

Define conceitos de paralisação das atividades de trabalho em situações ou condições de risco considerados *graves e iminentes* pela fiscalização.

Estas condições se definem pelo descumprimento de normas e da possibilidade real de acidentes ou doenças graves no canteiro de obras de forma a colocar em risco à integridade física do trabalhador.

Em situações de obras, o embargo é a situação de proibição da execução das atividades no canteiro, exceto aquelas relativas a resolver as questões levantadas e garantindo os salários dos funcionários enquanto as providencias são tomadas para resolver os problemas levantados pela fiscalização.

Nos casos de embargo de obras toda a equipe de trabalho que permanecer a disposição do canteiro deverá ter seus salários garantidos embora não seja proibida a dispensa, é muito comum este acontecimento, pois no retorno às atividades fica difícil chamar de volta toda a equipe dispensada.

No caso de obras ou atividades industriais e comerciais, em geral, a interdição é a paralisação total ou parcial das atividades, sendo que mesmo a menor ferramenta pode ser interditada, fazendo com que o processo ou objeto interditado não possa ser desenvolvido ou usado enquanto não se adequar aos parâmetros ideais de acordo com as normas vigentes. Como exemplos de processos podemos citar escavações e alvenaria em geral e para itens, elevadores de carga ou pessoas, gruas, serras circulares e até mesmo lixadeiras.

Para resolver as questões de embargos e interdições, é necessário atenção aos itens da notificação ou autuação emitida pelo fiscal, pois estes documentos indicam o que está errado e, ao atender aos requisitos levantados, apresentar as evidências da execução das melhorias através de fotos e documentos ou solicitar nova visita para comprovar a execução destas.

Uma notificação indica é um documento mais educativo que punitivo, indicando elementos de segurança ou outros itens que devem ser melhorados, executados ou apresentados a fiscalização para a adequação dos locais de trabalho.

Uma autuação ou auto de infração é a indicação de multa por parte do órgão fiscalizador e poderá ser aplicada tanto no caso de um não atendimento de uma notificação ou já de imediato dependendo da gravidade da situação.

NR 04

Esta norma define a equipe de segurança necessária para orientar a empresa diante dos desafios referentes às questões de segurança.

Os profissionais que devem fazer parte do Serviço Especializado em engenharia de segurança e em medicina do trabalho, ou SESMT são o técnico em segurança do trabalho, o engenheiro de segurança do trabalho, o médico do trabalho, o auxiliar ou técnico em enfermagem do trabalho e o enfermeiro de segurança no trabalho.

Para o dimensionamento do SESMT para canteiros e outros tipos de empresas, é necessário conhecer o Código Nacional de Atividade Econômica, CNAE e através dele encontrar o grau de risco no quadro I da NR 4.

Normalmente podemos ter acesso ao CNAE de nossos canteiros e empresas pelas informações da certidão do CNPJ ou por intermédio de nossos contadores.

De posse de nosso grau de risco, que no caso da construção sempre varia entre 3 ou 4 com uma única exceção basta comparar esta informação com o quadro II da norma e comparar com o número de funcionários contratados por nossa empresa no canteiro em questão e caso o número seja inferior ao exigido na tabela, inicialmente estamos livres da contratação obrigatória destes profissionais.

A expressão inicialmente é utilizada porque no item 4.2.1 "os canteiros de obras e as frentes de trabalho com menos de 1 mil empregados e situados no mesmo estado, território ou Distrito Federal não serão considerados como estabelecimentos, mas como integrantes da empresa de engenharia principal responsável, a quem caberá organizar os Serviços Especializados em Engenharia de Segurança e em Medicina do Trabalho".

DIMENSIONAMENTO DOS SESMT

Grau de Risco	Técnicos	50 a 100	101 a 250	251 a 500	501 a 1.000	1.001 a 2000	2.001 a 3.500	3.501 a 5.000	Acima de 5000 Para cada grupo De 4000 ou fração acima 2000**
1	Técnico Seg. Trabalho				1	1	1	2	1
	Engenheiro Seg. Trabalho						1*	1	1*
	Aux. Enferm. do Trabalho						1	1	1
	Enfermeiro do Trabalho							1*	
	Médico do Trabalho					1*	1*	1	1*
2	Técnico Seg. Trabalho				1	1	2	5	1
	Engenheiro Seg. Trabalho					1*	1	1	1*
	Aux. Enferm. do Trabalho					1	1	1	1
	Enfermeiro do Trabalho							1	
	Médico do Trabalho					1*	1	1	1
3	Técnico Seg. Trabalho		1	2	3	4	6	8	3
	Engenheiro Seg. Trabalho				1*	1	1	2	1
	Aux. Enferm. do Trabalho					1	2	1	1
	Enfermeiro do Trabalho							1	
	Médico do Trabalho				1*	1	1	2	1
4	Técnico Seg. Trabalho	1	2	3	4	5	8	10	3
	Engenheiro Seg. Trabalho		1*	1*	1	1	2	3	1
	Aux. Enferm. do Trabalho				1	1	2	1	1
	Enfermeiro do Trabalho							1	
	Médico do Trabalho		1*	1*	1	1	2	3	1

(*) Tempo parcial (mínimo de três horas)
(**) O dimensionamento total deverá ser feito levando-se em consideração o dimensionamento de faixas de 3501 a 5000 mais o dimensionamento do(s) grupo(s) de 4000 ou fração acima de 2000.

OBS: Hospitais, Ambulatórios, Maternidade, Casas de Saúde e Repouso, Clínicas e estabelecimentos similares com mais de 500 (quinhentos) empregados deverão contratar um Enfermeiro em tempo integral.

Figura 7.3: Dimensionamento dos SESMT — Fonte: Extraído da NR 4

Isto torna possível realizar um gerenciamento centralizado, pelo SESMT das questões de segurança de canteiros espalhados por todo um estado.

É importante lembrar que em geral na área de construção civil é comum a contratação de fornecedores de serviços terceirizados para complementar ou mesmo suprir a equipe de trabalho de canteiros o que cria uma necessidade de reavaliação do calculo do SESMT já que só entra no calculo os funcionários contratados pela própria empresa.

A própria norma dá uma solução em seus itens 4.5 e seus subitens com a determinação da obrigatoriedade da extensão dos cuidados das contratantes em relação às contratadas e a possibilidade da criação do SESMT comum contabilizando neste caso todos os trabalhadores do canteiro de obras sendo este procedimento devendo ser prescrito em acordos ou convenções coletivas podendo esta prescrição determinar períodos em que uma Comissão composta de representantes da empresa contratante, do sindicato de trabalhadores e da Delegacia Regional do Trabalho, ou semestralmente, a critério desta prescrição.

A grande questão é pensar sempre na importância da segurança do trabalho e uma equipe de profissionais qualificados e especializados na área cria boas condições de gestão.

NR 05

Esta norma trata das questões da Comissão Interna de Prevenção de Acidentes ou CIPA.

Esta comissão é obrigatória para todas as empresas que se encaixem em seu dimensionamento e que contratem funcionários em regime celetista seja com o processo completo que envolve eleição de alguns trabalhadores sendo estes chamados representantes dos empregados e a escolha de outros pela empresa chamados representantes do empregador ou como representante da CIPA onde um único trabalhador é escolhido e este assume a responsabilidade pela segurança do trabalho.

*GRUPOS	Nº de Empregados no Estabelecimento Nº de Membros da CIPA	0 a 19	20 a 29	30 a 50	51 a 80	81 a 100	101 a 120	121 a 140	141 a 300	301 a 500	501 a 1000	1001 a 2500	2501 a 5000	5001 a 10.000	Acima de 10.000 para cada grupo de 2.500 acrescentar
C-18	Efetivos				2	2	4	4	4	4	6	8	10	12	2
	Suplentes				2	2	3	3	3	4	5	7	8	10	2
C-18a	Efetivos				3	3	4	4	4	4	6	9	12	15	2
	Suplentes				3	3	3	3	3	4	5	7	9	12	2
C-29	Efetivos									1	2	3	4	5	1
	Suplentes									1	2	3	3	4	1

Fonte: Extraído e adaptado da NR 5

A CIPA costuma gerar alguns problemas por envolver, para os elementos que passam por eleição, a questão da estabilidade que se baseia no artigo 10, inciso II, alínea "a" do Ato das Disposições Constitucionais Transitórias da Constituição Federal/88 e do artigo 165 da CLT.

Este direito é irrevogável, não cabendo documentações advindas dos trabalhadores ou mesmo dos seus sindicatos que garantam que este trabalhador não consiga retornar reivindicando seu direito de estabilidade conforme o artigo 468 por ser esta uma alteração contratual prejudicial e por isso nula mesmo quanto existe concordância do empregado. Entretanto, o trabalhador pode ser demitido por justa causa nas formas que se prescrevem no artigo 482 da CLT, no caso de encerramento das atividades do Cadastro Nacional da Pessoa Jurídica ou CNPJ e/ou da Sociedade de Propósito Específico ou SPE, quando da falta sem justificativa a mais de quatro reuniões ordinárias da CIPA além de claro, pedido de demissão por parte do trabalhador.

Outra questão interessante é o fato do período de experiência do contrato de trabalho, que pode ser de até 90 dias não se tornar indeterminado apenas pelo fato deste ganhar a eleição e assim ganhar estabilidade podendo então este ser demitido normalmente se de alguma forma não for aceito após este período.

A CIPA da construção civil determinada pelo item 18.33 da NR 18 altera o dimensionamento dado pela NR 5 e determina que caso uma empresa possua um ou mais canteiros de obras com menos de setenta empregados deverá organizar a CIPA centralizada na proporção de um efetivo/titular e um suplente tanto dos empregados quanto dos empregadores para grupos de até cinquenta empregados e dois efetivos/titulares e dois suplentes dos empregados e empregadores até sessenta e nove funcionários contratados sendo que, se o número for de setenta ou mais volta a ser usado o dimensionamento normal da NR 5.

Nesta CIPA a ideia é unir vários canteiros de obra pequenos sobre direção da empresa contratante para desenvolver uma única CIPA de forma a garantir a segurança de todos com representantes dos canteiros participantes inclusive exigindo a presença de pelo menos um representante das outras empresas participantes no canteiro representante das reuniões, do curso da CIPA e das inspeções realizadas pela CIPA da contratante caso estas não sejam obrigadas a constituírem uma CIPA.

NR 06

Esta norma determina os itens relativos aos Equipamentos de Proteção Individual ou EPIs.

Um cuidado imprescindível é a ficha de EPI e os treinamentos no uso destes equipamentos por parte do empregador que devem ser constantes em relação ao controle e preenchimento destas fichas e a execução contínua e com documentações que comprovem a execução destes.

Em relação a ficha de EPI, recomendasse que esta possua pelo menos o nome, função, nº do registro do empregado, quantidade de equipamentos oferecidos, nome do equipamento, CA, data de entrega, assinatura do funcionário na ficha e em cada item recebido e textos definindo as regras referentes ao uso, conservação e obrigações relacionadas aos EPIs.

NR 07

Determina a criação do Programa de Controle Médico de Saúde Ocupacional ou PCMSO além de outras questões relativas a exames e avaliações de saúde nas atividades de trabalho.

Este programa se faz obrigatório para quaisquer empresas que contratarem empregados com carteira assinala a partir de um funcionário e é renovado a cada ano sendo o resultado dos exames e demais elementos do acompanhamento Atestado de saúde ocupacional ou ASO e deve ser um dos primeiros documentos relativos a segurança na contratação dos funcionários sendo realizado com base no PPRA ou PCMAT.

Outras avaliações como a pressão arterial logo antes de um trabalho em altura são oportunos de se realizarem sempre existir atividades em altura ou na operação de equipamentos pesados com escavadeiras, pás carregadeiras e mesmo as mini carregadeiras também conhecidas como bobcat.

É muito importante exigir esta documentação dos terceirizados por ser uma questão de segurança que o programa prescreva os exames necessários às condições do local de trabalho, ou seja, do canteiro de obra que eles forem trabalhar o que define que cada canteiro de obra em que esta empresa for trabalhar deverá ter um documento para ele.

NR 09

Determina as questões relativas Programa de prevenção de riscos ambientais ou PPRA.

Este programa, assim como o PCMSO, se faz obrigatório para quaisquer empresas que contratarem empregados com carteira assinada a partir de um funcionário e renovado anualmente.

No caso de obras com mais de 19 funcionários previstos, o documento a ser usado é o Programa de Condições e Meio Ambiente de Trabalho na Indústria da Construção ou PCMAT que é muito mais adequado já que enquanto o PPRA desenvolve seus estudos levantando as funções dos funcionários em relação a seus setores de trabalho, o PCMAT tem uma análise por fase de obra, muito mais eficiente no caso de canteiros de obras e atividades de construção em geral.

Apesar disso, para canteiros com até 19 funcionários é aceito o PPRA conforme entendimento do item 18.3.1, pois este exige o PCMAT em estabelecimentos com vinte ou mais trabalhadores.

NR 10

Norma relativa aos cuidados com serviços que envolvam eletricidade e em proximidades de áreas com equipamentos e estruturas energizadas.

Somente profissionais habilitados, qualificados e/ou capacitados e devidamente autorizados podem executar serviços elétricos em obras e estabelecimentos industriais.

Para estas atividades é exigido ainda o curso de segurança em instalações e serviços com eletricidade conhecido apenas como curso da nr 10 com renovação bianual sendo o primeiro com 40 horas e as renovações de 20 horas por curso.

O uso de disjuntores do tipo DR é citado em normas como a NBR 5410/04 de forma geral determinando o item como uma proteção para todos expostos aos riscos de sistemas elétricos

O Dispositivo de Proteção à Corrente Diferencial Residual (DR) protege contra correntes de fuga ou simplesmente choques elétricos através da detecção destas correntes de fuga desligando automaticamente o circuito. O DR pode se apresentar de várias formas como em faixas de corrente de 25A a 125 A para correntes de fuga de 30mA a 500mA em 220V e 380V, entre outras configurações.

É importante que o mesmo seja devidamente instalado por profissional qualificado de forma a adaptar as instalações e até os equipamentos a serem instalados nos quadros elétricos protegidos pelo dispositivo lembrando que este protege de fuga de cargas, o que pode acontecer não só pelo choque, mas também por falhas de projeto entre outras razões em equipamentos elétricos como chuveiros elétricos, furadeiras, lixadeiras, etc...

Lembrando que diversos outros dispositivos são também exigidos dependendo da natureza e tipo de riscos.

NR 15

Determina os itens de exposição a elementos insalubres, ou seja, elementos com capacidade de adoecer os trabalhadores dependendo do limite de tolerância ou mesmo da forma com que são manuseados.

Esta insalubridade pode ser classifica em graus máximo, médio ou leve e se percebe um adicional de 40%, 20% ou 10%, respectivamente, e com base no salário mínimo praticado na região do trabalhador.

Atividades que envolvam ruídos acima de 85dB, calor proveniente de exposição ao sol em atividades desgastantes como em escavações manuais ou outras atividades que excedam os limites estabelecidos pela norma, execução de serviços em tubulões pneumáticos e túneis pressurizados sem os devidos cuidados e acompanhamentos, poeiras em altas concentrações sem as devidas proteções, pinturas a pistola, entre outras podem ser consideradas insalubres e gerar custos adicionais.

O pagamento deste adicional não exclui a obrigação da empresa de todos itens legais já explicados no caso de doença do trabalho sendo a melhor ação a prevenção destes elementos nos processos produtivos.

NR 16

A periculosidade é o assunto desta norma que define situações como manuseio e transporte de combustíveis ou explosivos ou energia elétrica, sendo este último introduzido no entendimento deste adicional pela lei

148 **Gerenciamento de Obras, Qualidade e Desempenho da Construção**

n.º 12740/2012, como elementos passíveis deste adicional que é de 30% com base no salário em carteira da equipe exposta permanentemente a estes elementos.

Caso os trabalhadores estejam, de forma permanente, expostos a estes elementos e a produtos insalubres, os trabalhadores podem optar pelo que for mais benéfico.

Mais uma vez o mais importante é o controle da exposição permanente, evitando ao máximo o contato ou a possibilidade de contato pela presença destes agentes sempre que possível.

NR 18

Toda a norma é voltada para os cuidados relativos à construção civil e são divididos em itens de forma a dar o máximo de informações sobre o controle dos riscos relativos à construção civil.

NR 18.1

Neste primeiro item ficam definidos os limites e as abrangências da norma definindo todos os processos da indústria da construção obrigatoriamente seguir seus procedimentos de forma a garantir a segurança de todos desde pequenas reformas a grandes obras.

NR 18.2

Define a exigência da comunicação antes do início de qualquer obra de forma a informar: Endereço correto da obra; Endereço correto e qualificação sejam Cadastro Específico do INSS ou CEI, Cadastro geral de Contribuinte ou CGC/CNPJ ou Cadastro de Pessoas Físicas ou CPF do contratante, Empregador ou condomínio; Tipo de obra; Datas previstas do início e conclusão da obra e; Número máximo previsto de trabalhadores na obra.

NR 18.3

Determina a obrigatoriedade do Programa de Condições e Meio Ambiente de Trabalho na Indústria da Construção ou PCMAT para todos os canteiros com 20 ou mais trabalhadores definindo que neste documento sejam levantados todos os itens solicitados pela NR 9 e mais alguns itens a saber:

- Memorial sobre condições e meio ambiente de trabalho nas atividades e operações, levando-se em consideração riscos de acidentes e de doenças do trabalho e suas respectivas medidas preventivas;
- Projeto de execução das proteções coletivas em conformidade com as etapas de execução da obra;
- Especificação técnica das proteções coletivas e individuais a serem utilizadas;
- Cronograma de implantação das medidas preventivas definidas no PCMAT em conformidade com as etapas de execução da obra;
- Layout inicial e atualizado do canteiro de obras e/ou frente de trabalho, contemplando, inclusive, previsão de dimensionamento das áreas de vivência;
- Programa educativo contemplando a temática de prevenção de acidentes e doenças do trabalho, com sua carga horária.

Além disso, somente profissional habilitado em segurança do trabalho pode realizar este documento e este é o engenheiro de segurança do trabalho já que o PCMAT envolve projetos e precisa então de anotação de responsabilidade técnica ou ART.

Não é proibido ao técnico em segurança assinar o documento, mas sem a ART e, por conseguinte a assinatura do engenheiro de segurança do trabalho este documento não estará completo e passível de questionamento.

NR 18.4

Define os itens mínimos de que devem ser providenciados em um canteiro de obras de acordo com certas características.

O dimensionamento adequado destes itens só realmente é possível se forem usados os itens 18.4 e 18.37 da NR 18 e os itens da NR 24.

Os elementos totalmente obrigatórios em qualquer canteiro de obras são:

- Instalações sanitárias sempre obrigatórias com dimensionamento de um vaso sanitário, um mictório e um lavatório para cada grupo de 20 trabalhadores e chuveiros para grupos de 10 trabalhadores;

- Local de refeições com dimensões de 1,0 m^2 podendo ser divididos em até 1/3 ou em três horários de refeição dimensionando então este para o número de trabalhadores de um horário.

- Vestiário é obrigatório a todos que não forem dormir no canteiro e deve ser projetado em 1,5 m^2 para cada trabalhador com direito a armário duplo e bancos para todos.

- Alojamento obrigatório para todos os trabalhadores que forem dormir no canteiro com dimensionamento de 3,0 m^2 para cada cama seja ela simples ou dupla seguindo o entendimento da NR 24 contemplando espaço para o armário e para a circulação e sua existência torna obrigatória a existência da lavanderia e da área de lazer.

- Cozinha só é exigida quando houver preparo de refeições, pode ser terceirizada e deverá ter 35% da área do local de refeições e sua dispensa 20% desta área.

- Lavanderia e Área de lazer são itens obrigatórios na existência do alojamento e não possuem metragem definida pela norma, mas devem ser claramente definidas, além de a lavanderia poder ser terceirizada.

- Ambulatório quando se tratar de frentes de trabalho com 50 ou mais trabalhadores com dimensões não definidas pela norma, mas devendo ser claramente definido no canteiro.

NR 18.5

Demolições e outras operações similares devem obedecer aos cuidados destes itens como ser devidamente acompanhado por profissional legalmente habilitado e providenciar a proteção, desligamento ou isolamento de linhas de fornecimento de energia elétrica, água, ou outros materiais perigosos antes de qualquer operação de demolição.

NR 18.6

Trata dos cuidados relativos a escavações, fundações e desmontes de rochas, inclusive com regras sobre tubulões e seus procedimentos de segurança.

Alguns cuidados envolvem a escora de estruturas que possam ter sua condição alterada pelas escavações e a armazenagem a mais da metade da profundidade de cada escavação a partir da sua borda.

Para o desenvolvimento de todos os procedimentos, é necessário também o atendimento das exigências da RTP 03 da FUNDACENTRO.

NR 18.7

Determina elementos de segurança nos serviços de carpintaria, incluindo serviços com serra circular de forma que somente profissional qualificado pode operar estes equipamentos e regras para sua operação além das regras básicas da própria carpintaria que deve possuir piso antiderrapante e proteção contra queda de objetos e intempéries.

NR 18.8

Apresenta cuidados nas questões de armações metálicas, como serem feitas em bancadas apropriadas, estáveis e devidamente cobertas e a obrigatoriedade da proteção de pontas de vergalhões verticais.

NR 18.9

Descreve os cuidados relativos a concretagens e estruturas de concreto, inclusive os relacionados ao uso de fôrmas deslizantes e equipamentos de lançamento de concreto.

NR 18.10

Estruturas metálicas e suas montagens devem atender a estes requisitos, inclusive com relação aos cuidados próximos a redes de energia.

NR 18.11

Define elementos de segurança em soldas em geral e cortes a quente como no uso de maçaricos tanto a gás quanto oxi-acetileno e na operação destes equipamentos somente para profissionais devidamente qualificados e treinados e o uso de anteparos inefugáveis, ou seja, que não são combustíveis.

NR 18.12

Elementos de segurança para escadas, rampas e passarelas de madeira para a proteção dos trabalhadores e equipe em geral de acessos a postos de trabalho tanto em relação ao material quanto ao uso e suas características construtivas em geral.

A RTP 04 da FUNDACENTRO deve ser consultada para o atendimento de todos os requisitos deste item.

NR 18.13

Trata dos procedimentos do sistema de guarda-corpo, entre outros processos para evitar acidentes com queda seja de objetos ou de pessoas de diversas formas.

É importante definir que estes procedimentos só estarão completos se utilizados junto com as especificações da RTP 01 da FUNDACENTRO e da NR 35.[2]

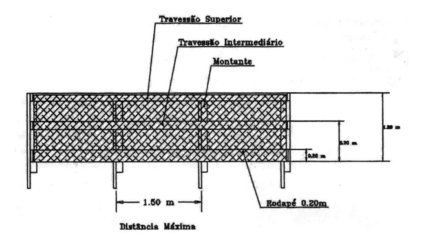

NR 18.14

Define procedimentos de segurança para o transporte e a movimentação de pessoas e materiais, como no caso do uso de elevadores de cabo e cremalheiras e outros como guindastes, guinchos, Gruas, *muncks*, entre outros e tem como cuidados a operação por profissionais devidamente qualificados e com reciclagem de treinamento além de isolamento de áreas no caso de movimentação de cargas e equipamentos.

Os elevadores para o transporte de pessoas tracionados por cabo serão no Brasil pela NBR 16200/13 e deverão obedecer a seus requisitos para ser passíveis de uso no canteiro.

Outra norma a ser atendida é a RTP 02 da FUNDACENTRO para o atendimento completo deste item de forma adequada.

NR 18.15

Apresenta regras de segurança para a utilização de andaimes e plataformas de trabalho como no caso de andaimes simplesmente apoiados, fachadeiros, suspensos e em balanço e cadeiras suspensas com regras como a exigência da qualificação dos trabalhadores que os montarem e a identificação da data do último exame ocupacional realizado.

---

[2] Fonte: Extraído da RTP 01 da Fundacentro.

NR 18.16

Determina os cuidados e as especificações de cabos de aço e cabos de fibra sintética ou *cordas de segurança* tanto para tração, quanto para cabo-vida entre outros usos.

NR 18.17

Apresentas os cuidados nos processos de trabalho que envolvam alvenaria, revestimentos e acabamentos como na instalação de vidros, aplicação de impermeabilizantes.

NR 18.18

Descreve os procedimentos de segurança para trabalhos em telhados e coberturas e dá as descrições gerais sobre os elementos dos cabos de segurança ou cabos-guia, bem como outros cuidados relativos a operações em altura.

NR 18.19

Apresenta procedimentos seguros no uso de flutuantes e trabalhos próximos ou como risco de queda na água.

NR 18.20

Dá elementos de proteção em espaços confinados relativos aos processos de construção civil, não se podendo desconsiderar os demais cuidados referentes a NR 33.

NR 18.21

Define regras para instalações elétricas nos canteiros de obra de forma a torná-las seguras e devem ser atendidas juntamente com as prescritas na NR 10 e RTP 05 da FUNDACENTRO no que couber.

NR 18.22

Descreve os cuidados com máquinas, equipamentos e ferramentas diversas em geral de forma a garantir seu bom uso e sua manutenção e operações adequadas, incluindo os relativos a pneus, válvulas, mangueiras, conexões e partes móveis.

NR 18.23

Explica os cuidados básicos relacionados ao uso de equipamentos de proteção individual na construção civil e principalmente sobre o cinto de segurança, devendo sempre ser também usadas as NR 06 e 35 no caso do cinto de segurança.

NR 18.24

Descreve os cuidados quanto à armazenagem e estocagem de materiais, como tubulações, vergalhões, produtos tóxicos, tijolos entre outros de forma a garantir o controle do acesso e das possibilidades de contato acidental, quedas de materiais empilhados, reações químicas acidentais, etc...

NR 18.25

Regras de segurança para transporte com veículos como ônibus e veículos adaptados tanto para vias urbanas quanto para vias particulares e dentro dos canteiros.

NR 18.26

Normatiza os cuidados no combate e prevenção a incêndio em canteiros de obra, que normalmente não são prescritos nos códigos de incêndio estaduais ou em outras normas mais gerais sobre a questão e exige entre outras coisas equipe qualificada para o combate a incêndios, instalação de sistema de alarmes e instalação de medidas de prevenção, como extintores nos locais com possibilidade de incêndio e explosões entre outros cuidados.

NR 18.27

Sinalizações de segurança e demais sinalizações para os canteiros de obras de forma a indicar os cuidados, obrigações, recomendações e outras informações tanto para a equipe de trabalho quanto para visitantes e transeuntes que sejam obrigados a passar nas proximidades das atividades como no caso de obras em vias públicas ou em áreas industriais.

NR 18.28

Trata dos procedimentos de treinamento mais especificamente sobre a integração como carga horária e momentos de renovação inclusive a ementa básica de treinamento que é:

- Informações sobre as condições e meio ambiente de trabalho;
- Riscos inerentes a sua função;
- Uso adequado dos Equipamentos de Proteção Individual - EPI;
- Informações sobre os Equipamentos de Proteção Coletiva - EPC, existentes no canteiro de obra.

NR 18.29

Define os itens de limpeza e organização geral do canteiro de forma a mantê-lo sem riscos de acidentes e doenças.

NR 18.30

Descreve regras relativas ao cercamento dos canteiros com tapumes e também de galerias para proteção de calçadas ou passeio, sempre que houver a necessidade de serviços na via pública.

NR 18.31

Determina os procedimentos no caso de acidente com morte no canteiro.

NR 18.33

Trata da CIPA na construção e suas especificações.

NR 18.34

Apresenta os elementos componentes do Comitê Permanente Nacional sobre Condições e Meio Ambiente do Trabalho na Indústria da

Construção ou CPN, e dos Comitês Permanentes Regionais sobre Condições e Meio Ambiente do Trabalho na Indústria da Construção ou CPR que são comitês permanentes e que visam o desenvolvimento das medidas de segurança na construção civil.

NR 18.35

Apresenta as RTPs como itens necessários para atender às recomendações da NR 18 e tornando-as, então, parte integrante do conjunto de normas desta norma.

NR 18.36; 18.37 e 18.38

Estes itens dão últimas recomendações de cunho generalista como em questões de máquinas, equipamentos e ferramentas, estruturas de concreto, andaimes e água potável nos canteiros de obras e devem ser também atendidos com a mesma atenção.

NR 18.39

Este é o último item da norma de apresenta a explicação de vários termos utilizados na mesma e é muito importante para o entendimento da mesma sendo extremamente importante sua leitura para aproveitar e entender melhor a norma em si.

NR 24

Trata dos procedimentos de segurança nos locais de trabalho apresentando especificações para a adequação de sanitários, vestiários, alojamentos, cozinhas, refeitórios e demais cuidados quanto a higiene e adequação destes locais as necessidades dos trabalhadores.

NR 33

A norma apresenta os cuidados necessários às atividades em espaços confinados de forma a garantir a integridade de todos os trabalhadores expostos a este risco em particular.

Espaço Confinado é citanda a própria norma:

> *"qualquer área ou ambiente não projetado para ocupação humana contínua, que possua meios limitados de entrada e saída, cuja ventilação existente é insuficiente para remover contaminantes ou onde possa existir a deficiência ou enriquecimento de oxigênio".*

Os cuidados envolvem equipes treinadas em de duas formas sendo estas para os trabalhadores autorizados e vigias que são a equipe operacional com carga horária mínima de 16 horas e de supervisor de entrada que autoriza e avalia os locais confinados com carga horária mínima de 40 horas e reciclagem a cada 12 meses

Além disso, a empresa deve desenvolver procedimentos de trabalho relativos aos serviços em espaços confinados e a permissão especial para o trabalho ou PET através de documento com modelo encontrado no anexo da norma entre outros cuidados.

É importante salientar que os serviços que envolvem a construção estão cheios de espaços confinados tornando esta norma imprescindível a estes serviços e seu gerenciamento quanto a segurança.

NR 35

Determina critérios mais práticos e diretos para as proteções em altura e atividades correlatas acima de 2 metros e com possibilidade de queda.

Define treinamentos bianuais de capacitação com carga horária de 8 horas mínimas e a criação de normas e procedimentos para os trabalhos rotineiros e permissões de trabalho no caso de atividades não rotineiras.

Além disso, deve-se utilizar das análises preliminares de risco ou APR entre outras formas de avaliação prévio dos possíveis riscos inerentes aos trabalhos em altura.

Os treinamentos exigem que estes sejam ministrados sob a responsabilidade de profissional habilitado em segurança do trabalho com engenheiros do trabalho ou técnicos e por profissional com proficiência no trabalho em altura o que, segundo a nota 04/2014 do ministério do trabalho e emprego, representa profissional com certificação em trabalho em altura e experiência nesta área podendo ser então ministrado por dois profissionais diferentes ou por um profissional se este apresentar as duas exigências atendidas.

Os treinamentos da NR 35 poderão ser ministrados junto com outros treinamentos como a integração, por exemplo, o que o torna mais flexível e fácil de gerenciar.

Para o dimensionamento dos pontos de ancoragem e demais sistemas de proteção, é imprescindível o uso desta norma juntamente com os elementos da NR 18 e NBRs 14626/10, 14627/10, 14628/10, 14629/10, 15834/10, 15836/10, 15835/10 e 15837/10.

GERENCIAMENTO DE SEGURANÇA

Diante destas informações, pode-se chegar à conclusão de que vários são os elementos que devem ser inseridos e gerenciados quando o assunto é trabalhar com segurança em canteiros de obras e as consequências do não cumprimento destes itens são sempre preocupantes tanto nas questões financeiras quanto as relativas à qualidade dos serviços e, principalmente, à responsabilidade social quanto à vida e integridade física e mental dos trabalhadores canteiros de obras e serviços da construção civil em geral.

Não se atentar a este gerenciamento é jogar contra as possibilidades de ter sucesso em um projeto de engenharia seja este pequeno como uma casa ou grande como uma ponte ou maior.

Etapas para um Bom Gerenciamento

O primeiro passo é determinar o que vai ser feito, ou seja, quais os serviços e suas etapas, afinal, se não sabemos o que vamos fazer como pensar como evitar acidentes? Um bom planejamento é a chave para começar bem e terminar melhor ainda por isso determine quais as etapas de cada projeto para depois definir ações que possam ser usadas para minimizar as chances de problemas.

A segunda etapa é determinar, através das etapas planejadas, os riscos envolvendo cada etapa. A etapa envolve altura? Eletricidade? Ou talvez a possibilidade de animais peçonhentos na área de trabalho? Estas informações são importantes para o bom andamento das ações de segurança já que é necessário conhecer o inimigo para depois determinar estratégias para sua derrota.

A terceira parte do processo é tomar as decisões sobre quais ações devem ser tomadas antes, durante e após as atividades de trabalho e é onde entram as legislações e outros conhecimentos como as ações normativas, comportamentais e/ou de saúde para evitar ou reduzir a chance de ocorrência ou as consequências de danos que venham a se fazer presentes no decorrer dos processos produtivos.

Itens relacionados às ações no antes dos processos incluem, procedimentos de trabalho, treinamentos, instalação de proteções e a distribuição de equipamentos de proteção individual adequados aos riscos são bons exemplos de processos a serem providenciados antes de qualquer etapa de trabalho.

Os relacionados ao durante são o acompanhamento do trabalho com fiscalizações e auditorias, além de equipes preparadas para qualquer emergência como a CIPA e a Brigada de incêndio ou outra nomenclatura que se possa dar a uma equipe treinada em combate a incêndios e primeiros socorros.

Finalizando, as ações após envolvem relatórios de segurança, levantamentos estatísticos de acidentes e doenças que porventura tenham acontecido nos processos e a análise destes dados de forma a aprender com as falhas desenvolvendo novas ações melhores e cada vez mais adequadas aos desafios de se fazer uma atividade com o máximo de segurança.

Gerenciamento Integrado

É mais do que importante lembrar que segurança deve ser gerenciada de forma a atuar em conjunto com outras áreas correlatas com qualidade, meio ambiente e responsabilidade social afinal, todos tem os mesmos princípios mudando-se apenas os objetivos e a forma como se chega a eles.

A qualidade é por si só um elemento de segurança, já que com qualidade nos parâmetros e critérios escolhidos para fazer parte das exigências de um processo produtivo e as normas de segurança são critérios que programas como os propostos pelas NBR ISO 9000 ou o sistema 6 sigma.

No meio ambiente, muitos acidentes envolvem vazamento de produtos químicos ou a produção de elementos poluidores como poeiras e gases tóxicos, e seu controle envolve diretamente cuidados com as questões e legislações ambientais além de programas como a NBR ISO 14000 e o sistema LEED.

Além disso, a responsabilidade social sempre ganha com ações de segurança, visto que faz parte dos seus princípios um ambiente seguro e livre de riscos como prescreve um dos itens da norma internacional AS8000.

CONSIDERAÇÕES FINAIS

Para finalizar, pode-se levar em consideração a grande diversidade de cuidados e formas de se evitar acidentes e, principalmente, a queda de braço que existe entre custos e segurança.

A maior lição na verdade é entender que segurança é investimento e não custo, tendo em vista que ela gera, entre outros benefícios, eficiência operacional por agir de forma a não permitir que acidentes de todas as naturezas, não apenas aquela que envolve pessoas, mas também materiais e até o tempo, grande inimigo de projetos e seus prazos curtos e grandes obras.

Seja como for, todos saem ganhando com a segurança e o fato de os elementos de segurança garantirem melhores resultados acaba fazendo deste item um portfólio dos produtos das empresas, afinal, ninguém compra bons produtos sem uma boa garantia.

REFERÊNCIAS BIBLIOGRÁFICAS

AMARAL, Antônio Élcio P. do et al. (Elab.). Escadas, rampas e passarelas: Recomendação técnica de procedimentos 04. São Paulo: FUNDACENTRO, 2002.

ASSOCIAÇÃO BRASILEIRA DE NORMAS TÉCNICAS. NBR 14280: Cadastro de acidente do trabalho - Procedimento e classificação. Rio de Janeiro, 2001.

ASSOCIAÇÃO BRASILEIRA DE NORMAS TÉCNICAS. NBR 14626: Trava queda guiado em linha flexível. Rio de Janeiro, 2010.

ASSOCIAÇÃO BRASILEIRA DE NORMAS TÉCNICAS. NBR 14627: Trava queda guiado em linha rígida. Rio de Janeiro, 2010.

ASSOCIAÇÃO BRASILEIRA DE NORMAS TÉCNICAS. NBR 14628: Trava queda retrátil. Rio de Janeiro, 2010.

ASSOCIAÇÃO BRASILEIRA DE NORMAS TÉCNICAS. NBR 14629: Absorvedor de energia. Rio de Janeiro, 2010.

ASSOCIAÇÃO BRASILEIRA DE NORMAS TÉCNICAS. NBR 14634:Talabarte de segurança. Rio de Janeiro, 2010.

ASSOCIAÇÃO BRASILEIRA DE NORMAS TÉCNICAS. NBR 14635: Cinturão paraquedista. Rio de Janeiro, 2010.

ASSOCIAÇÃO BRASILEIRA DE NORMAS TÉCNICAS. NBR 14636: Cinturão abdominal e talabarte para posicionamento e restrição. Rio de Janeiro, 2010.

ASSOCIAÇÃO BRASILEIRA DE NORMAS TÉCNICAS. NBR 14637: Conectores. Rio de Janeiro, 2010.

ASSOCIAÇÃO BRASILEIRA DE NORMAS TÉCNICAS. NBR 16200: Elevadores de canteiros de obras para pessoas e materiais com cabina guiada verticalmente — Requisitos de segurança para construção e instalação. Rio de Janeiro, 2013.

ASSOCIAÇÃO BRASILEIRA DE NORMAS TÉCNICAS. NBR 5410: Instalações elétricas de baixa tensão. Rio de Janeiro, 2004.

BRASIL. Consolidação das Leis do Trabalho. COSTA, Armando Casimiro; FERRARI, Irany; MARTINS, Melchiades Rodrigues. (Comp.). 39. ed. São Paulo: LTR, 2012.

Brasil. Constituição da República Federativa do Brasil: texto constitucional promulgado em 5 de outubro de 1988, com as alterações adotadas pelas Emendas Constitucionais nos 1/1992 a 68/2011, pelo Decreto Legislativo nº 186/2008 e pelas Emendas Constitucionais de Revisão nos 1 a 6/1994. 35. ed. Brasília : Câmara dos Deputados, Edições Câmara, 2012. Disponível em: <http://www.google.com.br/url?sa=t&rct=j&q=&esrc=s&source=web&cd=1&ved=0CBwQFjAA&url=http%3A%2F%2Fbd.camara.gov.br%2Fbd%2Fbitstream%2Fhandle%2Fbdcamara%2F1366%2Fconstituicao_federal_35ed.pdf%3Fsequence%3D26&ei=3H-eU6ePIcTgsATQ1YCoAg&usg=AFQjCNE_NIqyi8NCJIoRX1YQg1fQTuxlmQ> acessado em 13 de maio 2014 as 22:00.

BRASIL. Lei No 10.406, de 10 de janeiro de 2002. Disponível em: < http://www.planalto.gov.br/ccivil_03/leis/2002/l10406.htm> Acessado em 07 de maio de 2014 as 22:35.

BRASIL. Lei nº 8.213 de 24 de julho de 1991. Disponível em: < http://www.planalto.gov.br/ccivil_03/leis/l8213cons.htm> Acessado em 09 de maio de 2014 as 14:35.

Manuais de legislação atlas. Segurança e Medicina do Trabalho. 73ª edição, São Paulo, Ed. Atlas, 2014.

OIT - Organização Internacional do Trabalho (1993), Convenção 174 – Convenção sobre a Prevenção de Acidentes Industriais Maiores. Disponível no site: <http://portal.mte.gov.br/legislacao/convencao-n-174.htm> Acessado em 08 de maio de 2014 as 14:35.

SALIBA, Tuffi Messias. Curso básico de segurança e higiene ocupacional. 5ª ed;., São Paulo: Ed. Ltr, 2013.

SILVA, Olavo Ferreira da et al (Elab.). Escavações, fundações e desmonte de rochas: Recomendação técnica de procedimentos 03. São Paulo : FUNDACENTRO, 2005.

VIANA, Maurício José et al. (Coord.). Instalações elétricas temporárias em canteiros de obras: Recomendação técnica de procedimentos 05. São Paulo, FUNDACENTRO, 2003.

VIANA, Maurício José; SOUZA, Paulo Cesar de (Elab.). Movimentação e transporte de materiais e pessoas - elevadores de obra: Recomendação técnica de procedimentos 02. São Paulo, FUNDACENTRO, 2001.

VIEIRA, Marcelino Fernandes et al. (Coord.). Medidas de proteção contra quedas de altura: Recomendação técnica de procedimentos 01. São Paulo, FUNDACENTRO, 2003.

Capítulo 8

PRÁTICAS DE GESTÃO AMBIENTAL NA CONSTRUÇÃO

Wilson Falcão
Eng Civil, Esp Construções Sustentáveis, Greentech Consultoria
wilsonfalcao@grentech.eng.br

INTRODUÇÃO

Sendo uma preocupação mundial, a sociedade tem buscado soluções e práticas que minimizem os impactos ao meio ambiente em todas as atividades. Ao mesmo tempo a busca por infraestrutura adequada e ambientes favoráveis ao desenvolvimento intelectual e comercial explica o desenvolvimento acelerado e sem precedentes das nossas cidades. Assim, o ramo da construção civil está em foco para o desenvolvimento sustentável das cidades, trazendo legislações novas sobre o tema e desafios, tanto nos projetos quanto nos materiais e na forma de execução.

Este Capítulo busca trazer uma orientação nesta área, apontando práticas, materiais e legislações pertinentes ao tema. Buscaremos estabelecer uma sequência lógica para facilitar o entendimento, desde o mais básico, que é o cumprimento das leis, até o mais abrangente, que são os selos de sustentabilidade para o ambiente construído.

O QUE É SUSTENTABILIDADE

Figura 8.1: Nossa única fonte de recursos.

A preocupação com o meio ambiente não vem só das preocupações com extinção de habitats naturais e sua consequente extinção de animais ou com os níveis alarmantes de poluição que tanto prejudica a todos os seres vivos. Existe o alerta também para a escassez de recursos para todas as atividades dos seres humanos, seja ela fruto da poluição afastando a mão de obra para a produção de bens e serviços, pela própria dificuldade cada vez maior de obtenção de matéria-prima, ou pelo fato das mudanças climáticas causarem prejuízos cada vez maiores com perda de bens materiais e de vidas, cujo valor é inestimável.

O painel da ONU para mudanças climáticas IPCC, monitora e elabora anualmente relatórios sobre as alterações em nosso clima que são frutos da atividade humana. A evolução do nível de CO_2 desde 8.000 antes de Cristo foi em parte obtida através de pesquisa com o gelo Ártico, assim temos o Gráfico 1, que apresenta um crescimento exponencial no nível de gás carbônico desde 1750.

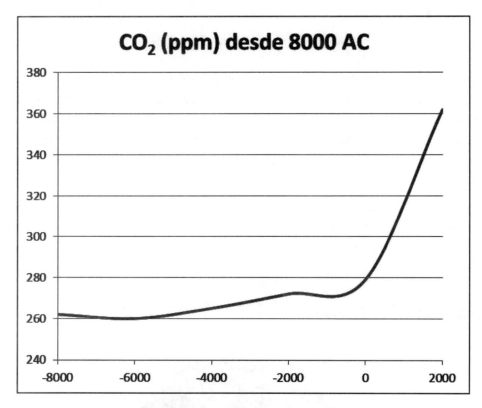

Gráfico 8.1: Evolução do nível de CO2 (ppm) ao longo do tempo.

Fonte: Gráfico do autor com dados do relatório PNUMA (2010).

Pesquisadores identificaram que o aumento do dióxido de carbono promove o chamado efeito estufa, mas outros gases foram também incluídos na relação dos que afetam a composição da nossa atmosfera (CFC - clorofluorcarboneto, HFCs – hidrofluorcarboneto, CH_4 – metano e outros) e assim aumentam os efeitos de aquecimento do ar, causando as inversões térmicas, que por sua vez espalham tempestades. Ondas de calor no inverno e frio no verão acabam por afetar o ecossistema que precisa de mais tempo para se adaptar às mudanças de clima. Assim, os recursos naturais ficam mais escassos, tornando mais cara a produção de bens.

Assim, todas as atividades têm buscado minimizar a necessidade de extrair recursos naturais e seu impacto no meio ambiente, seja por aperfeiçoar a produção se utilizando de materiais reutilizados ou reciclados, seja por produzir um bem de consumo que, ao final da vida útil, possa ser facilmente reutilizado ou reciclado. Dentro dessa linha, nasceu o conceito de "ciclo de vida do produto", bem embasado no livro "Cradle to Cradle" do Químico Alemão Michael Braungart e do Arquiteto Americano William McDonough.

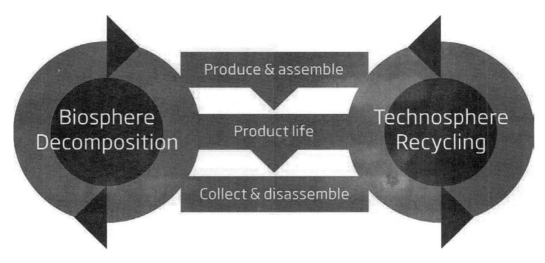

Figura 8.2: Princípios "Cradle to Cradle" (do berço ao berço).

Assim, busca-se aplicar este conceito na construção civil, tratando inicialmente de reduzir as saídas, depois reduzir o consumo, depois reciclar e reutilizar.

Trazendo para a realidade da Construção Civil, podemos pensar que, apesar de a durabilidade dos produtos feitos por nossa indústria ser grande em comparação a outros (mínimo de 50 anos pela Norma ABNT NBR 15.575), nossa indústria pode contribuir significativamente na reciclagem ou reuso de materiais. E estas iniciativas não geram custos, ao contrário, muitas soluções geram economia na execução dos projetos. Este é o primeiro paradigma que deve ser quebrado: "sustentabilidade sai caro".

Para isso, vamos conhecer o conceito de sustentabilidade:

> "Um modelo de desenvolvimento capaz de atender às necessidades de consumo da geração atual, sem comprometer os recursos necessários para a satisfação das necessidades das gerações futuras."
>
> (Relatório Brundtland, 'NOSSO FUTURO COMUM', ONU, 1987)

Ou seja, muitas vezes estamos sequestrando os recursos naturais dos nossos filhos e netos, que herdarão o problema a ser resolvido. Sustentabilidade inicialmente é evitar isso.

Outro conceito que resgatamos é o tripé da sustentabilidade. John Elkington, no seu livro "Sustentabilidade: Canibais com Garfo e Faca" (1997), criou os conceitos da sustentabilidade por meio de três vertentes: a prosperidade econômica, a qualidade ambiental e a justiça social. Assim, principalmente para o ambiente empresarial, a sustentabilidade deve ser vista do ponto de vista econômico, ou seja, a iniciativa deve gerar um retorno financeiro para as pessoas e empresas. Algumas empresas buscam este retorno financeiro através de retorno de imagem que, embora seja intangível, tem sido muito procurado nas estratégias de marketing.

Figura 8.3: Tripé da sustentabilidade.

Sendo assim, para qualquer iniciativa que envolva a sustentabilidade, devemos realizar estudos de taxa de retorno e análise econômica, além de visualizar pelo contexto social.

Iniciativas que só veem o lado social e do meio ambiente podem ser economicamente inviáveis, sendo positivos apenas os casos aonde temos filantropia ou financiamento destas ações para retorno de imagem ou de abatimento em impostos.

Se estudarmos apenas o lado social e econômico da iniciativa, podemos realizar uma ação ambientalmente irresponsável. Como exemplo, podemos citar as ações que promovem reassentamentos urbanos com famílias de baixa renda, construindo imóveis populares financiados pelo governo sem preocupação com o desenvolvimento do meio ambiente promovendo a superpopulação e a degradação.

Analisando apenas o lado econômico e do meio ambiente, a iniciativa pode vir a ser socialmente injusta. A implantação de fazendas para a produção sustentável de madeira deve promover a inclusão das pessoas que trabalhavam na agricultura destas áreas, ou podemos gerar um problema social.

Assim, entendemos que a sustentabilidade deve passar por estas três áreas, para que possa ser avaliada como sucesso. Para a nossa indústria da construção civil, qualquer ação deve envolver um retorno financeiro, como diminuição de custos, que acontece na maioria dos casos. De qualquer forma, se não acontece a redução dos custos, deve acontecer o repasse ao cliente dos custos da atividade, quando tal não é possível por conta da volatilidade do mercado, as ações conseguem se justificar pela obrigatoriedade em relação à legislação. Assim a empresa evita um custo referente a um passivo ambiental.

O MEIO AMBIENTE E A CONSTRUÇÃO CIVIL

A atividade da construção civil é inerentemente transformadora do meio ambiente, seja na extração dos recursos para a produção dos bens, seja nas mudanças ocasionadas nos locais aonde são implantadas as obras.

Figura 8.4: Bacia do Rio Pinheiros, SP, 1960.

Figura 8.5: Bacia do Rio Pinheiros, SP, dias atuais.

Segundo pesquisa do IBGE de 2010, 54% dos resíduos gerados nos meios urbanos são provenientes da construção civil. Até 50% dos recursos naturais extraídos são destinados à construção civil. De 15% a 25% da madeira extraída vai para a construção civil e no Brasil a maioria é ilegal. No Brasil são extraídos por ano 220 milhões de toneladas de agregados para a produção de concreto e argamassa. O cimento Portland é o segundo produto mais consumido no mundo, perdendo apenas para a água.

Outro dado que afeta diretamente a gestão ambiental em nossas obras é a baixa qualidade da maioria dos nossos materiais. Segundo o PBQP-H, cerca de 60% das nossas esquadrias de alumínio não atendem às normas técnicas, placas cerâmicas, mais de 55%.

Já Mello, L. C. B. e Amorim, S. R. L., 2009, afirmam também que a produtividade do setor da construção civil é um ponto crítico se comparado aos países desenvolvidos. Em relação ao operário norte-americano, nossos funcionários produzem apenas 15%. Assim, o treinamento dos operários também deve abranger as iniciativas ambientais da empresa, pois é com eles que ocorrem as maiores ações de redução de resíduos.

Mas o impacto ambiental das edificações deve ser analisado segundo o impacto ambiental gerado na extração dos materiais e no processo de construção do edifício; o impacto ambiental indireto decorrente durante o uso do edifício; o impacto ambiental direto do edifício no meio urbano em que irá ser construído e a qualidade ambiental interna das edificações, que afeta diretamente a qualidade de vida dos ocupantes. Por estes motivos, a sustentabilidade nas construções começa no projeto e este deverá atuar nestas quatro esferas.

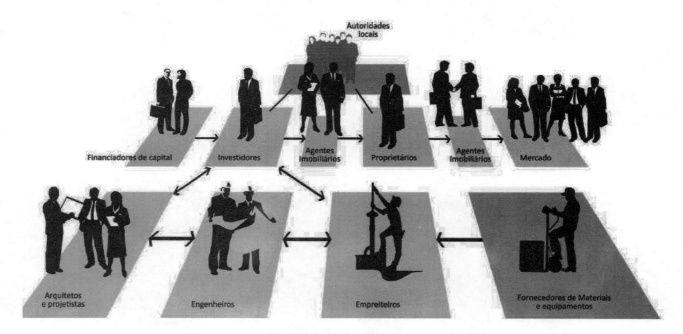

Figura 8.6: Painel de influências da Construção Civil.

Do ponto de vista da sustentabilidade, as cobranças e iniciativas estão nascendo mais dos investidores e financiadores de capital do que do mercado consumidor. Grande parte dos nossos clientes ainda não "acordou" para exigir qualidade ambiental na construção. Exige-se qualidade aparente de materiais e acabamento, mas não se exige um projeto inteligente do ponto de vista ambiental ou que leve em conta a sustentabilidade em sua execução. Sabemos que projetos bem estudados podem gerar uma economia de energia e água, bem como promover a qualidade de vida do ocupante que deve ser considerada através da utilização dos padrões de conforto térmico, de iluminação e acústico das normas brasileiras.

A iniciativa dos empreendedores está acontecendo por vários motivos, dos quais podemos citar quatro:

- Visão de uma adequação em um futuro próximo. Em breve as legislações de construção civil irão exigir cada vez mais qualidade nos projetos e obras;

- Os que estão aplicando a sustentabilidade estão vendo que esta prática diminui o custo da obra;

- Colocar uma "grife" nos edifícios agregando valor ao produto e

- Repasse do custo ao consumidor que, recebendo um produto com alto valor agregado, aceita pagar o preço.

Ao termos um custo de execução mais baixo e um valor agregado que pode ser repassado ao consumidor, temos uma maior lucratividade nos projetos com gestão ambiental adequada. O que pode ser mais convincente aos investidores?

Selos de Qualidade da Construção Civil

Para conseguirmos agregar um valor maior ao empreendimento, temos que validar estas iniciativas através de um terceiro que irá referendar as ações, culminando com um selo ou certificado que informe ao público o sucesso nos objetivos ambientais do projeto.

Esta validação é feita através dos selos de qualidade ou sustentabilidade na construção civil. Destes podemos citar os mais conhecidos e aplicados no Brasil:

- **ISO 14.001** – longe de ser um sistema de gestão ambiental exclusivo para as construtoras está sendo aplicado com bons resultados do ponto de vista administrativo e de execução de obra, mas não tem grande influência sobre o projeto em si, ou sobre a qualidade do ambiente construído;

- **Selo Azul da Caixa** – destinado principalmente ás edificações de baixa renda;

- PBQPH – Programa Brasileiro de Qualidade e Produtividade do Habitat que foi criado em 1991, tem como finalidade difundir conceitos de qualidade, gestão e organização da produção com o intuito de organizar o setor da construção civil em torno de duas questões principais: a melhoria da qualidade do habitat e a modernização produtiva;

- **Processo Aqua** – criado pela Fundação Vanzoline a partir do HQE francês, é o mais adaptado à realidade brasileira;

- **Selo PROCEL Edifica** – criado pelo Procel em conjunto com o Inmetro, é o mesmo selo de consumo energético aplicado às edificações. Visa principalmente o uso racional de energia, buscando uma racionalização de materiais e de projeto que busque diminuir os gastos energéticos do ambiente construído;

- **LEED (*Leadership in Energy and Environmental Design*) do US Green building Council** – é o mais utilizado hoje no mundo, com mais de 27.000 edifícios já certificados e mais de 33.000 em processo de certificação.

Além destes selos, temos a obrigatoriedade de apresentar aos órgãos municipais ou estaduais o Plano de Gerenciamento dos Resíduos da Construção Civil (PGRCC) para a obtenção das licenças de instalação e alvarás de construção.

Iremos conhecer um pouco mais do Plano de Gerenciamento de Resíduos e as políticas de minimização.

PLANO DE GERENCIAMENTO DE RESÍDUOS DA CONSTRUÇÃO CIVIL (PGRCC)

Aspectos Legais

A resolução 307 do CONAMA estabelece diretrizes, critérios e procedimentos para a gestão dos resíduos da construção civil. Em seu artigo 4º cita que: "Os geradores deverão ter como objetivo prioritário a não geração de resíduos e, secundariamente, a redução, a reutilização, a reciclagem, o tratamento dos resíduos sólidos e a disposição final ambientalmente adequada dos rejeitos".

Como determinação para obrigatoriedade de apresentação do PGRCC, a resolução 307 cita que:

- Para os empreendimentos que não necessitam de licenciamento ambiental, o PGRCC deve ser obrigatório para a obtenção do alvará de construção.
- Para os empreendimentos que necessitam de licenciamento ambiental, o PGRCC deve ser apresentado para solicitar a licença ambiental.

O Anexo 1 da resolução do CONAMA 237 nos dá a informação de quais empreendimentos precisam do licenciamento ambiental, dos quais extraímos os principais da construção civil:

"RESOLUÇÃO Nº 237 , DE 19 DE dezembro DE 1997

[...]

ANEXO 1

ATIVIDADES OU EMPREENDIMENTOS SUJEITAS AO LICENCIAMENTO AMBIENTAL

[...]

Obras civis

- *rodovias, ferrovias, hidrovias, metropolitanos*
- *barragens e diques*
- *canais para drenagem*
- *retificação de curso de água*
- *abertura de barras, embocaduras e canais*
- *transposição de bacias hidrográficas*
- *outras obras de arte*

Serviços de utilidade

- *produção de energia termoelétrica*
- *ransmissão de energia elétrica*
- *estações de tratamento de água*
- *interceptores, emissários, estação elevatória e tratamento de esgoto sanitário*
- *tratamento e destinação de resíduos industriais (líquidos e sólidos)*
- *tratamento/disposição de resíduos especiais tais como: de agroquímicos e suas embalagens usadas e de serviço de saúde, entre outros*
- *tratamento e destinação de resíduos sólidos urbanos, inclusive aqueles provenientes de fossas*
- *dragagem e derrocamentos em corpos d'água*
- *recuperação de áreas contaminadas ou degradadas*

[...]

Atividades diversas

- *parcelamento do solo"*

Como sabemos, algumas atividades da construção civil envolvem mais do que um município, ou mesmo mais do que um estado da União. Para isso, o Parecer 312/2004 do Conselho Jurídico do Ministério do Meio Ambiente trata do conflito de competência entre os Municípios, os Estados e a União.

> *"Assim, na determinação de competências para realização do licenciamento ambiental, deve prevalecer o critério do alcance do "impacto ambiental direto", intrínseco ao direito ambiental segundo os ditames constitucionais e não o critério da titularidade do bem."*

Isso significa que, se a atividade exercida for gerar um impacto ambiental em mais de um município, caberá ao Estado fornecer a licença ambiental. Como exemplo: uma determinada obra que precisa realizar grandes escavações e por isso todo ou parte do bota-fora ocorrerá em outro município. Sabemos que o impacto ambiental não pode ser medido apenas na geração dos resíduos, mas também na disposição final deles, que carece de licença ambiental também.

Da mesma forma, se o impacto ambiental ocorrerá em área de competência da União, a licença ambiental no local aonde ocorrerá o impacto deverá vir do IBAMA. Muitas vezes isso significa que o empreendimento poderá necessitar de duas licenças: uma no local do empreendimento e outra onde ocorrerá um impacto (como um bota-fora ou destino de resíduos).

Por isso é importante que o incorporador, ao realizar seus estudos de viabilidade técnica e econômica dos empreendimentos, leve em conta o aspecto ambiental, pois ele pode não conseguir obter a licença para o destino dos resíduos em um local próximo devido às exigências diferentes entre Estado, Município e União. Muitos municípios no Brasil ainda não estão exigindo o PGRCC para dar a autorização ambiental de um empreendimento, mas o Estado ou a União pode estar exigindo.

A resolução 307 do CONAMA também estabelece a classificação dos resíduos conforme sua composição:

CLASSE	TIPOS
A	Resíduos reutilizáveis como agregados. Solos, tijolos, telhas, blocos, placas, argamassa, concreto, tubos, meio-fio, etc.
B	Resíduos recicláveis. Plásticos, papel, papelão, metais, vidros, madeiras, gesso (Res. 448/2012), etc.
C	Resíduos para os quais não foram desenvolvidas tecnologias ou aplicações economicamente viáveis que permitam a sua reciclagem ou recuperação.
D	Resíduos perigosos oriundos do processo de construção. Tintas, solventes, óleos, amianto, etc.

Figura 8.7: Classes de resíduos.

Fonte: Resolução 307 do CONAMA, 2002.

Roteiro Básico para um PGRCC

Cada Município deve criar o seu termo de referência para a solicitação do PGRCC, mas normalmente um plano deve conter:

- Dados do projeto (empreendedor, responsáveis técnicos, caracterização do projeto, etc.).
- Caracterização dos resíduos com quantitativos estimados.
- As políticas de minimização dos resíduos.
- A forma de separação dos resíduos.
- Como os resíduos serão acondicionados.
- A forma de transporte dos resíduos.
- Destinação final dos resíduos.

Para a caracterização dos resíduos e a estimativa dos quantitativos, podemos escolher os conhecimentos em pesquisa da construtora ou o número médio obtido por Monteiro et al. (2001), que diz que no Brasil são gerados, aproximadamente, 300 kg/m^2 a partir de novas edificações. Segundo Pinto (2004), os resíduos da construção civil pesam em torno de 1.300kg/m^2. Assim, podemos calcular a quantidade de resíduos em m^2 por m^2 de área construída.

(Área total x 300) / 1.300 = Quantidade de m^2 de resíduos gerados

De acordo com estudos da Coopercon-CE, os quantitativos de resíduos estão divididos da seguinte forma:

- Classe A – 74%
- Classe B – 10%
- Classe C – 15% e
- Classe D – 1%

Com estes números podemos responder ao questionamento de caracterização dos resíduos e quantitativos estimados, entretanto, alguns municípios se utilizam de formulários próprios e colocam percentuais e cálculos diferentes. É necessário, no momento da criação do PGRCC, que se busque estas informações no órgão responsável pelo licenciamento ambiental.

Estratégias de Redução

Para o uso de estratégias de não geração e redução de resíduos, devemos ter em mente a aplicação de metodologias de produção que diminuam o desperdício de materiais e o retrabalho, sendo um grande aliado o conceito de *Lean Construction*. Uma construção enxuta é por si mesma uma construção com baixo desperdício e consequente redução de resíduos.

Figura 8.8: Estação de corte e furo de cerâmica.
Conceitos de *Lean Construction* no auxílio ao Gerenciamento Ambiental[1]

A reutilização já encontra como aliada duas normas brasileiras:

- NBR 15.115 - Critérios de execução de camadas de revestimento em obras de pavimentação com uso de agregado reciclado de resíduos sólidos da construção civil e
- NBR 15.116 - Requisitos para o emprego de agregados reciclados de resíduos sólidos da construção civil.

Dessa forma o resíduo classe A, para o qual pagamos o transporte e o destino final, pode ser usado no todo ou em parte para a reutilização como camadas de pavimentação ou como agregado na produção de materiais.

---

[1] Fonte: Foto do autor.

170 Gerenciamento de Obras, Qualidade e Desempenho da Construção

 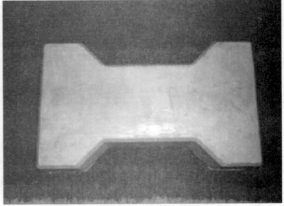

Figuras 8.9 e 8.10: Uso de restos de argamassa para a produção de blokrets, aplicados em pavimentação de calçadas e jardim.[2]

Figuras 8.11 e 8.12: Uso de resíduo classe A, proveniente do concreto, granulometria e uso como sub base de pavimentação.[3]

Um bom layout de canteiro também influencia positivamente na política de minimização dos resíduos. Em outros países ocorrem maiores limitações de espaço para os canteiros de obras e de legislação ambiental, por estes motivos as obras são mais limpas e mais organizadas.

A colocação dos materiais próximos aos locais onde ocorrem as transformações reduz significativamente o desperdício de material e os resíduos. Como exemplos: colocar o cimento estocado próximo à betoneira, paletização dos materiais e um bom controle de estoque.

---

[2] Fonte: Fotos do autor.

[3] Idem

Figura 8.13: Prédio em reforma em Nova York, USA. Limitações de espaço para o canteiro, **limpeza** perfeita no entorno, proibição de colocação de contêiner. Agregados e resíduos ficam em sacos.[4]

Figura 8.14: Prédio em reforma em Londres, UK. Limitações de espaço para o canteiro, limpeza perfeita no entorno, proteção completa ao pedestre. Excelente sinalização.[5]

---

[4] Fonte: Foto do autor.

[5] Fonte: Foto do autor.

A mecanização da construção civil também é uma forte aliada na redução dos custos e dos resíduos. Temos diversas tecnologias e novas ferramentas que devem ser testadas e sua eficácia comprovada para cada caso.

Figura 8.15:: Máquina para realizar cortes em paredes. [6]

Figura 8.16: Máquina para dobrar 40 estribos. [7]

---

[6] Fonte: Vídeo Macrosa.

[7] Fonte: Vídeo Paiuca.

Figura 8.17: Massa PVA aplicada com projeção.[8]

Separação, Acondicionamento, Transporte e Destino Final dos Resíduos

Para a gestão ambiental da construção civil, é necessária a separação do material já no ponto de geração. Para isso, os funcionários têm que ser treinados e entender o motivo da segregação de resíduos. Uma vez que os resíduos estão separados em suas classes, fica mais fácil identificar possíveis usos ou estratégias para a reciclagem destes.

Os resíduos devem ficar separados por classes e identificados por cores.

Para evitar derrame de qualquer material na via pública, bem como a utilização do contêiner para colocação de lixo comum pela população do entorno da obra, este deve ficar protegido ou coberto com lona durante os horários nos quais não está sendo utilizado.

Devemos lembrar também que a empresa de transporte destes resíduos e o local onde os resíduos deverão ser descartados ou reutilizados devem ter suas respectivas licenças ambientais, sem as quais o transporte o destino pode estar sujeitos a multas, bem como a empresa que os contratou, pois a mesma é co-responsável pelo passivo ambiental.

---

[8] Fonte: Foto do autor.

Figura 8.18: Baias com contêineres para cada tipo de resíduo.[9]

Para isso, a empresa deve fornecer cópia da licença ambiental e manifestos ou controles de transporte e destino, que deverão ser entregues para arquivamento ou apresentação ao órgão que emitiu a licença.

Nas cidades que já possuem usinas de reciclagem de resíduos da construção civil, o local aonde os resíduos são processados para posterior fabricação de materiais, diferenciam o preço para cada classe de resíduos, sendo uma das mais complicadas os resíduos classe D, pois a maioria dos destinos finais não possuem licença ambiental ou investimento necessário para o processamento destes tipo de materiais.

Os destinos finais costumam fiscalizar a chegada dos caminhões com os conteiners de resíduos e fazem a cobrança do serviço conforme os materiais que encontram. As cargas que chegam com os resíduos apenas classe A costumam ser cerac de 30% mais baratos. Em virtude de representar 74% do total de resíduos em volume, isso representa uma economia significativa ao final.

---

[9] Fonte: Foto do autor.

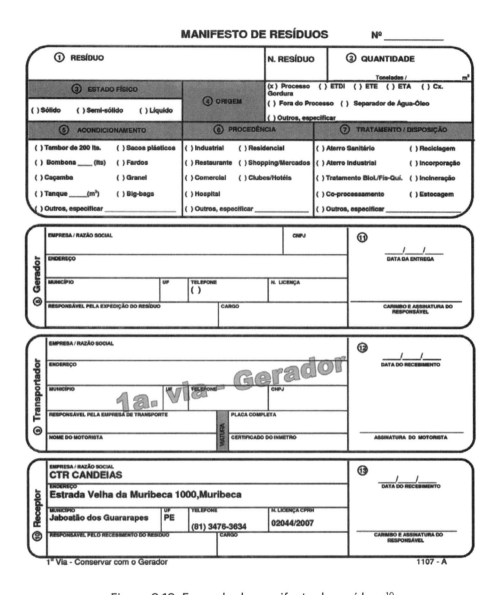

Figura 8.19: Exemplo de manifesto de resíduo. [10]

Latas com restos de tinta, lâmpadas fluorescentes, solventes, óleos, graxas etc. não são facilmente processados, portanto as empresas fabricantes é que são os detentores de tecnologia para tal. Por este motivo alguns fabricantes já recebem as embalagens vazias (latas de tinta e solventes) de volta, ao final da utilização.

Contratação de empresa especializada para a retirada do mercúrio de lâmpadas fluorescentes também tem sido uma estratégia para o destino final destes materiais.

---

[10] Fonte: Foto do autor.

Figura 8.20: Caminhão com resíduos sendo vistoriado na chegada da usina.[11]

Figura 8.21: Máquina que retira o mercúrio das lâmpadas fluorescentes. O material é vendido a laboratórios posteriormente.[12]

---

[11] Fonte: Foto do autor.

[12] Fonte: Foto do autor.

CONSIDERAÇÕES FINAIS

Sabemos que para a construção civil, principalmente a brasileira, adotar novas tecnologias e soluções leva um tempo maior do que outras indústrias. Temos uma natural necessidade de testar com mais afinco antes de aplicar determinada tecnologia. Isto, em parte, é fruto do nosso produto final ser único e não uma série de produtos idênticos como os que saem das fábricas de bens de consumo. Não existe muito espaço para testes que possam comprometer o ambiente construído.

Também os investimentos para uma obra são vultosos e comprometem um tempo elevado para conclusão. Uma vez que o preço final do produto está definido, fica difícil o incorporador agregar um novo custo ao produto final sem que tenha amparo legal para o repasse ao comprador. Nossos produtos precisam de contratos e termos legais que obrigam as partes a manter preços, formas de pagamento, qualidade etc.

Aliado a isso, nossos projetistas e gestores de obra precisam ir buscar nos mercados mais desenvolvidos novas soluções e equipamentos que aumentem a produtividade, diminuam os resíduos e melhorem os lucros. Muitas vezes, ao visualizar as soluções sendo aplicadas e com comprovação de retorno financeiro, fica mais fácil introduzir esta tecnologia em seu empreendimento.

É aconselhável que se instalem câmaras temáticas, como a INOVACON, o braço de inovação da COOPERCON do Ceará, que tem buscado testar e difundir novas tecnologias no ramo da construção civil.

Melhora o desenvolvimento do ramo se adotarmos um relacionamento mais estreito com as Universidades, permitindo que os pesquisadores possam se utilizar de dados em nossos canteiros e assim desenvolver o avanço tecnológico.

Os impactos ao meio ambiente das construções não podem mais ser ignorados. A ONU, com seu programa para assentamentos urbanos, busca estudar as tecnologias das construções e declarou que uma das suas maiores preocupações atuais é o desenvolvimento sustentado, com a construção civil sendo o seu terceiro maior foco.

REFERÊNCIAS BIBLIOGRÁFICAS

ASSOCIAÇÃO BRASILEIRA DE NORMAS TÉCNICAS. NBR 14.001: Sistemas da gestão ambiental - Requisitos com orientações para uso. Rio de Janeiro, 2004.

ASSOCIAÇÃO BRASILEIRA DE NORMAS TÉCNICAS. NBR 15.115: Critérios de execução de camadas de revestimento em obras de pavimentação com uso de agregado reciclado de resíduos sólidos da construção civil. Rio de Janeiro, 2004.

ASSOCIAÇÃO BRASILEIRA DE NORMAS TÉCNICAS. NBR 15.116: Requisitos para o emprego de agregados reciclados de resíduos sólidos da construção civil. Rio de Janeiro, 2004.

ASSOCIAÇÃO BRASILEIRA DE NORMAS TÉCNICAS. NBR 15.575: Edificações habitacionais — Desempenho. Rio de Janeiro, 2013.

BRASIL, Conselho Nacional do Meio Ambiente. Resolução 237/1997. Brasília, 1997.

BRASIL, Conselho Nacional do Meio Ambiente. Resolução 237/2002. Brasília, 2002.

BRASIL, Instituto Brasileiro de Geografia e Estatística, IBGE. Censo Demográfico 2010. Brasília, 2010.

BRASIL, Ministério do Meio Ambiente. Parecer nº 312/CONJUR/MMA/2004. Brasília, 2004.

ELKINGTON, John. Sustentabilidade: Canibais com Garfo e Faca. São Paulo: MBooks, 2012.

MCDONOUGH, William & BRAUNGART, Michael. Cradle to cradle : remaking the way we make things. Nova York: North Point Press, 2002.

MELLO, L. C. B.; AMORIM, S. R. L. O subsetor de edificações da construção civil do Brasil: uam anáslise comparativa em relação à União Européia e aos Estados Unidos. Rio de Janeiro: Produção, 2009.

MONTEIRO, José Henrique Penido et. al. Manual de Gerenciamento Integrado de Resíduos Sólidos. Rio de Janeiro: IBAM, 2001.

ORGANIZAÇÃO DAS NAÇÕES UNIDAS, Comissão Mundial sobre Meio Ambiente e Desenvolvimento. Our common future. Rio de Janeiro, 1987. Disponível em < http://www.onu.org.br/rio20/img/2012/01/N8718467.pdf >.

PBQP-H Programa Brasileiro da Qualidade e Produtividade do Habitat. Sistema de Qualificação de Empresas de Materiais, Componentes e Sistemas Construtivos SiMaC. Disponível em < http://pbqp-h.cidades.gov.br/projetos_simac.php>.

PINTO, T. P. Gestão ambiental dos resíduos da construção civil: a experiência

do SindusCon-SP. São Paulo: SindusCon, 2004.

PNUMA - Programa das Nações Unidas para o Meio Ambiente. Mude o Hábito – Um Guia da ONU para a Neutralidade Climática. Rio de Janeiro, 2010. Disponível em < Mude o Hábito – Um Guia da ONU para a Neutralidade Climática>.

Capítulo 9

ENGENHARIA DE CUSTOS DE EMPREENDIMENTOS

Eng. Civil Maisson Tasca, MSc.

Instituto de Pós-Graduação e Graduação – IPOG

maissontasca@yahoo.com.br

RESUMO

A engenharia de custos de empreendimento é responsável pela viabilidade econômica e financeira dos projetos de Construção Civil. É a área da Engenharia que visa à resolução de problemas de estimativa de custos, de planejamento e de gerência de empreendimentos. Isso se dá através do desenvolvimento de quatro etapas principais: o planejamento, a orçamentação, a controladoria e a avaliação. Um bom planejamento, tanto técnico quanto financeiro, contribui significativamente durante o andamento das obras, pois minimiza os prazos e os custos. Após, a etapa de orçamentação, na qual selevantam todos os custos diretos e indiretos envolvidos no empreendimento. Assim, orçar uma obra consiste em calcular o seu custo de modo mais preciso, para que o custo avaliado seja o mais próximo do real. O custo total de uma obra é o valor da soma de todos os gastos necessários para sua execução; no entanto, nessa etapa se trabalha com inúmeras variáveis imprecisas que impactam o preço final dos empreendimentos. A controladoria dos custos é a realização da programação dos recursos financeiros e da execução da obra. O fluxo financeiro deve estar atrelado aos acontecimentos da execução e vice-versa. A programação das obras deve ser realizada a partir do orçamento analítico, ordenando os serviços envolvidos na construção em ordem cronológica, visando a otimizar a mão de obra, os materiais e os recursos disponíveis para a execução da obra. Por última etapa, a avaliação dos custos é fundamental para analisar a atratividade dos investimentos, já que se deve analisar o valor orçado com o valor efetivo gasto no empreendimento de forma a identificar os lucros ou os prejuízos. Dessa maneira, a engenharia de custos de empreendimento possui grande importância no desenvolvimento de novos projetos, objetivando o planejamento, a previsão e o gerenciamento dos custos, sendo responsável pelo sucesso dos empreendimentos.

Palavras-chave: Engenharia de custos. Orçamentação. Gerenciamento de custos.

INTRODUÇÃO

A Engenharia de Custos

A engenharia de custos de empreendimentos é fundamental para a manutenção da viabilidade econômica e financeira de projetos de Construção Civil. Dentre as inúmeras definições encontradas na literatura, destaca-se a menção feita por Dias (2011). Segundo o autor, ela é a área da Engenharia em que normas, critérios e experiência são utilizados para a resolução de problemas de estimativa de custos, avaliação econômica, planejamento, gerência e controle de empreendimentos. A partir dessa definição, pode-se verificar a amplitude do tema, que aborda as questões relacionadas aos recursos financeiros empregados em empreendimento. Conforme mesmo autor,aengenharia de custos não termina com a previsão de custos de investimentos; prossegue necessariamente na fase de construção com omesmo rigor, através do planejamento, controle, acompanhamento de custos e definição dos custos de manutenção das mesmas.

A engenharia de custos, aplicada à construção civil, é a única fonte capaz de dar suporte à formação do preço de venda dos produtos do setor; além disso,é responsável pelo controle e manutenção dos custos de obras (DIAS, 2011). Os alvos da engenharia de custos de empreendimentos são os serviços existentes no canteiro de obra, focalizando a dinâmica de processos, que correspondem aos fluxos de insumos, ou seja, materiais que são consumidos em canteiro de obra e em trabalhos executados. De acordo com Silva (2010), todos os processos mencionados são gerados através de recursos financeiros; assim, a engenharia de custos é responsável pelos fluxos financeiros, no tempo e no espaço, atendendo às necessidades da tecnologia de construção.

A engenharia de custos é responsável por estabelecer critérios para o estudo dos custos de cada serviço de uma construção. Assim, dividindo cronologicamente as atividades por tarefas, visando à interdependência e à mensuração do desempenho de cada serviço, de formaa organizar os custos dos serviços, para que se possam dimensionar os recursos financeiros de forma mais próxima do real. Esse tipo de análise é necessária para a montagem de bancos de dados das composições analíticas de custos dos serviços, com base nos resultados obtidos nas obras que vão sendo executadas, uma vez que isso consolidará o trabalho da engenharia de custos de futuras obras.

Objetivos e Importância

A engenharia de custos de empreendimento é uma área muito abrangente, responsável pela formação dos custos e do preço de venda de produtos de Construção Civil. Assim, citam-se abaixo seus principais objetivos, visando a um enfoque no planejamento e no gerenciamento dos custos:

- Analisar a viabilidade do empreendimento;
- Planejar os investimentos;
- Prever os custos de um empreendimento (custos diretos e indiretos);
- Subsidiar a formação do preço de venda;
- Gerenciar e controlar os desembolsos ao longo do tempo e do espaço;
- Avaliar e fornecer o desempenho dos custos.

O ponto de partida de um novo empreendimento consiste em estudo de viabilidade; é imprescindível analisar se o projeto é viável. Além do mais, é necessário elaborar um estudo de planejamento técnico e financeiro do empreendimento. Depois dessa fase, é preciso elaborar um orçamento condizente com a realidade da execução prevista. É de grande responsabilidade profissional a preparação correta de um orçamento, tendo em vista o aumento da competitividade na Construção Civil. No entanto, não basta saber apenas elaborar o orçamento, mas também desenvolvê-lo em período exequível através de métodos atuais de execução, com preços competitivos.

A elaboração de uma programação física e financeira do empreendimento deve ser seguida como um princípio norteador do empreendimento, sendo que a programação precisa ser conferida com a realidade do período de execução. A mensuração do desempenho dos custos ao final de um empreendimento é fundamental para um planejamento empresarial a médio e longo a prazoem que se vise um resultado financeiro positivo. Além disso, é preciso destacar que esse desempenho somente poderá ser obtido através do comparativo entre os custos previstos e os custos realmente executados.

Etapas da Engenharia de Custos

A engenharia de custos de empreendimentos tem evoluído conforme o desenvolvimento do mercado da Construção Civil e possui um enfoque no controle e na administração total dos custos: desde a sua formação até a suafinalização e avaliação dos custos previstos (DIAS, 2011). Com o objetivo de obter esse controle total, a engenharia de custos é formada por quatro etapas principais, conforme se apresenta na Figura a seguir:

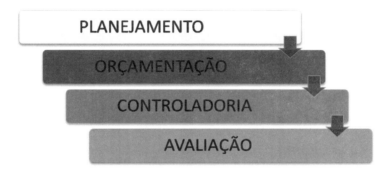

Figura 9.1: As quatro etapas da engenharia de custos.[1]

O desenvolvimento das quatro etapas da engenharia de custos é essencial para obtenção de um resultado positivo ao final da construção de um empreendimento. É necessário seguir a delimitação e a ordem cronológica dos processos para obtenção do controle total dos custos envolvidos. Nos tópicos a seguir, a fim de uma compreensão mais apropriada, apresenta-se, individualmente, cada uma dessas etapas.

PLANEJAMENTO

Um bom planejamento é vital para o sucesso de um empreendimento na Construção Civil, pois contribui para as tomadas de decisões acertadas, objetivando a viabilidade econômica do empreendimento. Por outro lado, o planejamento técnico é responsável pelos estudos e pela previsão da execução da obra, objetivando prever os modelos, os métodos construtivos e as tecnologias que serão utilizados no período da execução; isso tudo a fim de que se elabore um orçamento real dos custos envolvidos no empreendimento. Um bom planejamento financeiro e técnico do empreendimento deve ser o guia desde o nascimento até a entrega final do empreendimento; assim, garantindo o sucesso econômico dos empreendimentos.

---

[1] Fonte: Dados produzidos pelo autor (2012).

Planejamento Financeiro

O planejamento financeiro de um empreendimento é a base para garantir que o projeto se sustente e que ele seja comercializado de forma a assegurar o melhor retorno dos investimentos. Obviamente, nem sempre o profissional da engenharia de custos estará envolvido nesta etapa; todavia, ele deve ser conhecedor de tudo que tange aos recursos financeiros e aos custos envolvidos em um empreendimento; o engenheiro deve ter uma visão macroeconômica do empreendimento que está orçando. Nessa etapa, devem ser estudadas as necessidades do mercado: os desejos do consumidor final e suas expectativas em relação aos empreendimentos imobiliários que serão lançados. Com a variação dos anseios dos consumidores, é importante conhecer seus desejos e desenvolver projetos voltados para a satisfação de um público alvo especifico, mantendo a viabilidade econômica desses projetos.

É de suma importância a elaboração de um estudo com estimativas de entrada das receitas, podendo ser capital próprio, ou através de vendas e estimativas de custos baseados em um anteprojeto ou em um projeto definitivo. Elaborar a previsão de um fluxo de caixa durante o período de execução da obra também é fundamental para nortear a gerência dos custos de um empreendimento. Esse tipo de planejamento permite uma programação antecipada com o intuito de prever quais serão os períodos em que haverá a maior quantidade de entrada de receitas e em que acontecerão os maiores desembolsos.

Planejamento Técnico

O planejamento técnico é fundamental para a manutenção dos custos dos empreendimentos, porque ele dita os acontecimentos durante a execução de uma obra. É a etapa em que se elabora uma programação antecipada da produção da obra através de estudos preliminares dos projetos, memoriais e especificações técnicas. Todos os documentos referentes à obra devem estar bem claros para o profissional da engenharia de custos. É uma etapa de grande relevância, pois nela se trabalha com a virtualidade, imaginando como serão desenvolvidos os métodos construtivos, a execução da obra propriamente dita e a logística de materiais da obra e mão de obra (ISAIA, 2010).

O planejamento da obra é um dos principais aspectos do gerenciamento: conjunto de amplo espectro, que também envolve o orçamento, as compras, a gestão de pessoas, as comunicações, etc. Ao planejar, o gerente dota a obra de uma ferramenta importante para priorizar suas ações, acompanhar o andamento dos serviços, comparar o estágio da obra com a linha de base referencial e tomar providências em tempo hábil quando algum desvio é detectado (MATTOS 2010).

O planejamento da construção consiste na organização para a execução e inclui a estimativa do orçamento e a programação da obra (cronograma). O orçamento estimado contribui para a compreensão das questões econômicas e a programação é relacionada com a distribuição das atividades no tempo. Em função da variabilidade do setor, é importante realizar o planejamento do empreendimento em níveis de detalhamento diferentes, considerando horizontes de longo, médio e curto prazo.

O planejamento técnico é fundamental para nortear corretamente a execução do empreendimento, visando a garantir o lucro previsto no início do projeto até a entrega final da obra. Para que isso ocorra, é essencial a integralização das pessoas e dos setores envolvidos no empreendimento, para que se foque nos objetivos comuns entre todos. Deve-se haver uma constante comunicação, através de reuniões entre os projetistas, orçamentistas, executores e a administração dos empreendimentos para que se tenha um conhecimento mais detalhado das soluções adotadaspor cada profissional, visando à integração dos processos através de um raciocínio mútuo entre os profissionais envolvidos.

Enfim, por mais simples que seja o empreendimento, o planejamento é uma etapa vital para a obtenção do sucesso dos projetos. O planejamento financeiro e técnico deve ser utilizado para orientar os processos durante o desenvolvimento do empreendimento. Assim sendo, é uma etapa que demanda tempo; contudo, se utilizado corretamente, esse tempo do planejamento pode resultar em um menor tempo de execução da obra. Durante a fase de planejamento, é fundamental a integração de todos os profissionais e setores envolvidos no empreendimento para que se tenha a racionalização dos processos em todas as áreas de forma integrada. A Figura a seguir apresenta a esquematização da integração dos setores, tendo como foco principal o planejamento.

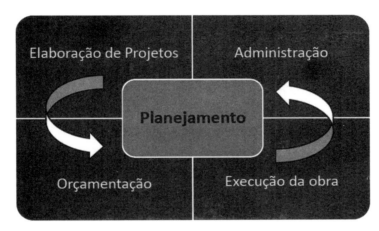

Figura 9.2: Integração dos setores tendo como objetivo central o planejamento.[2]

ORÇAMENTOS E ORÇAMENTAÇÃO

Orçamentos

O orçamento de uma obra pode ser definido, simplesmente, como uma previsão do custo de uma obra. No entanto, devido às inúmeras variáveis envolvidas na elaboração de um orçamento, este se tornaum documento de alta complexidade. Mattos (2006) relata que a técnica orçamentária envolve identificação, descrição, quantificação, análise e valorização de uma grande série de itens; o que requer, portanto, muita atenção e habilidade técnica. O custo total de uma obra é o valor correspondente à soma de todos os gastos necessários para sua execução. A grande dificuldade está em mensurar e levar para o papel todas as variações do período de construção da obra (desde que elas impactem o valor final do orçamento). Uma vez que se minoram essas variáveis, o valor da obra não é suficiente para cobrir todos os custos; por outro lado, se há uma majoração dessas variáveis, o valor final do orçamento pode ficar fora do preço praticado pelo mercado. Sem dúvida, a precisão na orçamentação de obras ainda é um grande desafio aos profissionais da engenharia de custos. Ainda

---

[2] Fonte: Dados produzidos pelo autor (2012).

184 Gerenciamento de Obras, Qualidade e Desempenho da Construção

conforme Mattos (2006), um dos fatores primordiais para um resultado lucrativo (e o consequente sucesso do construtor) é uma orçamentação eficiente. Quando o orçamento é realizado de maneira precária, fatalmente ocorrem imperfeições e possíveis frustrações de custo e prazo. Aliás, geralmente, erra-se para menos, mas errar para mais não é assim tão positivo.

A constante evolução do setor na Construção Civil, impulsionada pelo desenvolvimento do País, tem gerado inúmeras oportunidades para novos empreendimentos de construção civil. Porém, esse crescimento tem afetado a elaboração dos estudos de engenharia de custos, uma vez que as empresas estão abolindo a orçamentação de obras e praticando diretamente os preços estabelecidos pelo mercado (SILVA 2010). Nesse caso, a empresa precisa gerenciar seus custos para manter a possibilidade de lucro.Dessa maneira, salienta-se que, de qualquer forma, o orçamento deve ser executado antes do início da obra, possibilitando o estudo eo planejamento, os quais são bastante úteis para o controle da obra.

Orçar uma obra ou um empreendimento consiste em calcular o custo do modo mais detalhado e preciso possível, para que ele seja o mais próximo do real; e esse cálculo deve possuir uma base referenciada nos projetos, nas visitas técnicas e através de memoriais descritivos e de especificações(ISAIA, 2010).

Principais objetivos do orçamento

A orçamentação de qualquer obra deve ter como objetivo final prever o custo de uma obra e torná-lo o mais próximo dos custos que serão praticados na execução. Abaixo, apresentam-se, especificadamente, os principais objetivos da orçamentação na Construção Civil. (ISAIA, 2010), (MATTOS,2006), (TISAKA, 2006):

- Conhecer previamente os custos de uma obra;
- Definir os custos de cada trabalho previsto nos projetos (materiais, mão de obra e insumos);
- Documentara base para faturamento em contrato de construção;
- Documentar a elaboração dos cronogramas físico-financeiros, de mão de obra, de equipamentos, etc.;
- Instrumentalizaraautoavaliação da empresa construtora (retroalimentação, custo orçado x custo realizado);
- Registrar o documento base para futuros orçamentos.

Atributos e Enfoques dos Orçamentos

Conforme Mattos(2006), os orçamentos de obras possuem alguns atributos específicos em relação aos demais estudos orçamentários de outras áreas:

- Aproximação: orçamentos são aproximados, pois é uma estimativa. Não são exatos, mas devem ser precisos;
- Especificidade: o orçamento é um documento único para cada obra; um mesmo orçamento em outra cidade sofre alterações;
- Temporalidade: o orçamento é valido por um determinado período de tempo. Os preços dos insumos sofrem constantes atualizações.

A elaboração de um bom orçamento depende primeiramente do conhecimento técnico do orçamentista, ou seja, quanto mais se conhece aquilo que se orça, menores são as chances de errar. O conhecimento prático em execução de obras pode ser uma qualidade diferencial que auxilia na produção dos orçamentos, uma vez que o orçamento é uma previsão dos processos de construção no canteiro de obras. Além disso, a utilização de critérios técnicos e normas são fundamentais para auxiliarem na orçamentação. A seguir, listam-se algumas premissas que se julgam necessárias para a elaboração de um bom orçamento de obra (ISAIA, 2010).

- Projetos executivos detalhados e reais para evitar distorções entre programado e realizado;
- Memoriais descritivos e de especificações bem elaborados;
- Análise detalhada dos projetos para bom entendimento de todas as suas características;
- "Leitura casada" entre partes gráficas e escrita;
- Ter uma vivência prática em canteiros de obras;
- Conhecer questões administrativas, de compras, financeiras, parâmetros tributários,etc;
- Planejamento prévio da construção: esquemas construtivos, tipos de equipamentos (elevadores, transportes), etc.

De acordo com Mattos (2006), os orçamentos podem ser elaborados através de diferentes níveis de precisão, que são denominados de graus do orçamento, podendo ser apenas uma estimativa de custo ou um orçamento detalhado. Na estimativa, não há exatidão; eles significam um levantamento rápido que dá ideia dos custos envolvidos no empreendimento. O orçamento analítico ou detalhado tem um grau de precisão mais elevado, denominado de orçamento detalhado ou analítico, pois esse deve ser o mais exato possível;nesse tipo, levantam--se especificadamente todos os insumos de materiais e mão de obra pra a execução.

Estimativas de Custos

A estimativa de custos também pode ser denominada de orçamento sumário, o qual representa orçamentos rápidos que servem para mensurar os custos de um empreendimento. De uma forma geral, são elaborados com os estudos preliminares, ou seja, ainda na fase de planejamento; e se caracterizam pelo baixo custo de execução e por serem aproximados.

Modalidades de orçamentos sumários

Os orçamentos sumários são metodologias práticas e rápidas para estimar os custos envolvidos em um empreendimento. Dentre as formas de estimativas, citam-se, a seguir, as mais comuns.

- Por área de construção;
- Por volume de construção;
- Por estimativa de custos dos serviços;
- Por estimativa pelo CUB (NBR 12721).

Estimativa de custo pelo CUB e pela NBR 12.721

A NBR 12721/2006 (avaliação de custos unitários e preparo de orçamentos de construção para incorporação de edifício em condomínio), que substituiu a NBR 12721/1999 e a NB 140/1965, define os critérios para orçamentos de obras em condomínio. Através dessa norma, emprega-se o CUB (custo unitário básico) para determinar o custo estimado da obra, através de ponderações, de acordo com as características do prédio. A finalidade do método proposto na norma é o detalhamento do prédio para o registro em cartório, garantindo a condôminos e a construtores um parâmetro de controle para a obra a ser executada e facilitando a discussão de eventuais alterações que possam ocorrer durante a obra. A norma brasileira define os critérios para a descrição das unidades e para o orçamento na incorporação de edificações em condomínio.

A norma possui uma metodologia de cálculo que permite a obtenção dos custos de cada unidade autônoma a partir de anteprojetos da edificação a ser incorporada. Através dela, também são definidos dimensões e detalhes de acabamento das partes de uso comum e de uso privativo que compõem a obra. Antes da incorporação se iniciar, determina-se a estimativa do custo global da obra, bem como de cada unidade autônoma. Esse processo é realizado através dos "custos unitários básicos", elementos padronizados de custo, calculados mensalmente pelos Sindicatos estaduais da Construção Civil. Em um segundo momento, após a incorporação, deve ser realizado um orçamento discriminado de construção, tendo como base composições de custo correntes (publicadas em livros ou revistas) ou homologadas pelos Sindicatos.

Orçamento Analítico

Introdução e definições

Os orçamentos analíticos, conhecidos também como detalhados, são aqueles compostos por uma listagem dos serviços necessários para a execução de uma obra. O orçamento analítico constitui a maneira mais detalhada e precisa de se prever o custo da obra. Ele é efetuado a partir de composições de custos e cuidadosa pesquisa de preços dos insumos e procura chegar a um valor bem próximo do custo real. (MATTOS, 2006). Em princípio, só podem ser realizados após a conclusão do projeto, com as discriminações técnicas, memoriais, projetos gráficos (arquitetônico, estrutural, hidráulico, elétrico e outros) e detalhamentos; ou seja, quando todas as definições necessárias já foram efetuadas pelos projetistas. Não existem orçamentos "exatos", pois a quantidade de informações e de variáveis a ser gerenciada é grande e a Construção Civil apresenta muita variabilidade.

O orçamento analítico de uma obra é a relação dos serviços a serem executados, com as respectivas quantidades e com seus preços. A discriminação orçamentária auxilia na montagem da lista dos itens a serem considerados. Já as quantidades a serem executadas são medidas seguindo um determinado conjunto de critérios de medição, e os preços unitários são obtidos em publicações ou calculados em "softwares" específicos de acordo com fórmulas próprias, ou seja, as composições de preços de serviços. Nas composições de custos, já estão considerados todos os materiais e equipamentos necessários, bem como a mão de obra, com preços que levam em conta transporte, aluguel, leis sociais e outros acréscimos. A soma dos produtos de cada quantidade por seu preço unitário correspondente fornece o custo total direto da obra, basicamente composto pelos custos de canteiro.

Também devem ser consideradas outras despesas, relacionadas direta ou indiretamente com a obra, tais como: custos administrativos ou financeiros. A taxa de BDI (Benefícios e Despesas Indiretas) busca acrescentar o lucro desejado e considerar todas as despesas não relacionadas explicitamente no orçamento. Pode-se dizer que a qualidade do orçamento discriminado depende de medições criteriosas, composições de custos adequadas, preços de mercado e um bom sistema informatizado.

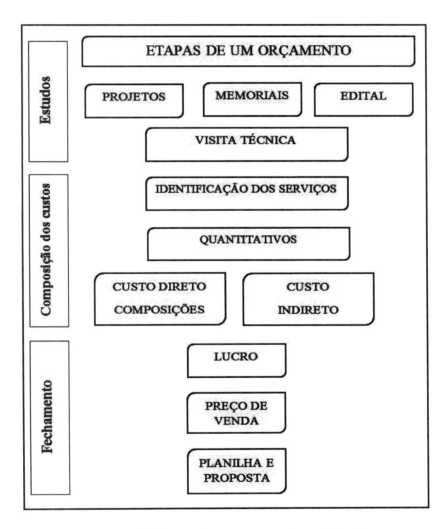

Figura 9.3: Etapas de um orçamento analítico.[3]

Roteiro para elaboração de um orçamento analítico

Para elaboração de um bom orçamento, é necessário estabelecer uma organização de modo a roteirizar a confecção dos orçamentos. Dessa forma, a sistematização do orçamento facilita o seu cálculo. Apresenta-se abaixo um roteiro sistemático para elaboração de um orçamento em quatro etapas:

---

[3] Fonte: (MATTOS, 2006).

Gerenciamento de Obras, Qualidade e Desempenho da Construção

- 1º Levantamento dos serviços a serem executados – elaboração da discriminação orçamentária;
- 2º Quantificação dos serviços e análise dos critérios de medição;
- 3º Composições unitárias de custo- preços unitários;
- 4º Cálculo do orçamento e formatação.

A Figura a seguir apresenta a localização de cada etapa dentro de um orçamento analítico.

ORÇAMENTO ANALÍTICO – DISCRIMINAÇÃO ORÇAMENTÁRIA

Item	Discriminação dos serviços	Quant.	Um.	Preços Unitários R$			Preço do serviço R$	Total do item R$
				Material	Mão Obra	Total Unit.		
1	SERVIÇOS INICIAIS							
1.1	Serviços técnicos							
1.1.1	Projetos	8%	O.S					
1.1.2	Orçamento e cronograma	1	CUB					
1.2	Serviços preliminares							
1.2.1	Cópias dos projetos		verba					
1.2.2	Despesas legais		verba.					
1.3	Instalações provisórias							
1.3.1	Tapume		m²					
1.3.2	Barracão	20	m²					
1.3.3	Placa da obra	2	m²					
1.3.4	Andaimes de madeira	0,3%	O.S.					
1.3.5	Instalação de água fria	2	ponto					
1.3.6	Instalação de esgoto sanitário	2	ponto					
1.3.7	Instalação de energia – força	3	ponto					
1.3.8	Instalação de energia – luz	3	ponto					
1.3.9	Locação da obra		m²					
1.4	Máquinas e ferramentas	1,5	CUB					
1.5	Administração da obra e despesas gerais							
1.5.1	Engenheiro responsável técnico	12	mês					
1.5.2	Mestre da obra	12	mês					
1.5.3	Vigilância (0,5 SM/mês)	12	mês					
1.5.4	Consumos diversos (1,5 SM/mês)	12	mês					
1.5.5	Equipamentos de segurança (0,5 SM/mês)	12	mês					

Figura 9.4: etapas de um orçamento analítico.[4]

1. Levantamento dos serviços a serem executados – elaboração da discriminação orçamentária

O cálculo do custo de uma obra deve ser realizado dividindo-a em partes, de modo que todos os serviços sejam agrupados por tipos ou etapas de execução. Em cada uma das etapas, devem ser identificados os serviços e quantificados os respectivos valores numéricos. A discriminação orçamentária descreve todos os serviços técnicos para elaboração de planejamento, projetos, fiscalização e condução de construções, destinadas a edificações públicas ou privadas, residenciais, comerciais, industriais ou agrícolas. Ela ainda deve abranger os serviços técnicos das quatro fases de uma edificação: estudos preliminares, projeto, construção e recebimento.

---

[4] Fonte: (ISAIA, 2012).

A NBR 12722 é ferramenta de auxílio para elaboração da discriminação orçamentária, pois ela apresenta todos os serviços existentes para execução de uma edificação, detalhando cada serviço, em ordem cronológica dos acontecimentos no canteiro de obras. A NBR 12721/2007, no anexo B, página 49, também fornece a classificação e a discriminação de todos os serviços que podem ocorrer na construção de uma edificação. Tem como objetivo sistematizar o roteiro a ser seguido na elaboração de orçamentos para que não seja omitido nenhum serviço dos projetos.

2. Quantificações dos serviços levantados

Após a compilação das relações de serviços a serem executados, é necessário medir quanto deve ser feito de cada um. A medição em planta é simples, para a maioria dos elementos construtivos. Os critérios para a medição geralmente buscam ao máximo a correspondência com as medidas reais. Alguns serviços, contudo, escapam a esse critério e são relacionados com a forma tradicional de aquisição dos materiais ou de contratação dos serviços. A etapa de levantamento de quantidades (ou quantitativos) é uma das que, intelectualmente, mais exige do orçamentista, porque demanda leitura de projeto, cálculos de áreas e volumes, consulta a tabelas de engenharia, tabulação de números, etc. A quantificação dos diversos materiais (ou levantamento de quantidades) de um determinado serviço deve ser feita com base em desenhos fornecidos pelo projetista, considerando-se as dimensões especificadas e suas características técnicas.

A quantificação dos serviços é um trabalho minucioso, cujo intento é chegar a valores dos quantitativos de serviços, o mais próximo possível do correto. Assim, é um trabalho metódico e exige a elaboração de uma memória de cálculo, pois, se houver dúvida sobre a quantificação de um dado serviço, é preciso que se possa averiguar e recuperar dados sem necessidade de recálculos. Se o trabalho for realizado de modo aleatório, provavelmente nem mesmo a realização de todos os recálculos possíveis levarão ao mesmo resultado.

Critério de medição é a descrição literal da forma como um serviço é medido no projeto, isto é, o modo como o orçamentista busca os dados nas pranchas e os transforma em quantitativo do serviço correspondente. Assim, para cada serviço discriminado, deve-se verificar qual o critério de medição adequado para a composição a ser utilizada. As peças de concreto, os pisos e forros são medidos por sua área real, por exemplo. Já as esquadrias de madeira são medidas em unidades e as metálicas por área. As pinturas e os revestimentos, internos e externos, devem ser medidos de acordo com a área das peças a que se adaptam, por área. Porém, existem casos mais complexos, como as medições de escavações e de alvenarias. Como não existe até o momento nenhuma norma que estabeleça critérios de medições, cabe ao orçamentista escolher qual método mais apropriado para a elaboração de seu orçamento.

3. Composições unitárias de custo

As composições unitárias de custos são as "fórmulas" de cálculo dos custos unitários nos orçamentos discriminados. Cada composição consiste das quantidades individuais do grupo de insumos (material, mão de obra e equipamentos) necessários para a execução de uma unidade de um serviço.(ISAIA 2010). Representa o valor do custo da unidade do serviço discriminado (por m, por m^2, por m^2, por kg, por dm^2, etc.), sendo calculado a partir de coeficientes unitários dos diversos materiais, insumos, mão de obra, ferramentas e equipamentos necessários para a realização do referido serviço. São determinados a partir de fichas de custos unitários, conforme se apresenta no quadro abaixo.

190 Gerenciamento de Obras, Qualidade e Desempenho da Construção

COMPOSIÇÃO DO CUSTO UNITÁRIO					Código:	2.3
					Unidade:	m3
INFRA-ESTRUTURA					Data:	
Concretagem de blocos e vigas de fundação					R$	**709,26**
Discriminação	Coef.	Unid.	PREÇO UNITÁRIO		Custo do Mat.	Custo da MO
			Mat.	M.O.		
Concreto usinado fck 25 MPA	1,00	m3	282,50	-	282,50	-
Ferro CA-25 - 1/2" cód. 10.2.3	60,00	Kg	3,00	-	180,00	-
Formas de madeira - cód. 10.2.4	8,00	m2	14,21	-	113,68	-
Pedreiro	2,00	h	-	10,76	-	21,52
Servente	5,00	h	-	7,37	-	36,85
						58,37
Ferramental: 5% da M.O.						2,92
Legislação Social:123% da M.O.						71,80
				Total	576,18	133,08

Quadro 9.1: Composição unitária de custo de concretagem.[5]

Nos coeficientes dos materiais, devem ser levadas em conta as perdas ou quebras que variam para cada tipo de material ou forma de manuseio. Em geral, as perdas giram de 5 a 10%, adotando-se os coeficientes 1,05 ou 1,10 na coluna de quantidades. Para a mão de obra, deve-se considerar a produtividade média durante determinado período, levando-se em conta as perdas de tempo para transportes, deslocamentos, necessidades pessoais, etc. Existem publicações que fornecem esses coeficientes; conforme se lista abaixo, cabe ao orçamentista escolher a sua metodologia de trabalho.

- TCPO – Tabela de composições de preços para orçamentos, (TCPO, 2013);
- Manuais ou cadernos de encargos;
- "Software" de orçamentos;
- Sinapi;
- Por determinação direta, através e cronometragem;
- -Por informações obtidas junto a profissionais.

4. Cálculo do orçamento

Com os quantitativos e os custos unitários, calculam-se os preços totais de cada serviço e os subtotais de cada item da discriminação orçamentária. O somatório de todos os itens fornece o preço de custo total. É recomendável que se obtenha separadamente o custo direto total, para que se tenha ideia de quanto se irá despender efetivamente para a implementação da construção, principalmente para efeito de programação interna da empresa (MATTOS, 2006).

---

[5] Fonte: Dados produzidos pelo autor (2012).

Se o orçamento é elaborado por computador, a partir de planilhas eletrônicas ou programas específicos, é possível obter várias modalidades de relatórios de saída (orçamento por serviço, mão de obra, relação de materiais, curva ABC, etc.). A apresentação do orçamento para o cliente final e os preços unitários devem englobar os custos indiretos (BDI), o que é facilmente obtido pelo programa computacional.O fechamento do valor final do preço da construção depende da finalidade do orçamento:

- para fins próprios da empresa;
- para terceiros – obras particulares;
- para terceiros – licitações públicas, privadas.

O objetivo do orçamento analítico é a obtenção dos custos diretos da construção. O orçamento é uma fotografia instantânea que requer monitoramento durante a execução da obra. As revisões do orçamento dependem das variações de preços e dos prazos acertados, alterações das especificações, supressão ou inclusão de serviços, etc. Os preços unitários devem ser revisados, caso os coeficientes verificados durante o andamento da obra tenham alterações substanciais tais como: modificações da produtividade da mão de obra, alterações da margem de perdas, não cumprimento de tolerâncias geométricas, etc. (ISAIA, 2010).

Preço de Venda na Construção Civil

A formação do preço de venda da Contrução Civil consiste do somatório de todos os custos envolvidos no empreendimento mais o lucro esperado. Assim, de acordo com Dias (2011), somam-se os custos diretos com os custos indiretos e o lucro; obtendo, assim, o preço de venda. A parcela correspondente ao custo indireto e ao lucro também é denominada BDI, que será abordada nos tópicos a seguir. Dessa forma, apresenta-se, na Figura a seguir, o formação do preço de venda.

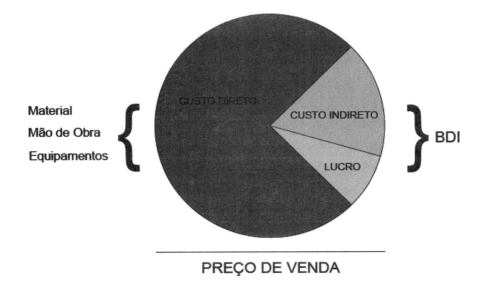

Figura 9.5: Formação do preço de venda na Construção Civil.[6]

---

[6] Fonte: Dados produzidos pelo autor (2012).

Os custos diretos são compostos pelos insumos utilizados na produção como material, mão de obra, equipamentos e consumos do canteiro de obra. Os custos indiretos são compostos pelas despesas ficais, custos financeiros, custos de comercialização e de administração central. O lucro é váriavel, dependendo do porte da obra, tamanho da empresa e também da conjuntura econômica.

BDI - Benefícios e Despesas Indiretas

O BDI é a parcela correspondente ao somatório do custos indiretos e do lucro, denominado neste caso de bonificação. O BDI, juntamente com os custos diretos, compõem o preço de venda dos produtos de construção civil. O BDI é composto pelos custos de administração central, custos financeiros, custos fiscais, entre outros custos que não estão relacionados diretamente com a produção; e nele ainda devem constar a parcela do resultado ouo lucro esperado pela empresa (ISAIA, 2010), (DIAS, 2011) (MATTOS, 2006).

Custo indireto

Os custos indiretos são decorrentes da estrutura da obra e da empresa e não podem ser atribuídos diretamente à execução de um dado serviço.Os custos indiretos variam muito; principalmente em função do local de execução dos serviços, do tipo de obra, dos impostos incidentes e ainda das exigências do edital ou do contrato. Eles devem ser distribuídos pelos custos unitários diretos totais dos serviços na forma de percentual destes. Os custos indiretos que mais afetam a construção estão identificados a seguir; entretanto, o engenheiro de custos deve analisar em cada caso sua validade.

1. Administração central

Corresponde a todos os custos envolvidos na adminitração geral da empresa; são todas as despesas relacionadas com a sede da empresa construtora, a saber:

- Suprimento de materiais, mão de obra e equipamentos;
- Comunicação e locomoção do pessoal do escritório à obra, alimentação, hospedagem;
- Despesas administrativas: contabilidade, diretoria, oficina, depósito central, assessorias jurídicas;
- Rateio das despesas gerais do escritório central: aluguéis, manutenção e operação do escritório (máquinas e equipamentos), impostos, taxas, etc.

As despesas administrativas não podem ser generalizadas para todas as empresas e obras. Dependem do número de obras executadas ao mesmo tempo: quanto maior o número, menores as despesas indiretas em relação ao custo direto total. Dependem também do tamanho da empresa;evidentemente, empresas maiores têm custo indireto de administração central mais alto.

2. Custos fiscais

Correspondem aos custos das operações fiscais e contábeis de comercialização. Abaixo, listam-se as incidências mais comuns:

- Imposto de renda: calculado sobre o lucro real ou presumido da obra, aplicações financeiras;
- Contribuições federais: PIS, COFINS (sobre o faturamento);

- Impostos estaduais: ICMS (quando for o caso) ou de transmissões de propriedade;
- Imposto municipal: ISS, incidente sobre o faturamento da mão de obra.

3. Custos financeiros

Corresponde a todos os custos relacionados ao custo do recurso financeiro empregado no empreendimento: seja dele próprio, seja de terceiros. São variáveis e dependem do capital de giro da empresa, das condições contratuais, do cronograma, das modalidades de pagamento. São os custos que influem no fluxo de caixa da empresa. Alguns tópicos a considerar:

- Desembolsos efetivos em relação ao recebimentos das faturas;
- Atrasos no recebimento de faturas;
- Custo de compra ede custo de estocagem (capital imobilizado);
- Financiamento para o fluxo de caixa (bancos, financeiras);
- Provisão para eventuais multas.

4. Custos comerciais

São os custos decorrentes das atividades de venda e de comercialização dos empreendimentos. Conforme se lista abaixo, os custos mais corriqueiros:

- Viagens ao local da obra;
- Montagem de "stands" de venda;
- Publicidade, "marketing";
- Corretagem.

Bonificação ou lucro

É a remuneração do empreendimento e do risco financeiro envolvindo no investimento, sendo muito variável e inversamente proporcional ao valor da obra. Os lucros são muito variáveis e dependem de diversos fatores; dentre eles, citam-se:

- Tipo e porte da obra (obra nova, reforma);
- Situação financeira da empresa;
- Conjuntura econômica do País;
- Mercado local e regional.

Observa-se que a conjuntura econômica é a variavel que mais tem influenciado no lucro dos empreendimentos atualmente. Com uma economia estabilizada e com políticas de incentivo ao desenvolvimento do setor da Construção Civil, praticam-se lucros mais elevados. Em tempos de recesso econômico, as margens de lucro são diminuídas para que possa haver fluxo de vendas. Com isso, pode-se observar que o preço de venda na Construção Civil é regulado pela lei da oferta e demanda: quando existe uma grande demanda de empreendimentos imobiliários, os preço e os lucros consequentemente tendem a aumentar.

Em suma, o BDI é um percentual que se aplica ao custo direto, somente após o cálculodopreçodevenda, sendo que, no cálculo do preço de venda, devem-se levantar todos os custos diretos e indiretos do empreendimento. Existem inúmeras metodologias de cálculo do BDI na literatura, no entanto deve o orçamentista adotar aquela que melhr condiz com a realidade de seus projetos. Em obras de grande porte, as despesas com BDI podem ser tão pequenas quanto 5% e em obras pequenas e complexas chegar a 50%. Para obras correntes, o BDI gira em torno de 25 a 35%, sendo 30% um número bastante frequente nos orçamentos.Deve-se considerar que os valores de BDI mencionados se referem a obras executadas por empreitada, nas quais o construtor assume a execução da obra a partir de um preço global ofertado. Os pagamentos são realizados mediante medições ou por etapas definidas de serviço pronto.

CONTROLADORIA DE CUSTOS

A controladoria de custos de uma obra está diretamente relacionada com o nível de planejamento de curto e médio prazo. É importante ordenar corretamente as atividades, para que seja possível adquirir, contratar ou alugar os materiais, a mão de obra e os equipamentos necessários no momento adequado. Realizar essas atividades depois do momento significa não cumprir prazos. Realizar antes significa desperdiçar materiais Assim, o gerenciamento financeiro do empreendimento é fundamental para compatibilizar as receitas com as despesas, garantindo a viabilidade financeira da obra (DIAS 2011).Na maioria das vezes, as empresas não contamcom recursos suficientes para executar toda a obra. Se houver uma defasagem muito grande das receitas, o empreendimento se torna inviável.

A programação de obras é um trabalho bastante criterioso, pois são necessários conhecimentos profundos sobre o projeto, os métodos construtivos, a produtividade da mão de obra, os recursos financeiros disponíveis, os materiais e os fornecedores que serão parceiros, entre outras variáveis de microeconomia e macroeconomia. O trabalho de programação de obras deve ser realizado inicialmente com base nos dados do orçamento analítico. Busca-se uma distribuição de recursos humanos e financeiros de forma otimizada, objetivando o cumprimento de prazos e minimização dos custos.

O Cronograma Físico-Financeiro

Cronograma físico-financeiro é o planejamento da execução dos serviços que compõem uma obra ou serviço, definindo a ordem de sucessão em que serão executados, em função dos prazos acertados e dos custos constantes do orçamento. O cronograma físico implica o cronograma de compra dos materiais, a mobilização de mão de obra e equipamentos necessários para a execução dos serviços. O cronograma financeiro traduz os valores necessários que deverão ser aportados para a execução de cada uma das tarefas previstas no cronograma físico. Os elementos necessários para a elaboração do cronograma são: orçamento analítico e prazo de execução da construção.

Gráfico de barras – diagrama de Gantt

O principal cronograma e o de maior utilização é o cronograma elaborado como o diagrama de Gantt. É um procedimento intuitivo de acompanhamento de obra, consistindo na distribuição gráfica das etapas da obra ao longo do tempo. Assim, no diagrama, as colunas determinam a descrição dos serviços e a sua duração. Nas linhas horizontais, apresentam-se as barras, que são proporcionais à duração de cada serviço. A Figura a seguir apresenta o modelo de gráfico seguindo o Diarama de Gantt.

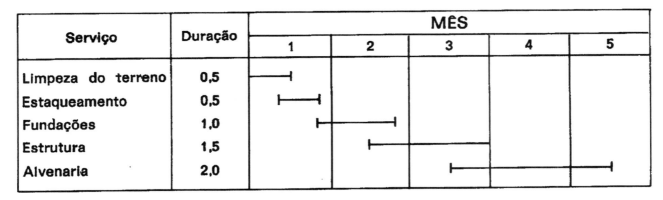

Figura 9.6: Cronograma modelo do diagrama de Gannt.[7]

Sequência para elaboração de um cronograma

A elaboração de um cronograma é uma atividade gerencial. A sua elaboração deve ser sistematiza visando a facilitar o desenvolvimento. A seguir, apresenta-se uma metodologia de elaboração dos cronogramas.

- Estabelece-se o número de períodos em função do prazo total (em meses, semanas, dias);
- Estabelece-se a discriminação das tarefas que compõem a obra, a partir da discriminação orçamentária;
- Determina-se o tempo de duração de cada tarefa em função das quantidades de serviço do orçamento e da produtividade. Este tempo será função da equipe de operários que irá executar a tarefa. Deve-se adicionar o tempo não trabalhado (domingos, feriados, chuva, etc.), porque o cronograma é em tempo corrido;
- Lançamento das tarefas no gráfico em ordem cronológica;
- Lançamentona coluna do total o valor total da tarefa;
- Fazer a distribuição do valor financeiro nos períodos correspondentes;
- Fazer o somatório vertical para cálculo do desembolso em cada período, assim como o desembolso acumulado;

---

[7] Fonte: (ISAIA, 2010).

196 **Gerenciamento de Obras, Qualidade e Desempenho da Construção**

- Verificação do cronograma: os totais mensais devem variar segundo curva semelhante à de Gauss; meses iniciais e finais com valores menores e os centrais com valores maiores. Os valores entre os meses subsequentes não devem variar muito (< 15%);

- Acompanhamento do cronograma.

O quadro a seguir apresenta um modelo de cronograma físico-financeiro.

Discriminação dos Serviços	Valor das Obras e Serviços R$	MESES							
		Mês 1	Mês 2	Mês 3	Mês 4	Mês 5	Mês 6	Mês 7	Mês 8
SERVIÇOS INICIAIS	49.822,03	34%	9,50%	9,50%	9,50%	9,50%	9,50%	9,50%	9,50%
		R$ 16.690,38	4.733,09	4.733,09	4.733,09	4.733,09	4.733,09	4.733,09	4.733,09
INFRAESTRUT. E OBRAS COMPL.	9.480,00		100%						
			9.480,00						
SUPRA ESTRUTURA	19.875,00		30%	40%	30%				
			5.962,50	7.950,00	5.962,50				
PAREDES E PAINÉIS	16.897,00			50%	50%	-			
				8.448,50	8.448,50				
COBERTURAS E PROTEÇÕES	15.876,00					100%	-		
						15.876,00			
REVESTIMENTOS, FORROS	23.590,00				25%	25%	30%	10%	10%
					5.897,50	5.897,50	7.077,00	2.359,00	2.359,00
PAVIMENT. SOLEIRAS E RODAPÉS	15.430,00				30%			50%	20%
					4.629,00			7.715,00	3.086,00
INSTALAÇÕES E APARELHOS	18.560,00	10%			-	30%	50%	10%	-
		1.856,00				5.568,00	9.280,00	1.856,00	
COMPLEMENTAÇÃO DA OBRA	3.250,00								100%
									3.250,00
Totais	**172.780,03**	**18.546,38**	**20.175,59**	**21.131,59**	**29.670,59**	**32.074,59**	**21.090,09**	**16.663,09**	**13.428,09**
Totais acumulados		18.546,38	38.721,97	59.853,57	89.524,16	121.598,75	142.688,84	159.351,94	172.780,03

Quadro 9.2 - Exemplo de um fluxo de caixa.[8]

Observações importantes sobre cronogramas

Com o intuito de facilitar a elaboração dos cronogramas, citam-se algumas observações importantes a serem consideradas:

- Os comprimentos das barras são proporcionais às durações de cada serviço;

- As disposições dos serviços obedecem a critérios de cada uma das tarefas, tais como:

  ♦ Serviços que só podem ser iniciados após o início de outro;

  ♦ Serviços que só podem ser terminados após o término de outro;

  ♦ Serviços que só podem ser iniciados após o término de outro.

A elaboração de um bom cronograma é fundamental para o controle físico e financeiro dos empreendimentos. No entanto, esse cronograma deve ser um instrumento de acompanhamento da obra, para que seja feita a comparação entre o planejado e o executado. Cabe ressaltar ovalor de observar detalhes importantes com a

---

[8] Fonte: Dados produzidos pelo autor (2012).

sequência de montagem e a ordem cronológica da execução física da obra. Sendo assim, o cronograma deve dar a direção dos acontecimentos durante a execução e o perfeito cálculo dos desembolsos no período de apuração.

Fluxo de Caixa

O fluxo de caixa pode ser definido como um instrumento gerencial de avaliação da saúde financeira do empreendimento, pois ele é responsável por fornecer o saldo ou déficit do caixa do empreendimento. De acordo com Dias (2011), torna-se necessário à construtora identificar em cada projeto os recursos monetários, tendo em vista adequar esse resultado ao tesouro da empresa. Dessa maneira, é importante a elaboração do fluxo de caixa da obra para identificar as receitas e os desembolsos efetivos em um determinado período, que geralmente é analisado mensalmente.

Desembolsos

Corresponde à alocação dos custos orçados na unidade de tempo correta, isto é, no período que se está pagando; em geral, de acordo com as condições estabelecidas com os fornecedores e com os contratos de subempreiteiros. O fluxo de caixa representa a previsão, o controle e o registro da movimentação dos recursos financeiros, assumindo um caráter de planejamento financeiro quando é projetado para o futuro (SANTOS E PEREIRA, 1995). Para a elaboração do fluxo de caixa, deve-se ter um cronograma físico-financeiro de modo a identificar o período correto do fluxo de:

- Pessoal e encargos sociais;
- Equipamentos próprios ou alugados;
- Materiais divididos em subgrupos;
- Subempreiteiros.

Posteriormente, identificam-se as despesas normalmente exigidas para a montagem perfeita do fluxo de caixa. Deve-se analisar a forma de medição e pagamento de cada grupamento de despesas, a fim de colocá--las no tempo exato do pagamento. Abaixo, listam-se as despesas comuns em empreendimentos imobiliários.

- Pessoal e encargos sociais;
- Equipamentos próprios;
- Equipamentos alugados de terceiros;
- Subempreiteiros;
- Materiais;
- Impostos.

Recebimentos

No caso do recebimento pelos serviços prestados, existe a entrada de receitas no fluxo de caixa. Desse modo, deve-se proceder de maneira semelhante às despesas, verificando a previsão de execução, as épocas

198 Gerenciamento de Obras, Qualidade e Desempenho da Construção

de medições e os prazos de pagamento. Listam-se a seguir as principais fontes de despesas relacionadas com os empreendimentos imobiliários:

- Recebimento de vendas à vista;
- Recebimento de vendas a prazo;
- Recursos próprios;
- Receita de investimentos.

O quadro a seguir apresenta um exemplo de um fluxo de caixa, podendo ele ter uma coluna para previsão e outra para as receitas e despesas efetivamente realizadas.

CONTAS	JANEIRO		FEVEREIRO		MARÇO		ABRIL	
	PREVISTO	REALIZADO	PREVISTO	REALIZADO	PREVISTO	REALIZADO	PREVISTO	REALIZADO
1- RECEITAS								
Vendas a vista								
Vendas a prazo								
Capital próprio								
Outras receitas								
TOTAL DE RECEITAS								
2 - DESPESAS								
Material de construção								
Consumos no canteiro								
Mão de obra própria								
Mão de obra terceirizada								
Encargos sociais								
Impostos								
Adminitração da obra								
Outros Pagamentos								
TOTAL DE DESPESAS								
SALDO INICIAL								
TOTAL DE RECEITAS (+)								
TOTAL DE DESPESAS (-)								
SALDO FINAL								

Quadro 9.3 - Exemplo de um fluxo de caixa.[9]

A elaboração do fluxo de caixa é essencial para o controle dos custos de um empreendimento, pois somente através dele é possível verificar corretamente o fluxo de entrada e saída dos recursos financeiros em um projeto. Serve como um documento de suporte nas tomadas de decisões; o saldo de caixa será o indicativo do sucesso ou fracasso do empreendimento. O fluxo de caixa é um documento derivado do cronograma físico-financeiro, tendo como objeto um melhor gerenciamento da execução e da locação dos recursos.

---

[9] Fonte: Dados produzidos pelo autor (2012).

AVALIAÇÃO DOS CUSTOS

A avaliação dos custos é a última etapa da engenharia de custos e também pouco conhecida pelos profissionais do setor da Construção Civil. No entanto, ela é fundamental para analisar o desempenho obtido pelo investimento em um empreendimento. A avaliação consiste em levantar o resultado financeiro obtido ao final de um projeto. A avaliação é o termômetro dos empreendimentos; busca-se identificar os lucros ou os prejuízos. Obviamente, sempre se tem uma previsão de lucratividade, e essa avaliação permite identificar a lucratividade efetiva. De um modo geral, são duas as formas mais corriqueiras de analisar o desempenho dos custos.

A primeira análise, e mais simples, a ser realizada para avaliação dos custos é o comparativo entre orçamento previsto no início da obra com o orçamento realmente realizado ao final da obra, para que se possa identificar se o planejamento esteve de acordo com a execução da obra. Obviamente esse acompanhamento deve ser simultâneo à execução da obra. Caso ocorram os desvios, é necessário o registro do erro para formação de um banco de dados. Assim, com os registros desses, pode-se, em um outro planejamento, buscar a solução para o problema de forma antecipada, visando à melhoria contínua.

A segunda análise a ser realizada deve ser elaborada através do retorno do investimento obtido no empreendimento. A construção de um empreendimento tem como objetivo a rentabilidade de capitais, uma vez que se faz um investimento a curto e a médio prazo durante a construção de um empreendimento. A rentabilidade do capital é necessária para que se possa reinvestir no setor, é fundamental ter no mínimo o retorno esperado no início do empreendimento. Correspondente ao risco do investimento, a rentabilidade de capitais é dada pela divisão do lucro líquido pelo investimento total realizado obtendo uma taxa de retorno ao longo do tempo. Para um empreendimento ser rentável economicamente, essa taxa deve ser maior que as oferecidas pelos juros de mercado ou planos de investimentos.

Enfim, a avaliação do desempenho dos custos é essencial para que se possam identificar as distorções entre o planejamento financeiro realizável e também para que se possam corrigir as falhas no planejamento de um novo empreendimento. Além disso, deve-se mensurar o retorno do capital investido no empreendimento, a fim de que se possa analisar a atratividade dos investimentos

CONSIDERAÇÕES FINAIS

A engenharia de custos de empreendimento é uma ciência ainda pouco difundida no setor da Construção Civil. Todavia, possui suma importância para o desenvolvimento do setor, porque é responsável pela previsão e pelo gerenciamento dos recursos financeiros que sustentam os empreendimentos. A engenharia de custos baseia-se em critérios técnicos, normas e experiências para estimar, programar, controlar e avaliar os custos envolvidos na construção de um projeto. Dentre os principais objetivos propostos pela engenharia de custos, sem dúvida, o planejamento, a gerência e a formação do preço de venda são essenciais para a manutenção da viabilidade dos projetos.

O desenvolvimento pleno das quatro etapas da engenharia de custos faz com que os empreendimentos se tornem rentáveis e ótimas opções de investimentos. O planejamento financeiro e o técnico devem estar lado a lado, objetivando a programação física de execução da obra com a alocação correta dos recursos destinados a cada serviço em um período de tempo previsto. É muito importante nesta fase ter informações confiáveis, como os projetos definitivos, memoriais descritivos e de especificações para elaboração de um bom planejamento. Nessa etapa, ainda se deve promover a comunicação entre todos os setores e profissionais envolvidos no projeto, administração, orçamentação e execução do empreendimento, de forma que todos estejam de acordo com a programação antecipada. Um bom planejamento pode minimizar os custos envolvidos na Construção Civil, ele deve ser a bússola de orientação das variáveis técnicas e financeiras dos empreendimentos.

Por outro lado, a etapa da orçamentação é a etapa de maior duração e trabalho, já que nela ocorrem o desenvolvimento das estimativas de custos e o orçamento analítico das obras. É neste ponto em que o profissional da engenharia de custos é mais exigido, pois ele deve ser um conhecedor do mercado da Construção Civil, das normas técnicas relacionadas a orçamento e da execução de obras para poder prever os custos envolvidos durante a fase de construção. A elaboração de um orçamento deve ser sistematizado, ou seja, dividido em etapas de modo que facilite a compreensão do mesmo, minimizando a possibilidade do erro. A formação do preço de venda na Construção Civil torna-se uma tarefa complexa, uma vez que devem ser levantados todos os custos diretos e indiretos envolvidos, além do acréscimo da margem de lucro estimada. O BDI é a parcela composta pelo lucro e pelos custos indiretos, os quais provêm da estrutura da empresa e da obra. O lucro, por sua vez, é a renumeração do risco do empreendimento, sendo inversamente proporcional ao porte da obra.

A etapa de controle de custos deve realizar o planejamento a curto prazo, organizando a programação física e financeira com o intuito de a subsidiar a execução da obra de maneira satisfatória. É importante organizar os fluxos de mão de obra e de material no momento exato da utilização, objetivando a otimização dos processos. A programação financeira é responsável por mensurar os recursos necessários para a execução da melhor maneira possível, controlando os desembolsos provenientes da construção. A programação ideal para um empreendimento seria a realização da execução ao menor prazo e ao menor custo possível; no entanto, a programação de obras é uma tarefa que depende de inúmeras variáveis de difícil controle que afetam diretamente os desembolsos e os prazos de uma obra. O cronograma físico-financeiro e o fluxo de caixa são documentos gerenciais que devem ser elaborados e conferidos durante o andamento da execução da obra.

A avaliação do desempenho dos custos é uma tarefa bastante significativa para o desenvolvimento da engenharia de custos de forma mais ampla. Em termos práticos, os empreendimentos devem ser lucrativos e rentáveis. A primeira análise a ser feita é a comparação entre o orçamento previsto e o realizado para calcular os lucros ou prejuízos obtidos. Uma avaliação mais aprofundada deve calcular a rentabilidade do capital investido no empreendimento para saber a remuneração do risco do investimento e verificar se haverá interesse em investir em novos empreendimentos.

O desenvolvimento pleno da engenharia de custos de empreendimento objetiva um gerenciamento fundamentado nos princípios da Engenharia, Administração e Economia, através do controle técnico e financeiro da execução de obras afim de que se produzam empreendimentos rentáveis e de sucesso.

REFERÊNCIAS BIBLIOGRÁFICAS

ABNT, ASSOCIAÇÃO BRASILEIRA DE NORMAS TÉCNICAS. NBR 12721: Avaliação de custos de construção para incorporação imobiliária e outras disposições para condomínios edifícios - Procedimento. Rio de Janeiro, 2006.

ABNT, ASSOCIAÇÃO BRASILEIRA DE NORMAS TÉCNICAS. NBR 12722: Discriminação dos serviços para construção de edifícios- Procedimento. Rio de Janeiro, 1992.

AZEVEDO, Márcio Lenin Medeiros. Apropriação de Custos na Construção Civil. Instituto Brasileiro do Desenvolvimento da Arquitetura. Acesso em 10/07/2014. Disponível em: http://www.forumdaconstrucao.com.br/conteudo.php?a=38&Cod=954.

CARDOSO, Roberto Sales. *Orçamento de obras em foco*: um novo olhar sobre a engenharia de custos. 2ª ed. São Paulo: Pini, 2011.

ISAIA, Gerado Chechella. Apostila. Disciplina de orçamento e programação de obras. Universidade Federal de Santa Maria, UFSM, 2010

MATTOS, Aldo Dórea. *Como preparar orçamentos de obras*: dicas para orçamentistas, estudos de caso, exemplos. São Paulo: Editora Pini, 2006.

MATTOS, Aldo Dórea. *Planejamento e controle de obras*. São Paulo: Editora Pini, 2010.

SILVA, João Bosco Vieira. A realidade da engenharia de custos no Brasil, Artigo. Fonte: www.ecivil net.com

TASCA, Maisson. Apostila de engenharia de custos de empreendimentos. IPOG, Santa Maria, 2012.

TISAKA, Maçahiko. *Orçamento na construção civil:* consultoria, projeto e execução. São Paulo: Pini, 2006.Equi vid et volo eaqui coreres cilicto milla comnimet, te iuntion sequatiur? Enimporae eum repreri

Capítulo 10

VIABILIDADE ECONÔMICA DE PROJETOS DE ENGENHARIA

Iuri Jadovski, MSc.

Mestre em Engenharia, Instituto de Pós-Graduação e Graduação - IPOG

email: jadovski@bol.com.br

RESUMO

Este artigo aborda o tema Viabilidade Econômica de Projetos de Engenharia, notadamente de incorporação imobiliária, apresentando revisão bibliográfica sobre o tema, discutindo desde os aspectos de Competitividade e Estratégia Empresarial, Análise do Mercado, a importância da Definição do Produto Imobiliário, bem como os aspectos a serem observados na Seleção e Análise do Terreno até o Estudo de Viabilidade propriamente dito. Também são apresentados os conceitos básicos de Matemática Financeira e Análise de Investimentos.

INTRODUÇÃO

Conforme apresentado por Balarine (2004), em pesquisa realizada com 62 empresas de construção do estado do Rio Grande do Sul, somente 38% das empresas utilizam o método do VPL e somente 33% utilizam o método da TIR para avaliação prévia dos empreendimentos. Já para o monitoramento dos resultados finais, apenas 18% das empresas utilizam o método do VPL. Além disto, a pesquisa indica que 42% das empresas já implementaram projetos cuja análise prévia de viabilidade não garantiu a cobertura da Taxa Mínima de Atratividade, principalmente com vistas a diluir custos fixos da empresa. Com relação à análise de risco, somente 32% das empresas utilizam o método de Análise de Sensibilidade.

Nota-se aí uma fonte muito grande para insucessos de empreendimentos, pois dar início a incorporações sem a devida verificação da viabilidade de implantação do empreendimento pode conduzir uma empresa até mesmo à falência.

Desta forma, o objetivo deste trabalho é fornecer um roteiro básico para a elaboração de estudo de viabilidade econômica de projetos de engenharia, notadamente de incorporação imobiliária.

COMPETITIVIDADE E ESTRATÉGIA EMPRESARIAL

Inicialmente é importante entender como a indústria da construção civil compete e formula suas estratégias, a partir das quais os concorrentes definem seus produtos, lançam empreendimentos no mercado e definem a sua forma de comercialização.

Conforme Coutinho e Ferraz (1993, p. 4 e 5), "a competitividade deve ser entendida como a capacidade da empresa de formular e implementar estratégias concorrenciais, que lhe permitam conservar, de forma duradoura, uma posição sustentável no mercado". O desempenho competitivo de uma empresa é condicionado por um conjunto de fatores, que pode ser subdividido naqueles internos à empresa; nos de natureza estrutural, pertinentes aos setores e complexos industriais; e nos de natureza sistêmica, conforme mostra o Quadro 10.1.

Os fatores internos à empresa são aqueles que estão sob sua gestão. Para empresas da construção civil, destacam-se principalmente a capacidade de inovação e a administração dos recursos humanos. Nesta indústria inovar significa principalmente atuar com novos sistemas de gestão e incorporar novas tecnologias e produtos, visando a redução de prazos e custos de obra. Já para administração dos recursos humanos são fundamentais o treinamento e a manutenção da mão de obra treinada.

Os fatores estruturais não estão inteiramente controlados pela empresa, porém estão parcialmente sob a sua área de influência, através das entidades de classe empresariais e caracterizam o ambiente competitivo, relacionado principalmente:

- às características dos mercados consumidores em termos de sua distribuição geográfica e em faixas de renda, grau de sofisticação, as formas e os custos de comercialização predominantes, e
- à concorrência, em relação às regras de condutas e estruturas empresariais com consumidores, meio ambiente e competidores.

Já os fatores sistêmicos da competitividade são aqueles que não estão sob gestão da empresa e constituem externalidades que afetam as características do ambiente competitivo. Podem ser de diversas naturezas, dentre as quais destacamos:

- macroeconômicos: taxa de câmbio, oferta de crédito e taxas de juros;
- político-institucionais: políticas tributária e tarifária e programas de governo para construção civil, tais como o PAC e o MCMV;
- infra-estruturais: disponibilidade, qualidade e custo de energia, transportes, telecomunicações e serviços tecnológicos.

Quadro 10.1[1]

Fatores Determinantes da Competitividade Industrial		
Fatores Internos à Empresa	Fatores Estruturais (setoriais)	Fatores Sistêmicos
Estratégia e Gestão	Mercado	Macroeconômicos

---

[1] (COUTINHO e FERRAZ, 1994, p. 5).

Fatores Determinantes da Competitividade Industrial		
Fatores Internos à Empresa	Fatores Estruturais (setoriais)	Fatores Sistêmicos
Capacitação para inovação	Configuração da indústria	Internacionais
Capacitação produtiva	Concorrência	Sociais
Recursos humanos		Tecnológicos
		Infraestrutura
		Fiscais e financeiros
		Políticos e institucionais

Souza (2004, p. 20 a 26) introduz o conceito de Fatores Indutores da Competitividade. Dentre os diversos fatores citados por este autor, destacamos:

- número elevado de competidores: a indústria da construção civil é marcada pela facilidade aos novos entrantes no setor. Este ambiente de forte concorrência induz a viabilização da lucratividade pela redução de custos, sendo que os preços são ditados pela demanda;

- aumento da produtividade do processo de produção: principalmente pela escassez de mão de obra;

- o papel do estado como agente financeiro e contratante: criação de programas indutores de qualidade (QUALIHAB; PBQP-H, entre outros), fazendo uso do seu poder de compra;

- novas relações entre capital e trabalho: o aquecimento do mercado e a escassez de mão de obra induzem a um maior poder de barganha da classe trabalhadora aliada ao aumento do rigor da fiscalização no cumprimento da legislação trabalhista;

- estabilidade econômica: a redução drástica da inflação ocorrida nas últimas duas décadas desloca o foco da gestão da administração financeira para o aumento de produtividade e da qualidade, como instrumento para garantir a lucratividade.

Ainda de acordo com Souza, o Sistema de Gestão Empresarial é um dos elementos que sustentam a estratégia competitiva da empresa e relaciona-se preponderantemente com o ambiente externo: concorrentes, clientes e fornecedores trazem consigo valores e necessidades derivados do ambiente econômico e social que estão inseridos. Este sistema pode ser definido como sendo o conjunto de elementos inter-relacionados ou interativos para estabelecer as políticas e objetivos da empresa e o conjunto de atividades coordenadas para dirigir e controlar uma organização, tais como:

- analisar o posicionamento atual da empresa no mercado imobiliário, identificando seus pontos fortes e fracos e avaliar seus principais concorrentes e suas vantagens competitivas;

- definir os segmentos de atuação da empresa e sua estratégia competitiva;

- definir o plano de metas empresariais para um período definido;

- definir o fluxo de processos de incorporação imobiliária e criar parâmetros de condução e controle desses processos;

- gerenciar o empreendimento e os processos anteriormente citados, identificando desvios em relação ao planejado;
- gerenciar o plano de metas da empresa, analisando os resultados obtidos pelo conjunto dos empreendimentos e promovendo as ações corretivas e preventivas necessárias.

Conforme abordado por Casarotto Filho e Kopittke (2006, p. 288 a 313), a Estratégia Empresarial é fruto do Planejamento Estratégico, que é um processo que consiste na análise sistemática da situação atual e das ameaças e oportunidades futuras visando à formulação de estratégias. Importante que a Estratégia de Investimentos não se restrinja aos aspectos econômico-financeiros, mas que realmente reflita a intenção empresarial. Desta forma, é necessária a análise ambiental externa e interna da empresa. A análise externa objetiva a identificação de ameaças e oportunidades, nas dimensões tecnológica, governamental, econômica, cultural e demográfica, enquanto que a análise interna tem por objetivo identificar forças capazes de enfrentar as ameaças ou aproveitar as oportunidades e identificar fraquezas a serem sanadas, conforme Figura 10.1.

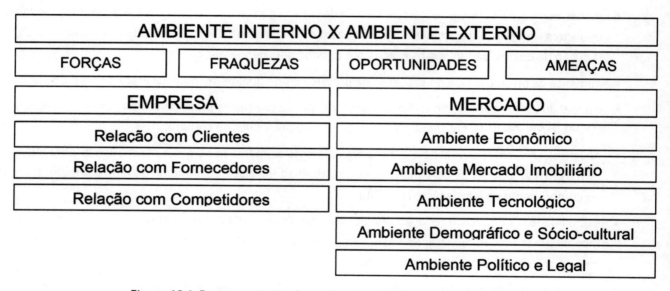

Figura 10.1: Representação da análise do ambiente interno e externo.

Complementarmente, Souza (2004, p. 46 e 47) aborda alguns aspectos importantes de análise nestes ambientes de mercado.

No ambiente econômico deve-se analisar as tendências das variáveis econômicas que afetam a demanda e a oferta de produtos e serviços, tais como inflação, taxa de juros e crescimento de renda.

No ambiente do mercado imobiliário deve-se analisar as tendências relacionadas aos segmentos de mercado emergentes, novos produtos imobiliários, novas fontes de recursos financeiros, regiões de expansão de negócios e comportamento da concorrência, tais como, novos produtos imobiliários lançados e tendências de outros mercados (hotelaria, empreendimentos comerciais e industriais).

No ambiente tecnológico deve-se analisar as tendências de desenvolvimento tecnológico de projetos, produtos e processos, buscando novas metodologias de planejamento e controle de empreendimentos, novos sistema de gestão, novos materiais, equipamentos e tecnologias construtivas.

No ambiente demográfico e sociocultural deve-se analisar as características e os movimentos das populações, bem como os valores e comportamentos do clientes, tais como necessidades de lazer e cultura, novas relações familiares e sociais, crescimento populacional e movimentos migratórios.

No ambiente político legal deve-se analisar programas de governo, legislação federal, estadual e municipal.

ANÁLISE DE MERCADO

Ao analisarmos os aspectos macroeconômicos, identifica-se que o Brasil necessita de investimentos superiores à 20% do PIB para crescer mais que 4% ao ano, mas a poupança doméstica raramente supera 18% do PIB, o que compromete a capacidade de investimentos. Na década passada a população economicamente ativa crescia cerca de 2% a.a., agora está crescendo cerca de 1% a.a. Os gastos com benefícios previdenciários são de 12% do PIB, contra 4% em média, nos países de mesmo perfil etário (NÚCLEO REAL ESTATE, 2014, p.3). Além disto, há uma forte pressão inflacionária, pela necessidade de correção nos preços de energia elétrica e gasolina, que são mantidos artificialmente nos patamares atuais.

Segundo Schwab (2013, p. 15 a 22, 38, 134 e 135), os investimentos em infraestrutura são baixos. O Brasil ocupa a 120° posição em rodovias, 103° posição em ferrovias, 131° posição em portos e 123° posição em aeroportos. O Brasil ocupa a 56° posição na classificação geral, atrás de países com grau semelhante de desenvolvimento como Chile (34°), Barbados (47°) e México (55°). Com relação aos indicadores macroeconômicos o Brasil aparece na 75° posição. Também são identificadas preocupações com o funcionamento das instituições (80° posição), devido à baixa confiança nos políticos (136° posição) e a falta de progressos na melhoria do sistema de educação (121° posição).

Apesar do destacado anteriormente, o Núcleo de Real Estate (2014, p. 7 a 9) indica que o Brasil apresenta alguns aspectos positivos, tais como dívida líquida do setor público em 34% do PIB, nível baixo para o histórico brasileiro; baixo nível de desemprego; crescimento da renda; continuidade da expansão do crédito, principalmente no segmento imobiliário e reservas internacionais maiores que a dívida externa, conforme tabela 1. Conclui ainda que o país precisa adotar uma forte agenda de competitividade, em que o crescimento esteja baseado em inovação, aumento da produtividade e novas tecnologias e que o atual cenário aponta crescimento baixo no curto prazo porém não apontam crise ou recessão.

Tabela 10.1[2]

Fundamentos ajustados	2003	2013
Reservas internacionais	US$ 56 bi	US$ 362 bi
Dívida externa	US$ 235 bi	US$ 308 bi
Dívida líquida do setor público	55% do PIB	34% do PIB
Desemprego	12,3%	5,4%

---

[2] NÚCLEO DE REAL ESTATE, 2014, p. 7

208 Gerenciamento de Obras, Qualidade e Desempenho da Construção

Contudo, é importante observar que a dívida fiscal líquida - que é calculada a partir dos dados da Dívida Líquida do Setor Público, excluindo os efeitos de ajustes patrimoniais e as variações da taxa de câmbio - vem apresentando alta, exigindo do governo ajustes em sua política fiscal.

Já com relação ao mercado imobiliário, o Núcleo de Real Estate (2013, p.1 a 4) aponta queda de preços das unidades habitacionais nas capitais com estoques muito altos em relação à demanda orgânica, tais como, Manaus com estoque três vezes superior e Salvador com estoque 2,7 vezes superior, bem como Brasília, Vitória e algumas cidades do Centro-Oeste. No entanto, as cidades de São Paulo e Rio de Janeiro devem continuar observando alta, a primeira em função do Plano Diretor Estratégico e da revisão da Planta Genérica de Valores Preços e a segunda em função do bloqueio de aprovações em áreas de expansão e a escassez de terrenos. Estes fatores manterão o preço dos terrenos em alta.

O Núcleo de Real Estate indica ainda que 86% dos entrevistados acreditam que o crescimento dos preços seja ligeiramente inferior à 2013, que 78% dos entrevistados acreditam que a variação dos preços será superior ao IPCA (IBGE) e inferior ao INCC (FGV) e que 68% dos entrevistados acreditam que a variação dos preços será inferior à variação de SP e RJ, havendo harmonização do mercado após 2015. Adicionalmente, 97% dos entrevistados indicam o lançamento do mesmo tipo de produto para 2014, porém já se identifica o esgotamento da alternativa de diminuir o tamanho das unidades para ajustar o preço do imóvel à capacidade de pagamento do mercado. Esta tese é corroborada em estudo feito pelo SECOVI-SP no ano passado, conforme tabela 2. Porém, estes imóveis não devem desaparecer nos grandes centros urbanos, pois devem atender famílias menores e pessoas idosas. Aparecem como nova alternativa imóveis de dimensões mais confortáveis em locais mais afastados dos polos de trabalho, como atestam o crescimento de lançamentos e IVV (Índice de Velocidade de Vendas) alto em cidades satélites.

Tabela 10.2: Área média das unidades em São Paulo (m^2)[3]

Ano	1 Dorm	2 Dorm	3 Dorm	4 Dorm
2004	52,4	60,6	90,2	196,4
2005	41,9	55,5	88,2	180,6
2006	40,4	53,4	89,8	177,4
2007	44,2	52,6	85,4	167,8
2008	49,1	53,0	82,7	173,8
2009	55,7	53,4	83,5	162,1
2010	47,6	56,4	84,3	168,5
2011	46,1	57,8	81,3	171,5
2012	39,5	56,5	85,9	185,7
2013	40,7	59,6	91,2	183,5
Média	45,8	55,9	86,3	176,7

---

[3] SECOVI, 2013, p.33

DEFINIÇÃO DO PRODUTO IMOBILIÁRIO

Conforme Souza (2004, p.63 e 64), a definição do produto influencia diretamente no sucesso do empreendimento, pois norteará o processo de seleção e aquisição de terrenos, as relações da incorporadora com as empresas parceiras e fornecedores. Nesta fase, as incorporadoras podem adotar os seguintes procedimentos:

- adquirir terrenos ofertados e, depois definir o produto: isto acontece quando a empresa tem estrutura bastante flexível e o produto pode ser definido especificamente para cada terreno. Incorrem custos tanto quanto aos riscos comerciais como para adequação da estrutura e dos processos para desenvolvimento do produto;

- definir o produto, porém adquirir terreno não adequado ao produto: neste caso, normalmente ocorrem falhas no processo de seleção ou há dificuldade para adquirir o terreno adequado;

- definir o produto e adquirir somente terrenos adequados ao produto: empresas de estrutura conservadora que priorizam a padronização de produtos e processos, normalmente voltadas para classe A;

- definir o produto e adquirir terrenos adequados ao produto, aproveitando oportunidades de mercado: empresas com estrutura treinada para atuar com determinado produto, porém com flexibilidade para atuar com oportunidades de mercado.

Entende-se que a última alternativa é a mais adequada, pois permite identificar as necessidades dos clientes, minimizar os riscos do negócio imobiliário, reduzir o prazo de concepção do produto e, finalmente, reduzir custos de construção pela padronização dos processos produtivos, das especificações de materiais e componentes construtivos.

De acordo com Souza (2004, p.64 e 65), a definição do produto consiste na caracterização específica do produto a ser desenvolvido, de forma integrada às definições estratégicas da empresa, analisando informações sobre o **público-alvo** (necessidades, exigências e preferências dos clientes; demanda existente do produto; forma de pagamento), sobre o **mercado imobiliário** (estratégias dos concorrentes, característica dos produtos dos concorrentes, preço de venda, infra-estrutura nos empreendimentos concorrentes) e sobre a **própria empresa** (custos de construção, custo de terreno, prazo de desenvolvimento do empreendimento, capacidade de operação, velocidade de vendas, preço de venda, perfil de pagamento, modificações de projeto solicitadas).

Deve-se observar principalmente a necessidade dos clientes quanto à tipologia das unidades a serem comercializadas. Pesquisa do SECOVI-SP em março de 2014 mostra o aumento de vendas de unidades com 2 dormitórios e diminuição de vendas de unidades com 4 dormitórios, com participação de aproximadamente 85% do mercado de unidades com até 85 m^2 de área, como pode ser visto nas figuras 10.2 e 10.3.

210 Gerenciamento de Obras, Qualidade e Desempenho da Construção

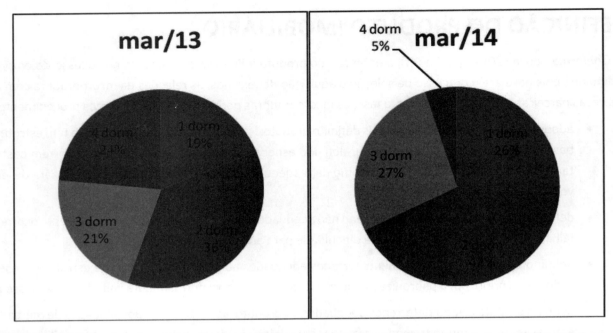

Figura 10.2: Vendas de imóveis novos no município de São Paulo - participação percentual em unidades por número de dormitórios[4]

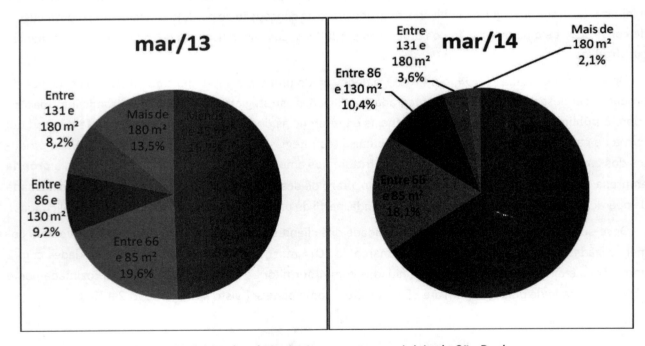

Figura 10.3: Vendas de imóveis novos no município de São Paulo - participação percentual em unidades por área privativa[5]

---

[4] SECOVI, 2014

[5] Idem

SELEÇÃO E ANÁLISE DO TERRENO

Conforme Souza (2004, p.67 e 68), após definido o produto a empresa incorporadora deve prospectar terrenos, em parceria com imobiliárias e outros profissionais deste segmento, que atendam às necessidades para implantação deste produto. Devem-se observar as seguintes características:

1. Localização do terreno:

- avaliar se o padrão dos imóveis na vizinhança é compatível, evitando-se implantar empreendimentos com nível muito díspar em relação à vizinhança, pois empreendimentos mais sofisticados em regiões de menor poder aquisitivo serão desvalorizados e a implantação de empreendimentos mais simples em regiões mais valorizadas não encontrarão viabilidade;

- verificar a infraestrutura urbana existente na região, tal como rede de abastecimento de água, rede de esgotamento sanitário, rede de drenagem, rede de energia elétrica, abastecimento de gás, recolhimento de resíduos sólidos, etc.;

- avaliar os serviços disponíveis na região, tais como escolas (a existência de escolas próximas valoriza o empreendimento pela facilidade de transporte dos estudantes, no entanto terrenos situados muito próximo a escolas não são tão valorizados devido ao barulho e a engarrafamento de trânsito), meios de transporte (proximidade ao metrô é elemento altamente valorizante), comércio local (padaria, farmácia, açougue, loja de conveniências, etc.) e serviços públicos em geral;

- identificar elementos depreciativos, tais como cemitérios, presídios, aterros sanitários, indústrias e outras fontes poluentes;

- identificar elementos valorizantes, tais como parques e shopping centers (elemento de maior influência positiva na avaliação de imóveis);

- identificar elementos restritivos, tais como hospitais (restringem o uso e ainda são elementos geradores de poluição sonora), aeroportos (restrição de uso devido ao cone de aproximação das aeronaves), linhas de transmissão de energia elétrica (restrição de uso na área abaixo da rede) e rodovias (restrição de uso na faixa de domínio);

- avaliar se as vias de acesso são satisfatórias e a possibilidade de aumento de fluxo de veículos com a implantação do empreendimento, necessitando de medidas compensatórias;

- avaliar as tendências de ocupação circunvizinha e valorização futura, sendo necessário para tanto a articulação de rede de informações;

- avaliar as condições de segurança da região, proximidade de postos policiais, pois a segurança é a maior preocupação da população em grandes e médias cidades;

- avaliar o risco de inundações da região;

- avaliar possíveis fatores de insalubridade e passivo ambiental, pela ocupação anterior do terreno. Tais elementos contribuem para custos adicionais devido a ações mitigadoras e ao monitoramento futuro da área;

- avaliar possíveis impactos ambiental e de vizinhança na fase de construção e operação do empreendimento devido ao armazenamento de resíduos sólidos, movimentação de carga, pólo atrativo de viagens, etc.

2. Características físicas e técnicas do terreno:

- avaliar os quesitos de visibilidade atraente (vista para o mar, parque ou montanha), insolação e orientação solar (fachada Norte, em algumas cidades litorâneas do Nordeste a fachada sul também é bastante valorizada), ventilação e aeração, e posicionamento do terreno na quadra. Neste momento é fundamental a participação do arquiteto na definição do anteprojeto arquitetônico de modo a tirar o melhor partido de todos estes elementos;

- verificar se as dimensões e formato do terreno são satisfatórios para implantação do empreendimento;

- avaliar a topografia do terreno através de levantamento planialtimétrico, identificando movimento de terra necessário à implantação do empreendimento e utilização plena do terreno;

- realizar sondagem do terreno, identificando tipo de solo, profundidade do lençol freático, presença de rocha, com vistas a prever o tipo de fundação a ser utilizada;

- identificar a existência de construções a demolir e vegetação a ser retirada, com atenção especial à necessidade de abate de espécies protegidas por lei;

- verificar se o terreno está ocupado ou invadido, bem como a retirada de possíveis posseiros, inquilinos, etc.

3. Legislação urbana;

- verificar a Lei de uso e ocupação do solo – taxa de ocupação, coeficiente de aproveitamento, recuos, etc.;

- verificar as demais Leis municipais, estaduais e federais;

- avaliar possíveis alterações urbanas futuras e projetos de desapropriação futura.

ESTUDO DE VIABILIDADE ECONÔMICA DE EMPREENDIMENTOS IMOBILIÁRIOS

De acordo com Souza (2004, p. 67 a 74), o estudo de viabilidade consiste em simular o empreendimento que poderia ser concebido e os resultados que se obteriam diante das variáveis do mercado imobiliário e financeiro e diante das variáveis do setor da construção, projetando os indicadores de resultado financeiro e econômico do empreendimento. O estudo de viabilidade é realizado em duas etapas. A primeira é a etapa técnica e consiste no anteprojeto a ser desenvolvido, definindo número de unidades, área privativa, área construída, etc. A segunda é a etapa econômico-financeira e consiste na definição de receitas e despesas do empreendimento e as datas de suas ocorrências.

Todavia, é fundamental tratarmos anteriormente das características do Mercado Imobiliário. Os empreendimentos imobiliários apresentam elevados prazo de maturação e tempo do ciclo de produção, sendo que a soma destes usualmente chega a 40 meses e, dependendo do porte do empreendimento, pode atingir até 72 meses. Outra característica importantíssima é a grande diversificação da atividades básicas e insumos da construção de um empreendimento imobiliário, sendo que o orçamento discriminado pode chegar à 300 serviços e 1500 insumos. Também a indústria da construção civil caracteriza-se por ser dispersa geograficamente e para cada empreendimento é necessário construir a indústria (canteiro de obras) e desconstruí-la ao final do empreendimento. Finalmente, o alto custo das unidades e a elevada vida útil do produto são fatores determinantes para que o bem "imóvel" seja um produto de baixo consumo, sendo adquirido normalmente em uma única oportunidade pelo consumidor.

Etapa Técnica

Conforme Souza (2004, p. 71 a 73), a Etapa Técnica do Estudo de Viabilidade caracteriza-se pelo estudo de massa, que viabilizará as macrodecisões com relação ao projeto a ser desenvolvido, bem como garantir sua qualidade em relação aos quesitos distribuição, funcionalidade, máximo aproveitamento das áreas disponíveis, atendimento aos valores dos clientes, etc.

Entende-se que nesta fase do processo é fundamental a atuação do profissional de arquitetura, responsável pelo anteprojeto, pois é ele que tomará estas macrodecisões que influenciarão sobremaneira o custo final da edificação. Neste viés, é importante estudarmos quais elementos da construção que mais influenciam seu custo. Mascaró (2006, p. 39 a 45) indica que os elementos que formam os planos verticais da edificação são responsáveis por aproximadamente 45% do seu custo total, enquanto os elementos que formam os planos horizontais representam aproximadamente 25% do custo total da edificação e as instalações outros 25%, conforme apresentado no quadro 2.

Quadro 10.2 - Participação percentual dos diversos elementos no custo total da construção.[6]

Classificação do elemento	Composição	Participação (%)
Elementos que formam os planos horizontais	Parte horizontal da estrutura e das fundações, telhados, pisos e parte horizontal do revestimentos e da pintura	26,79%
Elementos que formam os planos verticais	Parte vertical da estrutura e das fundações, alvenarias, aberturas, revestimento intero e externo, parte vertical da pintura	44,84%
Instalações	Elétrica, telefônica, hidráulica, gás, louças e metais e elevador	24,33%
Instalações provisórias, limpeza da obra e outros		4,02%

Em relação aos planos horizontais, este autor aponta que o profissional tem liberdade para definir sobre alternativas para pisos e contrapisos que correspondem de 10% a 25% do custo destes planos, já que os elementos estruturais quase invariavelmente são de concreto armado e respondem por 65% do seu custo. Assim, as alternativas de pisos e contrapisos devem restringir-se àquelas que cumprem com eficiência e economia às exigências relativas às solicitações climáticas, funcionais e estéticas.

---

[6] MASCARÓ, 2006, p. 43)

214 **Gerenciamento de Obras, Qualidade e Desempenho da Construção**

Já os planos verticais apresentam diversas alternativas, tanto para o desenho quanto para o uso de materiais. A distribuição de custos dos planos verticais apresenta a seguinte distribuição: de 35% a 50% para as paredes exteriores e de 50% a 65% para as paredes interiores. Desta forma, os custos das fachadas correspondem aproximadamente de 15% a 25% do custo total da edificação. Com relação às instalações, seus custos dependem fundamentalmente do material e estética do equipamento escolhido. Resumidamente, a economia gerada nos planos verticais conduzirá a maior economia da edificação, eliminando paredes ou buscando alternativas mais econômicas dos materiais de revestimento.

Mascaró apresenta ainda a Lei do Tamanho das Edificações, a qual indica que o aumento ou redução nas áreas construídas em X% conduzirá a aumentos ou reduções, respectivamente, de X/2% nos custos.

Outro aspecto importante a ser considerado é o Índice de Compacidade, que é definido como a relação percentual que existe entre o perímetro de um círculo de igual área de projeto e o perímetro da Figura geométrica considerada, conforme equação 1 e tabela 3.

$$Ic = Pc \ / \ Pf \cdot 100 \qquad\qquad \text{(Equação 1)}$$

onde:

Ic: índice de compacidade;

Pc: perímetro do círculo;

Pf: perímetro da Figura considerada;

Tabela 10.3: Definição do Índice de Compacidade conforme dimensões da figura.

Forma da Planta	Aresta/Diâmetro	Área	Perímetro	Índice Compacidade
Circular	11,28	100,00	35,44	
Quadrada	10	100,00	40,00	0,866
Retangular	5 x 20	100,00	50,00	0,708
Retangular	4 x 25	100,00	58,00	0,611
Retangular	2 x 50	100,00	104,00	0,347

A forma do edifício tem uma relação direta com o tamanho e o formato do terreno. Quanto mais próximo for o perímetro do pavimento-tipo do perímetro de um círculo de mesma área, mais próximo de 1 será seu Índice de Compacidade. Como perímetros circulares são antieconômicos pela dificuldade construtiva de paredes curvas e figuras com mais de quatro lados são antieconômicos pela falta de ortogonalidade entre as paredes, então as edificações com Índice de Compacidade próximo e abaixo de 0,866 serão as mais econômicas. Assim, o custo da fachada tem relação direta com sua área (perímetro x altura da edificação) e com o padrão de acabamento adotado para os elementos verticais: alvenaria, vidros, esquadrias e revestimento.

Mascaró (2006, p. 59) indica também que as áreas de circulação apresentam índice de compacidade inferior a 50%, enquanto áreas de vivência apresentam índice de compacidade em torno de 85%. No entanto, as primeiras apresentam custo por unidade de área entre 20% a 30% maior que as segundas. Ademais, áreas de circulação, tanto internas à unidade como condominiais, não representam condição de venda e lucratividade. Desta forma é muito importante reduzir as áreas de circulação nos projetos.

Para avaliar as áreas de garagens, Mascaró (2006, p.71 a 73) indica valores médios de 22 a 26 m², conforme apresentado nas tabelas 4 e 5. Já para as áreas de circulação condominial são indicados os parâmetros de 8 a 27 m² de área de uso comum do edifício por apartamento, conforme tabela 6. Finalmente, pode-se afirmar que em um projeto mais limpo, melhor organizado e com menos recortes, a densidade de planos verticais tende a diminuir, conforme apresentado na tabela 10.7.

Tabela 10.4: Área total de garagem em m²/vaga (privativa + circulação)[7]

Área Privativa Total	Menor que (ótimo)	Valor médio	Maior que (desaconselhável)
Apto de 70 a 100 m²	20	22	24
Apto de 100 a 140 m²	22	23	25
Apto de 140 a 180 m²	23	24	25
Apto de 180 a 240 m²	23	24	25
Apto de 240 a 400 m²	25	26	29

Tabela 10.5: Relação entre área equivalente total e área privativa total[8]

Quantidade de vagas na garagem	Menor que (ótimo)	Valor médio	Maior que (desaconselhável)
1 vaga / apartamento	1,20	1,26	1,30
2 vagas / apartamento	1,25	1,27	1,35
3 vagas / apartamento	1,30	1,35	1,40

Tabela 10.6: Área de uso comum do edifício por apartamento (m²/apto)[9]

Quantidade de apto / andar	Menor que (ótimo)	Valor médio	Maior que (desaconselhável)
1 apto / andar	22	27	32
2 apto / andar	16	18	22
4 apto / andar	8	10	12
6 apto / andar	7	9	11
8 apto / andar	6	8	10

---

[7] MASCARÓ, 2006, p.71 a 73

[8] Idem

[9] Idem

Tabela 10.7: Densidade de planos verticais interiores em relação à planta (m^2/m^2)[10]

Área Privativa Total	Menor que (ótimo)	Valor médio	Maior que (desaconselhável)
Apto de 70 a 100 m²	2,0	2,2	2,5
Apto de 100 a 140 m²	1,9	2,1	2,4
Apto de 140 a 180 m²	1,9	2,1	2,3
Apto de 180 a 240 m²	1,8	2,0	2,2
Apto de 240 a 400 m²	1,7	1,9	2,1

Com relação às sacadas, Mascaró (2006, p.129 a 132) aponta que sacadas mais estreitas e profundas são mais econômicas (R$/m2) que sacadas largas e pouco profundas, bem como sacadas recuadas são mais econômicas (R$/m2) que sacadas projetadas para fora do corpo do edifício.

Salientamos a necessidade de novos estudos sobre os custos da edificação, já que a publicação de Mascaró é de 2006 e nos últimos 8 anos experimentamos diversos avanços tecnológicos na construção, tanto do ponto de vista de materiais como de processos construtivos, que alteram sobremaneira os custos finais da edificação.

Etapa Econômico-Financeira

A Etapa Econômico Financeira do Estudo de Viabilidade consiste na determinação dos custos, seus prazos e formas de pagamento, bem como das receitas, seus prazos e forma de recebimento, com o objetivo de modelarmos o fluxo de caixa do empreendimento.

Definição dos Custos

O primeiro custo a ser analisado é o único custo firme que temos no Estudo de Viabilidade Inicial, qual seja, o custo do terreno em análise. A forma de pagamento pode ser em dinheiro, dação local ou dação por fora. A primeira possibilidade exige disponibilidade financeira da incorporadora, porém permite possibilidade de negociação vantajosa para o pagamento à vista. A dação local permite a postergação do pagamento do terreno, aliviando o fluxo de caixa inicialmente, mas não permite grandes reduções no preço negociado do terreno. Já a dação por fora é vantajosa no caso da incorporadora ter unidades em estoque, permitindo uma negociação de valor do terreno intermediária e possibilitando que a empresa livre-se do passivo de unidades em estoque. Normalmente o custo do terreno gira em torno de 10 a 15% do VGV (Valor Global de Vendas).

Em seguida devemos analisar os custos de construção, que apresentam grande influência no resultado do estudo de viabilidade e que fundamentalmente estão sob gestão total da incorporadora. A primeira forma de analisarmos os custos de construção é através de orçamento estimativo, pela multiplicação da área total construída pelo custo unitário padrão. Pode-se adotar como custo unitário padrão o CUB ou o custo unitário padrão da empresa para o tipo de obra em questão. Torna-se fundamental que a empresa tenha os dados de custos de obras anteriores

---

[10] Idem

de mesmo padrão da obra em estudo para poder formar o seu índice de referência. Conforme a evolução do projeto (estudo de viabilidade ou anteprojeto), pode-se elaborar o orçamento paramétrico, que é calculado em função de área ou volume dos macrosserviços multiplicado pelo custo unitário destes macrosserviços, conforme parâmetros de custos da empresa obtidos pelo histórico de obras executadas anteriormente. Ao passo que se evoluirmos para o projeto básico podemos então obter o orçamento discriminado ou detalhado, que é calculado multiplicando-se a quantidade de cada serviço da planilha orçamentária pelo seu respectivo custo unitário.

Como na fase de orçamento estimativo ou paramétrico ainda não temos cronograma de obra, é interessante lançarmos mão de curvas de agregação de custo para prevermos as datas em que ocorrerão os desembolsos de obra. Limmer (1997) apresenta cinco curvas S, podendo-se extrair prováveis cronogramas de obra, conforme a velocidade de execução de obra prevista.

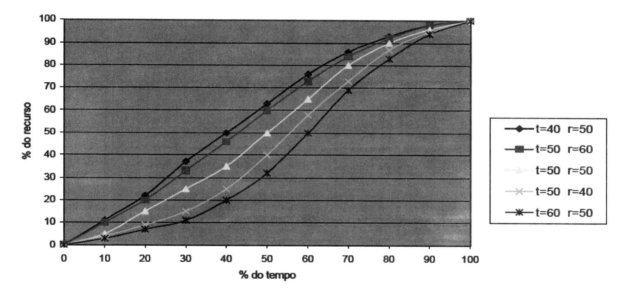

Figura 10.4: Curvas de agregação de custo[11]

Observa-se que se a incorporadora tiver fluxo de caixa disponível e adotar a curva mais acelerada poderá tomar partido deste fato como diferencial de vendas junto ao cliente, apresentando uma obra "adiantada" em seu início (22% executada em 20% do tempo transcorrido).

Importante salientar que a relação entre o Preço de Venda por m^2 de área privativa e Custo de Construção por m^2 de área construída equivalente gira em torno de 2,4 (BALARINE, 1996).

Seguindo com a análise dos demais custos, temos as despesas de projeto: sondagem, levantamento topográfico, estudos, anteprojeto, projeto básico e executivo arquitetônico e complementares. Estas despesas normalmente ocorrem nos primeiros meses do empreendimento e variam de 3% a 7% do custo da obra. O termo correto para tratarmos este desembolso seria investimentos em projetos, já que bons projetos conduzem a boas obras, enquanto projetos falhos conduzem invariavelmente a problemas de execução, com atrasos de cronograma, e futuras patologias.

---

[11] LIMMER, 1997

Gerenciamento de Obras, Qualidade e Desempenho da Construção

Deve-se considerar também as despesas de incorporação, tais como transferência do terreno no RGI (corresponde a 0,5% do valor do terreno e ocorre no momento de aquisição do terreno), registro da incorporação (ocorre nos meses iniciais), habite-se, alvarás (PM, Corpo de Bombeiros, concessionárias, etc.) e individualização das unidades, estes últimos variando de 1,5% a 3% do valor de venda e ocorrendo nos meses finais, exceto o registro da incorporação que ocorre nos meses iniciais.

Ainda temos as despesas de comercialização que ocorrem a cada venda de unidade habitacional e variam de 3% a 6% do valor de venda; as despesas de marketing, tais como, stand de vendas, panfletagem, anúncios jornais e TV, variando de 0,15% a 0,45% do valor de venda e distribuídas principalmente no lançamento do empreendimento; e as despesas administrativas, tais como administração central da incorporadora (aluguel, luz, telefone, recepção, administrativo, cobrança, financeiro) e manutenção pós-venda, variando de 6% a 12% do valor de venda e distribuídas ao longo de todo o empreendimento.

Tabela 10.8: Comparações tributárias conforme regime de tributação[12]

ANO	Total de Receita	Modelo de Tributação	PIS	COFINS	IRPJ	CSLL	Totais	%
2005	8.381.744	Lucro Presumido	54.481	251.452	222.046	117.523	645.503	7,7
		Lucro Real	132.514	610.371	1.152.019	423.367	2.318.272	27,6
2006	11.808.456	Lucro Presumido	76.754	354.253	289.813	154.268	875.090	7,4
		Lucro Real	189.116	871.080	1.665.099	608.075	3.333.371	28,2

Finalmente temos as despesas tributárias municipais e federais. As primeiras são o ITBI (ocorre no momento de aquisição do terreno) e o IPTU (distribuído ao longo de todo o empreendimento), variando de 1% a 3% sobre o terreno, conforme legislação municipal. Já as despesas tributárias federais (PIS, COFINS, IRPJ, CSLL) variam de 8% a 28% sobre o valor de venda, conforme regime de tributação, demonstrado na tabela 8 (AUGUSTIN, 2007). No caso de opção pela RET (Regime Especial de Tributação), a alíquota é de 4% sobre as receitas, conforme Receita Federal do Brasil (Instrução Normativa RFB nº 1435, de 30 de dezembro de 2013).

Definição das Receitas

Inicialmente devemos definir o Preço de Venda (PV) das unidades e o Valor Global de Vendas (VGV). O preço de venda pode ser definido através de pesquisa de tabelas praticadas na região onde se localiza o empreendimento ou por meio de avaliação de imóveis conforme definido na NBR 14653-2. Usualmente é utilizada a primeira hipótese, definindo-se o preço do imóvel de andar médio e acrescentando-se 3% do valor a cada andar mais alto e reduzindo-se 2% do valor a cada andar mais baixo. Também são consideradas variações dentro do mesmo andar em função da orientação solar dos imóveis. Desta forma é elaborada a tabela de vendas e defini-

---

[12] dados de AUGUSTIN, 2007

das as condições de pagamento, quais sejam, percentual de pagamento até a entrega das chaves, percentual de financiamento e valor das prestações e reforços, também chamados de balões ou intermediárias. Normalmente o percentual de pagamento até a entrega das chaves é de 35%, ficando 65% para o financiamento futuro.

Também são analisados dados referentes ao financiamento bancário e exigências das instituições bancárias, tais como comercialização mínima, taxa de juros, valor máximo de financiamento e retorno do financiamento (amortização).

Outro dado muito importante a ser considerado é o Índice de Velocidade de Vendas (IVV), definido como sendo o quociente entre o número de unidades vendidas em um determinado período e o número de unidades em estoque, de uma determinada localidade (bairro ou cidade). Atualmente, conforme dados da CBIC (2014), expostos na tabela 9 e figuras 2 e 3, o IVV médio do ano de 2013 nas principais capitais brasileiras variou entre 5,3% (Maceió) e 13,3% (São Paulo), enquanto a tendência é este índice variar entre 4% (Maceió) e 12% (São Paulo, Recife e Fortaleza). Exceto Vitória e Goiânia, todas as outras capitais apresentam tendência de queda no IVV. Já considerando a série histórica desde 1996 todas as capitais estudadas apresentam tendência de queda no IVV, oscilando entre 5% e 10%, quando ajustada uma curva polinomial de 3° grau.

Tabela 10.9: Índice de Velocidade de Vendas anos 2013/2014[13]

ANO	MÊS	BELO HORIZONTE - MG	CURITIBA - PR	FORTALEZA - CE	GOIÂNIA- GO	MACEIÓ - AL	PORTO ALEGRE - RS	RECIFE - PE	RIO DE JANEIRO - RJ	SÃO PAULO - SP	VITÓRIA - ES
		Índice de Velocidade de Vendas (%)									
2013	JAN	5,84	10,63	5,83	5,27	5,60	3,91	16,00	5,40	4,00	5,92
	FEV	22,92	9,14	7,58	4,62	4,90	6,09	10,30	6,10	8,70	6,26
	MAR	9,67	9,80	10,36	7,43	1,30	14,04	14,20	21,90	17,80	7,21
	ABR	14,76	9,69	8,56	5,30	1,70	11,05	11,70	9,10	16,00	9,39
	MAI	4,12	10,29	7,38	6,86	4,20	7,77	9,90	15,20	16,00	9,95
	JUN	14,69	9,50		8,45	4,10	9,74	6,30	11,10	18,30	7,90
	JUL	5,70	9,84		9,55	14,70	5,47	8,50	7,60	9,00	9,90
	AGO	9,18	10,53		7,14	2,70	12,74	11,80	7,60	17,70	9,70
	SET	10,17	9,73		8,38	3,40	6,85	15,30	9,40	15,60	8,10
	OUT	4,60	10,31		9,84	10,60	7,42	12,50	10,70	11,40	6,60
	NOV	2,14	10,61		9,58	5,70	4,89	20,60	15,40	12,90	8,70
	DEZ	7,20	11,10		6,81	4,40	8,06	9,00	11,90	12,40	6,10

---

[13] dados CBIC, 2014

ANO	MÊS	BELO HORIZONTE - MG	CURITIBA - PR	FORTALEZA - CE	GOIÂNIA- GO	MACEIÓ - AL	PORTO ALEGRE - RS	RECIFE - PE	RIO DE JANEIRO - RJ	SÃO PAULO - SP	VITÓRIA - ES
		\multicolumn{10}{c}{Índice de Velocidade de Vendas (%)}									
2014	JAN	8,23	10,97		5,33	2,80	5,42	7,10	4,70	5,20	7,30
	FEV		10,46			2,20	16,30	10,20	9,20	5,00	9,80
	MAR		10,80			1,00	5,08	9,30		8,20	9,00
MÉD. 2013		9,2	10,1	7,9	7,4	5,3	8,2	12,2	11,0	13,3	8,0

De posse de todos os custos incidentes, suas datas e formas de pagamento, bem como de todas as receitas, suas datas e formas de recebimento, podemos montar o Fluxo de Caixa do empreendimento, com vistas a calcular os indicadores de tomada de decisão na análise de investimentos.

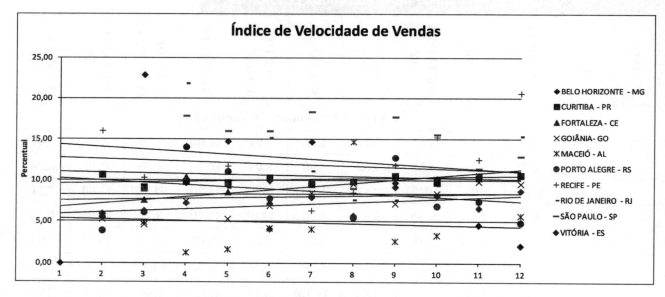

Figura 10.5: IVV em diversas unidades da federação, ano 2013[14]

---

[14] (dados CBIC, 2014).

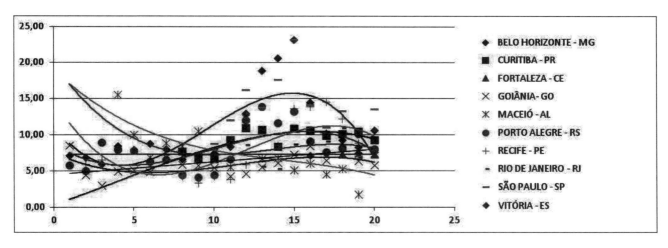

Figura 10.6: IVV em diversas unidades da federação, série histórica desde 1996[15]

MATEMÁTICA FINANCEIRA E ANÁLISE DE INVESTIMENTOS

Neste capítulo são revistos os conceitos de matemática financeira, tais como definição de juros, relações de equivalência de capitais e os tipos de taxas de juros. Também são abordadas as técnicas de análise de investimentos.

Definição de Juros

Conforme Puccini (1998, p.5), pode-se definir juros como sendo o dinheiro pago pelo uso de dinheiro emprestado, ou seja, custo do capital de terceiros colocados à nossa disposição; ou ainda a remuneração do capital empregado em atividades produtivas ou, ainda, remuneração paga pelas instituições financeiras sobre o capital nelas aplicado. Outra definição de juros é apresentada por Souza e Clemente (1997, p.34) como sendo a remuneração paga pela imobilização do capital por um dado período de tempo. A taxa de juros pode ser vista como a remuneração de uma unidade de capital imobilizado ao longo de uma unidade de tempo. A escolha por um investimento está associada às expectativas de ganhos e aos riscos associados. Segundo Puccini (1977, p.18), o capital inicialmente empregado, denominado principal, pode crescer devido aos juros segundo duas modalidades: juros simples e juros compostos. Neste trabalho não será abordado o tema de juros simples. Nos juros compostos, após cada período, os juros são incorporados ao principal e passam, também, a render juros.

Para juros compostos, o montante é dado pela equação 2, sendo que o termo $(1+i)^n$ é denominado fator de acumulação de capital.

$$S = P \cdot (1 + i)^n \qquad \text{(Equação 2)}$$

---

[15] (dados CBIC, 2014).

onde:

S: montante;

P: principal;

i: taxa de juros;

n: número de períodos.

Transformando a equação 2, obtemos a equação 3, que nos dá o principal, sendo que o termo $1 / (1 + i)^n$, ou $(1 + i)^{-n}$ é denominado fator de desconto.

$$S = P / (1 + i)^n \qquad \text{(Equação 3)}$$

onde:

S: montante;

P: principal;

i: taxa de juros;

n: número de períodos.

Define-se como taxa efetiva aquela em que a unidade de referência de seu tempo coincide com a unidade de tempo dos períodos de capitalização, apresentando, sem subterfúgios, o verdadeiro custo da operação financeira realizada. Já taxa nominal é aquela na qual o período em que a taxa está sendo referenciada não coincide com o período de referência de sua capitalização.

Horizonte de Planejamento

Os métodos de avaliação de investimento baseiam-se na comparação da magnitude do investimento com os ganhos líquidos esperados durante certo período de tempo, denominado horizonte de planejamento. Na verdade, quanto mais adiante no tempo se buscam estimar custos e receitas, mais imprecisas serão as estimativas, e quanto mais distantes no tempo estiverem tais custos e receitas, menores serão seus impactos sobre a avaliação que hoje se faz da oportunidade de investimento. O horizonte de planejamento será tanto mais curto quanto menor for a vida útil dos ativos fixos envolvidos e quanto menor for a capacidade financeira da empresa (SOUZA; CLEMENTE, 1997, p.24 e 25). A decisão de investimento envolve imobilização de apreciáveis quantidades de capital em ativos reais de pouca ou nenhuma liquidez, por períodos de tempo relativamente longos, ou conforme Ferreira e Andrade (2004, p.817), uso intensivo de capital e longo prazo de maturação.

Considerações sobre Inflação

Conforme Galesne et al. (1999, p.31), os fluxos de caixa de um projeto podem ser montados em termos de valores correntes (ou nominais), que incluem a inflação sobre todos os componentes do fluxo de caixa, ou em termos de valores constantes (ou reais), isto é, valores que mantêm o poder aquisitivo ao longo do tempo. É importante tratar a inflação de uma maneira coerente, ou seja, todos os componentes do fluxo de caixa devem ser estimados ou em valores constantes ou em valores correntes. É importante salientar que, quando a inflação afeta de maneira diferenciada os componentes do fluxo de caixa do projeto, o fluxo de caixa deve ser estimado em valores correntes, sob pena de provocar graves distorções no cálculo do fluxo líquido de caixa do projeto. No caso de empreendimentos imobiliários consideramos fluxos de caixa sem inflação.

Taxa mínima de Atratividade

Na literatura financeira a taxa "i" do fator de desconto $(1 + i)^{-n}$ é encontrada com várias definições, tais como taxa mínima de atratividade, taxa mínima de retorno, custo de capital, custo de oportunidade ou mesmo taxa de juros. No entanto, existem algumas diferenças entre cada uma destas definições.

De acordo com Galesne et al. (1999, p.231), pode-se definir custo de oportunidade do capital, ou simplesmente, custo de capital, como sendo o custo de oportunidade de uso do fator de produção "capital", ajustado ao risco do empreendimento. É a remuneração alternativa que pode ser obtida no mercado, para empreendimentos na mesma classe de risco.

No entanto, o custo de capital refere-se às oportunidades de uso do capital perdidas quando determinada alocação é decidida. Já a taxa mínima de atratividade (TMA) refere-se à rentabilidade mínima exigida dos investimentos pelos dirigentes da empresa como parte de sua política de investimentos. Conforme Souza e Clemente (1997, p.26 a 28) e Galesne et al. (1999, p.238), um projeto será atrativo somente se adicionar valor à empresa. Desta forma, a escolha da TMA adequada é crucial para a aceitação ou rejeição do projeto, pois uma TMA superior ao custo de capital pode eliminar projetos que adicionam valor ao negócio, enquanto que uma TMA inferior ao custo de capital elege projetos que subtraem valor ao negócio.

Galesne et al. (1999, p.241) elencam como possíveis taxas de retorno sem risco a remuneração média, no longo prazo, de títulos como CDB (certificados de depósito bancário) de emissão de bancos de primeiríssima linha, cadernetas de poupança, títulos do tesouro como LFT, LBC, BBC, etc., T-Bonds de 10 anos do tesouro dos EUA e percentual da taxa CDI (certificados de depósitos interfinanceiros), entre outros.

Risco e Incerteza

Outra dimensão a ser considerada na análise de projetos de investimento é a incerteza, que é consequência da falta de controle absoluto sobre a forma como os eventos irão acontecer no futuro. Conforme Souza e Clemente (1997, p.97) e Galesne et al. (1999, p.131), pode-se fazer previsão sobre o comportamento futuro de determinados eventos, tais como, acontecimentos econômicos, políticos, sociais e científicos, mas não se pode determinar exatamente quando e em que intensidade eles ocorrerão, ressaltando o caráter fundamental da incerteza.

Conforme Galesne et al. (1999, p.131 a 135), quatro elementos têm influência determinante sobre a rentabilidade de um projeto de investimento, quais sejam, as receitas, os custos, a vida útil dos equipamentos e o nível de rentabilidade do reinvestimento dos fluxos de caixa do projeto. Fundamentalmente na incorporação imobiliária o risco recai sobre as receitas e os custos.

A distinção, de natureza muito mais acadêmica do que prática, entre risco e incerteza está associada ao grau de conhecimento que se tem sobre o comportamento do evento, conforme Souza e Clemente (1997, p. 98). No entanto, esta opinião não é compartilhada por Galesne et al. (1999, p. 135). Para estes autores, risco e incerteza, embora ligados, são noções distintas. Estão ligados à medida que o risco de um projeto de investimento é a consequência da incerteza associada ao projeto e são distintos à medida que um projeto de investimento com resultados incertos somente é arriscado quando suscetível de apresentar resultados não desejados. Já para Souza e Clemente (1997, p. 98) o termo incerteza é utilizado quando não se conhece nada sobre o comportamento futuro do evento e o termo risco é utilizado quando se conhece, pelo menos, a distribuição de probabilidade do comportamento futuro do evento. Esta definição assemelha-se à definição de Knight citada por Galesne et al. (1999, p.136 e 137).

Análise de Sensibilidade

A técnica de "Análise de Sensibilidade" é utilizada para o caso em que poucos componentes do fluxo de caixa estejam sujeitos a um grau pequeno de aleatoriedade, como pequenas variações na TMA, no investimento inicial, nos benefícios líquidos periódicos, ou no prazo do projeto. Variando-se os parâmetros de entrada, para mais ou para menos, gera-se uma matriz de resultados, onde a idéia básica é verificar quão sensível é a variação da rentabilidade do projeto a uma variação de cada um dos componentes do fluxo de caixa. Aqueles parâmetros que, proporcionalmente, provocarem maior variação na rentabilidade do projeto serão classificados como sensíveis. Esses parâmetros deverão ser melhor estudados com o objetivo de melhorar as informações relevantes para a tomada de decisão (SOUZA; CLEMENTE, 1997, p. 98; GALESNE et al., 1999, p.157).

Análise de Investimentos

As técnicas de análise de investimentos podem ser divididas em dois grupos. O primeiro grupo, denominado Métodos Robustos, engloba as técnicas que servem para selecionar projetos, e o segundo, denominado Métodos Classificatórios, engloba as técnicas que objetivam gerar indicadores adicionais para os projetos já selecionados. Na análise de empreendimentos imobiliários estudaremos os seguintes métodos: VPL, TIR, IL e Exposição Máxima.

Método do Valor Presente Líquido

O Método do VPL é a concentração de todos os valores esperados de um fluxo de caixa na data zero, usando-se como taxa de desconto a TMA da empresa, de acordo com a equação 4. Se VPL for superior a 0, então o projeto pode ser aceito e no caso de ser inferior a 0 então o projeto deve ser rejeitado (SOUZA; CLEMENTE, 1997, p. 65).

$$VPL = \Sigma \{ [CFi] / (1 + i)^j \} \qquad \text{(Equação 4)}$$

Onde:

VPL: valor presente líquido;

CFj: custos e receitas ao longo do projeto;

i: taxa de juros = TMA;

j: índice do período.

Método da Taxa Interna de Retorno

A Taxa Interna de Retorno (TIR) é a taxa que torna o Valor Presente Líquido (VPL) de um fluxo de caixa igual a zero. Se TIR for maior que TMA então o projeto é viável, e se TIR for menor que TMA então o projeto é inviável (SOUZA; CLEMENTE, 1997, p.66).

Índice de Lucratividade

De acordo com Galesne et al. (1999, p.137 e 138), este critério consiste em estabelecer a razão entre o valor presente das entradas líquidas de caixa do projeto e o Valor Presente do Investimento, sendo outra variante do Método do VPL. O Índice de Lucratividade é uma medida de quanto se ganha por unidade de capital investido, ou ainda, uma razão entre o Fluxo Esperado de Benefícios de um projeto e o Fluxo Esperado de Investimentos necessários para realizá-lo. O IL pode ser calculado pela equação 5. Se IL>1 então o projeto pode ser aceito, e se IL<1 então o projeto deve ser rejeitado (SOUZA; CLEMENTE, 1997, p.63).

$$IL = \{ \Sigma \, [CFj] \, / \, (1 + i)^{j} \} \, / \, CF_{0} \qquad \text{(Equação 5)}$$

Onde:

IL: índice de lucratividade;

CFj: custos e receitas ao longo do projeto;

CF0: investimento inicial;

i: taxa de juros;

j: índice do período.

Exposição Máxima

A exposição máxima pode ser definida como o máximo valor negativo do fluxo de caixa acumulado e significa o máximo valor a ser desembolsado pelo investidor durante o empreendimento.

Compatibilização dos Resultados

Os indicadores TIR, VPL e IL são, na verdade, codificações diferentes de uma mesma informação e todos devem apontar para o mesmo lado. Comparando-se os critérios VPL, ILe TIR pode-se afirmar que o critério do VPL mede uma massa de lucros, e nos outros dois mede-se uma taxa de lucros. Pode-se afirmar ainda que, no critério da TIR a taxa de desconto é encontrada através de cálculo, enquanto que para ou outros dois métodos a taxa é estabelecida pela empresa (GALESNE et al., 1999, p.42).

CONSIDERAÇÕES FINAIS

Este trabalho traçou um roteiro para elaboração de análise de investimentos em incorporações imobiliárias e apresentou parâmetros referenciais de custos e receitas com o objetivo de montar o fluxo de caixa do empreendimento. No entanto estes parâmetros podem mudar de empresa para empresa e ao longo do tempo. Portanto é fundamental a avaliação dos empreendimentos realizados pela empresa para possibilitar a retro-alimentação destes parâmetros e a montagem de banco de dados para a verificação final de viabilidade dos empreendimentos. Finalmente, agradeço à profa. Ana Luiza Souza Mendes pelas importantes contribuições para elaboração deste artigo.

REFERÊNCIAS BIBLIOGRÁFICAS

AUGUSTIN, E. J. Planejamento tributário em uma incorporadora imobiliária: lucro real x lucro presumido x regime especial de tributação. 2007. Monografia - Universidade Federal de Santa Catarina, 1995, Florianópolis, 2007.

BALARINE, O. F. O. O uso da análise de investimentos em incorporações imobiliárias. In: Revista Produção v. 14 n.2, 2004.

_____. Determinação do Impacto de Fatores Sócio-Econômicos na Formação do Estoque Habitacional em Porto Alegre. Porto Alegre: Edipucrs, 1996. 228p.

BRASIL. Instrução Normativa RFB nº 1435, de 30 de dezembro de 2013. Disponível em <http://www.receita.fazenda.gov.br>. Acesso em: 01jun2014.

CASAROTTO FILHO, N.; KOPITTKE, B. H. Análise de Investimentos. 9. ed. São Paulo: Atlas, 2006.

CBIC. Disponível em <http://www.cbicdados.com.br/menu/mercado-imobiliario/mercado-imobiliario>. Acesso em: 01jun2014

COUTINHO, L. G; FERRAZ, J. C. Estudo da competitividade da indústria brasileira. 1993. Ministério da Ciência e Tecnologia, Brasília.

FERREIRA, G. E.; ANDRADE, J. G. Elaboração e avaliação econômica de projetos de mineração. In: LUZ, A. B.; SAMPAIO, J. A.; ALMEIDA, S. L. M. Tratamento de minérios. Rio de Janeiro: CETEM/MCT, 2004. p.817-846.

GALESNE, A.; LAMB, R.; FENSTERSEIFER, J. Decisões de investimentos da empresa. São Paulo: Editora Atlas S.A., 1999.

LIMMER, C. V. Planejamento, orçamentação e controle de projetos e obras. Rio de Janeiro: Livros Técnicos e Científicos, 1997.

MASCARÓ, J. L. O custo das decisões arquitetônicas. 4. ed. Porto Alegre: Masquatro Editora, 2006.

NÚCLEO DE REAL ESTATE. Comitê de Mercado. Nota de Reunião de 21 de novembro de 2013. Disponível em <http://www.realestate.br/dash/uploads/sistema/Comite_de_Mercado/cm_nota_21nov13.pdf>. Acesso em: 01jun2014.

NÚCLEO DE REAL ESTATE. Comitê de Mercado. Nota de Reunião de 20 de março de 2014. Disponível em <http://www.realestate.br/dash/uploads/sistema/Comite_de_Mercado/cm_nota_20mar14.pdf>. Acesso em: 01jun2014.

PUCCINI, A. L. Matemática financeira e análise de investimentos. Rio de Janeiro: Beta, 1977.

PUCCINI, A. L. Matemática financeira: objetiva e aplicada. 5. ed. São Paulo: Saraiva, 1998.

SCHWAB, K. The Global Competitiveness Report 2013–2014. WORLD ECONOMIC FORUM. Disponível em <http://www.weforum.org/gcr>. Acesso em: 01jun2014.

SECOVI. Balanço do mercado imobiliário - 1º semestre de 2013. Disponível em <http://www.secovi.com.br/files/Arquivos/balancomercado2-2013.pdf>. Acesso em: 01jun2014.

SECOVI. Pesquisa mensal do mercado imobiliário. Disponível em <http://www.secovi.com.br/files/Arquivos/pmi-marco-2014.pdf>. Acesso em: 01jun2014.

SOUZA, R. Sistema de gestão para empresas de incorporação imobiliária. São Paulo: O Nome da Rosa, 2004.

SOUZA, A.; CLEMENTE, A. Decisões financeiras e análise de investimentos: fundamentos, técnicas e aplicações. São Paulo: Editora Atlas S.A., 1997.

Capítulo 11

PRINCÍPIOS DE GESTÃO DE PROJETOS NA CONSTRUÇÃO CIVIL

Nilson Carvalho da Mata

Mestrando em Engenharia da Produção, Especialista em Gerenciamento de Projetos
E-mail: nilson.carvalho@transformacaolean.com.br

A HISTÓRIA DO GERENCIAMENTO DE PROJETOS

Na História Antiga

Nossos antepassados foram os precursores de grandes idealizações, aspirações e realizações que deram certo em suas gerações e que até hoje muitas delas estão espalhadas ao redor do mundo demonstrando suas habilidades e técnicas milenares que nos inspiram a fazer algo semelhante. Na história antiga podemos ver relatos como, por exemplo, na bíblia sagrada de um projeto ousado de um homem chamado Moisés que de uma inspiração divina recebe uma incumbência de libertar o povo hebreu da escravidão de faraó do Egito e sai com mais de três milhões de pessoas a peregrinar no deserto até a terra prometida chamada Canaã. Um projeto ousado e cheio de riscos onde faraó resistia a cada praga enviada pelo Deus dos hebreus. Ao final o povo hebreu é libertado e segue rumo à liberdade.

Figura 11.1: Saída do povo hebreu do Egito.

No mesmo sentido os egípcios construíram enormes pirâmides e efígies transportando pedras gigantes com milhares de homens em um espaço de tempo de um pouco mais de trinta anos com o objetivo de oferecer o local como memorial das vidas ali sepultadas. Um enorme contingente de trabalhadores estava envolvido na execução deste audacioso projeto e colaborava para o sucesso da empreitada com a ideia dos faraós de suas épocas.

Figura 11.2: Pirâmides do Egito.

Vemos também a muralha da China, onde foi idealizada por um projeto que trazia ao país uma forma de proteção contra os inimigos e que foi construída por volta de 220 a.C. durante a Dinastia Ming. Esta muralha possui uma extensão de aproximadamente vinte e dois mil quilômetros e mais de sete metros de altura.

Figura 11.3: Muralha da China.

A história antiga está repleta de feitos de personagens importantes que se fundamentaram para que nos dias de hoje o que chamamos de gerenciamento de projetos através de ferramentas, técnicas e habilidades possamos desenvolver produtos, resultados ou serviços para que possamos nos beneficiar de seus intentos e façanhas.

Na Era Moderna

Como exemplo para a era moderna podemos citar o Canal do Panamá, onde a idealização foi por volta do ano 1500 por Vasco Nuñes Balboa e que tinha em seu escopo a transposição entre os oceanos Atlântico e Pacífico de embarcações de grandes calados, evitando um percurso extensivo pela América do Sul com mais de trinta dias de duração. A redução da rota foi de vinte mil quilômetros para um pouco mais de setenta e sete quilômetros com o canal.

O projeto começou a ser executado em 1890 e durou cerca de trinta anos, sendo paralisado em torno de dez anos devido a acidentes que estavam ocorrendo e deixou um rastro de mais de vinte e sete mil trabalhadores mortos devido a acidentes de trabalhos e a endemias como malária e febre amarela.

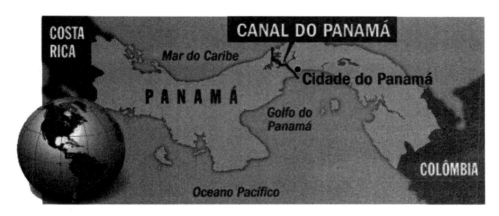

Figura 11.4: Canal do Panamá.

O projeto foi executado com a construção de eclusas que elevariam os navios a cotas para a transposição de modo que facilitasse a navegação encurtando o espaço de tempo de trinta dias dando a volta pela América do Sul para menos de dez horas através do canal.

Os riscos de acidentes na navegação e os custos de transportes foram diminuídos sensivelmente com a construção do Canal do Panamá, e os navegadores deveriam somente pagar um pedágio para realizar a transposição que pode variar de alguns dólares a alguns milhares dependendo da carga. O valor mais barato foi pago pelo nadador Richard Halliburton em 1928, US$ 0,36 para atravessar o canal. Desde 2012, há uma expansão do canal do Panamá para que navios de maiores calados possam atravessar este caminho aumentando assim o fluxo entre os oceanos Atlântico e Pacífico.

No início do século XX, com a expansão industrial, começou a ganhar força a função dos gerentes que comandavam as fábricas e tinham certa noção sobre pessoas, finanças, máquinas e suas interligações para que os negócios pudessem ter resultados. Dois homens tiveram um papel fundamental nesta história, que foram Frederick Taylor (1856-1915) e Henry Gantt (1861-1919), que estudaram de forma detalhada sobre as ordens de operação e as sequências de trabalhos de suas equipes de produção.

Figura 11.5: Frederick Taylor.   Figura 11.6: Henry Gantt.

O gerenciamento de projetos teve um avanço maior por volta dos anos 60, quando foi formalizada como ciência, e no complexo mundo dos negócios as organizações começaram a enxergar o benefício do trabalho organizado em torno de projetos e entender a necessidade crítica para comunicar e integrar seus trabalhos. Por volta de 1969, no auge dos projetos espaciais da NASA, um grupo de cinco profissionais da gestão de projetos, da Philadelphia, Pensilvânia – EUA, se reuniu para discutir quais seriam as melhores práticas, e Jim Snyder acabou fundando o Project Management Institut – PMI, que é atualmente a maior instituição dedicada à disseminação do conhecimento e ao aprimoramento das atividades de gestão profissional de projetos.

O gerenciamento de projetos começou a ter forma moderna nas décadas seguintes, quando vários modelos de negócios se desenvolveram compartilhando uma estrutura comum que é a participação líder que reúne pessoas em um time e assegura a integração, comunicação e fluxos de trabalhos através de diferentes departamentos.

OS PADRÕES DE GESTÃO DE PROJETOS

O Guia PMBOK

O guia do conhecimento em gerenciamento de projetos ou guia PMBOK (Project Management BodyofKnowledge) foi desenvolvido pelo PMI (Project Management Institute) e é considerado o padrão mundial em gerenciamento de projetos devido a sua penetração em praticamente todo o planeta. É um conjunto de práticas e processos que guiam o gerente para alcance de resultados, entrega de seus produtos ou serviços de forma eficaz.

O guia descreve o ciclo de vida do gerenciamento do projeto e os seus respectivos processos, é composto por três seções, sendo as duas primeiras uma introdução aos principais conceitos no campo de gerenciamento de projetos e na terceira uma visão geral das interações dos processos das dez áreas de conhecimentos e os cinco grupos de processos e das seções que descrevem as entradas e saídas com as ferramentas e técnicas utilizadas no gerenciamento de projetos. Os anexos que compõem o guia são consideradas como boas práticas para a maioria dos projetos.

A base de detalhamento deste capítulo que trata dos princípios de gestão de projetos na construção civil será o guia PMBOK.

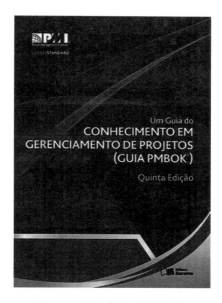

Figura 11.7: Guia PMBOK.

Prince 2

Prince 2 (Project in a Controlled Environment) ou Projetos em Ambientes Controlados pode ser classificado como um método e pode ser adaptável a qualquer tipo, tamanho ou complexidade de projetos e reúne características como controle e organização desde o início até o fim dos projetos, promove a reunião de progresso como base em planos e business cases, determinação de pontos de decisão mais flexíveis, permissão de gerenciamento efetivo de qualquer desvio do plano e permite o envolvimento da gerência e das partes interessadas durante a execução do projeto.

Figura 11.8: Prince 2.

O Prince 2 surgiu em 1975 e foi adotado como padrão para gerenciamento de projetos de sistemas de informações do governo britânico em 1996.

IPMA

O IPMA (International Project Management Association) ou Associação Internacional para o Gerenciamento de Projetos é uma organização sem fins lucrativos que se tornou reconhecida mundialmente pelo seu trabalho de gestão de projetos com a disseminação de melhores práticas aplicadas nas organizações. Foi criada em 1965 com o nome de International Network Internet por um grupo de profissionais com o objetivo de discutir os benefícios do método do Caminho Crítico e suas influências nos projetos. A associação cresceu e desenvolveu-se num fórum internacional de troca de experiências entre gerentes de projetos.

Figura 11.9: IPMA.

A INFLUÊNCIA ORGANIZACIONAL NO PROJETO

Todo projeto está inserido dentro de alguma estrutura organizacional e poderá ser afetado em determinado momento pela sua composição. As organizações, segundo o guia PMBOK, podem ser compostas pelos seus ativos organizacionais e pelas suas políticas pelas quais foram criadas e amadurecidas. A cultura organizacional é moldada pelas experiências que os membros obtiveram através do tempo e podem incluir visões, missões e valores, as tolerâncias aos riscos do negócio, relacionamento de lideranças e suas hierarquias e níveis de autoridades, os regulamentos com suas políticas, métodos e procedimentos nos ambientes em que são operacionalizados.

Uma das avaliações necessárias para uma boa compreensão e tomadas de decisões é o entendimento sobre o poder e a influência que o gerente de projeto exerce na estrutura organizacional e também entender a função de cada parte interessada ou stakeholder com relação à sua atuação para que o projeto possa ter maiores chances de alcance de resultados durante a sua implantação.

Outro aspecto importante é o tempo de dedicação do gerente de projeto e da sua equipe que pode ser parcial ou integral.

No capítulo Racionalização e Coordenação de Projetos demonstramos alguns tipos de estruturas organizacionais existentes segundo Chiavenato (CHIAVENATO, 1994).

Segundo o PMBOK (PMI, 2013), as organizações estão compostas em quatro tipos:

Estrutura Funcional

A estrutura organizacional funcional é caracterizada por departamentos bem definidos e agrupados por especialidade onde cada funcionário possui um superior e não há a necessidade de uma dedicação de tempo integral. O departamento tem a liberdade de desenvolver seus projetos de maneira mais independente sem a necessidade de participação efetiva de outros departamentos como exemplo seja a redução de custos operacionais de uma fábrica de pré-moldados.

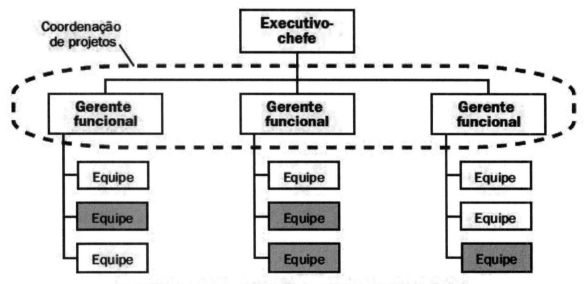

(As caixas cinzas representam equipes envolvidas em atividades do projeto).

Figura 11.10: Estrutura Funcional

Estrutura Matricial

A estrutura organizacional matricial é composta por três divisões, sendo a fraca, balanceada e forte.

A estrutura organizacional matricial é muito semelhante à funcional onde se mantêm os departamentos, mas a diferença está na identificação do tempo de dedicação do gerente de projetos e sua equipe na implantação do projetos.

Na matricial fraca os projetos são gerenciados considerando profissionais de vários departamentos, mas que não podem tomar decisões por conta própria e são considerados apenas como facilitadores do projeto.

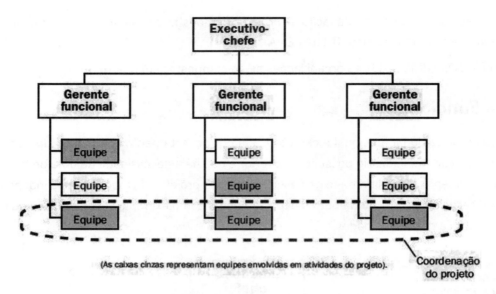

Figura 11.11: Matricial Fraca.

Na matricial balanceada já há a identificação da Figura do gerente de projetos com um tempo de dedicação integral para conduzir sua equipe que é de tempo parcial.

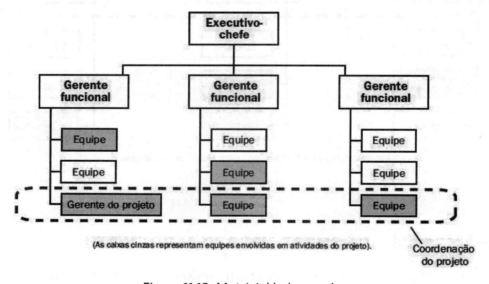

Figura 11.12: Matricial balanceada.

A estrutura organizacional matricial forte é composta pela presença de um departamento específico composto pela liderança de um gerente de projeto e de seus liderados com formação específica no gerenciamento. A este departamento podemos chamar de PMO (Project Management Office) ou Escritório de Gerenciamento de Projetos e poderá ter a função de dar suporte, dar direcionamento ou mesmo controlar o projeto das equipes envolvidas no processo.

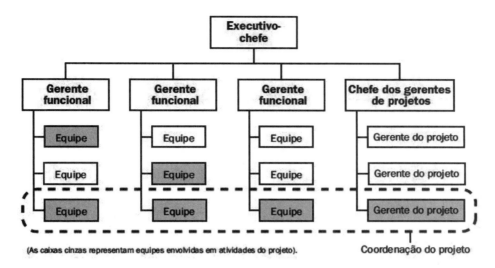

Figura 11.13: Matricial Forte.

Estrutura Projetizada

A estrutura projetizada é composta por projetos como o próprio nome diz e a maior parte dos recursos da organização fica envolvida no desenvolvimento deste projeto, em que os gerentes possuem muita autoridade, influência e também independência.

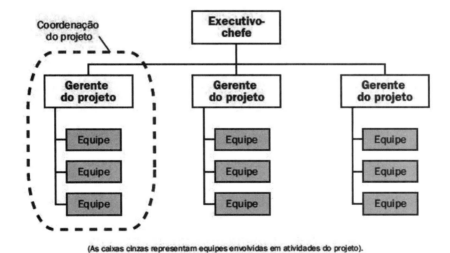

Figura 11.14: Estrutura Projetizada.

Estrutura Composta

A estrutura composta normalmente é a junção da funcional com a projetizada, onde se aplica, por exemplo, para criar uma equipe numa missão especial para cuidar de um projeto crítico.

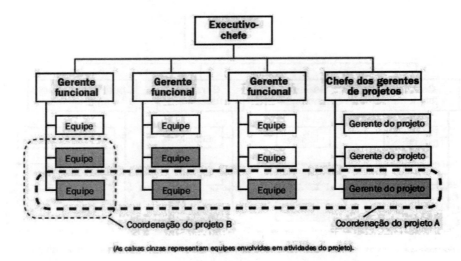

Figura 11.15: Estrutura Composta

Os Níveis de Autoridade Organizacional

Os gerentes de projetos possuem diversos níveis de autoridade e poder delegados em função da estrutura ao qual estão inseridos. A seguir podemos avaliar, de acordo com a estrutura organizacional e as características do projeto, as influências às quais o gerente está sujeito:

Características do projeto / Estrutura da organização	Funcional	Matricial - Matriz fraca	Matricial - Matriz por matricial	Matricial - Matriz forte	Projetizada
Autoridade do gerente de projetos	Pouca ou nenhuma	Baixa	Baixa a moderada	Moderada a alta	Alta a quase total
Disponibilidade de recursos	Pouca ou nenhuma	Baixa	Baixa a moderada	Moderada a alta	Alta a quase total
Quem gerencia o orçamento do projeto	Gerente funcional	Gerente funcional	Misto	Gerente do projeto	Gerente do projeto
Papel do gerente de projetos	Tempo parcial	Tempo parcial	Tempo integral	Tempo integral	Tempo integral
Equipe administrativa de gerenciamento de projetos	Tempo parcial	Tempo parcial	Tempo parcial	Tempo integral	Tempo integral

Figura 11.16: Níveis de autoridade do gerente de projeto.

COMPREENDENDO A GESTÃO DE PROJETOS CONFORME O GUIA PMBOK

O Que São Projetos e Gestão de Projetos

Projeto é um esforço empreendido para criar um produto, resultado ou serviço único e de natureza temporária. Os projetos têm um tempo definido, ou seja, um início e um término claros. Um exemplo de projeto é criar um esforço para executar uma ponte em concreto armado. Após a conclusão do projeto, passa-se à operacionalização do produto, avaliação do resultado ou recebimento do serviço empreendido no projeto. Os resultados dos projetos podem ser tangíveis, ou seja, aquilo que pode ser palpável ou medido e intangível àquilo que não podemos medir como a contração de uma consultoria, por exemplo.

Ponto importante sobre projetos é satisfazer as necessidades dos clientes através de um processo de transformação e que possa começar com um conceito e termine na tradução de algo que pode ser desenvolvido.

A gestão de projetos é aplicação de conhecimentos, ferramentas, técnicas e habilidades para atender aos requisitos do cliente, pois requisitos são a condição para se alcançar o alvo desejado.

No PMBOK a gestão de projetos pode ser utilizada através de 47 processos, 5 grupos de processos e 10 áreas de conhecimentos que veremos adiante.

Os Níveis de Gerenciamento

O gerenciamento de projetos pode ser compreendido se dividirmos em três níveis, sendo o portfólio, programa e o projeto.

Uma compreensão destes níveis é que o portfólio é uma coleção de programas, de projetos, de subportfólios e de suas operações para que haja o alcance de objetivos estratégicos delineados pela empresa.

Para clareza, utilizaremos a Figura seguinte:

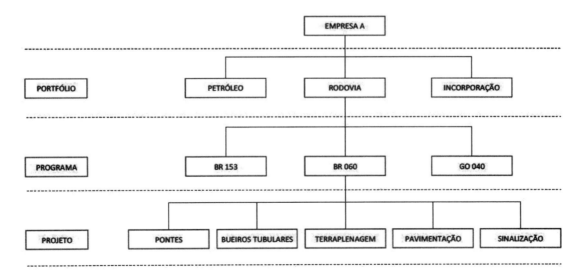

Figura 11.17: Níveis de gerenciamento.

A Figura do Gerente de Projetos

O gerente de projetos é a pessoa alocada pela organização para conduzir o projeto com o objetivo de atender às premissas, dentro das restrições e dos requisitos que são pertinentes ao sucesso do negócio. A Figura do gerente de projetos difere bastante da do gerente de operações ou do gerente funcional.

O gerente de projetos trabalha como um maestro da orquestra onde deve reger sua equipe respeitando as características tanto internas quanto das forças externas, para que haja resultados favoráveis ao sucesso da empreitada.

As Habilidades de um Gerente de Projetos

Além das habilidades específicas que são relacionadas a qualquer profissional de sua formação como, por exemplo, engenharia, arquitetura, administração e por aí vai, é necessário que este gerente tenha um diferencial em suas relações interpessoais e que o nível de suas ações possa transcender ao resultado que seus investidores desejam.

O gerente de projeto está rodeado de pessoas, equipamentos, materiais, informações, pressões diárias e precisa estar preparado para lidar com estes aspectos para alcance do sucesso.

Uma combinação equilibrada de habilidades interpessoais, éticas e de conceitos pode muito contribuir para uma eficácia nos resultados onde enumeramos algumas delas:

- Exercer liderança
- Construir equipes competentes
- Agente motivador
- Comunicação eficaz
- Influência positiva sobre pessoas e circunstâncias
- Tomadas de decisões
- Conscientização política e cultural que envolve o projeto
- Negociação
- Agente de transmissão de confiança
- Capacitação do time
- Gerenciamento dos conflitos

O Ciclo de Vida do Projeto

Como citado anteriormente, todo projeto tem um início e um fim bem definido e uma estrutura de gerenciamento que oferece uma sequência lógica e orientada a alcançar um resultado, um produto ou um serviço em que um ciclo define a vida deste projeto.

Os projetos podem variar significativamente entre tamanho e complexidade e todos eles podem ser mapeados tendo abordagens de avaliação quanto ao tipo de previsibilidade para a sua execução, tais como modelo preditivo, iterativo e adaptativo.

Para uma melhor ilustração sobre o ciclo de vida de um projeto, a figuraa seguir representa:

- Início do projeto
- A organização e preparo do projeto
- A execução do trabalho do projeto
- Encerramento do projeto

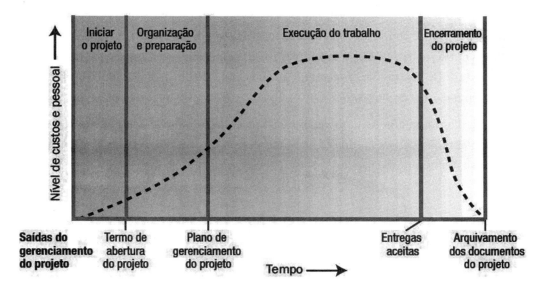

Figura 11.18: Ciclo de vida do projeto.

O ciclo de vida de um projeto pode necessariamente ser dividido em diversos números de fases com objetivo de atingir metas de entregas para a organização e exigir o uso de controles para que a qualidade do projeto possa ser alcançado pela equipe de gerenciamento.

Sêxtupla Restrição

As restrições são as limitações que impedem o projeto de alcançar os seus objetivos principais e uma forma de calibrarmos a análise de seus resultados é com a visualização e interpretação do quanto estas restrições estão impactando no comportamento das operações durante o gerenciamento da execução do projeto pelas suas equipes de campo.

Podemos identificar, segundo o guia PMBOK, seis restrições:

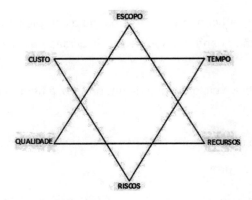

Figura 11.19: Sêxtupla restrição no projeto.

Podemos avaliar este gráfico com a seguinte interação: se houver interferência em uma determinada restrição, qual impacto sobre a outra restrição? Como exemplo: se uma determinada obra atrasar na entrega final, qual o impacto sobre os custos? Ou, se houver uma alteração no escopo de um projeto, qual o impacto na quantidade de recursos haverá no decorrer do negócio?

Logicamente este diagrama nos dá uma visão holística sobre uma avaliação desde o primeiro momento até o término da implantação de nosso projeto e como fator de tomada de decisão para corrigir desvios e dar viabilidade de sucesso à empreitada.

PROCESSOS E ÁREAS DE GESTÃO DE PROJETOS

Delineando os Grupos de Processos

Os grupos de processos segundo o guia PMBOK (PMI, 2013) está delineado em cinco, sendo eles:

Tabela 11.1 Grupos de processos de gestão.

Grupo de Processo	Número de Processos
Iniciação	2
Planejamento	24
Execução	8
Monitoramento e Controle	11
Encerramento	2

O total de número de processos dos grupos somam 47.

Estes grupos estão inter-relacionados conforme o diagrama:

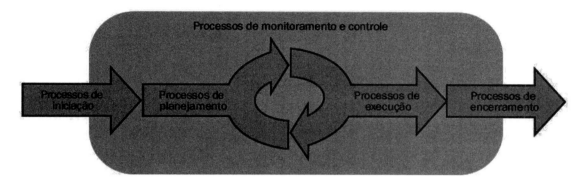

Figura 11.20: Processos de gestão.

Os processos podem ser explicados através de ferramentas de gestão que controlam as entradas de um projeto como, por exemplo, documentações, suas movimentações dentro dos limites impostos e através das suas saídas, que é a geração da entrega do produto, resultado ou serviço. De forma mais detalhada, a Figura a seguir expressa os processos:

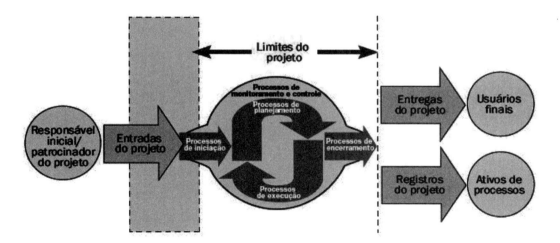

Figura 11.21: Limites do projeto.

Estes grupos podem ser gerenciados de duas formas: fases sequenciadas ou fases de maneira sobreposta.

Em uma relação sequencial, uma fase só se inicia quando a outra termina, e a relação sobreposta à fase pode iniciar antes de outra terminar. As vantagens e desvantagens de cada tipo de fase são necessárias para avaliar os riscos e o emprego dos recursos sobre o impacto no projeto.

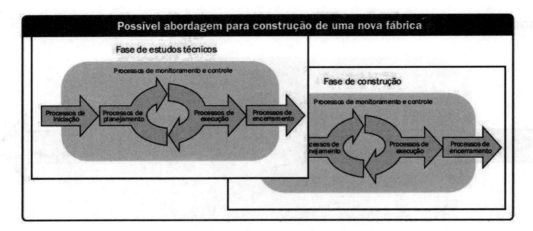

Figura 11.22: Fases de um projeto.

As Áreas de Conhecimentos da Gestão de Projetos

O gerenciamento de projetos PMBOK (PMI, 2013) é composto por dez áreas de conhecimentos que se relacionam entre si e também podem ser utilizadas de maneira independente de acordo com a complexidade do projeto a ser gerido.

As boas práticas indicam que há um consenso sobre a aplicação do conhecimento, habilidades, ferramentas e técnicas poderem aumentar as chances de sucesso de muitos projetos e que nem sempre será necessária a utilização de todos os processos para alcance de resultados. A companhia de gerenciamento necessitará avaliar o grau de comprometimento dos participantes, a maturidade de cada um e grau de absorção da aderência aos conceitos para o máximo de resultados equilibrando entre o que é apropriado para um projeto específico e o alcance das premissas e objetivos desejados.

As áreas de conhecimentos são compostas por:

Figura 11.23: Áreas de conhecimentos.

A quantidade de processos de cada área é descrita conforme o quadro:

Tabela 11.2: Distribuição das áreas de conhecimentos.

Área de Conhecimento	Número de Processos
Integração	6
Escopo	6
Tempo	7
Custo	4
Qualidade	3
Recursos Humanos	4
Comunicação	3
Riscos	6
Aquisições	4
Partes Interessadas	4

O total dos processos das áreas de conhecimentos fica, também, em 47.

SÍNTESE DAS ÁREAS DE GERENCIAMENTO DE PROJETOS

Como ilustração aos princípios de gestão de projetos, neste tópico descreveremos a importância de cada área de conhecimento, as documentações necessárias a serem geradas e qual o gerente de projetos necessita de sua equipe de trabalho para garantir que o produto, resultado ou serviço seja completamente executado dentro das premissas das partes envolvidas.

A boa prática diz que nem sempre será necessário utilizar todas as áreas de gerenciamento simultaneamente, e sim aquelas que forem suficientes para o sucesso do projeto.

Integração do Projeto

A Integração é o momento em que formalmente se faz a autorização do início do projeto ou da sua fase e toda a documentação dos requisitos que satisfaçam as necessidades e expectativas das partes interessadas.

Definida pelos processos e suas atividades que possam integrar os diversos elementos necessários ao gerenciamento de um projeto e inclui os seguintes processos:

- Desenvolvimento do termo de abertura do projeto
- Desenvolvimento do plano de gerenciamento do projeto
- Orientar e gerenciar a execução do projeto

- Monitorar e controlar o trabalho desenvolvido pelo projeto
- Realizar o controle integrado de mudanças
- Encerrar o projeto ou uma fase do projeto

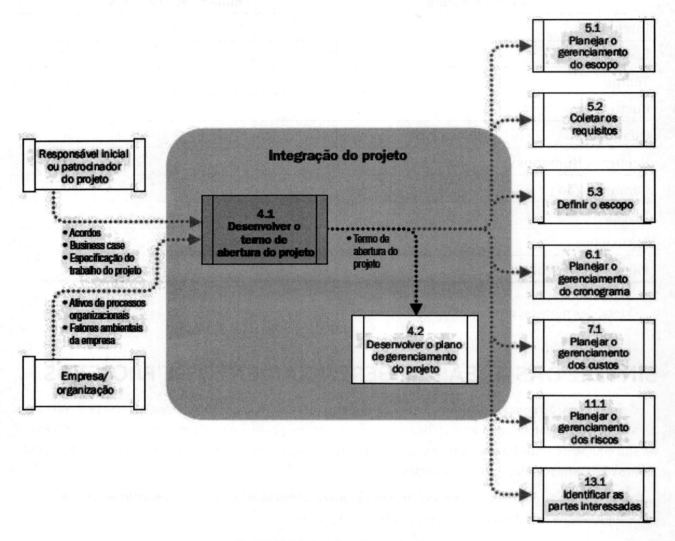

Figura 11.24: Integração do projeto.

Escopo do Projeto

Definido pelos processos e suas atividades que se garanta que todo o projeto inclua o trabalho necessário e suficiente para todo o projeto ser concluído com sucesso e inclui os seguintes processos:

- Planejamento do gerenciamento do escopo
- Coletar requisitos
- Definir o escopo
- Criar a estrutura analítica do projeto

- Validar o escopo
- Controlar o escopo

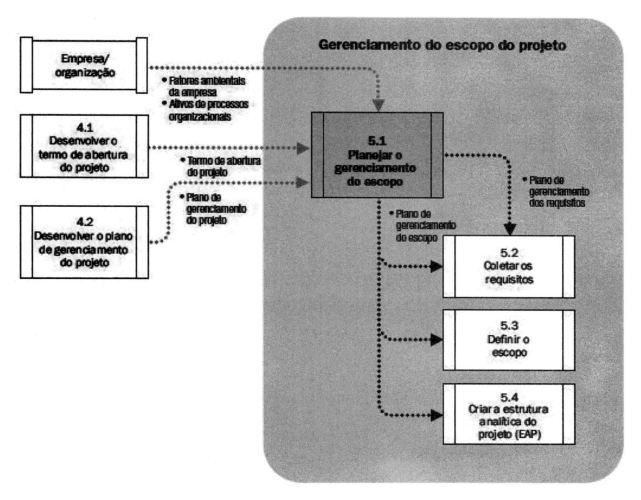

Figura 11.25: Escopo do projeto.

Tempo do Projeto

Envolve a inclusão de processos e suas atividades no projeto para que o prazo no projeto seja garantido e são:
- Planejamento do gerenciamento do cronograma
- Definir atividades
- Sequenciar a execução das atividades
- Estimar recursos necessários para execução das atividades
- Estimar as durações das atividades
- Desenvolver o cronograma
- Controlar o cronograma

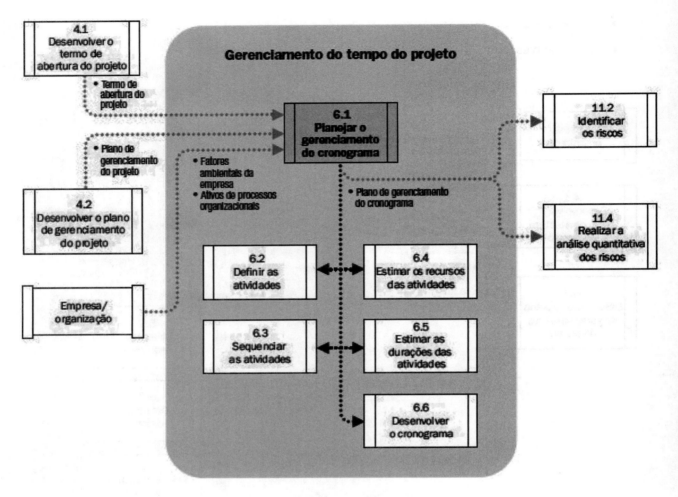

Figura 11.26: Tempo do projeto.

Custo do Projeto

As atividades de planejamento, suas estimativas de custos, as determinações de orçamento e controle de custos dos projetos são determinados pelos processos e suas atividades, onde se inclui:

- Planejamento do gerenciamento dos custos
- Estimar custos
- Determinação do orçamento
- Controlar custos

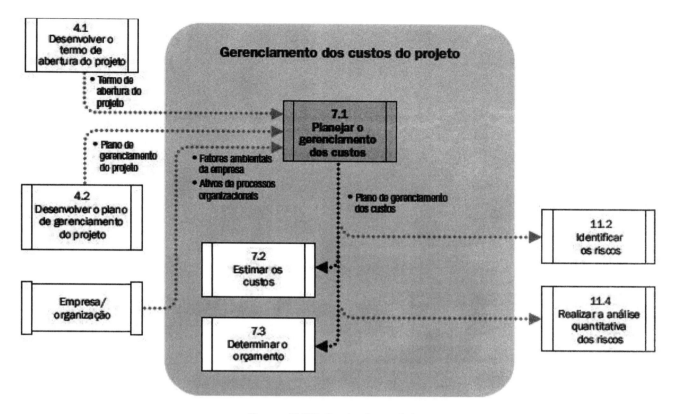

Figura 11.27: Custo do projeto.

Qualidade do Projeto

A gestão da qualidade do projeto descreve os processos e as atividades referentes ao planejamento, monitoramento e controle da garantia do projeto e inclui:

- Planejamento do gerenciamento da qualidade
- Realizar a garantia da qualidade
- Realizar o controle da qualidade

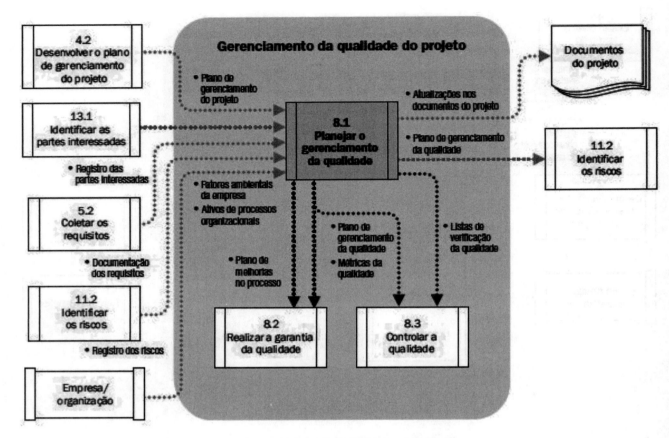

Figura 11.28: Qualidade do projeto.

Recursos Humanos do Projeto

Descrevem os processos e as atividades relacionados com o planejamento, contratação, mobilização, desenvolvimento e gerenciamento da equipe do projeto. Isso inclui:

- Planejamento do gerenciamento dos recursos humanos
- Mobilizar a equipe de projeto
- Desenvolvimento da equipe de projeto
- Gerenciar a equipe do projeto

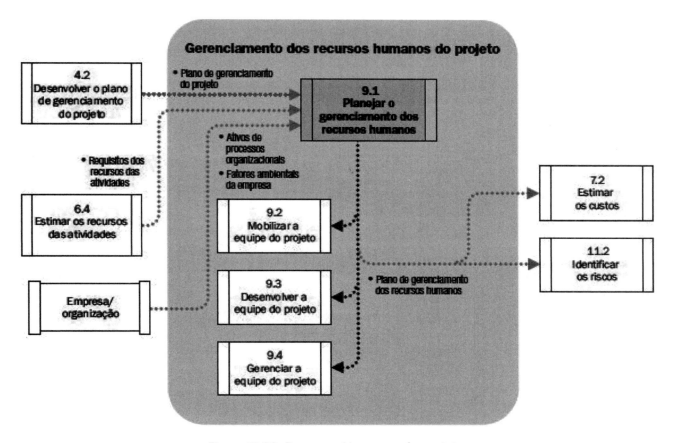

Figura 11.29: Recursos Humanos do projeto.

Comunicações do Projeto

São os processos e as atividades relacionados com toda a coleta, geração, distribuição, armazenamento e destinação das informações do projeto, incluindo:

- Planejamento do gerenciamento das comunicações
- Gerenciamento das comunicações
- Controle das comunicações

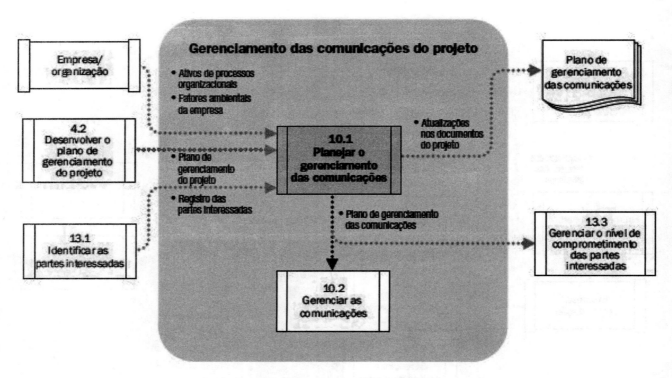

Figura 11.30: Comunicações do projeto.

Riscos do Projeto

A gestão dos riscos está relacionada com os processos e as atividades de identificação e ao controle dos riscos com o qual o projeto está envolvido e inclui:

- Planejamento do gerenciamento dos riscos
- Identificar riscos
- Realizar análise qualitativa dos riscos do projeto
- Realizar análise quantitativa dos riscos
- Planejar respostas aos riscos
- Monitorar e controlar riscos do projeto

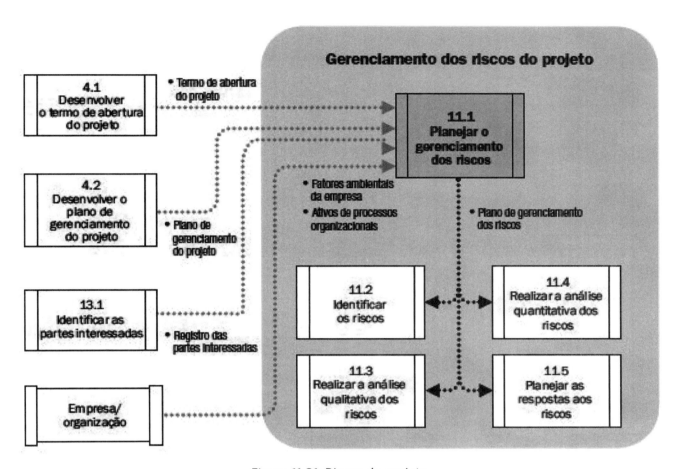

Figura 11.31: Riscos do projeto.

Aquisições do Projeto

O gerenciamento das aquisições envolve os processos e as atividades relacionados com a compra ou as aquisições dos produtos, serviços ou resultados para o projeto e isso inclui:

- Planejamento do gerenciamento das aquisições
- Conduzir aquisições
- Controlar as aquisições

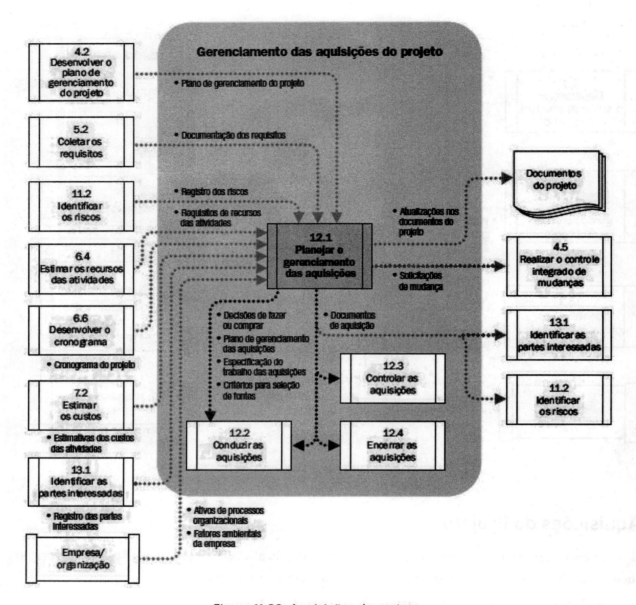

Figura 11.32: Aquisições do projeto.

Partes Interessadas do Projeto

O gerenciamento das partes interessadas no projeto descreve os processos e as atividades relacionados com o engajamento dos stakeholders e inclui:

- Identificar as partes interessadas
- Planejar o gerenciamento das partes interessadas
- Gerenciar o engajamento das partes interessadas
- Controlar o engajamento das partes interessadas

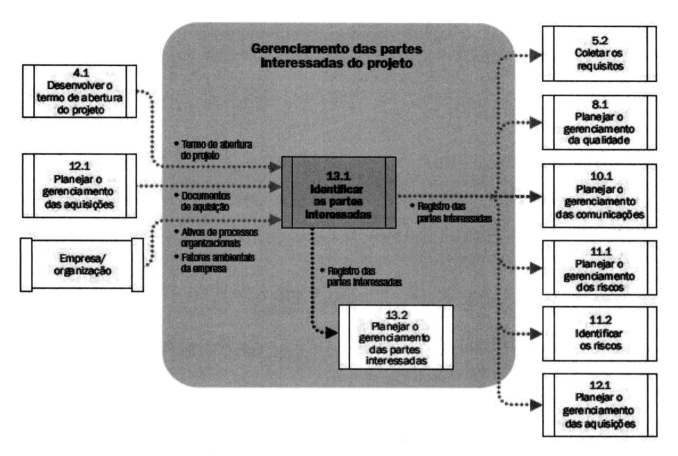

Figura 11.33: Partes interessadas do projeto.

A MATURIDADE GERENCIAL

O gerenciamento de projetos é uma excelente ferramenta de aplicação para a obtenção de resultados em variados tipos de negócios e necessita, por parte dos profissionais envolvidos, de uma busca incansável pela excelência através da incansável aplicação das ferramentas e técnicas que o guia PMBOK (PMI, 2013) pode proporcionar, de acordo com o modelo OPM3 (Organizational Project Management MaturityModel), sendo um padrão mundialmente reconhecido para a avaliação e desenvolvimento das capacidades organizacionais na gestão de projetos, programas e portfólios. É uma padronização do PMI (Project Management Institute). Este modelo tem o intuito de colaborar com as empresas para desenvolverem um plano a ser seguido para melhorar seu desempenho.

O OPM3 do PMI foi concebido para fornecer às empresas benefícios na utilização organizacional, tais como:
- Estreitamento entre o planejamento estratégico e a execução, dando mais previsibilidade, confiabilidade e consistência;
- Correlação entre os níveis da gestão de portfólio, programas e projetos e o sucesso organizacional;

- Identificação das melhores práticas que possam apoiar a implementação de estratégias organizacionais através de projetos bem-sucedidos;
- Identificação de capacidades específicas que compõem as práticas que sejam as melhores e mais adequadas de acordo com as melhores práticas da organização.

CONSIDERAÇÕES FINAIS

Neste capítulo pudemos estudar a importância da disciplina gestão de projetos sendo aplicada na construção civil como um fator de vantagem competitiva, entendendo princípios fundamentais para a obtenção de resultados. Na prática, para a obtenção da implantação das técnicas de cada área de conhecimento se torna necessária a Figura de um gerente especializado que compreenda as rotinas dos processos, que vença condicionantes da estrutura organizacional, que compreenda o nível de engajamento de cada membro da equipe participante, que possa analisar meticulosamente os riscos que possam impactar o negócio.

A construção civil brasileira é cercada de tradicionalismo e alto índice de resistência a mudanças que podem fazer com que o gerente de projetos tenha que se empenhar em quebrar paradigmas para que o sucesso nos resultados seja concretizado.

REFERÊNCIAS BIBLIOGRÁFICAS

CHIAVENATO, IDALBERTO. *Gerenciando pessoas – o passo decisivo para a administração participativa*, 2ª ed. São Paulo: Makron Books, 1994. São Paulo: Makron Books.

KERZER, HAROLD. *Gestão de Projetos: as melhores práticas.* 2ª ed., Ed. Bookman..2006, 822 p.

PMBOK. *Um Guia do Conjunto de Conhecimentos em Gerenciamento de Projetos, 5ª* ed. 567p. EUA: Project Management Institute, 2013.

Capítulo 12

PROJETO DE FUNDAÇÕES

Eng° Gustavo Vieira Botelho, MSc.
Universidade Federal de Uberlândia- UFU/ GH Fundações
email: ghengenharia@uol.com.br

INTRODUÇÃO

As fundações são os elementos responsáveis pela transmissão das cargas provenientes do peso próprio e de carregamentos durante a utilização de uma edificação para o solo. A escolha do tipo mais adequado e seu dimensionamento depende de uma série de fatores variáveis de obra para obra, e em alguns casos variando até na mesma obra, sendo necessária a utilização de dois ou mais modelos.

Com o tipo de fundação escolhida, o próximo passo será seu dimensionamento geotécnico e estrutural, e para isso vários métodos de dimensionamento estão disponíveis e são de largo conhecimento no meio técnico.

Este capítulo trata da escolha e detalhamento das fundações desde a avaliação das condições de contorno até as metodologias de cálculo formando um roteiro para uma escolha segura e econômica.

FATORES QUE INFLUENCIAM NA ESCOLHA DO TIPO DE FUNDAÇÕES

A escolha do melhor tipo de fundações para cada obra depende de uma análise em conjunto dos seguintes fatores:

Tipo de Solo

Estudos preliminares identificam o tipo de solo, sua característica de resistência e presença do lençol freático. A forma mais comum de se analisar o solo é através de sondagens tipo SPT, sendo um ensaio de baixo custo e execução relativamente rápida.

O solo apresenta três tipos em função de sua granulometria:

- Argila: solo com granulometria menor que 0,005mm e que apresenta uma força de coesão entre suas partículas conferindo estabilidade em escavações a céu aberto.

- Silte: solo com granulometria entre 0,005 e 0,05mm não apresenta coesão; quando desconfinado, pode apresentar expansão.

- Areia: solo com granulometria entre 0,05 e 4,8mm não apresenta coesão, suas partículas são indeformáveis quando carregadas e sua capacidade de suportar cargas depende do arranjo de sua estrutura.

Normalmente os solos se apresentam como uma mistura entre dois ou três tipos de solos, e a identificação da predominância de cada tipo de extrema importância para a escolha da metodologia a ser aplicada.

Tipo de Estrutura a Construir

As cargas transmitidas para as fundações dependem diretamente do tipo de estrutura a construir, se se trata de uma CSA simples térrea ou de um edifício alto, se uma ponte com cargas cíclicas ou se um apoio para máquinas vibratórias. Cada tipo de estrutura indica ou é proibitivo para determinados tipos de fundações.

Vizinhança

A situação das edificações vizinhas podem inviabilizar algumas alternativas de fundações. Estruturas precárias, edificações nas linhas de divisas, execução de subsolos, necessidade de rebaixamento de lençol freático são fatores que devem ser considerados na decisão final.

Topografia

A topografia do terreno pode definir a necessidade de escavação ou aterro para implantação da edificação e define ainda as condições de vizinhança. As cotas do levantamento topográfico, dos furos de sondagens e do projeto de arquitetura devem estar sempre amarradas para correta avaliação.

Know-how e estrutura local

A infraestrutura e experiência local têm peso significativo. A possibilidade ou não de fornecimento contínuo de concreto usinado e bombeado, a facilidade de compra e transporte de estacas pré-moldadas, a facilidade de mão de obra de escavação de tubulões a céu aberto, existência de empresas com equipamentos especiais com custos e disponibilidade de mobilização acessíveis devem sempre ser considerados.

Prazos

Cronograma de obra pré-definido, fluxo financeiro limitado estão sempre entre os itens de maior importância na definição da escolha.

Custos

Na maioria dos casos, o custo final da metodologia empregada será o fator principal na escolha das fundações.

TIPOS DE FUNDAÇÕES

As fundações são separadas em dois grupos: fundações superficiais, rasas ou diretas e fundações profundas.

A norma brasileira NBR 6122 – Projeto e execução de fundações traz as seguintes definições:

Fundação superficial (rasa ou direta): elemento de fundação em que a carga é transmitida ao terreno pelas tensões distribuídas sob a base da fundação, e a profundidade de assentamento em relação ao terreno adjacente à fundação é inferior a duas vezes a menos a dimensão da fundação.

Entre os tipos de fundações diretas tem-se as sapatas, os blocos e os radiers.

Fundação Profunda: elemento de fundação que transmite a carga ao terreno ou pela base (resistência de ponta) ou por sua superfície lateral (resistência de fuste) ou por uma combinação das duas, devendo sua ponta ou base estar assente a uma profundidade superior ao dobro de sua menor dimensão em planta, e no mínimo 3,0m.

Nesse tipo de fundação incluem-se as estacas e os tubulões.

As estacas podem ainda se dividir em grupos de acordo com seu procedimento executivo, conforme Figura 12.1:

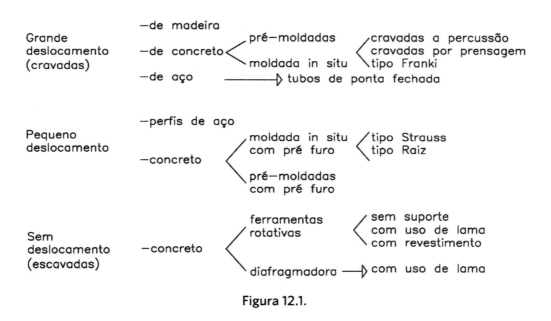

Figura 12.1.

CARACTERIZAÇÃO GEOTÉCNICA

Existem vários ensaios para caracterização geotécnica, dentre eles o "Standart Penetration Test" – SPT, o SPT complementado com torque – SPT-T, o ensaio de penetração de cone – CPT, ensaio de palheta – Vane Test, ensaios com dilatômetros e geofísicos.

Entretanto, de todos esses o SPT é o mais utilizado no Brasil e em todo o mundo e seus resultados fornecem dados para todos os métodos de cálculos disponíveis no meio técnico.

O SPT consiste na cravação de um amostrador padrão no solo, através da queda livre de um peso de 65kg (martelo) caindo de uma altura determinada (75cm).

Com esse procedimento, mede-se a resistência do solo à penetração obtendo-se o valor de Nspt e recuperam-se as amostras a cada metro ensaiado para caracterização visual e táctil. Depois do ensaio finalizado, é possível ainda se medir o nível do lençol freático após estabilizado.

RESISTÊNCIA GEOTÉCNICA X RESISTÊNCIA ESTRUTURAL

A capacidade de carga das fundações deve ser avaliada em termos de carga geotécnica e carga estrutural.

Capacidade de carga geotécnica é a carga que o solo suporta sem apresentar ruptura ou deslocamento do elemento de fundação na interface fundação/solo.

Capacidade de carga estrutural é a carga que o elemento estrutural de fundação resiste (concreto, aço ou madeira).

A otimização do projeto de fundações pode ser avaliada com a proximidade entre as duas resistências, quanto mais próximas, mais econômico é o projeto.

PROJETOS DE FUNDAÇÕES – PROCEDIMENTOS

Fundações Rasas

Sapatas isoladas

A área da base de uma sapata ou bloco é dada por:

$A = a \times b = P/\sigma s$ onde:

A = área da sabata,

a, b = lados da sapata,

P = carga aplicada na sapata,

σs = tensão admissível do solo.

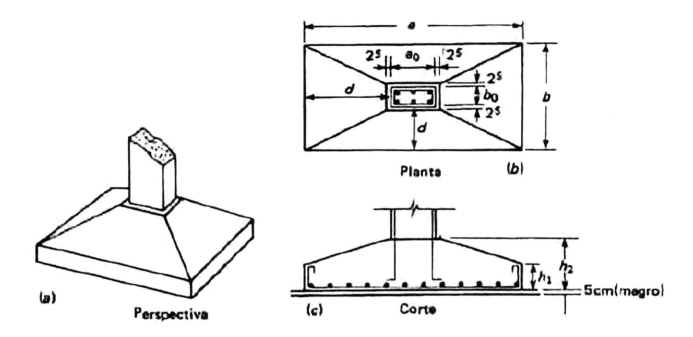

Figura 12.2.

Deve-se sempre tentar atender aos seguintes itens:

- o centro de carga da sapata deve coincidir com centro de carga do pilar;
- a sapata não ter dimensão menor que 80 cm;
- sempre que possível, a relação entre os lados a e b deverá ser menor ou no máximo igual a 2,5;
- sempre que possível, os valores a e b devem ser escolhidos de forma que os balanços da sapata, em relação as faces do pilar (valor d da Figura acima), sejam iguais nas duas direções.

Existem casos em que uma única sapata (Figura 12.3) recebe a carga de dois ou mais pilares, ela é chamada de sapata associada. Nessa situação, o dimensionamento é feito somando-se a carga de todos os pilares e o centro da sapata coincide com o centro de carga dos pilares.

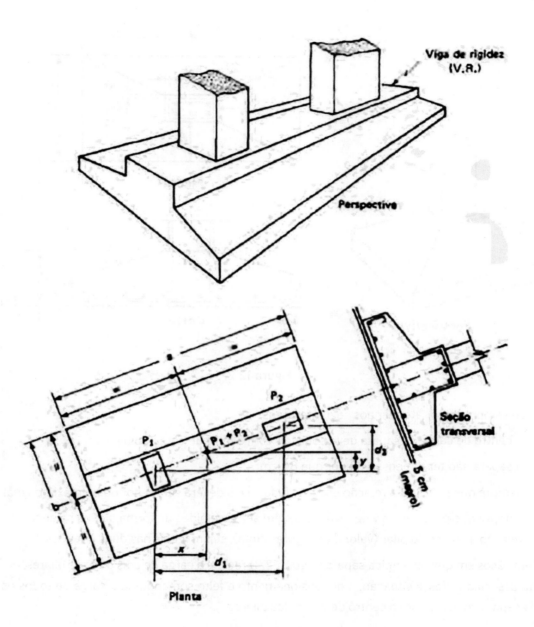

Figura 12.3.

No caso em que os pilares estejam nas divisas de terreno, o centro de carga dos pilares não serão coincidentes com o centro das sapatas. Deverão, então, ser criadas vigas de equilíbrio ou viga alavanca ligada a outro pilar. Sempre que isso ocorrer, deve-se lançar o novo arranjo estrutural com as cargas de reação recalculadas, conforme Figura 12-4.

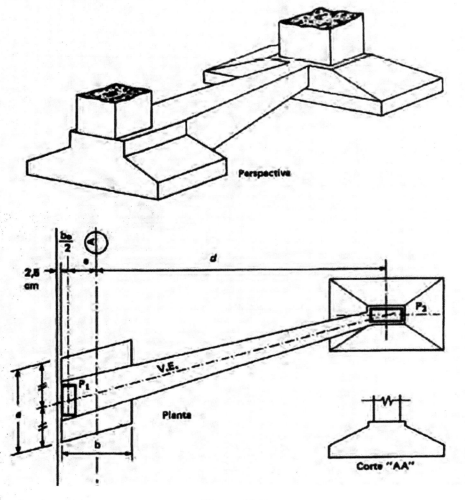

Figura 12.4.

Capacidade de carga de sapatas

O método mais utilizado para determinação da capacidade de carga de sapatas é a utilização de correlações com valor do resultado dos ensaios de SPT como a correlação proposta por Alonso (1983):

$\sigma s = Nspt$ (médio)$/5$ (kg/cm^2) onde:

Nspt (médio) = média dos valores de Nspt na profundidade de ordem de grandeza igual a duas vezes a largura estimada da sapata contando a partir da cota de apoio.

Dimensionamento estrutural de sapatas

Método das Bielas para sapatas isoladas, Figura 12.5:

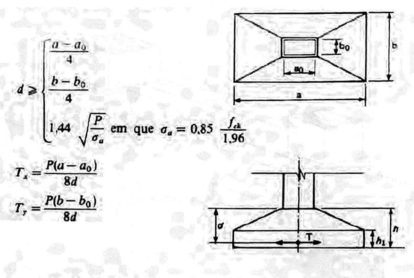

Figura 12.5.

Método das bielas para sapatas corridas, Figura 12.6:

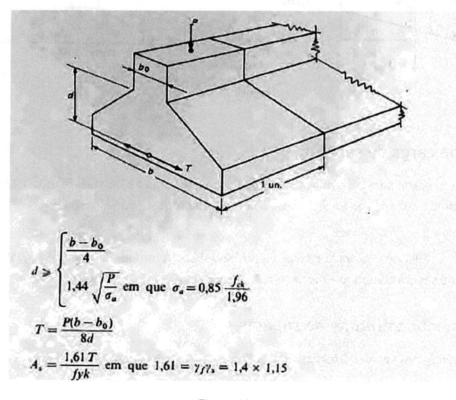

Figura 12.6.

FUNDAÇÕES PROFUNDAS

Tubulões

Os fustes dos tubulões geralmente têm sua seção circular com diâmetro mínimo de 70 cm e uma base alargada com seção circular ou elíptica, conforme Figura 12.7.

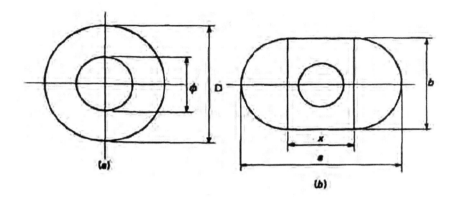

Figura 12.7.

Para cálculo da área da base dos tubulões, tem-se:

$Ab = P/\sigma s$

A área do fuste é calculada analogamente à de um pilar cuja seção de aço seja nula:

$\gamma_f P = 0{,}85 A_f \varphi \chi \kappa / \gamma_c$

em que: $\gamma_f = 1{,}4$

$\gamma_c = 1{,}6$

A fórmula acima pode ser escrita de maneira simplificada:

$A_f = P/\sigma_c$

em que $\sigma_c = \dfrac{0{,}85\ \varphi \chi \kappa}{\gamma f \gamma c}$, que, para o caso de concretos com $\varphi \chi \kappa = 13{,}5 MN/m^2$,

obtém-se $\sigma c = 5\ MN/m^2$

O valor do ângulo α indicado na Figura 8 pode ser obtido de tubulões a céu aberto, adota-se $\alpha = 60°$.

Assim o valor de H será:

$H = \dfrac{D - \phi\ tg\ 60°}{2}$, portanto: $H = 0{,}866\ (D - \phi)$ ou

$0{,}866\ (a - \phi)$ quando a base for falsa elipse.

Os tubulões devem ser dimensionados de maneira que as bases não tenham alturas superiores a 1,8m. Para os tubulões a ar comprimido, as bases podem ter alturas de até 3,0m, desde que as condições do maciço permitam ou sejam tomadas medias para garantir a estabilidade da base durante sua abertura.

Havendo base alargada, esta deve ter a forma de tronco de cone (com base circular ou de falsa elipse), superposto a um cilindro de no mínimo 20 cm de altura, denominado rodapé, conforme a Figura 12.8.

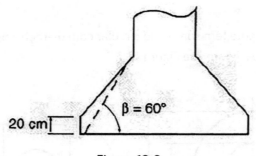

Figura 12.8

As armaduras de fuste e de ligação fuste-base, quando necessárias, devem ser projetadas e executadas de modo a assegurar a plena concretagem do tubulão.

Estacas

Definições e procedimentos gerais do projeto:

A disposição das estacas deve ser feita sempre que possível de modo a conduzir a blocos de menor volume. Na Figura 12.9, são indicadas algumas disposições, mais comuns, para as estacas. No caso de haver superposição das estacas de dois ou mais pilares, pode-se unir os mesmos por um único bloco. Para pilares de divisa, deve-se recorrer ao uso de viga de equilíbrio.

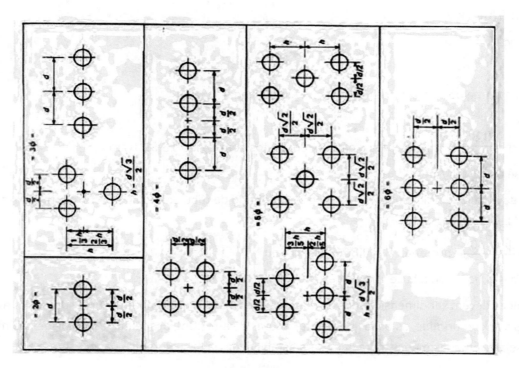

Figura 12.9.

A distribuição das estacas em torno do centro de carga do pilar deve ser feita sempre que possível de acordo com os blocos padronizados indicados nas Figuras 12.10 e 12.11.

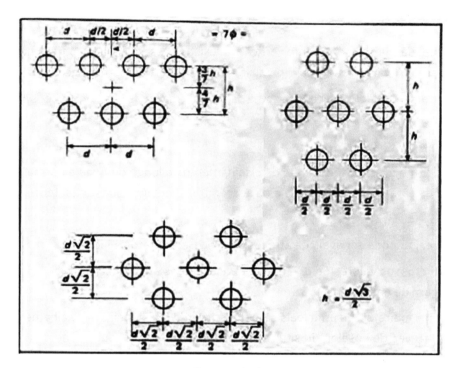

Figura 12.10.

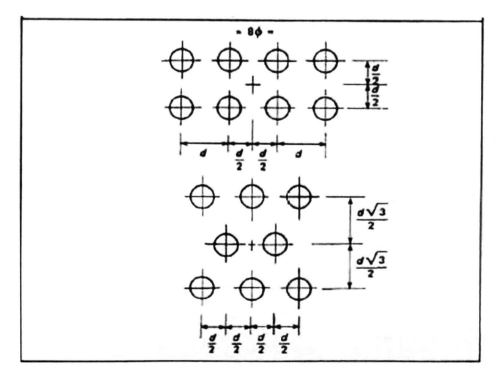

Figura 12.11.

Capacidade de Carga de Estacas Isoladas

Conceituação Básica

Uma estaca submetida a um carregamento vertical irá resistir a essa solicitação parcialmente pela resistência ao cisalhamento gerada ao longo de seu fuste e parcialmente pelas tensões normais geradas ao nível de sua ponta.

A capacidade de carga Q_u é definida como a soma das cargas máximas que podem ser suportadas pelo atrito lateral Q_s e pela ponta Q_p.

$$Q_u = Q_s + Q_p \ (1)$$

Designando-se por q_s e q_p as tensões-limite de cisalhamento ao longo do fuste e normal ao nível da base A_s e A_p, respectivamente, a área lateral da estaca e da secção transversal de sua ponta, tem-se:

$$Q_u = Q_s + Q_p = q_s A_s + q_p A_p \ (2)$$

A capacidade de carga pode ser avaliada através de processos diretos e indiretos.

Nos processos diretos, os valores de q_s e q_p são determinados através de correlações empíricas e/ou semiempíricas com algum de ensaio "in situ".

Nos processos ditos indiretos, as principais características de resistências ai cisalhamento e de rigidez dos solos são avaliadas através de ensaios "in situ" e/ou de laboratórios e a capacidade de carga é determinada através da utilização de formulação teórica ou experimental.

São inúmeras as teorias existentes para a determinação da capacidade de carga das fundações.

Um dos métodos mais utilizados para cálculo de capacidade de carga é o proposto por Decourt Quaresma, 1978, que apresentaram um modelo com base nos valores de N do ensaio SPT:

O Método Décourt e Quaresma, para estaca padrão, tem-se:

$$Q_u = q_p A_p + q_s A_s$$

A tensão de ruptura de ponta é dada por:

$$q_p = KN$$

Onde K é a função do tipo de solo, Tabela 12.1.

Tabela 12.1

Valores do coeficiente K em função do tipo de solo

Tipo de solo	K (kN/m^2)	K (tf/m^2)
argila	120	12
silte argiloso (solo residual)	200	20
silte arenoso (solo residual)	250	25
areia	400	40

Projeto de Fundações 269

A ruptura aqui considerada, quando a mesma não é claramente definida, é a convencional, ou seja, carga correspondente a um deslocamento do topo da estaca de 10% de seu diâmetro.

O atrito lateral unitário é dado por:

$q_s = 10(N/3 + 1)$ KN/m^2

$q_s = N/3 + 1$ tf/m^2

Qualquer que seja o método utilizado para o dimensionamento da estaca padrão, sugere-se que para os outros tipos de estaca sejam considerados os coeficientes α e β, a seguir definidos.

Os coeficientes α e β são coeficientes de majoração ou de minoração, respectivamente, para a reação de ponta (q_p) e para o atrito lateral unitário (q_s) que permitem estender os cálculos efetuados para a estaca padrão para outros tipos de estaca.

Por exemplo, para o método Décourt e Quaresma (1978) ter-se-ia:

$Q_u = \alpha q_p A_p + \beta q_s A_s$

$Q_u = \alpha K N_p A_p + 10\beta(N_s/3 + 1)$ (KN/m^2)

Os valores de α e β sugeridos para os diversos tipos de estacas são apresentados nas Tabelas 12.2 e 12.3.

Tabela 12.2.

Valores do coeficiente α em função do tipo de estaca e do tipo de solo

Tipo de solo / Tipo de estaca	Escavada em geral	Escavada (bentonita)	Hélice contínua	Raiz	Injetada sob altas pressões
Argilas	0,85	0,85	0,30*	0,85*	1,0*
Solos Intermediários	0,60	0,60	0,30*	0,60*	1,0*
Areias	0,50	0,50	0,30*	0,50*	1,0*

* valores apenas orientativos diante do reduzido número de dados disponíveis.

270 Gerenciamento de Obras, Qualidade e Desempenho da Construção

Tabela 12.3.

Valores do coeficiente bem função do tipo de estaca e do tipo de solo

Tipo de estaca / Tipo de estaca	Escavada em geral	Escava. da (bento-nita)	Hélice contí-nua	Raiz	Injetada sob altas pressões
Argilas	0,8	0,9*	1,0*	1,5*	3,0*
Solos Intermediários	0,65	0,75*	1,0*	1,5*	3,0*
Areias	0,5	0,6*	1,0*	1,5*	3,0*

* valores apenas orientativos diante do reduzido número de dados disponíveis.

O Método Aoki e Velloso

Tanto a tensão-limite de ruptura de ponta (q_p) quanto de atrito lateral (q_s) são avaliadas em função da tensão de ponta q_c do ensaio de penetração do cone (CPT).

Para se levar em conta as diferenças de comportamento entre a estaca (protótipo) e o cone (modelo), foram definidos os coeficientes F_1 e F_2.

$q_p = q_c/F_1$

$q_s = q_c/F_2$

Sendo α o coeficiente estabelecido por BEGEMANN (1965) para correlacionar o atrito local do cone com ponteira BEGEMANN com a tensão de ponta (q_c).

Na ausência de ensaios CPT, são utilizados os ensaios SPT segundo a seguinte correlação:

$q_c = KN$

Os valores de K e de α em % são apresentados na Tabela 12.4.

Tabela 12.4.

Coeficientes K e α

Tipo de Solo	k kgf/cm²	α (%)
Areia	10,0	1,4
Areia siltosa	8,0	2,0
Areia silto-argilosa	7,0	2,4
Areia argilosa	6,0	3,0
Areia argilo-siltosa	5,0	2,8
Silte	4,0	3,0
Silte arenoso	5,5	2,2
Silte areno-argiloso	4,5	2,8
Silte argiloso	2,3	3,4
Silte argilo-arenoso	2,5	3,0
Argila	2,0	6,0
Argila arenosa	3,5	2,4
Argila areno-siltosa	3,0	2,8
Argila siltosa	2,2	4,0
Argila silto-arenosa	3,3	3,0

Os valores de F_1 e F_2 para estaca padrão são:

$F_1 = 1,75$ e $F_2 = 3,5$

Assim, sendo q_c a resistência de ponta do cone a tensão de ruptura de ponta e de atrito lateral para estaca de referência é dada por:

$q_p = q_c / 1,75$ e $q_s = \alpha\, q_c / 3,5$

Segundo os autores, essas expressões seriam também válidas para estacas metálicas.

Para estacas tipo Franki, sempre relacionadas com a estaca de referência, tem-se:

$q_{pF} = 0,83\, q_p$ e $q_{sF} = 0,83\, q_s$

Onde q_{pF} e q_{sF} são respectivamente a tensão da ruptura de ponta e de atrito lateral para estacas tipo Franki.

A maior dificuldade para a correta aplicação desse método é a necessidade da perfeita caracterização do tipo de solo envolvido, o que na prática é quase impossível de se conseguir.

Assim, por exemplo, uma estaca em um solo classificado simplesmente como areia (K = 10) teria o dobro da capacidade de carga da mesma estaca em um solo classificado como areia argilosa (k = 5).

REFERÊNCIAS BIBLIOGRÁFICAS

ASSOCIAÇÃO BRASILEIRA DE NORMAS TÉCNICAS. NBR 6122: Projeto execução de fundações. Rio de Janeiro, 2010.

ALONSO, U. R. Exercícios de fundações. São Paulo, 1983.

VARGAS, M. Introdução a mecânica dos solos. São Paulo, 1977.

CAPUTO, H. P. Mecânica dos solos e suas aplicações, Volume 1, 6° ed. São Paulo, 1988.

PINI. Fundações: teoria e prática, 2a ed.. São Paulo, 1998.

Capítulo 13

BOAS PRÁTICAS PARA EXECUÇÃO DE REVESTIMENTOS

Daniel Tregnago Pagnussat, DSc., MSc.
Doutor em Engenharia Civil, Professor UFRGS
email: danipag@gmail.com

Carina Mariane Stolz, DSc., MSc.
Doutora em Engenharia Civil, Pós-Doutoranda NORIE/UFRGS, Professora FEEVALE
email: carimstolz@yahoo.com.br

INTRODUÇÃO

O conceito técnico de revestimento é algo similar ao seu significado etimológico. Tudo aquilo que reveste ou "cobre" determinada superfície pode ser considerado um revestimento. No caso da Construção Civil, esse conceito deve ser estendido para "sistemas de revestimento", uma vez que o revestimento em si não existe como elemento, senão atrelado a um conjunto de outros elementos igualmente importantes e interdependentes, formadores de um sistema específico da edificação. Nesse sentido, Bauer (2005) pondera que um sistema de revestimento deve ser entendido como um conjunto de subsistemas, de funções variadas. Estas funções estão associadas principalmente à proteção das vedações (alvenarias, estruturas de concreto, etc.), regularização de superfícies para acabamento, auxílio na estanqueidade, além de prover ou auxiliar em determinadas características estéticas, térmicas e acústicas da edificação.

A inexistência de projetos específicos, aliado ao desconhecimento das propriedades dos materiais empregados em revestimentos, bem como a utilização de materiais inadequados, erros executivos, o desconhecimento ou não observância de normas técnicas e falhas de manutenção estão entre as principais justificativas para a ocorrência de falhas em sistemas de revestimento (PAGNUSSAT, 2013; BAUER, 1997). O sistema de revestimento de um edifício será determinante para o aspecto estético final do projeto implementado, bem como a manutenção desta estética ao longo da vida útil do empreendimento. Por isso, a seleção e a correta implementação de alternativas tecnológicas de revestimentos é de grande importância, e item fundamental para o conhecimento de engenheiros e arquitetos.

O projeto de revestimentos, sejam eles aderidos ou não aderidos, deve contemplar todos os detalhes necessários para a execução dos sistemas (de revestimento), visando evitar o surgimento de manifestações patológicas futuras, como descrevem Ceotto et al. (2005):

- memorial de especificação de materiais;
- projeto do produto: definições geométricas, posicionamento e detalhes;
- memorial executivo;

274 Gerenciamento de Obras, Qualidade e Desempenho da Construção

- definição dos procedimentos de controle;
- definição da rotina de manutenção e inspeção.

Os principais fatores que devem ser lavados em conta no momento da execução de um projeto de revestimento são: as condições ambientais a que a edificação está exposta, o projeto arquitetônico e seus detalhes construtivos, a estrutura da edificação e suas características de geometria, rigidez e deformabilidade, a presença de rasgos e aberturas devido a instalações, o tipo de vedação ou base que receberá o revestimento, os processos construtivos da estrutura, alvenaria, equipamentos disponíveis e mão de obra, além dos prazos que influenciarão diretamente na logística de produção (CEOTTO et al., 2005).

São considerados pontos críticos no momento da execução do projeto de revestimentos os panos com grandes dimensões, o dimensionamento e vedação de juntas, a localização de frisos, estruturas em balanço, lajes de cobertura, interfaces entre revestimentos diferentes, interfaces entre bases diferentes (encontro alvenaria x estrutura), o fluxo de água e pontos de encontro entre plano vertical com plano horizontal (COMUNIDADE DA CONSTRUÇÃO, 2012). Verifica-se que grande parte das áreas que exigem maior atenção estáo submetida ao efeito da movimentação dos materiais de base, de forma que o revestimento utilizado deve ser definido de forma que absorva estas deformações sem sofrer danos.

De maneira sucinta, estão descritos alguns aspectos conceituais relativos aos revestimentos. Um ponto importante tange à classificação dos mesmos. Revestimentos podem ser agrupados pelo seu ambiente de exposição (internos ou externos) ou pela posição relativa da superfície a revestir (verticais ou horizontais), mas também podem ser classificados em outros níveis. Quanto à continuidade superficial, por exemplo, existem revestimentos:

- monolíticos: sem a presença de juntas aparentes (como argamassas e pastas);
- modulares: com a presença de juntas aparentes (como cerâmicas, pétreos, madeira, metálicos).

Uma classificação importante, no entanto, diz respeito à técnica de fixação. Existem basicamente dois mecanismos que podem ser utilizados para a fixação dos revestimentos à base (substrato):

- fixação aderente;
- fixação não-aderente.

O mecanismo mais tradicional é chamado de <u>fixação aderente</u>, sendo esta a forma com que os revestimentos convencionais de argamassa e cerâmicos são aplicados, através da fixação físico-química sobre a superfície. No caso de uma fixação aderente, é preciso garantir que exista um contato efetivo e permanente entre a superfície do substrato e o revestimento nele assentado, por meio de algum material adesivo. Falhas nesta aderência entre o substrato e o revestimento em geral acarretam em descolamentos, fissurações e consequente perda de desempenho do sistema, podendo diminuir a estanqueidade ao ar e à água, a segurança e a vida útil.

Atualmente, vem crescendo a utilização, principalmente em fachadas, de revestimentos cuja forma de fixação é classificada como <u>não aderente</u>. Neste sistema, os elementos de fachada, geralmente modulares, são fixados por dispositivos como *inserts*, parafusos, pregos, perfis, entre outros. Esta é uma técnica que vem se aprimorando fortemente e vem sendo cada vez mais utilizada na Construção Civil, devido a sua facilidade de montagem, construção seca e vasta gama de materiais que podem ser utilizados, tais como: placas pétreas (de granito, mármore ou similares) placas metálicas (aço, aço inox, cobre), placas cerâmicas, porcelanatos, vidros, acrílicos, dentre outras.

Neste capítulo, serão discutidos brevemente aspectos relativos a alguns sistemas de revestimentos, com uma abordagem mais aprofundada de sistemas de revestimento em argamassa, por serem estes os mais consolidados dentro das práticas de construção brasileira correntes. Estes tópicos fazem parte da temática proposta em módulo específico do curso de Gerenciamento de Obras, Tecnologia e Qualidade da Construção do IPOG - Instituto de Pós-Graduação.

REVESTIMENTOS ADERIDOS

Revestimentos de Argamassa

A NBR 13281 (ABNT, 2005) define o conceito de argamassa, sendo que esta se constitui em "mistura homogênea de agregado(s) miúdo(s), aglomerante(s) inorgânico(s) e água, contendo ou não aditivos ou adições, com propriedades de aderência e endurecimento, podendo ser dosada em obra ou em instalação própria (argamassa industrializada)". Por sua vez, a NBR 13529 (ABNT, 1995) especifica que um revestimento é "o recobrimento de uma superfície lisa ou áspera com uma ou mais camadas sobrepostas de argamassa, em espessura normalmente uniforme, apta a receber um acabamento final".

Os revestimentos de argamassa são os mais utilizados nas edificações brasileiras. Este fato ocorre pela facilidade de execução e por questões culturais, uma vez que, historicamente, revestimentos em pasta ou argamassa são utilizados desde os primeiros relatos de edificações construídas em nosso país.

Apesar disso, ou justamente por isso, o aprimoramento tecnológico deste revestimento não alcança muitos dos canteiros de obra, ficando sua execução, dosagem e aplicação a cargo da experiência do profissional da construção civil, fato que resulta em falta de controle na produção do revestimento e gera heterogeneidade na qualidade dos mesmos.

Camadas do revestimento de argamassa

Um sistema de revestimento de argamassa pode ser composto por diferentes camadas. Tradicionalmente, tem-se a seguinte configuração:

- base ou substrato;
- camada de preparo ou chapisco;
- camada de emboço ou regularização;
- camada de reboco ou acabamento.

O sistema de revestimento de argamassa convencional, com as camadas de chapisco, emboço e reboco (Figura 1a), embora ainda muito utilizado, vem sendo gradativamente substituído, principalmente nos grandes centros urbanos, por sistemas de revestimento com única camada, com ou sem chapisco. Com o intuito da eliminação ou minimização de etapas executivas nos canteiros de obra, visando prazos mais curtos, a utilização de argamassas do tipo massa única (também conhecidas em algumas regiões como reboco paulista ou emboço paulista), tem ganhado força, tanto com o uso de argamassas mistas confeccionadas *in loco* como pelo uso de argamassas industrializadas (Figura 1b).

Para revestimentos internos, alguns fabricantes de blocos cerâmicos e de concreto vêm indicando o uso do revestimento em camada única, sem a necessidade de utilização da camada de preparo (Figura 1c). Isso é possível quando se possui um substrato e uma argamassa de reboco com características de absorção e retenção de água compatíveis, de forma que a argamassa não perca água muito rapidamente para o substrato e/ou ambiente. Já existem produtos sendo vendidos no mercado especificamente para este uso, chamados de revestimentos monocamada, em que se pode utilizar o revestimento de argamassa diretamente sobre o substrato ou sobre apenas camada de chapisco, inclusive sem a necessidade de pintura posterior, devido ao produto possuir uma gama de texturas e cores.

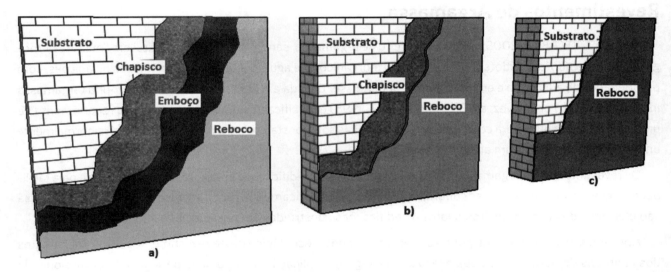

Figura 13.1: Sistemas de revestimento de argamassa. a) sistema com camada de chapisco, emboço e reboco, b) sistema com camadas de chapisco e reboco, c) sistemas com camada única de reboco.

O substrato que irá receber o revestimento de argamassa pode ser constituído por alvenaria de tijolos ou blocos cerâmicos, de concreto, blocos celulares, estrutura de concreto armado, ou ainda painéis modulares pré-moldados. O material de base exercerá influência direta no desempenho do revestimento de argamassa aplicado sobre ele, de forma que deverá haver uma compatibilização entre ambos.

Como exemplo, no processo de produção de blocos cerâmicos, destaca-se a questão da temperatura de queima e do tipo de argila utilizada, que estão diretamente ligados com a porosidade do material. A porosidade dos blocos influenciará na absorção de água de argamassa de revestimentos aplicada sobre eles, de forma que quando se tem blocos mais porosos é indicada a utilização de argamassas com propriedades de retenção de água maiores, fazendo com que a perda de água para o substrato seja mais lenta, de forma que não falte água na mistura para a hidratação do cimento.

Por serem mais rugosos superficialmente e menos absorventes, alguns fabricantes indicam que, em revestimentos internos, os blocos de concreto não necessitam da utilização de camada de preparo (chapisco). Deve-se ter cautela em aplicar este tipo de prática, utilizando-se argamassas com propriedades reológicas adequadas à penetração da pasta nestas rugosidades. Estudos mostram que, dependendo das propriedades no estado fresco das argamassas (trabalhabilidade/reologia) e da energia de lançamento no momento da aplicação, as argamassas não penetram adequadamente nas rugosidades do substrato, resultando em falhas de contato na interface (Figura 2) que tendem a reduzir a aderência do revestimento (STOLZ, 2011).

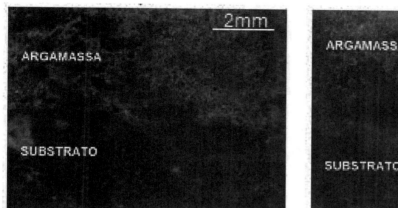
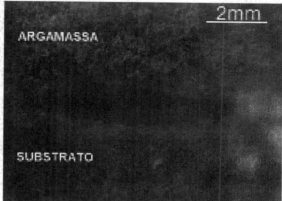

Figura 13.2: Falha de contato na interface argamassa/substrato de concreto[1]

Revestimentos de argamassa aplicados sobre substratos de concreto são os que mais apresentam problemas relativos ao descolamento e desplacamento. Este fato está relacionado com a evolução tecnológica, onde cada vez se produzem concretos com maiores resistências e, consequentemente, menor porosidade superficial. Os materiais das fôrmas e os desmoldantes utilizados também influenciam nas propriedades superficiais dos concretos estruturais. Por estes motivos, é muito importante o adequado preparo da superfície do concreto, com lavagem a quente no caso da utilização de desmoldantes e a utilização de camada de preparo (chapisco) para regularização da absorção e aumento da rugosidade, resultando em uma adequada ancoragem da camada de revestimento.

A camada de preparo ou chapisco possui entre 3 a 5 milímetros de espessura e tem como função preparar o substrato para o recebimento do revestimento de argamassa através da uniformização da absorção de base e o incremento de sua rugosidade superficial. Para tal, pode ser utilizado o chamado chapisco convencional de cimento e areia grossa (com ou sem aditivos), chapisco rolado, desempenado ou projetado.

O chapisco convencional (Figura 3a) é aplicado através da utilização de colher de pedreiro e é dosado em canteiro de obras com proporcionamento dos materiais variável e dependente do tipo de agregado e cimento disponíveis. Os proporcionamentos (traços) mais comumente observados variam de 1:2 a 1:4 (aglomerante:agregado, em volume).

O chapisco rolado (Figura 3b) é aplicado através da utilização de rolo de textura acrílica e pode ser produzido em canteiro de obra ou industrializado. Quando produzido em canteiro, o proporcionamento mais comumente utilizado é de 1:4 (aglomerante:agregado, em volume) com o uso de cola resinada e água na proporção de 1:6 (variável em função da resina utilizada). O chapisco rolado é mais indicado para utilização em áreas internas.

---

[1] Fonte: STOLZ, 2011

Em estruturas de concreto, devido à menor porosidade superficial, como já comentado anteriormente, pode ser recomendada a utilização de chapisco desempenado (Figura 3c), sendo que o mecanismo de aderência é físico-químico e não somente mecânico. O chapisco desempenado, por vezes também chamado chapisco colante, é aplicado com a utilização de desempenadeira, com os cordões na horizontal. Cabe salientar que, embora seu processo de execução seja muito similar ao de uma argamassa colante, trata-se de materiais diferentes. O uso de argamassas colantes como chapisco desempenado não é recomendado, pela questão da incompatibilidade dos componentes da mesma com as situações de serviço deste material como camada de travamento mecânico e regularizador de absorção.

Conforme a NBR 13749 (ABNT, 2013) de especificações para revestimentos de argamassas inorgânicas, as espessuras totais admissíveis para revestimentos internos são de 5 a 20 milímetros, para externos de 20 a 30 milímetros e para revestimentos de teto as espessuras devem ser menores do que 20 milímetros. Espessuras excessivas exigem a aplicação dos revestimentos em mais de uma camada, bem como o reforço das camadas com telas adequadas para o revestimento.

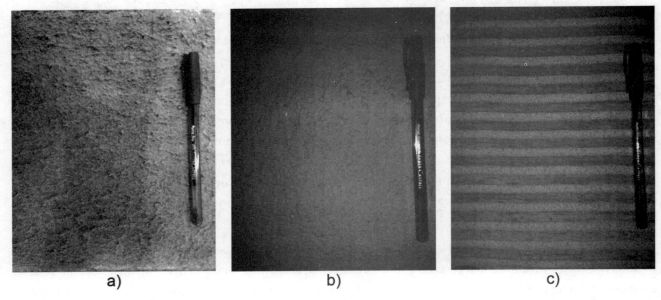

Figura 13.3: Tipos de chapisco. a) chapisco convencional, b) chapisco rolado, c) chapisco desempenado.[2]

A camada de regularização ou emboço possui, via de regra, entre 10 a 20 milímetros em revestimentos internos e de 20 a 30 milímetros em revestimentos externos. Esta camada é utilizada para a regularização da base e para que se corrijam desníveis decorrentes da inadequada execução da parede, de forma que sua espessura pode ser bastante variável. Substratos irregulares podem resultar em excessivas espessuras da camada de argamassa, em alguns casos exigindo o uso de telas para reforço. Alguns exemplos de revestimento interno de argamassa executado com espessuras de até 6 cm podem ser observados na Figura 13.4.

---

[2] Fonte: dos autores

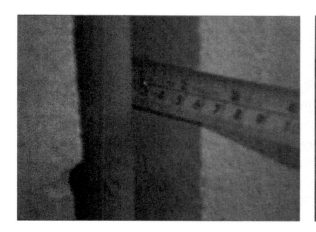 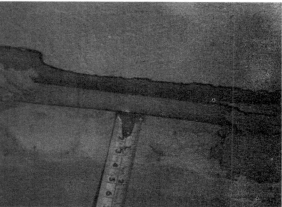

Figura 13.4: Exemplos de espessura excessiva de revestimento de argamassa[3]

Quando utilizado um revestimento em duas camadas (emboço + reboco), a camada de reboco ou acabamento final normalmente possui espessura entre 5 e 10 milímetros e tem como finalidade dar acabamento adequado ao revestimento para, posteriormente, receber a decoração final.

Produção dos revestimentos de argamassa

Para ser considerada satisfatória, uma argamassa depende não apenas do conhecimento das propriedades dos materiais constituintes, mas também da seleção apropriada da proporção ("traço") destes materiais na mistura, a fim de que o mesmo torne-se compatível com o substrato no qual é aplicado. Além disso, deve proporcionar boa trabalhabilidade e condições de aplicação por parte do executor do revestimento (PAGNUSSAT, 2013).

A supressão de traços empíricos para a produção de argamassas do texto da norma NBR 7200 (ABNT, 1998) é um indicativo de que o proporcionamento dos materiais constituintes deve ser realizado de maneira racionalizada e cientificamente embasada (PANDOLFO, 2006). Esse pensamento é corroborado, por exemplo, por autores como Antunes (2005), que cita a consideração de parâmetros reológicos no processo de dosagem como fundamentais para a aplicação e consolidação dos revestimentos de argamassa.

No caso de optar-se por argamassas industrializadas, é muito importante cuidar da velocidade de mistura adotada. Rotações muito altas resultam em uma maior incorporação de ar, comparativamente a velocidades mais lentas de mistura, prejudicando a consistência (YOSHIDA E BARROS, 1995). Nakakura e Cincotto (2003), ao analisarem o texto da NBR 13281 (ABNT, 2005), reiteram essa questão do tempo de mistura, principalmente para argamassas industrializadas. A incorporação de ar, embora benéfica em alguns casos, pode reduzir a capacidade de adesão inicial dessas argamassas e, por conseguinte, prejudicar a aderência final das mesmas à parede.

As argamassas de revestimento são compostas basicamente por aglomerantes, agregados e água, podendo receber ainda adições e aditivos. Estas podem ser produzidas no canteiro de obra através da mistura destes materiais em betoneira/argamassadeira, ser adquiridas em sacos ou silos que exigem apenas o processo de mistura da água de amassamento ou ainda serem fornecidas prontas por caminhões-betoneira.

---

[3] fonte: dos autores

280 Gerenciamento de Obras, Qualidade e Desempenho da Construção

As argamassas preparadas em canteiro de obra exigem que seja prevista uma central de produção no canteiro, com misturador adequado, local para armazenagem dos materiais e um elevado controle da dosagem no momento da produção. As argamassas de reboco/emboço produzidas em obra possuem uma vasta gama de proporcionamentos, dependentes do tipo de materiais disponíveis em cada região. Verifica-se na literatura a recorrência da utilização de proporcionamentos de cimento, cal e areia de 1:1:6, 1:2:9 e 1:3:12. No entanto, não é incomum encontrar-se outros proporcionamentos, tais como 1:2:8 ou 1:1:7. No caso dos traços 1:1:6, 1:2:9 e 1:3:12, os mesmos seguem uma tradição citada por Recena (2007) de que o volume do agregado corresponda ao triplo do volume de aglomerante. O mesmo autor cita um exemplo de tabela utilizada para diferentes traços mantendo-se essa proporção (Tabela 1).

Tabela 13.1: Exemplos de traços de argamassa[4]

	Traços em volume		
Identificação	**Cimento**	**Cal**	**Areia**
M	1	¼	3 ½
S	1	½	4 ½
N	1	1	6
O	1	2	9
K	1	3	12

O uso de argamassas produzidas *in loco* exige a garantia do controle dos proporcionamentos utilizados, o que nem sempre é verificado na prática. Por esta razão, cada vez mais vem sendo incentivado o uso de argamassas industrializadas, em sacos ou silos ou ainda usinadas, que são entregues dosadas e reduzem a variabilidade de produção.

Argamassas adquiridas em sacos ou silos possuem a vantagem de ter sua dosagem de materiais secos com alto grau de controle. Estas ainda exigem que se possua uma central de produção no canteiro, no entanto reduzem a necessidade de área para estoque de materiais. A quantidade de água utilizada na mistura deve ser controlada, conforme especificações do fabricante, bem como o processo de mistura e incorporação de ar. A principal desvantagem deste tipo de argamassa é que, por questões comerciais, nem sempre seus materiais e seu proporcionamento são claramente conhecidos. Normalmente há grande quantidade de aditivos em sua composição, que são muito sensíveis ao processo de produção das argamassas, influenciando diretamente no seu desempenho no estado endurecido, e podendo ter eventualmente conseqüências indesejáveis na questão de aderência das argamassas quando mal controladas.

As argamassas fornecidas por caminhão betoneira têm a vantagem de, por chegar prontas no canteiro, eliminar a necessidade de se possuir uma central de produção. Esta tecnologia reduz problemas relacionados à variações na dosagem de materiais e água de mistura, devida à influência da mão de obra no processo de pro-

---

[4] RECENA, 2007

dução. No entanto, exige um planejamento logístico eficiente quanto ao volume que será adquirido para evitar desperdícios ou falta de material.

Recentemente, algumas empresas vêm adotando o uso das argamassas estabilizadas para a produção de revestimentos. Estas argamassas são produtos especiais à base de aditivos, geralmente incorporadores de ar e estabilizadores de hidratação. Os aditivos incorporadores de ar melhoram a trabalhabilidade através da incorporação de ar à mistura, enquanto os aditivos estabilizadores de hidratação retardam o processo natural de endurecimento da argamassa resultante da hidratação do cimento. Assim, conforme os teores de aditivos utilizados, é possível garantir a manutenção da trabalhabilidade destas argamassas de 36 a 72 horas, após sua produção.

A grande vantagem das argamassas estabilizadas está no ganho de tempo devido à eliminação do processo de produção das mesmas em canteiro, o controle de proporcionamento realizado em central e a redução de perdas devida à possibilidade de armazenagem do material úmido por até 72 horas.

A argamassa estabilizada deve ser mantida em tonéis com uma lâmina de água, evitando seu contato direto com o ar, já que o processo de endurecimento se dá pela minimização do efeito dos estabilizadores de hidratação à medida que ocorre a absorção e/ou evaporação da água de amassamento. Além disso, necessita em alguns casos de um maior tempo para o sarrafeamento, devido ao endurecimento mais lento pela presença dos aditivos.

Execução dos Revestimentos de Argamassa

Os revestimentos de argamassa podem ser aplicados de diferentes formas. De maneira geral, podemos dividir as possibilidades entre execução manual ou mecanizada. A escolha da técnica utilizada vai depender das características e do porte de edificação que se está construindo, bem como da mão de obra disponível e do tipo de argamassa que se utilizará no canteiro de obra.

A aplicação manual é diretamente dependente do aplicador, fato que pode resultar em grande variabilidade no processo. A energia de aplicação no processo manual varia ao longo do dia em função da ergonomia decorrente da região de aplicação (há maiores dificuldades de aplicação em locais muito altos ou muito baixos), bem como devido ao cansaço do aplicador. Além disso, a variabilidade pode ser intrínseca da diferença entre aplicadores, função da maior ou menor experiência ou prática do oficial pedreiro.

O processo de execução de um revestimento de argamassa inicia-se com o taliscamento (Figura 5a), após a conferência do esquadro das paredes do pavimento. Nesse momento, eventuais erros executivos durante o processo de elevação das alvenarias e da estrutura devem ser corrigidos, na medida do possível, pelo revestimento de argamassa. As taliscas são pequenos tacos cerâmicos ou de madeira que são assentados com a própria argamassa de revestimento para fornecer o nível e o prumo. Devem-se fixar taliscas a aproximadamente 20 a 30 cm do piso e 40 a 50 cm do teto, sendo a distância entre elas definida pelo tamanho da régua utilizada para o posterior sarrafeamento. Entre as taliscas, devem ser executadas as mestras (Figura 13.5b).

Figura 13.5: Etapas da execução do revestimento de argamassa. a) taliscamento. b) execução das mestras. c) preenchimento das cheias. d) sarrafeamento[5]

As mestras são faixas de argamassas que ligam as taliscas e que servem de guia para o sarrafeamento, definindo a espessura das cheias (Figura 13.5c) (revestimento que será executado entre as mestras). É comum observar em algumas obras a supressão da etapa de execução das mestras. Embora não necessariamente essa supressão leve à diminuição da qualidade do revestimento final, é importante atentar para as condições da parede que se está executando (extensão, tipo de substrato, tipo de argamassa, etc.) e se o oficial pedreiro tem a habilidade necessária para sarrafear a parede, garantindo a planicidade e o nível necessários. A argamassa, depois de lançada, pode ser comprimida com a colher de pedreiro (em um processo conhecido como "aperto") e, em seguida, sarrafeada (Figura 5d), apoiando-se a régua nas taliscas superiores e inferiores ou intermediárias. Terminada a etapa de mestras, é o processo de sarrafeamento que vai garantir a espessura final definida pelo nível das taliscas, preparando o processo de desempeno.

O processo de desempeno consiste na etapa final que se dará à parede argamassada e vai depender do tipo de acabamento que ocorrerá posteriormente - textura, massa corrida, pintura, cerâmica, papel de parede, etc. O desempeno não ocorre imediatamente após o processo de sarrafeamento, sendo necessário um tempo de espera para que parte da água da argamassa seja perdida por evaporação e/ou absorção da base. Esse procedimento é importante de modo a evitar fissuração futura por retração da argamassa pela perda excessiva de água após o

---

[5] Fonte: dos autores

desempeno. Em canteiros de obra, esse tempo de espera é conhecido pela expressão "esperar a argamassa puxar" e varia conforme o substrato: em substratos de tijolos cerâmicos, de maior absorção, esse tempo é menor do que em substratos de pilares e vigas de concreto, por exemplo. Em muitas situações, é importante que o pedreiro saiba diferenciar o tempo entre os materiais, para evitar situações de fissurações posteriores como a ilustrada na Figura 13.6.

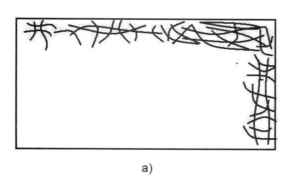
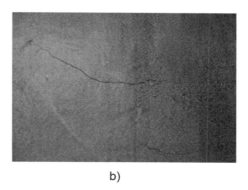

a)   b)

Figura 13.6: Fissuras em revestimento. a) exemplo esquemático do aparecimento de fissuras de retração em revestimentos. Note-se que a área fissurada corresponde, possivelmente, à região do substrato de concreto (viga e pilar), que demandam um tempo de espera maior para o desempeno. b) fissuras aparentes em revestimento de argamassa.[6]

O desempeno para o posterior assentamento de revestimentos decorativos com mais de 5 mm de espessura, como cerâmicas, pode ser mais grosseiro, bastando o uso de uma desempenadeira lisa de madeira. Para revestimentos texturizados e pintura acrílica em mais de duas demãos, usa-se o chamado desempeno fino, também realizado com desempenadeira de madeira, porém com um número maior de movimentos circulares para melhor aspecto e planicidade. Por fim, pode-se realizar o chamado desempeno "camurçado", onde é utilizada, além da desempenadeira de madeira, uma esponja ou desempenadeira com espuma, para posterior acabamento com tintas minerais, PVA ou acrílico.

Outra proposta de aplicação, a projeção mecanizada de argamassas pode ser utilizada para a aplicação de chapisco, emboço ou camada única de revestimento. Suas principais vantagens, quando bem utilizada, são a redução de mão de obra e de desperdícios e uma maior uniformidade no produto final (BAUER, 2005).

Os principais equipamentos utilizados para a projeção de argamassas são os projetores com recipiente acoplado e as bombas de argamassa com misturador acoplado. O primeiro consiste em projetor com um recipiente acoplado onde a argamassa é inserida e posteriormente projetada com ar comprimido. O segundo consiste no bombeamento e na projeção da argamassa que está em uma câmara através de um mangote (BAUER, 2005). Salienta-se que o processo de projeção da argamassa é dependente de uso de argamassa dosada especificamente para tal e de mão de obra treinada e especializada.

Independentemente da técnica utilizada, a NBR 13749 (ABNT, 2013) estabelece alguns requisitos de aceitação do sistema de revestimento, quais sejam:

---

[6] Fonte: dos autores

- o desvio de prumo aceitável em um sistema de revestimento de argamassa em paredes internas não deve exceder H/900, sendo H a altura total da parede em metros;
- os desníveis dos revestimentos de teto não devem exceder L/900, sendo L o comprimento do maior vão do teto;
- as ondulações não devem superar 3 milímetros em relação a uma régua de 2 metros de comprimento e as irregularidades abruptas não devem superar 2 milímetros em relação a uma régua de 20 centímetros de comprimento.

O reforço dos revestimentos em algumas regiões com o uso de telas metálicas também deve ser previsto no projeto, previamente à execução dos mesmos. O tipo e a quantidade de locais onde esta tela deve ser colocada são um tema que tem gerado alguma controvérsia. Tradicionalmente, é aconselhado o uso de reforço em regiões de elevadas tensões, que ocorreriam principalmente na interface alvenaria-estrutura dos últimos pavimentos e imediatamente acima de regiões sobre pilotis. Atualmente, tem sido prática comum de algumas construtoras e consultores estender esta necessidade para todos os encontros alvenaria/estrutura de fachada de todos os pavimentos, bem como nos cantos das aberturas da alvenaria, entre aberturas na alvenaria e outros pontos considerados críticos. Não raro, é possível identificar empresas que realizam o telamento em todos os itens comentados anteriormente, não somente em fachadas mas também internamente.

Na opinião destes autores, a maior ou menor inserção de telas metálicas de reforço, em pontos parciais ou na totalidade dos pavimentos, dependerá de uma criteriosa análise técnica do tipo de deformação esperada para a edificação, bem como o projeto e especificação de materiais e juntas.

Também é recomendado o reforço em revestimentos cuja a espessura seja maior ou igual a 30 mm, o qual deverá ser executado em mais de uma camada.

As telas mais recomendadas para este reforço são as chamadas telas eletrossoldadas, muito embora também seja corrente o uso de telas maleáveis do tipo "viveiro" ou "galinheiro". Estas últimas podem ser utilizadas, desde que sua execução seja criteriosamente acompanhada, de modo a garantir que as mesmas sejam instaladas tensionadas, sem "folgas" que permitam que elas não cumpram sua função primordial de absorver tensões oriundas de deformações da alvenaria/estrutura que possam comprometer a qualidade dos revestimentos, gerando fissurações. A Figura 13.77 ilustra o uso de uma tela na interface alvenaria/estrutura.

Figura 13.7: Tela na união alvenaria/estrutura[7]

---

[7] Fonte: dos autores)

REVESTIMENTOS CERÂMICOS

Revestimentos cerâmicos são elementos modulares aplicados geralmente a pisos, paredes e fachadas de edificações. Masuero (2013) descreve uma série de vantagens que justificam a utilização de revestimentos cerâmicos em fachadas. Dentre eles, podemos citar:

- alta resistência mecânica;
- fácil colocação;
- boa durabilidade - não perde a cor facilmente;
- facilidade de limpeza;
- baixa absorção por umidade.

Uma das principais propriedades dos revestimentos cerâmicos, principalmente em áreas de pisos, é a resistência à abrasão. Esta propriedade determina os usos que podem ser dados a cada placa cerâmica e auxilia na escolha dos diversos tipos de revestimentos, através da classificação do índice PEI. A Tabela 2 apresenta a classificação das placas cerâmicas quanto à abrasão e suas indicações de uso. É de extrema importância que a cerâmica seja corretamente especificada de modo a evitar futuras manifestações patológicas fruto, dentre outros, do desgaste superficial das peças.

Tabela 13.2: Classificação dos revestimentos cerâmicos quanto a resistência à abrasão

Classificação	Resistência	Uso
PEI 0	Muito baixa	Somente parede. Desaconselhável para pisos
PEI 1	Baixa	Banheiros, dormitórios
PEI 2	Média	Ambientes sem porta para o exterior
PEI 3	Média-alta	Cozinhas, corredores, sacadas e quintais
PEI 4	Alta	Áreas comerciais, hotéis, salões de vendas
PEI 5	Altíssima	Áreas públicas: shoppings, aeroportos, restaurantes, etc.

Por serem revestimentos modulares, existe a necessidade da previsão de juntas junto às peças cerâmicas. O conceito corrente de "junta" é curiosamente ambíguo, uma vez que, além de união, tem, neste caso técnico, o sentido de separação entre placas ou painéis. Assim, a junta constitui-se em uma abertura estreita, fenda ou rebaixo destinada a separar longitudinalmente duas peças ou elementos construtivos.

Estas juntas podem assumir diferentes formas e funções. As juntas de dessolidarização devem ser previstas no encontro de pisos com paredes, encontros de paredes com o teto, encontro entre diferentes materiais, entorno de vigas e pilares e encontros de paredes. A Figura 8 ilustra exemplos de execução deste tipo de junta. As juntas de dilatação (movimentação) são aberturas projetadas para permitir movimento entre dois elementos adjacentes sem que ocorram fissurações junto à sua superfície; estas juntas de dilatação dividem o revestimento em painéis e atravessam a camada de emboço aonde as placas foram aplicadas (Figura 9).

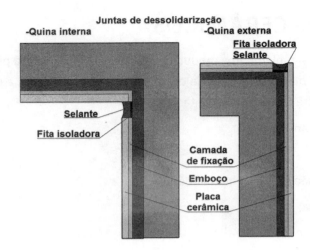

Figura 13.8: Exemplos de junta de dessolidarização em revestimento cerâmico.[8]

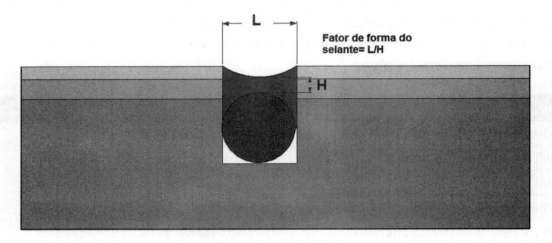

Figura 13.9: Exemplo de junta de dilatação em revestimento cerâmico.[9]

A NBR 13755 (ABNT, 1997) estabelece algumas diretrizes para a execução de juntas de movimentação e de dessolidarização. A referida norma recomenda que as juntas horizontais de movimentação tenham espaçamento máximo de 3 metros ou estejam presentes a cada pé-direito, na região de encunhamento da alvenaria. As juntas verticais devem estar espaçadas no máximo por 6 metros de distância. O dimensionamento das juntas deverá ser determinado levando-se em consideração o módulo de elasticidade do selante que será utilizado. Esta propriedade definirá o fator de forma da junta, que é a relação entre sua largura e sua profundidade.

Segundo Beltrame e Loh (2009), o uso de juntas de dilatação/movimentação é uma ferramenta essencial em diversas situações, já que permitem ao sistema de revestimento absorver mais facilmente as deformações impostas pela movimentação da estrutura, além dos movimentos térmicos e higroscópicos dos materiais.

---

[8] Fonte: dos autores

[9] Fonte: dos autores)

As juntas de assentamento, por fim, separam cada uma das placas cerâmicas e dependem do coeficiente de dilatação do material que está sendo aplicado e do tamanho das peças, podendo variar de espessura. As juntas de assentamento devem ser preenchidas com pasta de rejunte, pelo menos 72 horas após a aplicação das placas. A NBR 14992 (ABNT, 2003) classifica os tipos de rejuntes conforme a Tabela 13.3.

Tabela 3: Características dos tipos de rejuntes (NBR 14992/2003)

Propriedade	Rejuntamento Tipo I	Rejuntamento Tipo II
Retenção de água	≤ 75 mm	≤ 65 mm
Variação dimensional	≤ |2 mm/m|	≤ |2 mm/m|
Resistência à compressão	≥ 8 MPa	≥ 10 MPa
Resistência à tração na flexão	≥ 2,0	≥ 3,0
Absorção de água por capilaridade aos 300 min	≤ 0,60	≤ 0,30
Permeabilidade aos 240 min	≤ 2,0	≤ 1,0

Rejuntes do tipo I são utilizados em locais de trânsito de pedestres (quando em pisos) não intenso e em placas com absorção de água superior a 3%. Indicada para pisos e paredes externos, desde que não excedam 20 m² e 18 m², onde se exija junta de movimentação, respectivamente. Já rejuntamentos do tipo II englobam todas as condições do tipo I, mais locais de trânsito intenso de pedestres e/ou placas com absorção de água inferior a 3%.

A Figura 13.10 ilustra esquematicamente as juntas de assentamento e de movimentação empregadas em revestimentos cerâmicos.

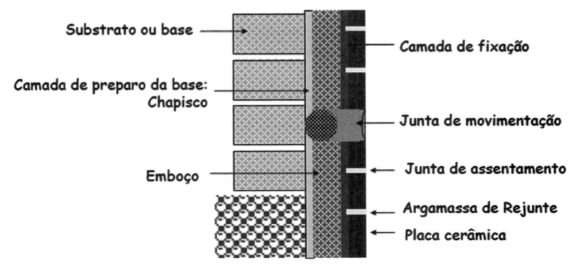

Figura 13.10: Desenho esquemático dos tipos de juntas [10]

---

[10] MASUERO, 2013

288 Gerenciamento de Obras, Qualidade e Desempenho da Construção

Quanto aos aspectos executivos, os revestimentos cerâmicos são aplicados sobre uma camada de emboço em paredes ou sobre o contrapiso em pisos. Quando revestimentos aderentes, são aplicados com a utilização de argamassa convencional ou colante. A argamassa convencional pode ser industrializada ou dosada em obra, devendo seguir os mesmos cuidados de produção descritos nos capítulos anteriores. Já a argamassa colante é fornecida através de sacos, onde a mistura de materiais já vem pronta, necessitando apenas da adição de água. Esta é uma mistura de aglomerantes, agregados e aditivos e é aplicada com a utilização de desempenadeira dentada.

Para cada uso deve-se especificar a argamassa colante mais adequada. A NBR 14081 (ABNT, 2012) classifica estas argamassas colantes quanto ao seu uso, conforme segue:

a. *"argamassa colante industrializada – AC I: Argamassa colante industrializada com características de resistência às solicitações mecânicas e termoigrométricas típicas de revestimentos internos, com exceção daqueles aplicados em saunas, churrasqueiras, estufas e outros revestimentos especiais.*

b. *argamassa colante industrializada – AC II: Argamassa colante industrializada com características de adesividade que permitem absorver os esforços existentes em revestimentos de pisos e paredes internos e externos sujeitos a ciclos de variação termoigrométrica e a ação do vento.*

c. *argamassa colante industrializada – AC III: Argamassa colante industrializada que apresenta aderência superior em relação às argamassas dos tipos I e II.*

d. *argamassa colante industrializada – tipo E: Argamassa colante industrializada dos tipos I, II e III, com tempo em aberto estendido."*

A norma faz ainda menção a argamassas tipo "D", que seriam aquelas cujo deslizamento é reduzido.

Por sua vez, a Tabela 13.4 enumera alguns requisitos para a argamassa colante.

Tabela 13.4: Requisitos de argamassa colante.[11]

Propriedade	Método deensaio	Unidade	Argamassa colante Industrializada			
			ACI	ACII	ACIII	E
Tempo em aberto	ABNT NBR 14081-3	min	≥ 15	≥ 20	≥ 20	Argamassa do tipo I, II ou III, com tempo em aberto estendido em no mínimo 10 min do especificado nesta tabela.
Resistência de aderência à tração aos 28 dias em cura normal cura submersa cura em estufa	ABNT NBR 14081-4	MPa MPa MPa	≥ 0,5 ≥ 0,5 -	≥ 0,5 ≥ 0,5 ≥ 0,5	≥ 1,0 ≥ 1,0 ≥ 1,0	
Deslizamento1	ABNT NBR 14081-5	mm	≤ 0,7	≤ 0,7	≤ 0,7	

---

[11] O ensaio de deslizamento não é necessário para argamassa utilizada em aplicações com revestimento horizontal.

Como pode ser observado na tabela, existem algumas propriedades das argamassas colantes que devem ser levadas em consideração no momento da utilização, visando ao adequado desempenho do sistema de revestimento, tais como o tempo em aberto. Na realidade, existem diversos tempos que devem ser observados, tais como:

- tempo em aberto: tempo disponível para executar o assentamento da cerâmica antes de ocorrer secagem superficial; corresponde, portanto, ao maior intervalo de tempo para o qual uma placa cerâmica pode ser assentada sobre a pasta de argamassa colante, proporcionando resistência à tração.
- tempo de ajuste: após assentamento, tempo disponível para pequenos ajustes nas peças (geralmente por volta de 5 min);
- tempo de pote ou de balde: vida útil no recipiente de preparo após a mistura inicial (2 a 2,5 horas);
- tempo de descanso ou maturação: corresponde ao intervalo de tempo entre o fim da preparação da argamassa e o início da aplicação (depende do fabricante, em geral por volta de 15 min).

Estes tempos devem ser respeitados para que a placa cerâmica seja adequadamente "molhada" pela argamassa no momento da aplicação. A intenção é que os cordões formados pela desempenadeira se deformem e formem uma base plana que deve molhar totalmente a placa cerâmica. Caso os tempos não sejam respeitados, os cordões permanecerão indeformados, reduzindo a área de contato da argamassa com a placa cerâmica, fato que aumentará a probabilidade de ocorrência de desplacamentos devido a perda de aderência do sistema (Figura 10).

(a) (b)

Figura 13.11: (a) Descolamento de pastilhas em fachada por perda de aderência; (b) exemplo de má execução da argamassa colante para assentamento de cerâmica de fachada.[12]

---

[12] Fonte: dos autores

Outro aspecto relevante relativo aos processos executivos de cerâmicas com argamassas colantes diz respeito à diferença em relação ao assentamento tradicional com argamassa convencional. Em décadas passadas, antes do advento das argamassas colantes, era comum o uso quase exclusivo de argamassas convencionais para o assentamento de cerâmicas. Para tal, era prática recomendada que as peças cerâmicas fossem molhadas previamente antes do assentamento. Essa molhagem geralmente acontecia por imersão das peças em água, por períodos que podiam variar entre 30 minutos a 24 horas. A razão desta prática consistia em evitar que a massa cerâmica absorvesse excessivamente e rapidamente a água de amassamento da argamassa, prejudicando sua aderência. Com argamassas colantes, essa etapa pode ser dispensada, uma vez que nelas já existem aditivos químicos retentores de água que evitam a perda de umidade para o substrato e a base cerâmica.

Masuero (2013) coloca ainda alguns aspectos importantes no que se refere a prazos de execução de revestimentos cerâmicos aderidos sobre substratos argamassados. Segundo a autora, é necessário aguardar 21 dias após a conclusão de emboços de argamassa com cal antes do assentamento das cerâmicas. Isso porque o assentamento prematuro das cerâmicas sobre estes revestimentos pode prejudicar a cura da cal e as reações de carbonatação que garantem sua estabilidade e aderência, propiciando o aparecimento de manifestações patológicas ou mesmo diminuindo a vida útil dos mesmos. No caso de argamassas industrializadas, sem uso de cal, esse prazo pode ser diminuído para 14 dias.

OUTROS REVESTIMENTOS - SISTEMAS NÃO ADERIDOS

Além dos revestimentos aderidos, principal objeto deste texto técnico, existem, conforme já comentado, os revestimentos que são executados através de sistemas não aderidos diretamente às paredes de vedação. Alguns exemplos dos mesmos são citados brevemente a seguir.

Revestimentos Pétreos

Revestimentos pétreos podem ser utilizados tanto da forma aderida como não-aderida. Tecnicamente, o uso de revestimentos pétreos aderidos especificamente em fachadas é desaconselhado, uma vez que podem ocorrer desplacamentos por variações térmicas ou má execução, comprometendo não só questões estéticas como de segurança de transeuntes. Nestes casos, o uso de *inserts* metálicos tornando o revestimento não aderido é mais aconselhado. Mármores e granitos são as rochas ornamentais mais utilizadas neste processo, embora existam outras alternativas (ardosiados, filetes de caxambu, dentre outros). A qualidade estética, a elevada resistência mecânica, o acabamento plano e o padrão distinto fazem dos revestimentos pétreos uma alternativa nobre, com grande aceitação por parte dos usuários. Apesar disso, alguns tipos de granitos e mármores, em contato contínuo com água, podem apresentar alterações de cor com o tempo que provocam manchas não removíveis. O custo médio é mais elevado do que outros acabamentos, como as placas cerâmicas e o porcelanato.

A espessura das placas utilizada é variável, mas em geral fica em torno de 1 a 2 cm. A Figura 13.12 ilustra um exemplo destes revestimentos aplicados a uma fachada.

Boas Práticas para Execução de Revestimentos 291

Figura 13.12: Exemplo de fachada com *inserts* metálicos para fixação de revestimentos pétreos.[13]

Revestimento Fenólicos

Painéis fenólicos são um tipo de material de construção para fachadas relativamente recente. Segundo Albuquerque (2013), estes painéis são constituídos por um núcleo, uma folha decorativa e uma película protetora. O núcleo é constituído por folhas de papel Kraft impregnadas com resinas fenólicas; a folha decorativa, por sua vez, constitui-se em uma folha de papel ou de madeira natural, impregnada com resina melamínica; bem como a película protetora. Seu uso e suas vantagens estão associados à precisão de fabricação e à qualidade estética do produto, muito embora ele possa apresentar perda de cor e brilho com o tempo, por incidência de raios ultra-violeta. Os painéis fenólicos possuem uma boa resistência ao fogo, sendo sua temperatura de ignição próxima de 400ºC. Este valor, segundo Albuquerque (2013), pode ser melhorado com a introdução de retardadores de chama na sua superfície. Além disso, possuem uma baixa porosidade, o que garante sua impermeabilidade e durabilidade.

Simões (2010, apud ALBUQUERQUE, 2013) coloca, no entanto, aquela que pode ser uma das principais desvantagens do sistema: seu baixo isolamento ao ruído, necessitando de isolamento exterior adicional (como a inserção de lãs de rocha, por exemplo). Quanto à sua durabilidade, a ISO 15686 pondera que os elementos aplicados em um edifício com uma vida útil de projeto de 60 anos, deverão ter uma durabilidade mínima de projeto não inferior a 40 anos. No caso brasileiro, vale a prescrição da NBR 15575 (ABNT, 2013) que também prescreve o mesmo valor mínimo de 40 anos, válido para qualquer revestimento constituinte de uma vedação vertical externa. A Figura 13.13 ilustra um exemplo de utilização deste produto.

---

[13] Fonte: dos autores

292 Gerenciamento de Obras, Qualidade e Desempenho da Construção

Figura 13.13: Exemplo de fachada com revestimentos de base fenólica.[14]

Revestimentos ACM

O ACM (*AluCoat Composite* ou Alumínio Composto) é um painel composto formado por lâminas de alumínio e um núcleo geralmente de polietileno. Como principais características, apresenta grande planicidade, possibilidade de ser utilizado em grandes dimensões, alta capacidade de adaptação arquitetônica quanto às formas e recortes, devido a possibilidade de fresa da sua face posterior. Além disso, sua estrutura permite alta resistência à ruptura em um painel relativamente leve, podendo ser manipulado com facilidade.

Os painéis de alumínio tipo sanduíche - ACM - são oferecidos em ampla variedade de cores uma vez que as chapas de alumínio são pintadas antes do processo de fabricação dos painéis, garantindo alta resistência aos efeitos de intempéries e de manchamentos por poluição.

A Figura 13.14 a apresenta exemplos da grande gama de cores disponíveis neste tipo de peinél e a Figura 14 b apresenta uma fachada com a aplicação de ACM.

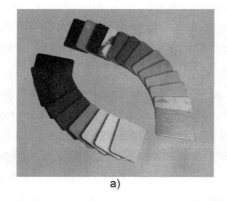

a) b)

Figura 13.14: Painel ACM. a) exemplo de cores disponíveis. b) aplicação em fachada[15]

---

[14] fonte: HJ LIONS ARCHITECTS, 2014

[15] Fonte: AEC WEB, 2014

Fachadas Ventiladas

Sousa (2010) define fachadas ventiladas como a envolvente vertical de um edifício, composta por três elementos: o revestimento propriamente dito, ou camada exterior; uma estrutura auxiliar de fixação que suporta este revestimento; uma cavidade ou caixa de ar incorporando eventualmente o isolamento térmico. Esta cavidade é dimensionada de modo a permitir a circulação do ar aquecido através de um efeito chaminé. Assim, segundo o mesmo autor, pequenas quantidades de água infiltradas ou condensadas na caixa de ar podem ser evaporadas pela ventilação, auxiliando também na questão da estanqueidade. A Figura 13.15 ilustra um exemplo esquemático deste funcionamento em uma fachada ventilada.

Figura 13.15: Fachada ventilada[16]

A ventilação eficiente de uma fachada desta natureza permite que a mesma funcione como um protetor térmico natural. O uso destas fachadas pode reduzir sensivelmente o consumo energético de uma edificação. Como desvantagens do sistema, seu maior custo de implementação ainda o faz pouco competitivo em relação a sistemas mais tradicionais.

De forma simplificada, as fachadas ventiladas podem ser compostas a partir de qualquer sistema de revestimento não-aderido, desde que realizadas as adaptações técnicas que garantam seu funcionamento e desempenho. O acabamento de uma fachada ventilada pode ser realizado com quaisquer tipos de placas não-aderidas - pétreos, fenólicos, placas cimentíceas, painéis de GRC (Glass Reiforced Cement), cerâmicos.

CONSIDERAÇÕES FINAIS

Como considerações finais, ressaltam-se a importância e atualidade do tema, bem como a necessidade dos diversos agentes da cadeia da construção civil envolvidos conhecerem as características e cuidados técnicos

---

[16] Fonte: dos autores

na execução de revestimentos. Estes, conforme abordado neste capítulo, constituem-se em uma das principais etapas de uma construção, na qual eventuais problemas serão sentidos diretamente pelo usuário final, seja por questões estéticas, como de funcionalidade e habitabilidade. Cabe salientar que, pelo caráter mais objetivo deste texto, o assunto possui ainda muito mais nuances além daquelas aqui abordadas. A diversidade de produtos e processos vinculada a esta etapa executiva de uma edificação, aliada a entrada cada vez maior de produtos e ferramentas de execução e controle, permite dizer que há ainda um vasto campo a ser explorado pelo meio técnico, no sentido de consolidar a qualidade de sistemas de revestimento.

REFERÊNCIAS BIBLIOGRÁFICAS

AEC Web. Disponível em: http://www.aecweb.com.br/cont/m/rev/paineis-em-acm-com-pintura-pvdf-garantem--resultado-arquitetonico-diferenciado_4868_0_1. Acesso em: 14 jul. 2014.

ALBUQUERQUE, P. F. Q. de. Painéis Fenólicos para aplicação em fachadas exteriores. 2013. 82 p. Dissertação (Mestrado em Engenharia Civil) – Departamento de Engenharia Civil, Instituto Superior de Engenharia de Lisboa, Lisboa.

ANTUNES, R. P. N. Influência da reologia e da energia de impacto na resistência de aderência de revestimentos de argamassa. 2005. 187p. Tese (Doutorado em Engenharia) – Departamento de Engenharia de Construção Civil, Escola Politécnica da Universidade de São Paulo, São Paulo.

ASSOCIAÇÃO BRASILEIRA DE NORMAS TÉCNICAS. NBR 13281: Revestimento de paredes e tetos - Requisitos. Rio de Janeiro: ABNT, 2005.

_____. NBR 7200: Revestimento de paredes e tetos de argamassas inorgânicas- Procedimento. Rio de Janeiro: ABNT, 1998.

_____. NBR 13529: Revestimento de paredes e tetos de argamassas inorgânicas. Rio de Janeiro: ABNT, 1995.

_____. NBR 13749: Revestimento de paredes e tetos de argamassas inorgânicas – Especificação. Rio de Janeiro: ABNT, 2013.

_____. NBR 13755: Revestimento de paredes externas e fachadas com placas cerâmicas e com utilização de argamassa colante – Procedimento. Rio de Janeiro: ABNT, 1997.

_____. NBR 14081-1: Argamassa colante industrializada para assentamento de placas cerâmicas. Parte 1: Requisitos. Rio de Janeiro: ABNT, 2012.

_____. NBR 14081-3: Argamassa colante industrializada para assentamento de placas cerâmicas. Parte 3: Determinação do tempo em aberto. Rio de Janeiro: ABNT, 2012.

_____. NBR 14081-4: Argamassa colante industrializada para assentamento de placas cerâmicas. Parte 4: Determinação da resistência de aderência à tração. Rio de Janeiro: ABNT, 2012.

_____. NBR 14081-5: Argamassa colante industrializada para assentamento de placas cerâmicas. Parte 5: Determinação do deslizamento. Rio de Janeiro: ABNT, 2012.

_____. NBR 14992: Argamassa à base de cimento Portland para rejuntamento de placas cerâmicas - Requisitos e métodos de ensaios. Rio de Janeiro: ABNT, 2003.

_____. NBR 15575: Desempenho. Rio de Janeiro: ABNT, 2013.

BAUER, E. Revestimentos de argamassa – características e peculiaridades. Brasília: LEM-UnB; Sinduscon, 2005. 92 p.

BAUER, R. J. F. Patologia em Revestimentos de Argamassa Inorgânica. In: II Simpósio Brasileiro de Tecologia de Argamassas, Salvador. Anais... Salvador: 1997. p. 321-333.

BELTRAME E LOH. Aplicação de selantes em juntas de movimentação de fachadas – Boas práticas. Porto Alegre: Habitare, 2009. 64 p.

CEOTTO, L. H.; BANDUK, R. C.; NAKAKURA, E. H. Revestimentos de argamassas: boas práticas em projeto, execução e avaliação. Porto Alegre: ANTAC, 2005. 96 p.

COMUNIDADE DA CONSTRUÇÃO. Apostila Revestimento com Argamassa – Módulo II: Projeto. Programa de Desenvolvimento de Construtoras, Porto Alegre, 2012. 56 p.

HJ Lions Architects. Disponível em http://www.hjlyons.com/Public/HJL_Projects_Public_ClareCC_Pg2.html - Acesso em: 30 jun. 2014.

MASUERO, A. B. Tecnologia de Revestimentos - Notas de aula. Curso de Gerenciamento de Obras, Tecnologia e Qualidade da Construção. 2013.

NAKAKURA, E.H.; CINCOTTO, M.A. Análise e classificação das argamassas Industrializadas segundo NBR 13281 e a MERUC. In: SIMPÓSIO BRASILEIRO DE TECNOLOGIA DE ARGAMASSAS, 2003, São Paulo. Anais... São Paulo, 2003. p. 129-136.

PAGNUSSAT, D. T. Efeito da temperatura de queima de blocos cerâmicos sobre a resistência de aderência à tração de revestimentos de argamassa. 2013, 216 p. Tese (Doutorado em Engenharia Civil) – Universidade Federal do Rio Grande do Sul, Porto Alegre.

PANDOLFO, L. M. Avaliação e controle dos fatores que determinam a viabilidade de uso da areia de britagem basáltica em argamassas de revestimento. 2006. Projeto de Qualificação (Doutorado). Universidade Federal do Rio Grande do Sul, Porto Alegre (versão para defesa - não publicada).

RECENA, F. A. P. Conhecendo Argamassa. Porto Alegre: EDIPUCRS, 2007. 192 p.

SOUZA, F. M. F. FACHADAS VENTILADAS EM EDIFÍCIOS - Tipificação de soluções e interpretação do funcionamento conjunto suporte/acabamento. 2010. 138 p. (Mestrado em Engenharia Civil) – Universidade do Porto, Portugal.

STOLZ, C. M. Interação entre parâmetros reológicos de argamassas e a rugosidade de substratos na aderência de argamassas de revestimento. 2011. 162 p. (Mestrado em Engenharia) – Universidade Federal do Rio Grande do Sul, Porto Alegre.

YOSHIDA, A. T.; BARROS, M. M. S. BOTTURA de. Caracterização de argamassas no estado fresco – Peculiaridades da análise de argamassas industrializadas. In: Simpósio brasileiro de tecnologia das argamassas, 1, 1995, Goiânia. Anais... Goiânia: SBTA, 1995.

Capítulo 14

TECNOLOGIA DA IMPERMEABILIZAÇÃO

Luiz Fernando Bernhoeft, Msc
PETRUS ENGENHARIA
Email: luizfernando@petrusengenharia.com.br

INTRODUÇÃO

Toda edificação é fruto do conjunto de vários sistemas e subsistemas, sendo resultado de uma ação multidisciplinar com especialidades em diversos ramos da engenharia. No entanto, por algum motivo, provavelmente por força do mercado, a tecnologia da impermeabilização vem sendo historicamente negligenciada, tratada em segundo plano quando se observa a ótica de uma especialização da engenharia.

Na área acadêmica, as opções bibliográficas são mínimas, os livros raridade, e as disciplinas disponíveis nos cursos de graduação praticamente não existem, exceto por 3 casos de cadeiras eletivas em instituição de nível superior em todo território nacional. Essa realidade é paradoxal ao fato de que a engenharia de impermeabilização é uma ciência (aplicada) em constante evolução.

Essa negligencia, porém, tem custado caro, uma vez que o sistema de impermeabilização na construção de edifícios residenciais passou a ser objeto de preocupação de muitas empresas construtoras, em função dos reparos pós-entrega em obras com problemas de infiltração (LIMA, 2012), além de perdas financeiras, comprometimento do maior patrimônio de uma empresa, que é seu nome no mercado, tem sido resultado de problemas ligados a impermeabilização, que é uma disciplina que não permite margem de falha.

A Figura 14.1 apresenta um levantamento executado por uma construtora imobiliária de Brasília, no que diz respeito às solicitações a sua assistência técnica.

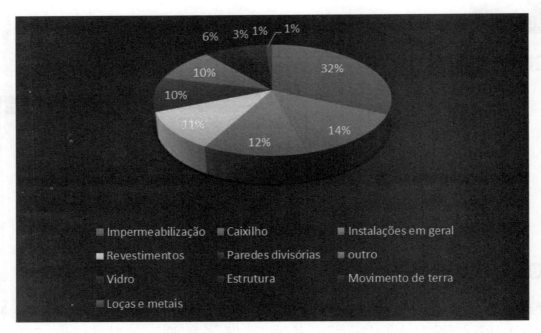

Figura 14.1: Percentual de solicitações em assistência técnica de construtora de Brasília[1]

Levantamento elaborado por Lima (2012) indica que o custo referente à impermeabilização de obras varia entre 0,5 a 2,0% do valor do empreendimento. Se incluirmos projetos e fiscalização, temos uma estimativa aceita no mercado como máximo de 3,0%, porém o mau desempenho do sistema pode resultar em retrabalho, demolições, troca de revestimentos que podem chegar a 30% do custo da obra.

O SISTEMA DE IMPERMEABILIZAÇÃO

Ao contrário do que se imagina, a impermeabilização não é uma camada isolada, um ponto, na verdade trata-se de um sistema, com conjunto de ações e produtos que tem uma função especifica.

Segundo a NBR 9575 (ABNT, 2010), o sistema de impermeabilização é o conjunto de produtos e serviços destinados a conferir estanqueidade a partes de uma construção, ou seja, trata-se de uma disciplina bastante abrangente que envolve desde um projeto, especificação, execução, controle tecnológico, entrega e orientações pós-obra.

A mesma norma define estanqueidade como propriedade de um elemento (ou de um conjunto de componentes) em impedir a penetração ou passagem de fluidos através de si, trata-se de um requisito importante para se evitar prejuízos e perdas, especialmente as indicadas a seguir:

- Prejuízo funcional: Perda da capacidade de utilização de uma área ou ambiente.
- Prejuízo patrimonial: Comprometimento estético gera mais do que incômodo ou poluição visual, e resulta em desvalorização, ou danos a bens materiais.

---

[1] JOFFILY, 2011

- Minimização da durabilidade: Umidade ataca não apenas revestimentos, mas também e principalmente a estrutura, uma vez que a água é um dos principiais agentes catalisadores de degradação do concreto armado, pré-moldado ou ainda de estruturas metálicas.

- Risco a saúde dos usuários: Umidade, lodo e bolor são riscos iminentes especialmente a pessoas que sofrem problemas respiratórios, por exemplo.

As normas atuais NBR 9575 (ABNT, 2010), e NBR 9574 (ABNT, 2008) indicam necessidade de utilização de sistema impermeabilizante, basicamente em áreas por solicitações de:

- **Água por percolação:** Áreas que recebem água rotineiramente, em quantidades que resultam escoamento superficial, a exemplo dos banheiros e lajes descobertas.

- **Água por condenação:** Pequenas gotas que são formadas pelo vapor de água no ar são mais nocivas àestrutura do que se pode imaginar, espacialmente devido a presença de oxigênio que é condição fundamental para corrosão.

- **Umidade proveniente do solo:** Água pura e principalmente contaminada no solo deveria ser condição fundamental para previsão de sistemas de impermeabilização em subsolo, incluindo fundações.

- **Fluido por pressão unilateral ou bilateral:** Locais como reservatórios de água, piscina, estações de tratamento são objeto óbvio de estudo e planejamento de uma boa impermeabilização.

PROJETO DE IMPERMEABILIZAÇÃO

Não é razoável entender que um determinado método de impermeabilização pode ser funcional para qualquer tipo de obra ou parte desta; é básico reconhecer por exemplo que duas lajes com solicitação de água por percolação podem possuir características construtivas ou de exposições a solicitações diferentes como: lajes pré-moldados x lajes maciças; exposição a raios UV, dimensão e sobre cargas diferenciadas em consequentemente movimentação estrutural diferentes, por motivos como esses, a necessidade do projeto está diretamente ligada ao bom desempenho da impermeabilização aplicada (BERNHOEFT e MELHADO, 2010).

É reconhecido como principais vantagens da elaboração de projeto de impermeabilização:

- Compatibilização dos demais projetos complementares diante de interfaces, especialmente com instalações e estrutura.

- Especificação não apenas dos materiais aplicados, mas também dos procedimentos detalhados de execução, possibilitando assim, dentre outras ações, a contratação de empresas terceirizadas.

- Determinação das áreas impermeabilizadas por especialistas, segundo as solicitações de exposição, assim como conforto dos usuários, como, por exemplo, a necessidade de isolamento térmico no exemplo de lajes de cobertas impermeabilizadas com a ausência de telhas.

- Possibilidade de fiscalização dos serviços pela equipe da obra devidamente treinada.

- Conhecimento dos quantitativos gerais ligados à impermeabilização, possibilitando planejamento financeiro e executivo, e análise equalizada de propostas.

O projeto de impermeabilização é o ponto de partida para o sucesso do sistema como um todo, sendo importante lembrar que, segundo a NBR 9575 (ABNT, 2010), o item 6.2.2 indica textualmente que "**O projeto deve ser desenvolvido em conjunto e compatibilizado com demais projetos da construção**" e essa afirmação inclui projeto de arquitetura. Essa exigência indica que a elaboração do Projeto Compatibilizado de Impermeabilização (PCI) se encontra em plena sintonia com conceitos modernos de coordenação de projetos, ou seja, um desenvolvimento multidisciplinar, simultâneo com influência mútua. Esse é um princípio necessário, uma vez que um PCI possui interfaces importantes com as mais diversas disciplinas, e estas precisam ser pensadas e solucionadas de forma proativa, preventiva e interdependente.

As consequências da não compatibilização em tempo adequado entre as disciplinas podem trazer danos, estéticos/funcionais, prejuízos financeiros com ajustes e refazimentos, além de manutenção precoce diretamente ligada à diminuição da vida útil de projeto das edificações; é importante ilustrar alguns exemplos de interfaces não pensadas que geram danos:

- Dimensionamento de drenos sem a previsão de arremates dos sistemas impermeabilizantes; os diâmetros mínimos de drenos em áreas impermeabilizadas devem ser de 75 mm; drenos inferiores, como o de 40 mm, ilustrado na Figura 14.2, impossibilitam um bom arremate neste ponto crítico, além de comprometer o diâmetro útil pela entrada do sistema impermeabilizante, do ponto de vista de cálculo da vazão hidráulica (se fosse considerada apenas essa disciplina), certamente a bitola projetada atenderia à necessidade pluviométrica da pequena laje sobre o reservatório e casa de máquina.

Figura 14.2: Tubulação de drenagem com perda de diâmetro pelo arremate impermeabilizante[2]

- Proximidade de faces verticais, tubulação x tubulação; ou tubulação x paredes, impossibilitando arremates seguros entre essas faces. Deve existir, nesse caso, uma distância mínima de 10 cm possibilitando o arremate impermeabilizante entre os mesmos (Figura 14.3).

---

[2] acervo do autor.

Tecnologia da impermeabilização 301

Figura 14.3: Eletrodutos verticais sem espassamento impossibilitando acabamento adequado do sistema. impermeabilizante[3]

- Quantidade e posicionamento dos drenos desconsiderando a camada de regularização, gerando grandes espessuras, consequentemente baixa produtividade, grande consumo de material e sobrecargas não previstas.
- Ausência/insuficiência de desníveis na estrutura entre áreas internas e externas, locais impermeabilizados e não impermeabilizados, impossibilitando a devida execução das camadas: regularização, impermeabilização, camada separadora e proteção mecânica, sem comprometimento estético e ou funcional (Figura 14.4).

Figura 14.4: Necessidade de batente pela não previsão de desnivel entre área impermeabilizada e não impermeabilizada[4]

---

[3] Idem

[4] acervo do autor)

302 **Gerenciamento de Obras, Qualidade e Desempenho da Construção**

- Ausência de mureta perimetral de contensão em pequenas lajes como guaritas, tampa de reservatórios e casa de máquina, causando escorrimento de água pelos revestimentos e da mesma forma causando manchas e danos gerais aos revestimentos.

Os diversos problemas enfrentados com: o planejamento, a contratação e controle da Impermeabilização podem ser consideravelmente minimizados com a elaboração do projeto de impermeabilização de forma e momento adequados, ou seja, com a inclusão de um especialista na equipe multidisciplinar de projetos.

AS CAMADAS DO SISTEMA IMPERMEABILIZANTE

Como citado anteriormente, o sistema é um conjunto de ações, e parte fundamental do sucesso dessa maestria são as camadas do sistema impermeabilizante. São eles:

Base

Quase sempre é a estrutura da edificação, e no caso do contexto brasileiro quase sempre concreto armado , em aumento de escala estruturas pré-moldadas e metálicas, a base é uma das grandes responsáveis pela definição das exigências do sistema de impermeabilização. Para esse objetivo, deve ser levado em consideração qual a concepção estrutural, geometria das peças, deformabilidade em função das cargas, movimentação térmica, grau de fissuração dentre outros (CUNHA, 2010).

Regularização

Exceto pelos materiais que agem por cristalização do concreto, todo sistema de impermeabilização requer uma camada de regularização; esta etapa proporciona uma superfície uniforme de apoio sendo berço para a camada impermeável. Através da preparação, caimentos e arredondamentos, esta camada gera uma condição de aderência e/ou adequação do sistema na superfície, fato que, via de regra, não seria possível diante da imperfeição da base.

Em tese, essa camada pode ser eliminada com o uso de tecnologia e controle de execução como o contra piso "zero". Na prática, isso praticamente não acontece, porém um bom estudo de drenagem pode minimizar custos através de diminuição das espessuras, uma vez que é exigência normativa declividade de 1% antes da aplicação da camada impermeável, sendo exceção apenas calhas e boxes, em que é admitido 0,5%.

Diretrizes mínimas para uma boa execução de camada de regularização passam necessariamente por:

- Superfície Lisa com argamassa em TUV 1:3, de cimento e areia fina;
- Com cantos arredondados, eliminação de "quinas vivas" de raio 5 cm.
- Com rasgo para embutimento (ancoragem) da impermeabilização em todos os rodapés com altura mínima de 20 cm do piso acabado.
- Deverá se respeitar a cura de no mínimo 48 horas entre a regularização e a aplicação do sistema impermeabilizante ou primer.

- Os coletores de água devem ser rigidamente fixados à estrutura, preferencialmente chumbados com argamassas estruturais industrializadas.

- Na Interface de áreas internas e externas impermeabilizadas, manter a diretriz normativa de diferença de cota de no mínimo 6 cm, garantindo barreira física no limite da linha interna dos contra marcos.

- Juntas de dilatação devem ser divisores de água, ou seja, os pontos mais altos da regularização. Caso a drenagem de piso não esteja obedecendo a esse princípio elementar, a condição deve ser revista.

- Quando houver tubulações embutidas na alvenaria, prever proteção superficial para fixação da impermeabilização; no caso de tubulações aparentes (externas à parede), devem estar previamente fixadas garantindo o arremate sem reparos pontuais e devem ser afastadas, no mínimo, 10 cm entre si e dos planos verticais;

Camada impermeável

Trata-se da barreira propriamente dita da água ou fluido, porém sua correta especificação e aplicação é tão importante para o sucesso do sistema quanto as etapas anteriores e posteriores.

Por muito tempo os únicos requisitos levados em consideração na escolha do tipo de impermeabilização eram a funcionalidade (capacidade estanque) e a questão econômica (relação custo / benefício), porém, com o advento da norma de desempenho e conceitos modernos de gestão e consciência ambiental, requisitos como durabilidade e manutenibilidade passaram a ser critérios tão importantes como os anteriormente considerados.

Os principais fatores que influenciam na escolha do sistema mais adequado são:

- **Tipo da base:** concepção estrutural, deformações estruturais, esbeltes, grau de fissuração, dentre outros. Por muito tempo esse foi o único critério de escolha de um sistema impermeabilizante e nos dias atuais ele é um dos mais importantes.

- **Grau de solicitação e exposição:** pressão hidrostática, raios UV, trânsito de veículos. É muito comum observar insucesso na impermeabilização pela ineficácia do produto escolhido resistir a ataques químicos por exemplo.

- **Geometria, área e interferências existentes no objeto da impermeabilização:** esses fatores podem determinar se é viável uma aplicação a frio ou a quente, ou ainda se deve-se usar um sistema pré--fabricado ou tipo pintura. Uma laje com diversos pontos de antenas, tubos emergentes, clarabóias, dentre outras interferências, é um indicativo de evitar sistemas que produzem emendas por soldas, por exemplo.

- **Durabilidade requerida:** conceitos modernos remetem (e obrigam) a pensar na Vida Útil de Projeto (VUP); na construção imobiliária é muito comum se pensar apenas na questão "garantia"; esse conceito precisa ser desfeito, pois é inconcebível, por exemplo, imaginar que uma camada de impermeabilização sob qualquer tipo de revestimento seja executada para durar apenas 5 anos. Na tecnologia de impermeabilização, é possível se avaliar a possibilidade de escolha entre o sistema A ou B que podem apresentar diferença de custo de 20%, mas com expectativa de vida útil dobrada.

- **Mão de obra disponível no local da aplicação:** em um País de dimensões continentais como o Brasil, a tradição de sistemas de aplicação de cada região deve ser levada em consideração pelo projetista. Algo que ilustra bem a importância desse critério de escolha é a quase unanimidade entre os especialistas de que, em teoria, uma manta asfáltica aderida com asfalto apresenta um desempenho muito superior a mantas aplicadas a maçarico; ocorre que em algumas regiões não existe a cultura do uso de caldeiras nas obras, necessária na aplicação desse sistema, e nesses casos a escolha pela opção de aderência com asfalto se torna um erro grave que certamente vai comprometer o sucesso da impermeabilização.

As opções de sistemas de impermeabilização são diversas e serão tratados mais adiantes de forma mais especifica.

Camada separadora

É muito comum nas obras e especificações se aplicar diretamente sobre o sistema impermeabilizante uma camada de proteção mecânica ou piso final, porém esse procedimento não é o recomendado.

A aplicação de uma nova camada entre a camada impermeável e a proteção mecânica é de fundamental importância para desempenho da impermeabilização (seu comportamento em uso), e obviamente para sua durabilidade. Essa camada é chamada de camada separadora e tem a função literal de separa/isolar o sistema impermeabilizante, impedindo que movimentações desse pano superior sejam transferidas para a camada impermeável que, por sua vez, em geral, não apresenta grande resistência mecânica.

Camadas separadoras tradicionais em áreas de tráfego de pessoas são filmes de polietileno e papel kraft betuminado, porém em caso de tráfego de veículos onde a solicitação é bem superior pela ação da aceleração e frenagem em revestimentos geralmente com elevada espessura como um piso em concreto polido, essa camada separadora pode ganhar um incremento e se transformar na chamada camada amortecedora em geral executada com uma argamassa de baixa resistência mecânica, mas elevada resiliência, sendo clássico o traço em volume de 1:1:10 (cimento; emulsão asfáltica; areia fina).

A Camada separadora em nada influencia na capacidade estanque do sistema, mas na sua durabilidade e manutenção do desempenho ao longo doa anos.

Camada de Proteção

Alguns sistemas de impermeabilização não requerem nenhuma espécie de proteção; essa opção tem sido crescente no mercado mundial e nacional. Nova tecnologia tem permitido sistemas sem proteção mecânica até mesmo em áreas de forte tráfego de veículos. As vantagens desses desse tipo de concepção vão além do ganho por não execução de etapas de cronograma com ganhos em prazos. Impermeabilizações sem proteção mecânica atendem a requisitos de manutenibilidade, ou seja, geram possibilidade de manutenção, dando, inclusive, ao construtor/empreendedor a possibilidade de fornecer instruções de renovação ou incremento de camadas majorando a VUP.

Porém, por questões estéticas e funcionais, nem sempre essas opções de se isentar a proteção mecânica é algo possível. Nesse o sistema, impermeabilização (após o teste de estanqueidade quando possível) deve receber, além da camada separadora, uma camada de proteção mecânica.

O histórico das manifestações patológicas relacionadas à impermeabilização indica que grande parte dos problemas são danos posteriores ao correto sistema aplicado; por esse motivo, é indicado que a empresa ou profissional responsável pela aplicação da impermeabilização seja o mesmo que aplique a proteção mecânica, pois essa atitude minimiza a possibilidade de insucesso.

Proteções mecânicas, em geral, são concebidas por argamassa de cimento e areia lavada com TUV 1:5, é importante prever cotas mínimas de 2,5 cm, além de juntas de movimentação (execução em placas), ainda que em muito caos essas juntas não abranjam o piso final, merecem destaque as justas perimetrais obrigatórias, localizadas em encontro que panos verticais e horizontais.

Dependendo do sistema utilizado, essa proteção requer estruturantes em pontos críticos, e o mais importante deles são os rodapés. Sistema com base asfáltica gera dificuldade de aderência com materiais cimentícios (a argamassa) e por isso nos rodapés requerem uma tela que pode ser PVC ou Galvanizada, dependendo da agressividade do ambiente.

É crescente a busca por soluções em que, mesmo utilizando proteção mecânica, seja possível a execução de manutenção; uma possibilidade que vem se mostrando viável, ao menos em lajes de pequeno tráfego, são placas pré-moldadas soltas sobre o sistema.

Além da proteção mecânica, é preciso planejar/avaliar a necessidade de proteção térmica. Trata-se de uma camada muito importante não apenas para o conforto dos usuários, economia energética, mas também para proteção e durabilidade do próprio sistema impermeabilizante.

Lajes de cobertura têm sofrido alteração de sua concepção com a remoção dos tradicionais telhados, rufos, algeroz e calhas; essa alteração a princípio é benéfica, sendo uma forte tendência consolidada do exterior e crescente no Brasil. Porém as indesejadas telhas, pelo vazio entre elas e a laje, geram um isolante térmico natural, na alteração da concepção e para lajes planas impermeabilizadas é preciso avaliar e projetar isolamento térmico.

O gradiente térmico elevado é maléfico a qualquer sistema impermeabilizante, gerando fadiga e perda de desempenho químico e físico da camada; por esse motivo, o Isolamento protege a impermeabilização e deve ser preferencialmente escolhido sistema sobre a camada impermeável e não sob a mesma.

Os produtos mais utilizados como camada de isolamento térmico são as placas de poliestilereno expandido (EPS) e extrudado (XPS), e em alguns casos os vazios mencionados entre as telhas e a laje são simulados através de instalação de pilaretes e placas, porém soluções alternativas como utilização de argila expandida e coberturas verdes têm ganhado força,

CLASSIFICAÇÃO DOS SISTEMAS IMPERMEABILIZANTES

Dentre as classificações dos sistemas de impermeabilização destaca-se:

Quanto à Flexibilidade

Os sistemas podem ser divididos entre rígidos e flexíveis. Alguns fabricantes lançaram no mercado a classificação semiflexível, porém, apesar de se reconhecer a importância desses produtos, essa classificação não é normativa (SABADINI, MELHADO, 1998).

306 Gerenciamento de Obras, Qualidade e Desempenho da Construção

Os sistemas rígidos possuem pequena ou nenhuma capacidade de absorver deformações, por isso são recomendados para áreas enterradas, sujeitas à pequena variação térmica, preferencialmente isoladas da estrutura principal, e sistemas estruturais com baixo grau de deformação ou fissuração.

Quanto à Aderência

É possível classificar os sistemas como flutuantes ou aderidos.

Sistemas aderidos são grande maioria no mercado. Como informa a nomenclatura, são totalmente aderidos ao substrato, minimizam os problemas comuns, que é a dificuldade de localizar uma eventual falha no sistema impermeabilizante, sendo aderido; em teoria, não existe grande percolação sob a impermeabilização e por isso a manifestação do problema, a infiltração, pode ou deve estar mais próxima ao dano, face superior (LIMA, 2012).

Sistemas flutuantes só são fixados ao substrato em pontos críticos, tais como rodapés e drenos, o que justifica a utilização desse processo é o alivio de tensão transmitido ao sistema pela liberdade da falta de aderência.

Pode-se ainda citar os sistemas semiaderidos, que, apesar de instalados no substrato, não possuem forte capacidade de aderência com o mesmo, funcionando entre um meio- termo entre os dois sistemas citados anteriormente. Um exemplo clássico são mantas aderidas a maçarico.

Quanto ao Método de Execução

Os sistemas podem ser pré-fabricados ou moldados *in loco*, merecendo ainda destaque entre os aplicados a quente e a frio.

Os pré-fabricados são constituídos por mantas (asfálticas, PVC, PEAD) e, via de regra, possuem relevantes vantagens de aplicação para lajes ou áreas de grandes dimensões, pela sua elevada produtividade, e também em ambientes de poucas interferências como tubos emergentes, equipamentos, dentre outros. Por se tratar de um sistema em mantas pré-fabricadas, sua aplicação é feita com emendas/soldas e locais com muitos arremates não são apropriados. Em geral, esses sistemas são aplicados a quente, seja com auxílio de maçarico, caldeiras ou máquinas especificas para fusão.

Os moldados *in loco* são aplicações a frio ou a quente, executadas através de pinturas ou camadas que se adequam bem a geometrias poucos tradicionais, ou a muitas interferências. A aplicação dessas membranas tem sofrido recente evolução tecnológica nos últimos anos, ganhando, com isso, muito espaço no mercado.

A tabela 14.1 apresenta uma comparação entre os dois tipos de sistema no que diz respeito a características inerentes a cada tipo.

Tabela 14.1 - Comparação entre sistema moldado no local e pré-fabricado.	
PRÉ - FABRICADAS	**MOLDADAS NO LOCAL**
Espessura definida e controlada	Espessura variável, de difícil controle
Aplicações em mono ou dupla camada	Camadas diversas sobrepostas, via de regra com estruturante
Maior velocidade de aplicação	Menor velocidade / espera / cura
Dificuldade de áreas com interferências	Ideal para áreas com interferências

PRINCIPAIS SISTEMAS DE IMPERMEABILIZAÇÃO NO MERCADO NACIONAL

São diversas as possibilidades de sistemas impermeabilizantes disponíveis no mercado; em 2011 já se estimava mais de 150 produtos catalogados pelos fabricantes (JOFFILY, 2011). Por motivos diversos, não apenas escolha técnica, alguns desses produtos se popularizaram mais do que outros, gerando uma tendência de mercado. A seguir, destaca-se lista dos sistemas mais utilizados na realidade nacional atual:

Mantas Asfálticas

Apesar de estar perdendo um pouco de seu mercado, as mantas asfálticas ainda são a opção mais utilizada especialmente em obras imobiliárias verticais. A razão desse domínio se dá principalmente pela facilidade de mão de obra (quando comparado a alguns outros sistemas), o relativo baixo custo do material e sua elevada produtividade, especialmente em áreas de grandes dimensões e pouca interferência. Os fatores acima associados à necessidade estética e/ou funcional de revestimento (piso) final geram uma relação "custo / benefício" quase que imbatível.

As mantas asfálticas são sistemas pré-fabricados, constituídas de asfaltos oxidados ou modificados por polímeros, além de estruturante em geral não tecido de poliéster, lã de vidro ou filme de polietileno. A associação desses fatores e ainda sua espessura definem as características mecânicas, e os desempenhos e requisitos são regulamentados pela NBR 9952, que apresenta 04 tipos de mantas, a Tipo I, Tipo II, Tipo III e Tipo IV, segundo resumo da tabela 14.2.

Tabela 14.2 - Requisitos dos tipos de mantas asfálticas, segundo NBR 9952					
ENSAIO	**UNID**	**TIPO**			
		I	**II**	**III**	**IV**
Espessura mínima	mm	3,00	3,00	3,00	4,00
Resistência à tração	N	80,00	180,00	400,00	550,00
Resistência a alongamento	%	2,00	2,00	30,00	35,00
Absorção de água (variação em massa)	%	1,50	1,50	1,50	1,50

A manta asfáltica pode ser aderida com asfalto quente (180 a 220°), a maçarico (Figura 14.5) ou ainda ser autoadesiva, essa última muito pouco utilizada; em todos os casos se faz necessária a aplicação de primer, seja a base de emulsão ou solução asfáltica.

Figura 14.5: Aplicação de manta asfáltica aderida com maçarico[5]

Existem alguns tipos dessas mantas fabricadas como autoprotegidas, em geral, possuindo uma película alumínio ou grãos de ardósia em sua superfície superior. Os autos protegidos são indicados apenas para tráfego eventual e leve, e ainda lajes de pequenas dimensões, uma vez que sua proteção é prioritariamente a raios UV e não mecânicas.

Nas ações de perícia, análise de manifestações patológicas, observa-se, em muitos casos, visando à redução de custo, um uso indiscriminado desse tipo de solução. Um equívoco comum é sua utilização em coberta de edificação imobiliária vertical, imaginando que o tráfego dessa área é eventual ou leve, porém o que define a característica desse requisito não é apenas sua intensidade; no caso das cobertas, trata-se de um tráfego pesado, com ferramentas e equipamentos devido a ações de manutenção, espacialmente nas fachadas.

Argamassa Polimérica

Sistema com base cimentícia apresenta grande utilização em comércio de varejo, mas sua atuação em obras de maior porte também é muito relevante. Por ter base cimentícia, via de regra, gera boa aderência em substratos regularizados em argamassa ou mesmo quando aplicada diretamente sobre o concreto.

Os fabricantes classificam-nos de sistema semiflexivel e na sua aplicação é recomendado o uso de telas de poliéster visando reforçar seu desempenho em pontos críticos, como encontro de canos, ralos e tubos emergentes.

Certamente sua maior vantagem é a fácil mistura e aplicação, sendo fornecida pré-dosada para obtenção do produto basta adicionar o componente liquido ao pó, sem adição de água, evitando, assim, falhas ou perdas de características pelo aumento do fator água/cimento. Sua aplicação deve se dar em demãos cruzadas até se atingir o consumo desejado que, dependendo do objetivo, pode variar entre 2,00 e 5,00 kg / m², e o produto é aplicado como pintura, com trincha.

---

[5] acervo do autor)

A argamassa polimérica tradicional é indicada para reservatórios inferiores, isolados da estrutura, e ainda cortinas de concreto. Sua utilização vem crescendo em pequenas áreas úmidas/molháveis tais como banheiros, cozinhas e áreas de serviços.

Uma primeira evolução desse sistema é a adição de resina termoplástica à argamassa polimérica, no mercado conhecida exatamente dessa forma: argamassa polimérica com resina termoplástica. Essa adição confere à mesma maior flexibilidade e consequentemente maior possibilidade de aplicação, lajes de áreas úmidas maiores, jardins elevados e reservatórios superiores.

Ainda existe uma segunda variação do produto, a adição de fibras, gerando as argamassas poliméricas superflexíveis, que abrangem a aplicação em pequenas lajes, piscinas suspensas e enterradas.

Cristalizantes

Nos últimos anos, devido a novas gerações de cristalização, esse sistema tem ampliado muito sua fatia de atuação no mercado. Sua aplicação é indicada para reservatórios, estruturas enterradas, cortinas de concreto, paredes diafragma e fundações, visando não apenas a não passagem de fluidos, mas a proteção estrutural (aumento da durabilidade).

Existem duas formas de aplicação da cristalização, a tópica, em forma de pintura projetada ou com trincha; e a adição em concreto no estão frescos. A cristalização é um dos poucos sistemas de impermeabilização que não requer regularização.

Aplicação Tópica (Trincha ou Projetado)

Constituído de Cimento Portland, areia de quartzo, compostos químicos ativos (misturado a água). Na aplicação, os componentes químicos ativos reagem com os compostos da pasta de cimento e com a umidade presente nos capilares do concreto, formando cristais insolúveis que preenchem os poros e as fissuras de retração.

É possível citar como vantagens do sistema:

- Torna-se parte integrante do concreto;
- Pode ser aplicado na face positiva ou negativa do concreto;
- As propriedades de impermeabilização e resistência química se mantêm intactas mesmo se a estrutura for danificada;
- Eficaz contra pressões hidrostáticas elevadas;
- Fácil de aplicar;
- Pode selar fissuras próximas a 0,4 mm de abertura;
- Resistente aos ataques químicos, majora a durabilidade da estrutura;
- Pode ser aplicado em concreto úmido ou durante a fase plástica.

Por se tornar parte integrante do concreto, sua qualidade é fundamental, por este motivo para a sua aplicação se faz necessário o tratamento de eventual concreto segregado, em caso de recuperações destacamento ou corrosão da armadura, seguido de hidrojateamento de alta pressão (> 250 bares) com objetivo de limpeza e abertura dos poros (recomendada a escovação), uma vez que o objetivo é a penetração e cristalização dos poros.

Deve existir o prévio tratamento de juntas de concretagem e fissuras localizadas após o hidrojato, assim como identificação e tratamento especial em furos de tirante, remoção do tubo de PVC; escarificação da superfície do furo e lixamento das bordas; saturação com água; ponte de aderência, aplicação de argamassa de reparo.

Na aplicação tópica da cristalização, deve-se saturar o concreto algumas horas antes e aguardar a secagem superficial para aplicação, aplicar diretamente no substrato do concreto, limpo, com porosidade aberta em pelo menos duas demãos, consumo médio de 1,5 kg/m². Deve-se buscar preferencialmente no sentido de pressão positiva, sendo fundamental a cura através de pulverização de água 3 a 5 vezes ao dia, por 3 dias consecutivos.

Cristalização por adição do concreto no estado fresco

Trata-se de um aditivo redutor de permeabilidade adicionado ao traço do concreto no momento de sua produção. Constituído de cimento Portland, areia de sílica fina, compostos químicos ativos que reagem com a umidade do concreto fresco e produtos da hidratação do cimento formando uma estrutura cristalina insolúvel nos poros e capilares do concreto.

Além das vantagens citadas similares à cristalização por aplicação superficial, fica evidente o benefício de se eliminar um item do cronograma, uma vez que o procedimento de impermeabilização não mais será executado, mas será parte integrante do concreto.

Como desvantagens ou restrições ao uso do sistema, é importante citar:

- Depende de forma relevante da qualidade do concreto, material, traço, aplicação e comportamento.
- Responsabilidade e garantia do fabricante fica restrita especialmente pela desvantagem acima citada.
- Dificuldade e controle de mistura em obra, especialmente porque as concreteiras ainda apresentam algumas restrições a sua mistura nas usinas por receio de alterações das características mecânicas.

Na sua aplicação, é utilizado o aditivo na quantidade de 0,8 a 1% de massa de cimento e ainda uma fita hidroexpansiva que sela e trata, juntas de concretagem ou interface de elementos distintos (como tubulações), produto à base de materiais hidrofílicos que se expande de forma controlada quando exposto à umidade.

Membranas Líquidas de Poliuretano

Membrana de poliuretano moldada *in loco* são indicadas para impermeabilização de reservatórios, lajes, piscinas, terraços, sacadas, jardineiras, calhas, canaletas de concreto e áreas molhadas internas. Trata-se de um poliuretano reativo, isento de voláteis orgânicos. Aplicado a frio, forma uma membrana impermeável, resistente e ideal para áreas com cota reduzida e capacidade aderente a diversos tipos de substratos, tais como argamassas, madeira, plásticos e metais.

Sua principal vantagem é a fácil aplicação, tem cura rápida, além de apresentar um bom desempenho à exposição, de modo que onde for possível pode ficar exposta. Alguns fabricantes desenvolveram membranas resistentes a tráfego pesado (veículos), que vêm apresentando bom desempenho. O material deve atender aos requisitos da NBR 15487 – Membrana de Poliuretano para Impermeabilização e da NBR 12.170 – Potabilidade de água aplicável em sistemas de impermeabilização.

Outros tipos de membranas como as acrílicas e asfálticas têm utilização relevante na construção civil, porém com maior restrição e vêm perdendo espaço para a membrana PU.

Mantas PEAD

Polietileno de alta densidade – produzido da polimerização do etileno a baixa pressão. Sua composição é de 97% de polietileno, 2,5 % de negro de fumo e 0,5% de termo estabilizantes e antioxidantes. O negro de fumo concede ao material elevada resistência a raios UV, e o termo estabilizantes e antioxidantes contribui para resistência a intempéries, calor e degradação em geral.

Muito utilizadas em bacias de contenção, açudes e rios artificiais, especialmente devido a suas características de fácil instalação (porém especializada), elevada resistência química / UV – condições severas, elevada resistência mecânica / impacto / abrasão, e atóxica.

Mantas PVC

Com atuação muito similar às mantas PEAD, além de larga utilização em túneis e subsolos, o PVC (policloreto de vinila) é a combinação química de carbono, hidrogênio e cloro. Suas matérias-primas vêm do petróleo (43%) e do sal comum (57%), e essas geomembranas de baixa condutividade hidráulica e pequenas espessuras resistem a estágios de aquecimento e resfriamento sem fadiga ou alteração, altas resistências e deformações. É importante ressaltar a facilidade de emenda, boa trabalhabilidade, excelente resistência à punção, fato que a habilita a larga utilização em túneis e subsolos, seja pelo sistema "submarino" ou "guarda-chuva" em ambos os casos sem acesso para manutenção por estar protegida em geral por uma capa de concreto projetado.

Membrana de Poliureia

São sistemas elastoméricos de dois componentes reativos (isocianatos e aminas), de cura extremamente rápida, aplicados normalmente por equipamentos spray em temperaturas por volta de +60° C a +80° C (hot spray), sendo importante destacar que as poliureias puras resultam maior resistência química e a abrasão.

As origens das poliureias podem ser: Alifáticas, nesse caso Resistente ao UV, não sofrendo variação de sua coloração ao longo do tempo; e as Aromáticas, que são resistentes ao UV em características, físicas e mecânicas, porém sem estabilidade de cor.

É importante citar ainda as poliureias híbridas: poliuretanos/poliureia (compostas de isocianatos+aminas+poliol), que apresentam menor custo, em alguns casos maior viabilidade, porém estas menos resistentes (menores propriedades químico/físicas) que as poliureias puras.

Algumas características fazem da poliureia um dos produtos com melhor desempenho entre todos os sistemas de impermeabilização, são elas:

- Cura instantaneamente: 3 a 40 segundos;

- Alta resistência química;

- Possibilidade de aplicação em condições extremas de umidade relativa e temperatura;

- Não é tóxico, não inflamável, isenta de solventes, não libera gases tóxicos;

- Excelente alongamento, com formulações variando entre 100% a 600%;

- Excelente resistência à abrasão, podendo ser utilizado como revestimento sujeito a tráfego de veículos, empilhadeiras, etc.;

- Resistência a Tração: 18 Mpa;

- Liberação para tráfego em poucos minutos;

- Elevada resistência mecânica, inclusive impactos;

- Adere sobre concreto, metal e outros materiais;

- Resistente ao UV, embora desbote, quando do tipo aromático;

- Espessura ilimitada para aplicação;

- Aplicável em temperaturas variando entre -15° C a +70° C .

Como principais desvantagens da membrana de poliureia, é possível destacar:

- Elevado custo quando comparado com outros sistemas;

- Necessidade de mão de obra amplamente qualificada e equipamentos específicos de altos valores;

- Necessidade de elevada e cara mobilização em caso de necessidade de pequenos reparos, infelizmente comuns a obras de impermeabilização.

A IMPERMEABILIZAÇÃO E A NORMA DE DESEMPENHO

A nova NBR 15575/2013 traz ao mercado nacional grande contribuição para a tecnologia de impermeabilização, um grande que conceitos de manutenibilidade e durabilidade possuem relevante foco, por isso os motivos de sua importância são óbvios, uma vez que percolação indesejada de água ou umidade é um grande agente catalisador ou causador de degradações nas edificações, e ainda o fato de que um dos desafios da escolha do sistema impermeabilizante ideal é a sua capacidade de receber manutenção, via de regra a camada impermeável está sob proteção mecânica, não sendo possível se executar manutenções preventivas, mas apenas corretiva, no momento do fim da vida útil.

Quanto aos requisitos do usuário, a norma cita na habitabilidade os itens: estanqueidade e salubridade dos usuários; quanto à segurança, essa é destacada com segurança estrutural, esses conceitos e premissas que se estreitam aos objetivos das NBR 9575 e 9574 (projeto e execução de impermeabilização), essa norma diz textualmente que *"A exposição à água de chuva, a umidade proveniente do solo e aquela proveniente do uso da edificação devem ser consideradas em projeto, pois a umidade acelera os mecanismos de deterioração e acarreta a perda das condições de habitabilidade e de higiene do ambiente construído".*

A nova normalização indica uma classificação quanto à manutenibilidade e isso deve ser exaustivamente pensado, planejado durante a escolha e aplicação de um sistema impermeabilizante.

CATEGORIA	DESCRIÇÃO	VIDA UTIL	EXEMPLOS TIPICOS
1	Substituível	Vida útil curta, inferior à da edificação, sendo a substituição prevista	Louças, metais, alguns revestimentos
2	Manutenível	Duráveis, mas requerem manutenção para alcance da VUP	Revestimentos de fachadas, janelas
3	Não Manutenível	Devem ter a mesma vida útil do edificio, pois não apresentam condição de manutenção	Fundações, estruturas enterradas

A norma de desempenho estabelece a criação de dois tipos de área que podem receber umidade, as molhadas e as molháveis. A primeira deve suportar um teste de estanqueidade com lamina de água, altura de 10 centímetros por 72 horas, sem apresentar nenhuma espécie de umidade ou infiltração; a segunda, sendo áreas eventualmente molhadas, não possui um requisito especifico, sendo sua vida útil de projeto e diretrizes para uso e manutenção estabelecido em conjunto pelos projetistas, aplicadores e construtor.

REFERÊNCIAS BIBLIOGRÁFICAS

ABNT, ASSOCIAÇÃO BRASILEIRA DE NORMAS TÉCNICAS. NBR 9575: Projeto de Impermeabilização. Rio de Janeiro, 2010.

ABNT, ASSOCIAÇÃO BRASILEIRA DE NORMAS TÉCNICAS. NBR 9574: Execução de Impermeabilização. Rio de Janeiro, 2008.

ABNT, ASSOCIAÇÃO BRASILEIRA DE NORMAS TÉCNICAS. NBR 15575 : Norma de desempenho. Rio de Janeiro, 2013.

BERNHOEFT, L.F.; MELHADO, S.B. A importância da presença de especialista em impermeabilização na equipe multidisciplinar de projetos para durabilidade das edificações. CIMPAR 2010. Cordoba - Argentina. 2002.

CUNHA, E.H. Impermeabilização. PUC, Goiás, 2010.

JOFFILY, I.A.L. Impermeabilização introdução. UNICEUB, Brasília, 2011.

LIMA, J.L. A. Processo integrado de projeto, aquisição e execução de sistemas de impermeabilização. 2012. 128f. Dissertação (Mestrado Profissional) – FTSC, Salvador, 2012.

SABADINI, J.C.; MELHADO, S.B. Considerações gerais sobre sistemas de impermeabilização em piso de pavimento tipo. 1998 Dissertação de Mestrado – USP, São Paulo, 1998.

Capítulo 15

BOAS PRÁTICAS PARA VEDAÇÕES E ALVENARIAS

Daniel Tregnago Pagnussat, DSc., MSc.

Doutor em Engenharia Civil, Professor UFRGS
email: danipag@gmail.com

INTRODUÇÃO

Entende-se a "vedação" como um subsistema dentre os diferentes elementos construtivos de uma obra, cuja função primordial é limitar e compartimentar verticalmente o edifício. Além disso, possui a condição acessória de servir de suporte para os sistemas prediais, quando os mesmos forem embutidos. Sistemas de vedação isolam ambientes mantendo ou proporcionando um determinado desempenho - que pode ser térmico, acústico, estético etc. A principal prerrogativa de um subsistema de vedação consiste, portanto, em garantir boas condições de habitabilidade para uma edificação. Um sistema de vedação ineficiente irá gerar problemas de diversas naturezas, como por exemplo construções com problemas de ruído aéreo entre paredes ou em paredes de fachadas; apartamentos ou residências muito frias ou, ao contrário, com a necessidade de sistemas de condicionamento de ar para compensar elevadas temperaturas. A correta seleção de um bom sistema construtivo e de materiais adequados para vedações, aliados a uma correta execução dos mesmos em canteiro, também tem relação direta com a vida útil da edificação, evitando ou mitigando o aparecimento de manifestações patológicas.

Neste capítulo, serão discutidos brevemente aspectos relativos a sistemas de vedações verticais, com uma abordagem mais aprofundada de sistemas de vedação em alvenaria. Estes tópicos fazem parte da temática proposta em módulo específico do curso de Gerenciamento de Obras, Tecnologia e Qualidade da Construção do IPOG - Instituto de Pós-Graduação.

ASPECTOS CONCEITUAIS

Na construção civil, o avanço da qualidade se dá com certa defasagem em relação a outros tipos de indústrias (RICHTER, 2007; CORDEIRO e FORMOSO, 2005). Não raro, é comum o meio técnico colocar o setor como "atrasado" em comparação a outros setores produtivos da sociedade. Muito deste atraso está relacionado à resistência que o setor possui, muitas vezes, em alterar suas rotinas produtivas ou mesmo sua seleção tecnológica. Parte desta resistência pode ser atribuída a aspectos culturais do setor, mas parte também pode ser colocada na conta do desconhecimento das novas tecnologias disponíveis, e seus atributos de qualidade. Garvin (1987) coloca que um produto ou serviço pode ser bem avaliado quando analisado em uma determinada dimensão ou atributo, mas mal classificado em outra. Segundo Souza e Voss (2002), citados por Richter (2007), as dimensões da qualidade sofrem variação conforme o produto e a indústria que está sendo analisada. Além disso, as dimensões consideradas isoladamente, na realidade, estão muitas vezes inter-relacionadas (GARVIN, 1987). Como exemplo, pode-se citar a questão da confiabilidade e conformidade de um produto - de um componente ou um sistema de vedação de uma parede em uma edificação. Em muitos casos, é justamente a conformidade na produção destes elementos que irá garantir, por consequência, a confiabilidade do mesmo quanto a determinados requisitos de desempenho em uso.

Outra questão importante tange quanto a aspectos econômicos. Uma vedação em alvenaria em um edifício convencional pode representar "apenas" 4 a 7% da obra. Entretanto, pode influenciar indiretamente até 40% do total do custo do edifício (CARDOSO et al., 2007). Uma parede assentada com um tijolo de má qualidade, com falta de precisão dimensional, demandará, dentre outros, maior consumo de argamassa de assentamento e menor produtividade da mão de obra, em relação a um tijolo ou bloco dimensionalmente conforme. Além disso, serviços posteriores também serão afetados, tais como os revestimentos de argamassa, as instalações dos contramarcos e das esquadrias. Estudos realizados por Garlet et al. (2007) em pequenas e médias olarias da região da serra gaúcha indicaram que mais de 80% dos tijolos fabricados e mais de 60% dos blocos apresentavam algum problema de conformidade de fabricação, em relação às prescrições das normas vigentes à época (NBR 7170 e 6460). A Figura 15.1 ilustra alguns exemplos desta falta de conformidade.

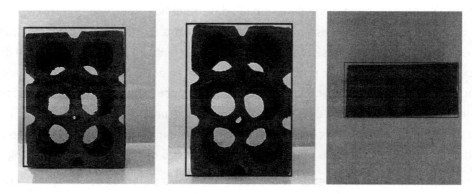

Figura 15.1: Problemas de fabricação relacionados à falta de conformidade com o esquadro em tijolos cerâmicos[1]

A decisão de qual sistema de vedação será utilizado, e consequentemente de como será o desempenho esperado das vedações (e a edificação como um todo), terá reflexo na vida útil da edificação, no custo do empreendimento e nos custos ao proprietário final.

A NBR 15575 (ABNT, 2013) estabelece critérios de desempenho que os vários subsistemas constituintes de uma edificação devem garantir. Nesse sentido, aspectos como desempenho térmico e acústico, estanqueidade e resistência mecânica devem ser contemplados igualmente, dentro dos critérios estabelecidos pela referida norma. Com isto a norma de desempenho estabelece, em última análise, parâmetros mínimos a que todos os agentes do mercado da Construção Civil devem atender. As construtoras e incorporadoras passam a precisar definir o produto e as premissas de projeto segundo requisitos e critérios de norma. Os fabricantes têm que

---

[1] GARLET et. al., 2007

comprovar as características de desempenho em uso do seu produto – com isso, ensaios de caracterização de desempenho, controle de produção, certificados adquiridos, nível de confiabilidade e conformidade passam a ser fundamentais. O usuário final também tem sua responsabilidade, precisando fazer uso e manutenção adequados ao longo da vida útil do edifício.

A partir dessa discussão inicial, parece claro que a seleção tecnológica de sistemas de vedação está relacionada não apenas ao insumo em si para sua produção (tijolos, blocos, painéis pré-moldados), mas sim a uma visão mais holística de todos os benefícios e eventuais entraves relacionados à custo de produção, velocidade executiva, garantia de desempenho, manutenebilidade, dentre outros aspectos. Dessa forma, na sequência serão discutidas algumas alternativas tecnológicas para a produção de vedações verticais.

ALVENARIAS

Por serem as alvenarias de tijolos e blocos a técnica mais tradicional para construção de sistemas de vedação vertical sob a forma de paredes, dedica-se um capítulo específico para as mesmas.

Segundo Lordsleem Júnior (2001), a palavra "alvenaria" deriva do árabe "al-bannã", e tem como significado algo do tipo "aquele que constrói". Quando empregada apenas como vedação, os seus elementos constituintes (tijolos ou blocos e argamassa) em geral não são dimensionados, uma vez que não precisam resistir a outras cargas que não seu peso próprio apenas. Por outro lado, quando utilizadas como elemento portante, a alvenaria passa a ser considerada estrutural e o controle da resistência de componentes passa a ter caráter fundamental a garantia de estabilidade e segurança das edificações.

Prudêncio *et al.* (2003) ponderam que até o final do século XIX a alvenaria colocava-se como principal alternativa estrutural. Entretanto, a elevada robustez e a pouca economia do processo, à época devido à ausência de procedimentos de dimensionamento eficientes, fizeram com que estruturas de aço e concreto gradativamente ganhassem espaço. Com isso, durante muito tempo a alvenaria como elemento estrutural ficou relegada a um segundo plano. Somente a partir da segunda metade do século XX os procedimentos de cálculo e o desenvolvimento da tecnologia de materiais impulsionaram a retomada da alvenaria portante como uma alternativa viável à construção de edificações de variados portes. Segundo Prudêncio *et al.* (2003), o mundo experimentou um crescimento marcante da alvenaria estrutural a partir da década de 1950, quando normas americanas e principalmente europeias surgiram sobre o assunto.

No Brasil, a alvenaria estrutural, como sistema construtivo, é utilizada desde o século XVII. Entretanto, sua utilização como um processo construtivo racionalizado demorou a se desenvolver. Somente a partir da década de 1970, a alvenaria estrutural passou a ser tratada nacionalmente como uma tecnologia de engenharia, embasada cientificamente (RICHTER, 2007; RAMALHO e CORRÊA, 2003). Com isso, ainda que o uso da tecnologia tenha se desenvolvido continuamente, a maior parte das alvenarias hoje executadas em nosso país ainda é de elementos de vedação simples. Assim, o conhecimento técnico de engenheiros e arquitetos sobre alvenarias ainda está mais concentrado em aspectos relativos a este tipo de alvenaria (vedação).

O processo executivo de alvenarias, sejam elas de vedação ou estruturais, demanda certos cuidados de modo a garantir a qualidade final das paredes erguidas. A seguir, estão descritos de forma sucinta alguns aspectos relativos à produção destes elementos em uma edificação.

Materiais e Componentes de Alvenarias

Blocos de concreto

Blocos de concreto são elementos fabricados a partir da mistura de aglomerantes (geralmente cimento Portland), agregados naturais ou artificiais e água, podendo ainda receber adições e aditivos específicos. São produzidos em equipamentos de vibro-prensagem e curados ao ar ou ao vapor. O concreto utilizado na produção de blocos para alvenaria geralmente é um concreto seco, com maior consistência, de modo a permitir sua imediata desforma. A ABNT, através da referência normativa da NBR 6136 (ABNT, 2014), especifica as características de blocos de concreto, sejam eles utilizados para alvenaria convencional de vedação ou alvenaria estrutural. A Figura 15.2 ilustra um exemplo de bloco de concreto para alvenaria.

Figura 15.2: Bloco de concreto para alvenaria[2]

Existe alguma diversidade de formatos disponibilizados no mercado para blocos de concreto. Todavia, os mais utilizados são aqueles que trabalham com medidas pensadas para a execução de projetos com coordenação modular, ou seja, os blocos designados como M-20 (para modulação de 20 cm) e o M-15 (para modulação de 15 cm). Em termos de resistência, as normas técnicas separam os blocos em quatro classes (A, B e C), sendo a classe "A" a de maior resistência (acima de 8,0 MPa), para alvenarias estruturais acima e abaixo do solo, e a classe "C" (acima de 3,0 MPa) para alvenarias de vedação ou estruturais.

Tijolos e Blocos Cerâmicos

Considerada até hoje a alternativa mais tradicional para a execução de alvenarias, a cerâmica vermelha, sob a forma de tijolos e blocos, maciços ou vazados, apresenta-se nacionalmente como um mercado bastante competitivo e com fabricantes de diferentes portes, que disponibilizam produtos para a Indústria da Construção com diferentes graus de qualidade e conformidade de seus produtos.

Segundo a definição da NBR 7170/83, um tijolo maciço é definido como um tijolo com todas as faces plenas de material (podendo apresentar rebaixos em uma das faces de maior área) obtido por prensagem ou extrusão e queimado. Suas faixas de resistência delimitam um mínimo de resistência mecânica à compressão de 1,5 MPa

---

[2] Fonte: ABCP, 2014

até superiores a 4,0 MPa, conforme a classe de resistência. Por sua vez, a NBR 15270-1/05 define tijolos e blocos furados, para uso em elementos de vedação ou estruturais. Para o uso em alvenarias de vedação, os blocos e tijolos podem ser assentados com seus furos tanto na horizontal como na vertical (Figura 15.3).

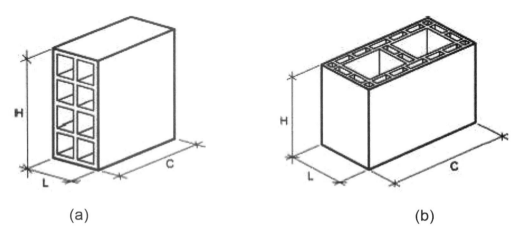

(a)　　　　　　　　　　　　　　　　　　　　(b)

Figura 15.3: Exemplo de unidades cerâmicas com furos na horizontal (a) e na vertical (b) [3]

Entretanto, quando da utilização dos blocos para assentamento de alvenarias estruturais, a NBR 15270-2/05 coloca que o padrão de assentamento dos mesmos deve ser sempre realizado com os furos na vertical, não sendo indicada, neste caso, a elevação de paredes com blocos ou tijolos com furos na horizontal. A explicação técnica se dá pelo mecanismo de ruptura de paredes estruturadas com blocos com furos horizontais. Nestes casos, uma eventual sobrecarga além do limite de resistência desta parede levaria a uma ruptura frágil da mesma, sem que ocorressem indícios de ruptura antes do colapso total. Em paredes assentadas com blocos estruturais com furos na vertical, antes do colapso total há o aparecimento de fissuras que indicam que existem problemas, possibilitando sua recuperação ou permitindo que o prédio seja interditado previamente. A tabela 7.1 indica as prescrições da NBR 15270/10 quanto à resistência mínima que tijolos e blocos devem apresentar, conforme sua condição de fabricação.

Tabela 15.1: Resistência à compressão (fb) de unidades cerâmicas para alvenaria[4]

Posição dos furos	f_b MPa
Para blocos usados com furos na horizontal	$\geq 1,5$
Para blocos usados com furos na vertical	$\geq 3,0$

---

[3] Fonte: adaptado de NBR 15270-1/10

[4] ABNT NBR 15270-1, 2005

Além disso, dentre outras propriedades descritas nas normas técnicas correlatas, tijolos e blocos devem apresentar uma absorção de água total entre 8% e 22%. Esta é uma característica importante e que tem consequência direta na qualidade final de uma parede de alvenaria, no sentido de minimizar o aparecimento de manifestações patológicas. Tijolos e blocos cerâmicos com um alto grau de absorção de água tendem a apresentar maiores problemas de aderência com argamassas de assentamento e mesmo com as de revestimento posteriormente aplicadas. Isto ocorre porque a absorção rápida da água de amassamento das argamassas por parte do substrato cerâmico diminui a água disponível para as reações de hidratação do cimento junto à interface argamassa/cerâmica. Além disso, colabora para uma maior fissuração por retração dos revestimentos de argamassa, podendo diminuir a extensão de aderência entre estes e o substrato. Da mesma forma, tijolos e blocos pouquíssimo absorventes tem dificuldades para garantir a aderência com argamassas pois não há o suficiente transporte de compostos cimentícios para os poros do substrato, prejudicando o intertravamento mecânico dos materiais.

Tijolos e Blocos de Concreto Celular

A NBR 13438/13 estabelece os requisitos para o uso deste tipo de insumo para a confecção de paredes de alvenaria. Os blocos de concreto celular são uma mistura de materiais calcários (cimento e/ou cal), silicosos (areia), aditivos expansores e água, fabricados em autoclave. A Figura 15.4 ilustra exemplos de utilização deste tipo de bloco.

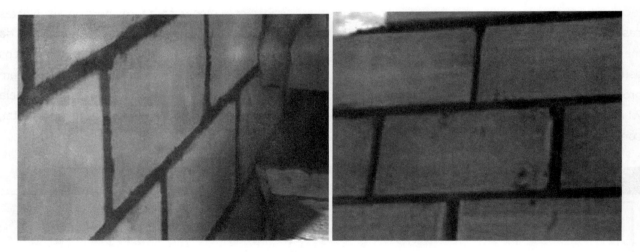

Figura 15.4: Paredes com blocos de concreto celular autoclavado[5]

Dentre as principais vantagens deste tipo de bloco, podemos citar:
- Sua baixa massa específica, o que permite fabricar unidades com maiores dimensões, além de aliviar o peso total do prédio sobre as fundações;
- Facilidade de trabalho, pois permite que seja facilmente cortado no canteiro de obras;

---

[5] Fonte: acervo da disciplina de Processos Construtivos II - UCS

- Bom isolamento térmico e isolamento acústico;
- Boa resistência ao fogo, sendo bastante utilizado em escadas enclausuradas e outros ambientes que necessitem de maior resistência a incêndios em relação a alvenarias comuns;
- Uniformidade de dimensões, por ser produzido em autoclave;

Como principais fatores limitantes, ainda é restrito o número de fabricantes deste produto em nível nacional, comparativamente a outras soluções, ainda que o mercado do mesmo tenha crescido nos últimos anos.

Outros tipos de tijolos e blocos

Tijolos de solo-cimento também são conhecidos como "tijolos ecológicos". São uma mistura de solo com cimento, mediante determinadas proporções pré-estabelecidas. As normas relacionadas a este produto são a NBR 10834/12 e NBR 8491/12. Pelo seu processo simplificado de fabricação, que dispensa a etapa de queima dos tijolos, ele tem sido utilizado, por vezes, para a construção de habitações de interesse social em regime de mutirão, onde a própria população pode fabricar tijolos a partir de maquinários manuais (Figura 15.5), muito embora possa também ser produzido em escala industrial em equipamentos de maior porte.

Figura 15.5: Máquina manual para fabricação de tijolos de solo-cimento[6]

Além do tijolo ecológico, outra alternativa são os chamados tijolos silico-calcáreos. São uma mistura de cal e areia quartzosa moldadas por prensagem e curadas por calor e vapor de pressão.

Segundo Désir (20__), este tipo de bloco tem a vantagem de dispensar a camada de preparo de chapisco e por vezes até o emboço no revestimento, não sendo preciso regularizar a parede. Sendo um material pouco poroso e bastante nivelado, pode ficar aparente ou receber uma fina camada de revestimento, o que gera economia de mão de obra e material de acabamento. A referência normativa deste tipo de tijolo é a NBR 14974-1/03, muito embora antes de sua aprovação também fosse utilizada a norma alemã DIN-106. Sua classe de resistência pode variar de 4,5 MPa até 35 MPa. A Figura 6 ilustra algumas das formas e dimensões destes blocos estabelecidos pela NBR 14974/03.

---

[6] Fonte: catálogo de fabricante - disponível em http://www.engemaquinas.com.br/prensamanualspeed1/Acesso em 31/03/2014

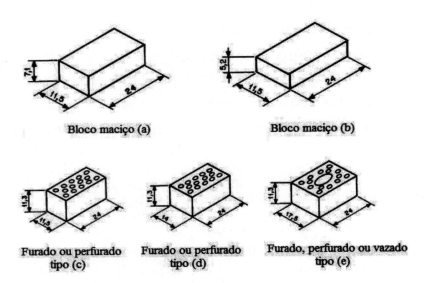

Figura 15.6: Exemplo de geometria de tijolos sílico-calcáreos[7]

Aspectos Executivos - Alvenaria Estrutural

A aplicação mais intensa da alvenaria estrutural no Brasil, nas décadas de 1980 e 1990, ocorreu em empreendimentos habitacionais de interesse social, muitos deles objeto de financiamento por parte da Caixa Econômica Federal. Hoje, ainda que a técnica tenha se disseminado para a construção de edificações de diferentes naturezas, as habitações voltadas para edifícios mais populares ainda são o principal "mercado" da alvenaria estrutural.

Uma das principais vantagens do uso da alvenaria estrutural está relacionada à possibilidade de racionalização da construção, dentre outros fatores, devido à adoção de projetos com coordenação modular. A coordenação modular visa a promoção da compatibilidade dimensional entre elementos construtivos (definidos no projeto das edificações) e dos componentes construtivos (definidos pelos fabricantes) (NBR 15873/10).

O módulo de referência está relacionado com a unidade (bloco ou tijolo) a ser utilizada na construção de uma determinada edificação. Segundo Richter (2007) e Ramalho e Correa (2003), três dimensões-padrão – comprimento, largura e altura - definem uma unidade para modulação. O comprimento e a largura definem o módulo horizontal (ou módulo em planta baixa), enquanto a altura define o módulo vertical a ser adotado nas elevações das paredes. A racionalização do projeto depende da definição destas dimensões padrão, sendo que Ramalho e Correa (2003) colocam muito pertinentemente que é importante que o comprimento e a largura destes blocos ou tijolos sejam iguais ou múltiplos, de maneira que efetivamente se possa ter um único módulo em planta, simplificando o processo de amarração das paredes (Figura 15.7).

---

[7] (Fonte: adaptado da NBR 14974/03

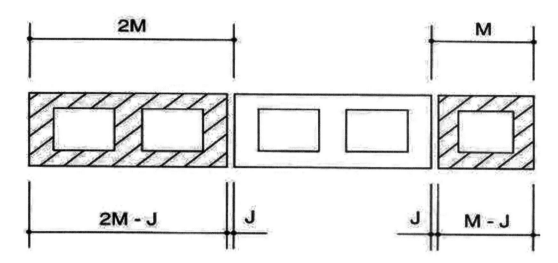

Figura 15.7: Blocos para modulação: o módulo (M) se refere ao comprimento real do bloco mais a espessura de uma junta (J);[8]

A primeira fiada de uma alvenaria racionalizada, neste processo, é definida pela modulação horizontal; A segunda fiada deverá levar em conta a necessidade de amarração das paredes (ausência de juntas a prumo). Isso significa defasar as juntas em uma distância "M". Uma vez adotado este processo de modulação, a necessidade de quebra/corte de blocos é praticamente zero (Figura 15.8).

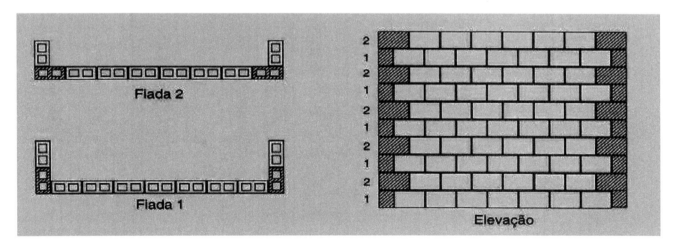

Figura 15.8: Blocos para modulação: execução das fiadas pares e ímpares[9]

Inicialmente, é o processo de locação (ou marcação) das paredes no piso que desempenha função fundamental na garantia de qualidade de todos os serviços subsequentes. O serviço inicia-se com a conferência do nível da laje, uma vez que o valor mínimo de espessura da junta horizontal da primeira fiada é de 5 mm e o máximo é de

---

[8] Fonte: adaptado de acervo da disciplina de Construção I - UCS

[9] Fonte: adaptado de acervo da disciplina de Construção I - UCS

20 mm. Admitem-se espessuras de 30 mm apenas em trechos de comprimento inferiores a 50 cm. Dessa forma, para desníveis da laje que resultem em espessuras de assentamento superiores aos anteriormente prescritos, é recomendável proceder o nivelamento da laje, previamente à execução da primeira fiada.

Iniciada a primeira fiada, é importante que alguns itens sejam assegurados:

- Correspondência do posicionamento de cada bloco em relação ao projeto, garantindo a coordenação modular;
- Verificação dos pontos de grauteamento - havendo alvenaria armada, o correto traspasse da armadura;
- Verificação do esquadro e da planicidade;
- Preenchimento das juntas verticais e horizontais, além das transversais (este último se o projeto assim exigir).

A etapa seguinte corresponde ao processo de elevação das alvenarias. Em alvenarias estruturais, é muito importante que a elevação das paredes se dê de maneira escalonada, comumente chamada em canteiro de "elevações em castelo" (Figura 15.9).

Figura 15.9: Exemplo de elevações em parede de alvenaria estrutural em forma de "castelo"[10]

Essa prática é de extrema importância para garantir um bom desempenho das alvenarias e evitar fissuras junto às regiões de amarração das paredes. O uso de elevações descontínuas ou de vazios nas paredes, onde há a necessidade de inserção posterior dos blocos entre fiadas já assentadas (Figura 15.10) é desaconselhável, pois não promove um correto engastamento entre as peças - pelo tamanho dos blocos e pela junta de apenas 1 cm de argamassa, ajustes são difíceis de serem realizados sem fragilização da ligação já existente dos outros blocos.

---

[10] Fonte: do autor

Figura 15.10: Exemplos de elevações em parede de alvenaria estrutural[11]

Durante o processo de elevação das paredes, é preciso estar atento para que todas as fiadas sejam executadas corretamente, garantindo prumo, nível e esquadro. Em alvenarias de blocos, é comum o uso do escantilhão nos encontros de paredes de modo a garantir o esquadro e servir como referência de nível para as fiadas. Problemas como os ilustrados nas fotos das figuras 15.11 e 15.12 não podem ocorrer, sob pena de diminuírem o arcabouço de segurança da estrutura e eventualmente comprometerem o desempenho das paredes portantes, ou simplesmente contribuírem para o aparecimento de manifestações patológicas.

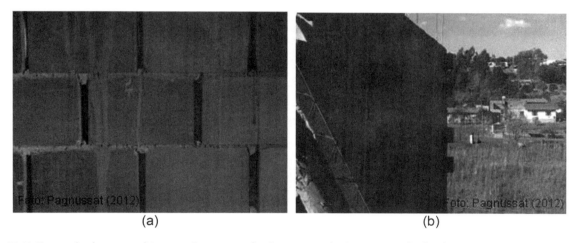

Figura 15.11: Exemplo de preenchimento incorreto das juntas verticais em parede de alvenaria estrutural (a); erro de elevação/amarração em parede de alvenaria estrutural (b)[12]

---

[11] Fonte: do autor (a) e RICHTER (2007) (b)

[12] Fonte: do autor

Figura 15.12: Falta de coordenação modular em parede. Note-se também a espessura excessiva de argamassa (a). Detalhe de junta de argamassa com espessura excessiva em parede estrutural (b)[13]

Outro aspecto relevante diz respeito à especificação e execução do graute nos pontos definidos em projeto. As janelas de inspeção podem ser feitas apenas na primeira fiada (em caso de grauteamento em apenas uma etapa) ou na primeira fiada e na metade da parede (em caso de grauteamento em duas etapas). Em ambos os casos, é de extrema importância garantir a limpeza da janela, com a retirada do excesso de argamassa ("rebarbas") de assentamento no vazado dos blocos, bem como a limpeza da base. Esse procedimento deve ser realizado com uma barra auxiliar, e não com a própria barra do ponto de graute, já amarrada ao traspasse do andar inferior. No momento da aplicação do graute, é importante verificar as condições do mesmo. Embora seja um concreto fluido, o graute não pode apresentar segregação (Figura 15.13).

(a)   (b)

Figura 15.13: Exemplo de janela de inspeção de grauteamento com excesso de detritos (a) e com segregação do graute (b)[14]

No caso de alvenarias estruturais, é preciso também realizar o controle da resistência dos componentes. A garantia da segurança estrutural estabelecida pelo projetista exige que se faça o controle da resistência da argamassa e do bloco - bem como da parede - esta última pode ser verificada através de ensaios de parede em escala real/reduzida, ou através de ensaios de prisma. O controle dos componentes deve seguir as especificações da NBR 6136/14 e 15961-2/11 (para obras em alvenaria de blocos de concreto) e NBR 15270-3/05 e 15812-2/10 (para obras em alvenaria de blocos cerâmicos).

---

[13] Fonte: do autor

[14] Fonte: do autor

Aspectos Executivos - Alvenaria de Vedação

Para Lordsleem Júnior (2001), ao se construir uma parede de vedação, a principal intenção é obter uma construção que atenda de forma adequada a requisitos de desempenho, sem a possibilidade de manifestações patológicas futuras. Em termos executivos, paredes de vedação devem apresentar planeza, prumo e nivelamento adequados para o posterior revestimento das mesmas (com argamassa, pastas de gesso ou similares).

Ainda que os componentes das paredes de vedação não precisem ser dimensionados para suportar cargas, existem outras várias propriedades importantes que devem ser garantidas. Como discutido anteriormente, a absorção d'água dos blocos e tijolos, bem como a capacidade de retenção de água das argamassas de assentamento utilizadas tem influência direta na aderência entre unidade cerâmica/argamassa. Garantir a boa aderência entre os elementos previne fissurações e deformações da parede. Deve-se evitar o uso, em uma mesma parede, de tijolos e blocos de fornecedores diferentes, não só pela eventual diferença de conformidade dimensional, mas também para evitar padrões de absorção de água diferentes que prejudiquem, em um segundo momento, o revestimento de argamassa sobre eles assentado. A Figura 15.14 ilustra uma situação como a citada.

Figura 15.14: Exemplo de elevações em parede de alvenaria de vedação. Note-se a espessura elevada de argamassa de assentamento em alguns pontos, bem como o uso de tijolos de diferentes padrões[15]

Diferentemente do caso de alvenarias estruturais, discutidas anteriormente, Lordsleem Júnior (2001) coloca que, em alvenarias de vedação, é possível que a mesma seja executada com juntas verticais secas, ou seja, sem preenchimento de argamassa. Contudo, ressalva algumas situações onde o preenchimento da junta vertical se faz necessário, mesmo em alvenarias de vedação. Algumas destas situações, dentre outras, incluiriam o caso de:

- Juntas entre paredes submetidas a esforços cisalhantes de grande intensidade, como, por exemplo, paredes sobre lajes em balanço;
- Juntas em paredes com extremidade superior livre, como por exemplo platibandas;
- Juntas em paredes muito seccionadas para inserção de tubulações embutidas;
- Juntas em paredes muito esbeltas, submetidas a esforços que tendem a gerar grandes flexões e paredes de edifícios muito altos submetidos a intensos esforços de vento.

---

[15] Fonte: do autor)

A ausência de junta vertical, associada a um projeto de alvenaria sem coordenação modular, geralmente acarreta a necessidade de diferentes tamanhos de tijolos ou blocos para o arremate das fiadas, levando a um maior nível de desperdício de materiais.

Outro aspecto a ser considerado é o embutimento de eletrodutos e outros sistema prediais à alvenaria. Em sistemas racionalizados, com o uso de blocos com furos na vertical, é possível compatibilizar projetos, evitando cortes desnecessários. Em alvenarias de tijolos, ou mesmo em alvenarias de blocos não racionalizados, há a necessidade de cortes nas paredes para posterior embutimento (Figura 15.15). É recomendável evitar altas taxas de cortes em pequenas áreas, que podem fragilizar as paredes ou mesmo contribuir para a perda de outras propriedades, como por exemplo seu isolamento acústico.

Figura 15.15: Exemplo de rasgos em alvenaria para inserção de tubulações embutidas[16]

A correta especificação e execução dos vãos de esquadrias, bem como de vergas e contravergas, também é importante para a garantia de qualidade das vedações. Paredes como as da Figura 15.16a podem apresentar diversos problemas, devido à má execução da mesma. Já a foto da Figura 15.16b ilustra uma parede com a contraverga corretamente executada.

Figura 15.16: Parede com tamanho do vão da janela executado incorretamente, necessitando de ajuste. Note-se também a ausência de contraverga (a) e parede com contraverga executada com o devido traspasse (b)[17]

---

[16] Fonte: do autor (a) e acervo da disciplina de Processos Construtivos II - UCS (b)

[17] Fonte: Acervo da disciplina de Processos Construtivos II - UCS

Por fim, outro aspecto relevante na execução de alvenarias de vedação tange à questão da fixação superior da alvenaria à estrutura - o chamado encunhamento. O encunhamento consiste na etapa final da elevação, quando é realizada a fixação da alvenaria na face inferior da estrutura (fundo da viga ou face inferior de laje). Sua função é a de travar a alvenaria sem prejudicar seu desempenho em função de solicitações (transmissão de esforços não previstos). Sua execução deve ser postergada o máximo possível, até que a maior parte da carga permanente da edificação já esteja executada. A especificação do melhor momento para a execução do encunhamento vai depender de uma série de fatores, relacionados ao tipo de edificação, carregamento, deformabilidade da estrutura, etc. De modo geral, é recomendável que alguns pavimentos superiores já estejam com a estrutura erguida (de 3 a 4 pavimentos acima), bem como a alvenaria (de 2 a 3 pavimentos). O tipo de encunhamento vai depender da flexibilidade da estrutura em relação à alvenaria. Em estruturas onde há transmissão parcial de tensões para a alvenaria (como em situações onde a alvenaria faz o travamento da estrutura), é necessária uma ligação rígida. Em situações de não transmissão de tensões para a parede, esta ligação pode ser resiliente ou flexível, dependendo do grau de deformabilidade da estrutura.

Como materiais utilizados para a execução do encunhamento, pode-se citar o uso de tijolos maciços a 45° (com argamassa forte ou fraca, dependendo da situação), argamassas expansivas (Figura 15.17), argamassas com polímeros, dentre outros.

Figura 15.17: Encunhamento de parede com uso de argamassa expansiva[18]

SELEÇÃO TECNOLÓGICA DE VEDAÇÕES ALTERNATIVAS À ALVENARIA

Embora sendo a alvenaria em tijolos ou blocos a mais tradicional forma de vedação vertical de edificações, existem diversas alternativas para diferentes especificações desta parte de uma obra. Assim, a seguir estão descritas algumas tecnologias de vedação vertical para a construção de edificações.

Divisórias Leves

---

[18] Fonte: do autor

Por definição normativa da NBR 11681/90, consideramos uma divisória leve todo "elemento construtivo que separa os espaços internos de uma edificação, compartimentando e/ou definindo ambientes, estendendo-se do piso ao forro ou teto, sendo constituído por painéis modulares e seus componentes, com massa não superior a 60 kg/m2". Tal qual qualquer outro tipo de sistema de vedação, a principal função de uma divisória leve é o de compartimentar os ambientes. Além disso, podem servir de suporte e proteção às instalações elétricas e hidráulicas do edifício. Em termos de classificação, podemos separar as divisórias em removíveis ou desmontáveis. Em uma divisória removível, a parede é montada e desmontada sem que ocorram danos aos seus constituintes uma vez que não há continuidade superficial - as paredes apresentam juntas e/ou montantes aparentes. Por sua vez, em divisórias desmontáveis, há continuidade superficial, de modo que quando a divisória precisa ser desmontada podem ocorrer danos aos seus constituintes, fazendo que na remontagem haja a necessidade da reposição de alguns de seus componentes.

Uma divisória leve é basicamente constituída por dois elementos distintos: a sua estrutura e os seus painéis de fechamento. Adicionalmente, as paredes podem receber instalações embutidas e reforços em pontos específicos. Como principais elementos utilizados para a estruturação das paredes, destacam-se perfis de alumínio (quando estrutura aparente) ou perfis de aço galvanizado (*steel frame*), além de estruturas em madeira (*wood frame*). Sistemas a base de *steel frame* ou *wood frame* podem ser utilizados tanto para a confecção de paredes de vedação dentro de uma estrutura portante existente de concreto ou aço, bem como para a estruturação de edificações em si. Como alternativas para a execução dos painéis de fechamento das divisórias leves, destacam-se o uso de gesso acartonado (para áreas internas), placas cimentíceas, painéis OSB, painéis tipo sanduíche, dentre outros.

Gesso Acartonado

Paredes de gesso acartonado (Figura 15.18) podem apresentar diversas vantagens em relação a uma alvenaria convencional, dentre as quais podemos citar:

- Possibilita a retirada da etapa de vedação vertical do caminho crítico da obra, gerando ganhos de cronograma;
- Por ser uma construção a seco, aumenta a possibilidade de maiores ganhos com limpeza e organização do canteiro de obras;
- O acabamento final da parede é facilitado pela superfície pré-acabada e com elevada planicidade das placas de gesso;
- Pelo mesmo motivo, possibilita o uso de revestimentos de pequena espessura;
- Possui elevada produtividade;
- Permite maior flexibilidade de layout dos compartimentos da edificação;
- Por ser uma divisória leve, diminui custos da estrutura portante, que recebe uma menor carga total.

Como desvantagens do sistema, pode-se colocar que:

- Cargas pontuais superiores a 30-35 kg devem ser previstas com antecedência, para instalar reforços no momento da execução, pois as paredes não resistem a estes esforços;

- As placas de gesso acartonado não resistem a uma alta taxa de umidade aplicada continuamente sobre elas, levando à sua degradação. Por este mesmo motivo, não devem ser utilizadas em áreas externas sujeitas a intempéries.

Figura 15.18: Estrutura de paredes de gesso acartonado[19]

O grande desafio para a consolidação do uso do gesso acartonado reside ainda na superação de algumas barreiras de ordem cultural, em nosso país. Ainda que mundialmente consolidado como sistema construtivo, o produto ainda é visto com certa reticência, mesmo em alguns centros urbanos, como solução técnica para obras comerciais e principalmente residenciais. Estas barreiras culturais - principalmente dos usuários, mas também de parte de construtores e incorporadores - ocorreriam em função de um pretenso baixo desempenho mecânico e acústico. Na realidade, paredes de gesso acartonado possuem todas as características técnicas para uso como elementos divisórios com suficiente resistência mecânica a impactos e cargas (nas condições previstas nos projetos). Quanto à questão acústica, esse preconceito advem, na visão deste autor, da falsa impressão por parte dos leigos de que, por serem menos espessas e internamente ocas, estas paredes teriam maior transmissão de ruídos entre ambientes. Entretanto, quando bem executada (com a devida inserção de lãs de rocha ou lã de vidro), estas paredes podem inclusive gerar ganhos significativos de isolamento acústico entre ambientes em relação a sistemas tradicionais. O pouco entendimento do funcionamento do sistema, bem como a execução deficiente deste tipo de paredes por alguns construtores, é, portanto, um desafio a ser trabalhado e vencido pelo meio técnico.

Placas Cimentíceas

Placas cimentíceas são produzidas a partir de uma mistura de cimento Portland, agregados naturais de celulose e fibras (fios sintéticos de polipropileno ou similares). Eventualmente, podem receber outros tipos de tratamento, de modo a melhorar propriedades específicas, tais como resistência superficial à abrasão ou impermeabilidade.

Suas vantagens em termos de acabamento e velocidade executiva são muito similares às já descritas para o gesso acartonado. Além disso, podemos citar:

- Resistência à umidade;
- Elevada resistência a impactos;
- Resistência a cupins e outros microorganismos;

---

[19] Fonte: acervo da disciplina de Processos Construtivos II - UCS

- Resistência ao fogo;
- Elevada durabilidade;
- Flexibilidade (superfícies curvas);
- Bom isolamento térmico e acústico, dependendo da configuração das placas.

Externamente, divisórias com placas cimentíceas podem ser utilizadas para a confecção de muros, fachadas, paredes, brises; internamente, podem ser elementos constituintes de divisórias, forros, acabamentos de subsolos e dutos de ar condicionado.

Placas OSB

No mercado mundial desde a década de 1970, o *Oriented Strand Board* (OSB) nasceu nos Estados Unidos como uma evolução de outros tipos de madeira aglomerada então existentes. O OSB é um painel de madeira com uma liga de resina sintética, feita a partir de camadas prensadas com tiras de madeira ("*strands*"), alinhados em escamas. A Figura 15.19 ilustra o uso dos painéis.

Figura 15.19: Uso de painéis OSB em paredes de construção em Steel Frame[20]

Os painéis em OSB são fáceis de manusear e possuem uma boa precisão dimensional, bem como uma boa resistência a impactos. Alguns cuidados especiais a serem tomados com este tipo de material são os seguintes:

- Sempre que as placas forem cortadas, deve-se selar as bordas com tinta à base de solvente, para evitar a absorção de umidade;
- Manter sempre um espaçamento de 15 cm, entre a borda inferior da placa e o terreno.
- Logo após a fixação dos painéis em fachadas, é recomendável aplicar uma barreira contra umidade e vento na superfície exposta, quando a mesma estiver sujeita a estas intempéries. Sobre a membrana de proteção, deve-se aplicar o revestimento escolhido (vinílico, *siding* de madeira ou cimentício, revestimentos argamassados, revestimentos cerâmicos ou pétreos).

---

[20] Fonte: Steelman/Wikipedia, 2013

Outras divisórias leves

Além destas citadas anteriormente, são exemplos de divisórias leves: divisórias de PVC; divisórias em laminado melamínico; divisórias em vidro com quadros de MDF; divisórias em MDF revestido, entre outros.

Paredes de Concreto Moldado In Loco

Paredes de concreto moldado *in loco* são muito mais um sistema construtivo em si do que propriamente um tipo de vedação. Entretanto, como sistema, geram paredes que possuem requisitos de desempenho como qualquer outra vedação. O princípio básico desta tipologia construtiva consiste na utilização de formas (geralmente metálicas, embora existam outras alternativas) que são montadas em canteiro. Após a colocação das armaduras e das instalações elétricas que serão embutidas nas paredes, é realizada a concretagem. Tradicionalmente utilizam-se concretos celulares ou autoadensáveis, sendo estes últimos mais indicados. A Figura 15.20 ilustra uma sequência executiva de paredes de concreto moldadas *in loco*.

Como principal vantagem do sistema, está sua velocidade executiva, uma vez que é possível, dependendo do tipo de forma utilizada (e descontado o tempo para a confecção da cobertura e acabamentos), erguer uma nova estrutura de uma casa inteira a cada 24-48 horas. Além disso, quando do uso de formas metálicas, apesar do investimento inicial mais alto, é possível ter um índice de reaproveitamento muito grande das mesmas, o que dilui seu custo pelo número de unidades possíveis de serem erguidas.

Figura 15.20: Sequência executiva de casas com paredes de concreto moldadas *in loco*[21]

A NBR 16055/12 normatiza o uso de paredes de concreto moldadas no local para produção de edifícios. A referida norma leva em consideração a possibilidade de construção de edifício em paredes de concreto de até cinco pavimentos, com lajes de 4 metros de vão livre máximo e sobrecarga máxima de 300 kgf/m², que não

---

[21] Fonte: PERFILLINE, 2013

sejam pré-moldadas. Outro ponto importante ressaltado pela norma é de que as paredes de cada ciclo construtivo devem ser moldadas em uma única etapa de concretagem. Além destes pontos estabelecidos pela norma, outras boas práticas também podem ser adotadas, como por exemplo a colocação de *shafts* ou nichos de esperas para a inserção de tubulações hidrossanitárias nas paredes (Figura 15.21), facilitando posteriores manutenções.

Como cuidados especiais deste tipo de sistema, está a análise do seu desempenho quanto a questões de desempenho térmico e acústico, ainda pouco avaliados, quanto às diferenças impostas nas diversas regiões bioclimáticas do nosso país (definidas pela NBR 15.220-3/05). Muitas construções com este sistema, principalmente quando de interesse social, recebem apenas uma textura e/ou pintura, não sendo revestidas (com argamassa ou similares), o que pode gerar, dependendo da espessura da parede adotada, sistemas com problemas de eficiência termoacústica.

Figura 15.21: Esperas para tubulação hidrossanitária[22]

Painéis Pré-Fabricados de Concreto

A escolha de uma tecnologia construtiva com o uso de componentes, tais como painéis pré-fabricados arquitetônicos de concreto, geralmente ocorre no momento em que o empreendedor e o construtor estão em busca de velocidade de execução e do incremento dos níveis de industrialização no canteiro de obras. Evidentemente, estes ganhos podem se refletir também na qualidade e no valor agregado do produto final. Segundo Oliveira (2002), vedações verticais em painéis pré-fabricados de concreto classificam-se como vedações de fachadas, obtidas por acoplamento a seco, consideradas pesadas, sem função estrutural, descontínuas e modulares.

Os principais elementos constituintes do sistema são os painéis de concreto, as juntas e os dispositivos de fixação. Os dispositivos de fixação, segundo Oliveira (2002), são os responsáveis pela interação painel - estrutura. São eles que garantem a segurança estrutural do painel no edifício. Seu projeto deve levar em consideração os fatores que condicionam seu desempenho mecânico, bem como aspectos de durabilidade e facilidade de

---

[22] Fonte: PERFILLINE, 2013

instalação. Já os painéis de concreto em si podem ser moldados com diferentes materiais, o que terá reflexo no peso da sua estrutura, bem como de outras propriedades - seu desempenho térmico, por exemplo. A tabela 15.2 traz alguns dados de coeficiente global de transmissão térmica (K), calculados por Oliveira (2002).

Tabela 15.2: Coeficiente global de transmissão térmica (K)[23]

Descrição	Espessura	K (Watt/m²°C)
Painel maciço de concreto convencional	150	3,84
	200	3,46
Painel maciço com concreto com argila expandida	150	2,85
	200	2,44
Painel alveolar	150	0,25
Painel tipo sanduíche com duas camadas de concreto intercaladas por camada de poliestireno expandido	200	0,28

Tecnicamente, painéis pré-moldados para fachadas sempre exigirão cuidados especiais quanto ao prumo da estrutura, uma vez que há um limite para os ajustes das placas. Em outras palavras, o cuidado deve ser muito maior para evitar problemas no alinhamento das placas, frestas entre placas com consequente comprometimento da estanqueidade do sistema, dentre outras eventuais necessidades de adaptações que passam a inviabilizar os ganhos de velocidade de execução.

Estudos realizados por Ceotto (2006) através da Comunidade da Construção[24] indicam que o custo de fachadas pré-moldadas em concreto pode ser superior em quase 40% quando comparados, por exemplo, a sistemas de fachadas em alvenarias tradicionais revestidas com argamassa mais placas cerâmicas. Por esta mesma razão, o autor ressalta que se deve analisar os custos indiretos envolvidos (prazo de execução, logística de canteiro, manutenção, etc.) de modo a viabilizar o sistema.

Outra alternativa tecnológica para a produção de painéis de fachada é o GRC - Glass Reinforced Concrete. O GRC é um compósito constituído de uma argamassa à base de cimento Portland, areia fina, água, aditivos e adições, reforçado com fibras de vidro álcali-resistentes. Por sua elevada resistência à tração e flexão, permite o uso de placas com pequena espessura. Além disso, é um material incombustível, com baixa porosidade e que permite uma moldabilidade superior ao concreto convencional, razão pela qual se torna interessante para a confecção de painéis arquitetônicos diferenciados, como os da Figura 15.22.

---

[23] Adaptado de OLIVEIRA, 2002

[24] A Comunidade da Construção é um movimento lançado pela ABCP em 2002. Possui 17 polos implantados em diferentes cidades no país, integrando construtoras, instituições de ensino, entidades representativas de classe, além de indústrias e entidades de formação profissional e empresarial.

Figura 15.22: Painéis pré-fabricados de GRC instalados junto ao estacionamento da Universidade Luterana do Brasil em Canoas/RS[25]

Paredes Móveis Acústicas

Segundo Moojen (2009), a tecnologia de paredes móveis acústicas consiste "na instalação de painéis pré-fabricados com isolamento acústico em um sistema de trilhos superiores, pelo qual estes painéis são movidos manualmente ou por sistema automatizado de seu local de estocagem até sua posição de fechamento, e vice-versa. Estes painéis possuem em seu perímetro um mecanismo de vedação que é acionado manualmente ou automaticamente, eliminando as frestas e isolando o som ao seu redor".

A Figura 15.23 ilustra um exemplo de parede móvel acústica instalada em uma sala de eventos.

Figura 15.23: Parede móvel acústica em sala de eventos[26]

---

[25] Fonte: GREVEN, 2013

[26] Fonte: do autor

A principal vantagem do sistema está, por conseqüência, associada à grande flexibilidade de layout proporcionada por estas paredes, sem perdas significativas de desempenho acústico. Por esta razão, são particularmente interessantes em centros de eventos, espaços corporativos, salas de reuniões e eventos de hotéis e quaisquer outros locais onde há necessidade de adaptar-se a capacidade de ocupação de um determinado ambiente, de maneira rápida. A Figura 15.24 ilustra exemplos de soluções típicas de armazenamento de paredes móveis.

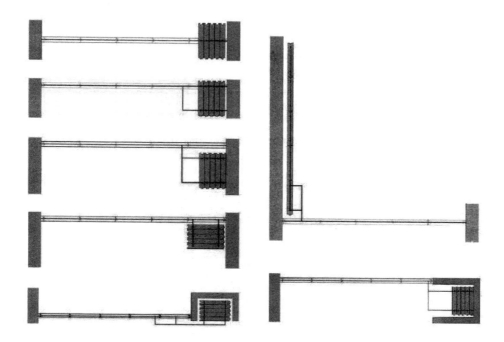

Figura 15.24: Soluções típicas de armazenamento de paredes móveis[27]

Um aspecto importante a ser ressaltado é que o desempenho acústico destas paredes, estabelecido por seus fabricantes, é diretamente dependente de um bom planejamento e processo de instalação, aqui entendido não somente como o trabalho de execução da parede em si, mas também como do planejamento do isolamento das regiões de interface da estrutura da edificação com as partes móveis. Estudos conduzidos por Moojen (2009) identificaram desempenho acústico de paredes móveis inferiores ao especificado pelos seus fabricantes. Segundo o autor, notou-se claramente que a parede móvel acústica (por ele estudada) em si não foi a parte mais frágil do sistema, e sim suas interfaces de fechamento – como os batentes laterais e o forro de gesso acartonado, que não receberam tratamento acústico adequado. Nesse caso, o investimento em um sistema como esse, que por vezes pode ser bastante oneroso, foi desperdiçado não pela qualidade do produto, mas sim pela falta de entendimento nos cuidados com sua instalação, e sua interação com os demais subsistemas da edificação.

---

[27] (Fonte: Glass Solutions, 2009. Catálogo de fabricante, citado por MOOJEN, 2009

Outras Tecnologias de Vedação

Além dos sistemas citados, a oferta tecnológica de sistemas de vedações para ambientes internos e externos de edificações é bastante diversificado e profícuo. Um bom exemplo são as fachadas de vidro, que podem ser montadas pelo sistema chamado "Stick" ou através de sistemas unitizados. Na fachada "Stick", as peças são instaladas uma a uma com ajuda de um andaime. Primeiro, as colunas, em seguida as travessas, seguidos dos painéis compostos (se existirem) e finalmente as folhas de vidros móveis ou fixas. Já as fachadas unitizadas podem ser entendidas como parte de um sistema modular composto por painéis estruturados com perfis de alumínio e fechados com vidro, onde o módulo tem uma coluna desmembrada em macho e fêmea, e a altura do módulo alcança o pé-direito da obra, dispensando o uso de andaimes, uma vez que os módulos são montados andar a andar. Fachadas unitizadas são indicadas para obras de maior porte, e onde não há um número muito grande de módulos muito recortados, o que pode torná-las antieconômicas.

Outros sistemas que podem ser citados como alternativos são pré-moldados de concreto produzidos através de sistemas do tipo *tilt-up*, fachadas de alumínio composto, fachadas em placas de aço inox, paredes com fôrmas de PVC ou Poliestireno preenchidas com concreto, dentre outros, que não são objeto de discussão neste trabalho.

CONSIDERAÇÕES FINAIS

Como considerações finais deste capítulo, ressalta-se a importância do conhecimento das diferentes alternativas tecnológicas para a consolidação de uma construção de uma vedação dentro de bons padrões de qualidade e desempenho em uso. As opções de sistemas construtivos e de produtos para sistemas de vedação disponíveis no mercado são, inclusive, muito maiores do que as aqui citadas. Essa diversidade permite que projetistas, construtores e incorporadores possam otimizar seus produtos e processos. Para tal, parece fundamental que se conheçam os requisitos de desempenho das normas vigentes, em especial da NBR 15575/13. Além disso, o foco das soluções adotadas deve levar em conta a possibilidade crescente de racionalização dos processos e do grau de industrialização dos produtos. Esse conhecimento técnico aliado à boa gestão dos processos executivos são fundamentais para consolidar a cadeia da Construção Civil como uma indústria cada vez mais menos dependente do caráter artesanal de algumas de suas atividades.

REFERÊNCIAS BIBLIOGRÁFICAS

ASSOCIAÇÃO BRASILEIRA DE NORMAS TÉCNICAS - NBR 6136: Blocos vazados de concreto simples para alvenaria – Requisitos. Rio de Janeiro, 2014.

_____ - NBR 6460: Tijolo maciço cerâmico para alvenaria - Verificação da resistência à compressão. Rio de Janeiro, 1983.

_____ - NBR 7170: Tijolo Maciço para Alvenaria. Rio de Janeiro, 1983.

_____ - NBR 8491: Tijolo de solo-cimento — Requisitos. Rio de Janeiro, 2012.

_____ - NBR 10834: Bloco de solo-cimento sem função estrutural — Requisitos. Rio de Janeiro, 2013.

_____ - NBR 13438: Bloco Blocos de concreto celular autoclavado — Requisitos. Rio de Janeiro, 2013.

_____ - NBR 14974: Bloco sílico-calcário para alvenaria — Requisitos. Rio de Janeiro, 2003.

_____ - NBR 15220-3: Desempenho térmico de edificações Parte 3: Zoneamento bioclimático brasileiro e diretrizes construtivas para habitações unifamiliares de interesse social. Rio de Janeiro, 2005.

_____ - NBR 15270: Componentes cerâmicos. Rio de Janeiro, 2010.

_____ - NBR 15575: Edificações Habitacionais - Desempenho. Rio de Janeiro, 2013.

_____ - NBR 15812: Alvenaria estrutural — Blocos cerâmicos. Rio de Janeiro, 2010.

_____ - NBR 15873: Coordenação modular para edificações. Rio de Janeiro, 2010.

_____ - NBR 15961: Alvenaria estrutural — Blocos de concreto. Rio de Janeiro, 2011.

CARDOSO, F.; SABBATINI, F.; FRANCO, L.S.; BARROS, M.M. Vedações Verticais - Conceitos Básicos - PCC 2435 - Tecnologia da Construção de Edifícios I - Notas de aula. 2007.

CORDEIRO, C. C. C.; FORMOSO, C. T. Quais tipos de pesquisa em gestão da qualidade que queremos? Uma agenda para pesquisas em gestão da qualidade na construção civil brasileira. IV SIBRAGEC, Porto Alegre, 2005.

DÉSIR, J.M. Alvenaria Estrutural - Blocos e Tijolos Silico-Calcáreos. Disponível em http://thor.sead.ufrgs.br/objetos/alvenaria-estrutural/blocos_calcareos.php. Acesso em 31 mar. 2014

GARLET, G.; REGINATTO, J.P. PRADO. Caracterização dos Tijolos e Blocos da região de Caxias do Sul e Vale do Caí. Projeto de Pesquisa. Universidade de Caxias do Sul, 2007.

GARVIN, D.A. Competing on the eight dimension of Quality. Harvard Business Review, v.65 (6): p.101-109, 1987.

GREVEN, H. A. GRC e Sistema FASTFLEX - Palestra técnica. Material disponibilizado na semana acadêmica de Engenharia Civil da UCS. Caxias do Sul, 2013.

LORDSLEEM JR., A. C. Execução e Inspeção de Alvenaria Racionalizada. São Paulo. Editora O Nome da Rosa, 2001.

MOOJEN, M. P. PAREDES MÓVEIS ACÚSTICAS: ESTUDO DE CASO. Monografia Final da Disciplina de Laboratório de Arquitetura e Urbanismo - Universidade de Caxias do Sul, 2009.

OLIVEIRA, L. A. TECNOLOGIA DE PAINÉIS PRÉ-FABRICADOS ARQUITETÔNICOS DE CONCRETO PARA EMPREGO EM FACHADAS DE EDIFÍCIOS São Paulo, 2002. Dissertação de Mestrado - Programa de Pós-Graduação em Engenharia, Escola Politécnica de São Paulo.

PERFILLINE COMPONENTES METÁLICOS LTDA. Material de apresentação da empresa na Semana Acadêmica do CCEET - Centro de Ciências Exatas e Tecnologia da Universidade de Caxias do Sul. Palestrante Eng. Getúlio Fonseca. 2013.

PRUDÊNCIO JR., L.R.; OLIVEIRA, A.L.; BEDIN, C.A. Alvenaria Estrutural de Blocos de Concreto. Florianópolis: Ed. ABCP, 2003.

RAMALHO, M.A.; CORRÊA.M.R.S. Projetos de edifícios de alvenaria estrutural. São Paulo: Pini, 2003.

RICHTER, C. QUALIDADE DA ALVENARIA ESTRUTURAL EM HABITAÇÕES DE BAIXA RENDA: UMA ANÁLISE DA CONFIABILIDADE E DA CONFORMIDADE. Porto Alegre, 2007. Dissertação de Mestrado - Programa de Pós-Graduação em Engenharia Civil, Universidade Federal do Rio Grande do Sul.

UCS - Universidade de Caxias do Sul. Disciplina de Processos Construtivos II do Curso de Engenharia Civil. Notas de aula. 2013.

UCS - Universidade de Caxias do Sul. Disciplina de Construção I do Curso de Arquitetura e Urbanismo. Notas de aula. 2013.

Capítulo 16

BOAS PRÁTICAS PARA EXECUÇÃO DE ESTRUTURAS DE CONCRETO

Adriana Verchai de Lima Lobo, MSc.

Mestre em Engenharia da Construção Civil, UFPR Especialista em Segurança de Barragens

verchai.adriana@gmail.com

INTRODUÇÃO

A qualidade na execução de estruturas de concreto é fundamental desde a concepção de projeto até a fase de manutenção da estrutura, porém um fator que deve ser considerado quando o concreto é aplicado com função estrutural é sua durabilidade. A resistência e a durabilidade são as qualidades mais desejáveis do concreto.

Este capítulo trata de boas práticas para alcançar a qualidade de execução das estruturas de concreto, com abordagem nas práticas já consagradas na literatura e fornecendo ao responsável pela execução da estrutura uma visão ampla, porém sem esgotar o assunto, dos cuidados com cada fase da construção, desde a concepção do projeto à durabilidade da estrutura, no que se refere à execução das estruturas de concreto simples ou armado, bem como ao controle dos materiais, no que se refere ao seu Preparo, Controle e Recebimento de acordo com a norma NBR 12655 (ABNT, 2015).

No Brasil, as principais normas vigentes sobre concreto são: NBR 6118 - Projeto de Estrutura de Concreto (ABNT, 2014); NBR 12655 Concreto – Preparo, Controle e Recebimento (ABNT, 2015); NBR 5739 – Ensaio de Compressão de Corpos-de-prova Cilíndricos (ABNT, 2007); NBR 5738 – Procedimentos para Moldagem e Cura de Corpos-de-prova (ABNT, 2003); e NBR 7680 – Concreto – Extração, Preparo e Ensaio Testemunho de Concreto (ABNT, 2015).

O concreto pode ser considerado conforme ou não, de acordo com a norma NBR 12655 (ABNT, 2015), através da confirmação de propriedades do concreto no estado fresco e endurecido. Caso não haja conformidade, deve-se recorrer ao procedimento da norma NBR 7680 (ABNT, 2015), recém-publicada, que, através da extração de testemunhos, busca confirmar a baixa resistência do concreto.

Os custos elevados com reparos e substituição de materiais em estruturas de concreto fazem com que sejam repensados aspectos de durabilidade. Estima-se que aproximadamente 40% do total dos recursos da indústria da construção sejam investidos em reparos e manutenção, em países industrialmente desenvolvidos (MEHTA & MONTEIRO, 2008).

Este fato faz com que cada vez mais sejam colocadas em questão não somente fatores econômicos, como também de durabilidade, ambientais e energéticos.

342 **Gerenciamento de Obras, Qualidade e Desempenho da Construção**

As empresas públicas, responsáveis pela operação e manutenção da maioria das grandes obras executadas como pontes, estradas, barragens, obras de arte, estão cada vez mais gastando com reparos e manutenção das estruturas existentes, porém com limitações econômicas impostas pelo orçamento enxuto, necessitam cada vez mais de construir estruturas duráveis que tenham vida útil longa sem exigir muitos gastos com a manutenção.

Projetos de reparos serão submetidos a limitações econômicas crescentes, portanto haverá um crescimento da consideração da durabilidade (GJORV, 2015).

SUSTENTABILIDADE E DURABILIDADE DO CONCRETO

A expressão *desenvolvimento sustentável* foi introduzida no relatório final da Comissão Brundtland (*World Commission on Environment and Development*, WCED), em 1987, que a definiu como um tipo de desenvolvimento que visa atender às necessidades atuais sem comprometer as das futuras gerações.

Um dos grandes desafios para a indústria da construção civil é a conscientização ambiental na forma de melhor utilização do concreto como material de construção; essa foi a conclusão de dois eventos internacionais que focaram o problema do grande impacto que os materiais de construção têm no ambiente local e global, um aconteceu em 1996, que resultou na Declaração de Hakodate (Sakai, 1996 *apud* Gjorv, 2015), e o segundo em 1998, na Declaração de Lofoten (Gjorv, 2015), as quais afirmavam:

> *Nós, especialistas em concreto, devemos direcionar a tecnologia do concreto para um desenvolvimento mais sustentável no século XXI mediante o desenvolvimento e a introdução na prática de: projeto de ciclo de vida integrado e orientado ao desempenho; construção em concreto mais ecológica; sistemas de manutenção, reparo e reuso de estruturas de concreto. Além disso, devemos compartilhar informação sobre todas essas questões com grupos técnicos e com o público em geral.*

Para projetar e executar uma boa estrutura, é preciso pensar a qual fim que se destina, escolher os materiais em função do uso futuro da estrutura e acompanhar todas as fases da execução buscando a sua durabilidade.

Em 2013, foi publicada a norma brasileira NBR 15575 (ABNT, 2013) Edificações habitacionais — Desempenho que estabelece parâmetros para a definição do desempenho dos elementos que compõem uma construção, inclusive as estruturas. As recomendações da NBR 15575 (ABNT, 2013) e NBR 6118 (ABNT, 2014) em relação à durabilidade e vida útil se complementam. A NBR 6118 (ABNT, 2014) introduziu um capítulo exclusivo sobre durabilidade e na NBR 15575 (ABNT, 2013) há uma prescrição tácita para que um tempo mínimo de vida útil seja aplicado a uma estrutura de concreto, a ser estabelecido em projeto, a chamada vida útil de projeto (VUP), que deverá ser igual a 50,63 ou 75 anos, respectivamente para um nível de desempenho mínimo, intermediário ou superior.

Segundo Neville (2013), o concreto deve ser capaz de suportar os efeitos de sua deterioração aos quais se subentende que ele venha a ser submetido. Se ele é capaz de tolerar essa deterioração, considera-se que o concreto é, então, durável.

Buscar a durabilidade das estruturas de concreto é potencializar a escolha e uso dos materiais constituintes, otimizar o projeto em termos de desempenho durante a vida útil pelo envolvimento dos agentes da cadeia produtora, desde proprietário, projetistas e construtor até o usuário final. No sentido estrito do termo, a durabilidade dos materiais está ligada à sua capacidade de conservar-se em determinado estado, com as mesmas características ao longo de um dado tempo. Este conceito está intimamente conectado com o de desempenho que é o comportamento de um produto em serviço (em utilização), sob condições de real funcionamento ou uso, com pleno atendimento às exigências do usuário (ISAIA, 2007).

De acordo com o ACI, a Durabilidade do concreto de cimento Portland é definida como sua capacidade de resistir à ação de intempéries, ataque químico, abrasão ou qualquer outro tipo de deterioração (ACI *Committee* 201, citado em MEHTA & MONTEIRO, 2008). Com o resultado de interações do ambiente, a microestrutura do concreto tende a sofrer mudanças com o passar do tempo. Ou seja, um concreto durável é aquele que preservará suas características, quando exposto ao ambiente para o qual foi projetado.

A durabilidade não está relacionada apenas ao projeto e materiais que compõem a estrutura, e muitos problemas são devidos à ausência de controle de qualidade adequado e na construção. O conhecimento caminha em direção a uma compreensão holística do tema durabilidade, e temos capacidade técnica para projetar e construir estruturas duráveis.

Na visão de Mehta e Monteiro (2008), para se obter estruturas duráveis não é preciso usar materiais ou métodos construtivos caros para atingir a durabilidade requerida, bastando seguir os princípios básicos da tecnologia do concreto e das técnicas construtivas. Nem sempre é a falta de conhecimento que produz estruturas que se degradam prematuramente porém a síndrome do menor custo, devendo ser eliminada do projeto toda medida que implique a adoção de especificações inadequadas ou ainda medidas de contenção de custos que forem contra as boas práticas construtivas. Outra medida importante seria que o construtor ou o responsável pela construção tivessem a responsabilidade pela sua operação e manutenção por período de 20 ou 30 anos porque, desta maneira, estaria mais interessado no menor custo total durante a vida útil da estrutura do que somente com o menor custo inicial.

Para obter um concreto durável, é necessário fazer manutenções preventivas e preditivas aumentando a vida útil das estruturas. O método utilizado pelo projeto *DuraCrete* da União Europeia é um exemplo a ser tomado como paradigma de projeto estrutural que possibilita a fixação de vida útil pré-fixada.

Para todas as grandes infraestruturas de concreto, uma vida útil de pelo menos cem anos deve ser requerida antes que a probabilidade de corrosão exceda um estado-limite-de-serviço com intensidade de corrosão de 10%, e além disso é preferível requerer medidas de proteção adicionais (GJORV, 2000).

Fatores que Influenciam a Durabilidade do Concreto

As principais causas do envelhecimento do concreto podem estar relacionados à estrutura propriamente dita, à armadura ou ao concreto, descritas no Tabela 16.1.

Tabela 16.1- Fatores que influenciam a durabilidade

Relativos à estrutura	Relativos à armadura	Relativo ao concreto
Variação da temperatura	Despassivação por Carbonatação	Lixiviação
Retração	Despassivação por Cloretos	Expansão por presença de sulfatos

Relativos à estrutura	Relativos à armadura	Relativo ao concreto
Fluência		Expansão por reação álcali-agregado
Agressividade do meio ambiente		

Estes processos ocorrem através dos mecanismos de transportes descritos na Tabela 16. 2.

Tabela 16.2 - Mecanismos de transporte

Mecanismos de transporte
Permeabilidade
Capilaridade
Difusibilidade (CO2)
Migração (diferença potencial)
Convecção

Redução do Consumo de Concreto e Emissões de CO_2

A Associação Brasileira de Cimento Portland - ABCP informa que, devido ao uso de adições em substituição ao clinquer, a emissão de CO_2 é de 0,6 tonelada por tonelada de cimento. Além da grande emissão de CO_2 por quantidade de concreto, ainda existe elevado desperdício de recursos com o descarte de concreto fresco por possuir vida útil de 150 minutos contados da mistura da água ao cimento. A referência desse tempo de utilização é encontrada na NBR 7212 (ABNT, 2012), porém esta contradiz a NBR 12655 (ABNT, 2015) e a NBR NM 9 (ABNT, 2003), que são normas destinadas ao preparo, controle e recebimento do concreto, e procedimento de ensaio de pega em concreto.

Segundo Mehta (2008), é preciso reduzir até 2020 o consumo de concreto para 20% a 40%, percentuais estes do que era produzido na década de 1990, para isso precisamos usar 2/3 de materiais complementares (silica, cinza, pozolanas) para chegar aos níveis de emissão CO_2 dos anos 90 na produção de cimento e concreto.

A cinza volante reduz o consumo de água. As cinzas volantes têm textura fina arrastada pelos gases de combustão das fornalhas da caldeira e recolhidas por precipitadores eletroestáticos ou mecanicamente.

As pozolanas são classificadas quanto à origem:

- **Naturais:** origem vulcânica ou sedimentar;
- **Artificiais:** origem de subprodutos industriais com atividade pozolânica (cinza volante, cinza de casca de arroz, sílica ativa).

De acordo com as normas brasileiras NBR 5736 (ABNT, 1991) e NBR 5735 (ABNT, 1991) de cimentos Portland pozolânicos ou de alto-forno, a porcentagem mínima de clinquer que deve estar presente no cimento é de 45 e 25%, respectivamente. Portanto, esta afirmação no contexto atual só poderá ser viabilizada no cimento tipo

CP III (cimento Portland de alto-forno). Cabe lembrar que as normas de cimento são bem antigas, do ano de 1991, e até o momento não passaram por atualização.

Quanto ao uso de cinza no concreto, a NBR 12655 (ABNT, 2015) prevê o uso deste material (no item 5.1.2.8), desde que sejam atendidos os requisitos da NBR 12653 (ABNT, 2014) (Materiais pozolânicos – Requisitos). Cabe salientar também que o uso de pozolana pode ser viável desde que seja atendido o requisito sobre consumo mínimo de cimento por metro cúbico de concreto, conforme tabela 2 da NBR 12655 (ABNT, 2015) (para classe de agressividade I, de 260 kg/m^2).

Os cimentos do tipo III e IV são os que possuem menor porcentagem de clínquer em sua composição, permitindo dessa forma maior incremento de escórias (CP III) e pozolanas (CP IV), contribuindo para a redução de emissão de CO2 durante a fabricação do cimento).

PROJETO EXECUTIVO E PROJETO DE PRODUÇÃO

Na norma brasileira NBR 6118 (ABNT, 2014) há recomendação relacionada à durabilidade das estruturas no item 7, "**Critérios de projeto que visam a durabilidade**", no item 7.4. "*Qualidade do concreto e cobrimento*, *no qual menciona que ensaios comprobatórios de desempenho da durabilidade da estrutura frente ao tipo e classe de agressividade prevista em projeto devem estabelecer os parâmetros mínimos a serem atingidos, na falta desses e devido a uma forte correspondência entre a relação água/cimento e a resistência à compressão do concreto e sua durabilidade, permitem-se que sejam adotados os requisitos mínimos expressos na tabela 7.1.*"

Ainda a NBR 6118 (ABNT, 2014) em seu item 5.1.2.3 define "*Durabilidade - Consiste na capacidade da estrutura resistir às influências ambientais previstas e definidas em conjunto pelo autor do projeto estrutural e pelo contratante, no início dos trabalhos de elaboração do projeto.*" *Nessa mesma norma também é introduzido o conceito de vida útil de projeto, assim definido no item 6.2.1: "Por vida útil de projeto, entende-se o período de tempo durante o qual se mantêm as características das estruturas de concreto, sem intervenções significativas, desde que atendidos os requisitos de uso e manutenção prescritos pelo projetista e pelo construtor, conforme 7.8 e 25.3, bem como de execução dos reparos necessários decorrentes de danos acidentais.*"

Em 2013 foi publicada NBR 15575 (ABNT, 2015) – Edificações habitacionais – Desempenho, que estabelece parâmetros para a definição do desempenho dos elementos que compõem uma construção, inclusive as estruturas a qual impõem para as estruturas de concreto armado uma vida útil de projeto de 50 anos, desde que os seus usuários atendam às exigências do manual de utilização, inspeção e manutenção citado no item 25.3 da NBR 6118 (ABNT, 2014) reproduzido e ainda sobre agressividade do meio ambiente, está descrito no item 6.4: "*Agressividade do ambiente A agressividade do meio ambiente está relacionada às ações físicas e químicas que atuam sobre as estruturas de concreto, independentemente das ações mecânicas, das variações volumétricas de origem térmica, da retração hidráulica e outras previstas no dimensionamento das estruturas.6.4.2 Nos projetos das estruturas correntes, a agressividade ambiental deve ser classificada de acordo com o apresentado na Tabela 6.1 e pode ser avaliada, simplificadamente, segundo as condições de exposição da estrutura ou de suas partes.*"

Segundo o Eurocode 2 (1992), a durabilidade consiste no período durante o qual se pretende que uma estrutura ou parte da mesma seja utilizada para as funções a que se destina. Para tanto, o Eurocode 2 (1992) estabelece a vida útil de algumas categorias de estruturas de concreto.

346 Gerenciamento de Obras, Qualidade e Desempenho da Construção

Tabela 16.3 – Indicativo da vida útil de projeto[1]		
Categoria	**Vida Útil**	**Exemplos**
1	10	Estruturas temporárias
2	10-30	Partes de estruturas substituíveis
3	15-35	Estruturas agrícolas e similares
4	50	Prédios e outras estruturas comuns
5	120	Monumentos, pontes e outras estruturas da Engenharia civil

O Eurocode 2 (1992) expõe a classe de agressividade de cada microambiente, auxiliando o engenheiro a definir as características do seu projeto, estabelece a relação água-cimento (a/c), mínimo consumo de cimento, resistência à compressão característica do concreto (f_{ck}) e cobrimento nominal mínimo (Δ_{dev}) para cada uma dessas classes ambientais.De uma forma geral, o Eurocode 2 (1992) se mostra o mais completo no que diz respeito à garantia de durabilidade, por estabelecer mais classes de agressividade que a NBR 6118 (ABNT, 2014).

No que se refere à Manutenção Preventiva, a norma NBR 5674 - Manutenção de Edificações (ABNT, 1999) recomenda: *"É inviável sob o ponto de vista econômico e inaceitável sob o ponto de vista ambiental considerar as edificações como produtos descartáveis, passíveis da simples substituição por novas construções quando seu desempenho atinge níveis inferiores ao exigido pelos seus usuários. Isto exige que se tenha em conta a manutenção das edificações existentes, e mesmo as novas edificações construídas, tão logo colocadas em uso, agregam-se ao estoque de edificações a ser mantido em condições adequadas para atender as exigências dos seus usuários."*

Como exemplo de projeto de estrutura que deveria analisar ao qual se destina são as estruturas hidráulicas, uma vez que a norma NBR 6118 (ABNT, 2014) prescreve uma abertura limite de fissuras não compatível com sua função hidráulica. As empresas públicas do Brasil têm um grande patrimônio em obras com estrutura de concreto, dentre as quais barragens, edifícios, estações de tratamento de água, estações de tratamento de esgoto, estações elevatórias, reservatórios, interceptores, emissários e canais diversos. Essa grande quantidade de estruturas suscita a necessidade de programação de obras de manutenção, bem como reabilitação, modernização e eventual *retrofit*. Parte de tais obras tem um agravante de complexidade, pois precisam ser executadas em curto espaço de tempo, muitas vezes limitado a poucas horas. Diante desse Tabela, os projetistas têm o desafio de projetar estruturas duráveis e selecionar tecnologias e materiais compatíveis com a necessidade funcional e com o tempo disponível para a paralisação operacional, de modo a evitar, por exemplo, o desabastecimento das cidades, com possibilidade de graves riscos à saúde pública e à qualidade de vida (LOBO *et al, 2007*).

Para atender a essas exigências de norma, o projeto estrutural deverá prever:

- Escolha correta do tipo de ambiente e seu grau de agressividade – (Tabela 7.1 - item 7.4.2 da ABNT NBR 6118:2014);
- Intenção de vida útil da estrutura projetada;
- Escolha da classe de resistência do concreto;

---

[1] Eurocode 2, 1992

- Especificação dos cobrimentos das peças estruturais (item 7.4.7 da ABNT NBR 6118:2014);
- Especificação da relação água/cimento do concreto.

O projeto deverá ter indicações explícitas dos materiais adotados, bem como:

- resistência característica à compressão aos 28 dias (fck);
- o módulo de deformação tangente inicial (Eci) considerado no projeto;
- relação água/cimento.

Se necessário, deverão ser especificados valores intermediários de resistência e módulo de deformação, conforme necessidades específicas do processo executivo.

O Projeto Executivo deve observar todas as orientações já destacadas na 1ª fase. Deve-se confirmar com os projetistas das demais especialidades se foram adotadas soluções que garantam a durabilidade da estrutura, tais como: drenagem, proteção das juntas, colocação de rufos, acesso para fiscalização e manutenção, etc. Nessa fase, deverão ser ainda realizadas verificações locais de tensões e concentrações de armaduras, tais como: introdução de cargas concentradas em áreas parcialmente solicitadas (protensão), concentração de armaduras nos encontros de vigas com pilares, etc.

O Projeto Executivo de Formas deve conter todos os detalhes e indicações de métodos construtivos que permitam a sua perfeita compreensão e execução. Entre essas preocupações principais, pode-se citar:

- Facilidade de interpretação dos desenhos de formas;
- Construtibilidade a partir desses desenhos;
- Posição das juntas, conforme modelo estrutural adotado;
- Eixos de locação da obra posicionados em locais adequados;
- Indicações claras de pontos especiais da estrutura: rebaixos em lajes, furos e dentes em vigas, etc.
- Especificação de materiais, cobrimentos e contra flechas;
- Especificação dos carregamentos adotados; O detalhamento deve considerar armaduras para resistir a todos os esforços obtidos nas análises estruturais consideradas. As juntas devem ser avaliadas e detalhadas coerentemente aos modelos adotados Devem ser previstas no detalhamento, armaduras para emendas das várias etapas de concretagem, regiões que serão concretadas posteriormente devido à presença ou entrada de equipamentos, caixas de ancoragem. Todas as regiões onde se observarem cruzamentos de armaduras deverão ser cuidadosamente estudadas e detalhadas de forma a permitir uma perfeita montagem e concretagem.

Os projetos de detalhamento de armaduras deverão ainda prever:

- Espaçamentos mínimos entre barras nos diversos elementos estruturais;
- Observância das taxas limites de armadura, com particular atenção para os pilares;
- Verificação de armaduras horizontais em pilares paredes;
- Detalhamento das armaduras de punção, obrigatórias nos casos em que as lajes
- colaboram com a estabilidade global da estrutura item 19.5.3.5 , NBR 6118 (ABNT, 2014);

- Detalhamento adequado de emendas de barras;
- Para as estruturas protendidas, o projeto deve contemplar ainda:
- Indicações claras para a realização da protensão.
- Características desejadas para o concreto no ato da protensão;
- Considerações estruturais para o funcionamento efetivo da protensão;
- Cálculo de perdas iniciais e progressivas;
- Verificação e detalhamento de zonas de implantação de protensão;
- Verificação de interferências de montagem entre cabos;
- Especificação de alongamentos teóricos, força inicial de protensão, etc.
- Indicação do sistema de protensão adotado na fase de projeto.

As recomendações aqui apresentadas indicam os principais cuidados a serem tomados no desenvolvimento de um projeto estrutural de qualidade. Cabe ao projetista estrutural analisar, para cada empreendimento específico, os cuidados adicionais a serem tomados. Nesse sentido, a leitura atenta das Normas Técnicas e a obediência às suas prescrições é de fundamental importância para embasar as decisões técnicas de projeto, garantindo adicionalmente proteção jurídica ao projetista e ao contratante em eventuais problemas futuros.

CONTROLE E ACEITAÇÃO DO CONCRETO

Grande parte das construtoras faz o controle de qualidade do concreto de forma simplificada, apenas moldando corpos de prova e recolhendo os resultados da resistência à compressão. Deve ser lembrado que os ensaios não são um fim em si mesmo, pois, em muitos casos práticos, eles não possibilitam uma interpretação clara, de modo que, a fim de o resultado ser de valor efetivo, os ensaios devem ser sempre utilizados com o apoio da experiência (NEVILLE, 2016).

A NBR 12655 (ABNT, 2015) traz que o controle da produção ou preparo do concreto consiste na verificação das operações de execução do concreto.

Segundo a NBR 12655 (ABNT, 2015), o controle da aceitação consiste em duas etapas: aceitação do concreto fresco e aceitação definitiva do concreto. As duas são efetuadas através de ensaios. O ensaio para o concreto fresco é a medição do abatimento do tronco de cone, conhecido também como *Slump*; porém, esta aceitação é provisória. Este ensaio é regulamentado pela NBR NM 67 (ABNT, 1998).

A aceitação final é feita através da verificação do atendimento da resistência à compressão a todos os requisitos de projeto, o que consiste no rompimento de corpos de prova em certa idade. Os ensaios da resistência à compressão devem, então, servir para a aceitação ou não dos Lotes de concreto. Os procedimentos para moldagem dos corpos de prova devem seguir as diretrizes da NBR 5738 (ABNT, 2008), que vão desde a preparação dos moldes até a retificação para rompimento na prensa.

Para alcançar um alto nível de qualidade, faz-se necessária a realização de um controle de qualidade do concreto. Tal controle é de fundamental importância, pois fornece dados sobre a uniformidade do concreto, a segurança estrutural, sendo o mais forte elemento para julgar a adequabilidade ou não de lote de concreto produzido e aplicado na obra. A reformulação contínua nos traços com vistas à economia só se evidenciará através do controle de produção do concreto (BARBOZA *et al.*, 2002).

Moldagem Corpos de Prova

O concreto produzido no processo de execução da estrutura é controlado por meio de corpos de prova, que não possuem a mesma resistência do concreto das peças estruturais. Estes corpos de prova são moldados e mantidos em condições ideais até a data do ensaio. Sendo assim, os resultados dos ensaios de resistência à compressão que utilizam essas amostras indicam a resistência média máxima potencial de um volume definido e homogêneo de concreto, ao sair da betoneira.

Os cuidados com a moldagem, bem como a execução do ensaio de rompimento, têm como objetivo obter a máxima resistência potencial daquele concreto. Essas operações são consideradas a melhor forma de adensar, sazonar (cura) e ensaiar um concreto e, portanto, sendo bem realizadas aferem a "máxima" ou "potencial" resistência que um corpo de prova pode representar. Qualquer falha operacional vai reduzir essa resistência, advindo desse conceito à importância de operações de ensaio corretamente executadas (HELENE; PACHECO, 2013).

Helene e Pacheco (2013a) recomendam a retirada do corpo de prova do último terço do volume total do caminhão betoneira, pois com isso evita-se o risco de erro humano de haver distorção premeditada e intencional no traço que prejudica a qualidade original do concreto.

Resistência Característica

Segundo Helene e Pacheco (2013a), o principal objetivo do controle da resistência à compressão axial é obter um valor potencial, único e característico de determinado volume de concreto para, assim, compará-lo com o valor especificado em projeto. Os autores afirmam também que apenas a média dos resultados não seria suficiente para definir e qualificar o lote do concreto, sendo necessário considerar, também, a dispersão dos resultados, que pode ser identificado como o desvio padrão.

Helene e Pacheco (2013b) afirmam que a distribuição normal ou de Gauss é um modelo matemático que pode representar de maneira satisfatória a distribuição das resistências à compressão do concreto.

Segundo Pinheiro *et al.* (2004), na curva de Gauss, encontram-se dois valores de fundamental importância: resistência média do concreto à compressão f_{cm}, e resistência característica do concreto à compressão, f_{ck}.

O valor da resistência média à compressão é utilizado na determinação da resistência característica, f_{ck}, por meio da Equação 1:

$$f_{ck} = f_{cm} - 1{,}65s \qquad \text{(Equação 1)}$$

Onde:

- f_{cm} corresponde à resistência média à compressão (média aritmética dos valores de resistência simples para o conjunto de corpos de prova ensaiados), e s corresponde ao desvio padrão.
- F_{ck} é o valor de resistência à compressão que possui uma probabilidade de 5% de não ser alcançado.

- O valor de 1,65 corresponde ao quantil de 5%, ou seja, apenas 5% dos corpos de prova possuem $f_c < f_{ck}$.

Formação Lotes de Concreto para Controle Tecnológico

Para os autores Helene e Pacheco (2013b), o importante é o conceito de definir certo volume de concreto para o qual pode-se admitir que tenha sido produzido com mesmos materiais, na mesma central, com temperaturas equivalentes, e que corresponda a uma parte definida da estrutura.

A NBR 12655 (ABNT, 2015) recomenda que a amostragem do concreto para ensaios de resistência à compressão deve ser feita dividindo-se as estruturas em lotes que atendam a todos os limites da tabela a seguir, onde de cada lote deve ser retirada uma amostra, com o número de exemplares conforme o tipo de controle.

Tabela 16.4 – Valores para a formação de lotes de concreto[2]

Limites superiores	Solicitação principal dos elementos da estrutura	
	Compressão ou compressão e flexão	Flexão simples
Volume de concreto	50 m³	100 m³
Número de andares	1	1
Tempo e concretagem	3 dias de concretagem[3]	

Amostragem Parcial

É indicado no caso de lajes, grandes blocos e sapatas, paredes-cortina e grandes volumes de concreto, onde a resistência mínima não tem consequências tão desastrosas quanto em pilares (HELENE; PACHECO, 2013b).

A norma NBR 12655(ABNT, 2015) prescreve que o tamanho mínimo da amostra é de 6 exemplares, para os concretos classificados como do grupo 1 (classes até C50) e de 12 exemplares para os concretos do grupo 2 (classes > C50), seguindo classificação da NBR 8953 (ABNT, 2009).

A definição do tamanho da amostra parcial deverá considerar 2 fatores a seguir (HELENE; PACHECO, 2013b):

- Número mínimo de exemplares para permitir uma estimativa confiável da resistência (inferência estatística);
- Número máximo de betonadas empregadas na concretagem da peça em questão, por não fazer sentido retirar mais de um exemplar por betoneira.

Em casos excepcionais, como em concreto produzido por várias betoneiras estacionárias de obra com volumes inferiores a 10 m², a NBR 12655 (ABNT, 2015), no seu item 6.2.3.3, permite que a amostra tenha dois a cinco exemplares.

---

[2] NBR 12655, 2015

[3] Este período deve estar compreendido no prazo total máximo de incluir eventuais interrupções para tratamento de juntas

Aceitação ou Rejeição do Lote

A NBR 12655 (ABNT, 2015) recomenda que se aceitem os lotes de concreto nos quais o f_{ckest} seja igual ou maior que o f_{ck} de projeto.

A aceitação inicial e imediata se dava através de conferência da nota fiscal para aferição dos dados referentes ao pedido e posterior realização do ensaio de abatimento. Este ensaio, visando conferir a trabalhabilidade requerida, era realizado conforme NBR NM 67 (ABNT, 1996).

Caso o concreto não seja aceito após a realização do ensaio de resistência e posterior tratamento estatístico, a NBR 6118 (ABNT, 2014) estabelece algumas ações corretivas, que devem ser realizadas para determinar se o concreto pode ser aceito ou não. São elas:

- Revisão do projeto para determinar se a estrutura, em todo ou em parte, pode ser aceita, considerando os valores obtidos no ensaio;
- No caso negativo, devem ser extraídos e ensaiados testemunhos conforme disposto na NBR 7680 (ABNT, 2015); se houver também deficiência de resistência do concreto cujos resultados devem ser avaliados de acordo com a NBR 12655 (ABNT, 2015), procede-se a seguir com nova verificação da estrutura visando a sua aceitação.

Se ainda assim a não conformidade permanecer, pode-se optar pelas alternativas a seguir (HELENE; PACHECO, 2013b):

- Determinar as restrições de uso da estrutura;
- Providenciar o projeto de reforço;
- Decidir pela demolição parcial ou total.

Caso seja identificada uma baixa resistência de um determinado lote do concreto, inicia-se um longo caminho para o construtor. Se todas as partes reconhecerem a qualidade e idoneidade do laboratório responsável pelas análises, os resultados são enviados para o projetista estrutural, o qual irá analisar e dar seu veredicto. Dependendo da resistência obtida, do tipo de elemento estrutural afetado e dos coeficientes de segurança adotados, ele poderá autorizar o prosseguimento normal da obra (FARIA, 2009).

Responsabilidade pela Composição e Propriedades do Concreto:

Para finalizar este capítulo, é fundamental que o profissional tenha conhecimento sobre suas responsabilidades civis e criminais perante a execução de um projeto ou de uma obra. Segundo a norma brasileira NBR 12655 (ABNT, 2015), o item 4.2 e 4.3 define as responsabilidades dos profissionais envolvidos quanto ao projeto, execução e recebimento do concreto, sendo:

Profissional responsável pelo projeto estrutural

- registro de resistência característica concreto fck (desenho e memórias do projeto);
- especificação de *fck* para etapas construtivas (retirada de cimbramento, aplicação de protensão ou manuseio de pré-moldados);

- especificação de requisitos correspondentes à durabilidade da estrutura e de propriedades especiais do concreto (consumo mínimo de cimento, relação água/cimento, módulo de deformação estático mínimo na idade de desforma, etc.).

Profissional responsável pela execução da obra

- escolha de modalidade preparo concreto;
- concreto preparado na obra é responsável pelas etapas de execução (dosagem, ajuste e comprovação do traço, armazenamento dos materiais constituintes, medidas dos materiais e do concreto e mistura) e pela definição da condição de preparo;
- escolha do tipo de concreto, consistência, dimensão máxima agregada e outras propriedades de acordo com projeto e condições de aplicação, tipo de cimento, aceitação do concreto, cuidados requeridos pelo processo construtivo, retirada do escoramento.

Responsável pelo recebimento do concreto

- proprietário da obra ou responsável técnico pela obra;
- documentação comprobatória NBR (ABNT, 2015) (relatórios de ensaios, laudos e outros) deve estar no canteiro de obra, durante toda construção, arquivada e preservada pelo prazo legislação vigente, salvo concreto produzido em central.

PRODUÇÃO DO CONCRETO

O concreto será composto de cimento Portland, água, agregados e aditivos sempre que necessários, desde que proporcionem no concreto efeitos benéficos, conforme comprovação em ensaios de laboratório, podendo ainda conter adições como cinzas e pozolanas bem como compósitos.

Cimento Portland

Cimento, no sentido geral da palavra, pode ser descrito como um material com propriedades adesivas e coesivas que o fazem capaz de unir fragmentos minerais na forma de uma unidade compacta. Essa definição abrange uma variedade de materiais cimentícios NEVILLE (2016).

No campo da construção, o significado do termo cimento restringe-se aos materiais ligantes usados com pedras, areias, tijolos, blocos, etc. Os constituintes principais desse tipo de cimento são os calcários, de modo que na construção civil e na engenharia de construções lida-se com cimento calcário. Os cimentos que apresentam vantagens para o preparo do concreto têm a propriedade de dar pega e endurecer dentro d'água graças a uma reação química, e são por isso denominados cimentos hidráulicos.

De acordo com a ASTM C 150, cimento Portland é um aglomerante hidráulico produzido pela moagem do clínquer, que consiste essencialmente de silicatos de cálcio hidráulico, usualmente com uma ou mais formas de sulfatos de cálcio como um produto de adição. Os clínqueres são nódulos de 5 a 25 mm de diâmetro de um material sinterizado, produzido quando uma mistura de matérias-primas de composição predeterminada é aquecida a altas temperaturas.

As matérias-primas do cimento são essencialmente calcário, sílica, alumina e óxido de ferro. Quatro compostos são considerados como principais constituintes do cimento - estes compostos estão listados na tabela 16.5; a notação abreviada, utilizada na química de cimento, descreve cada óxido por uma letra, respectivamente: $CaO=C$; $SiO_2=S$; $Al_2O_3=A$ e $Fe_2O_3=F$ e assim como $H_2O=H$ e $SO_3=S$.

Tabela 16.5 – Principais compostos do cimento Portland

Nome do composto	Composição dos óxidos	Abreviatura
Silicato tricálcico	$3CaO.SiO_2$	C_3S
Silicato dicálcico	$2CaO.SiO_2$	C_2S
Aluminato tricálcico	$3CaO.Al_2O_3$	C_3A
Ferroaluminato tetra cálcico	$4CaO.Al_2O_3.Fe_2O_3$	C_4AF

As proporções reais dos diversos compostos variam de um cimento para outro, e os diferentes tipos de cimento são obtidos na proporcionalidade adequada das matérias- primas (NEVILLE, 2016).

Para cada unidade a ser concretada deve ser utilizado um único tipo de cimento. Deve-se rejeitar as partidas de cimento, em sacos ou a granel, cujas amostras revelarem, nos ensaios, características inferiores àquelas estabelecidas pela NBR 5736, (ABNT,1991) mesmo que o lote já se encontre no canteiro da obra. Caso seja utilizado cimento ensacado, os sacos de cimento devem ser empregados na ordem cronológica em que forem colocados na obra.

Cada lote de cimento ensacado deve ser armazenado de modo a se poder determinar, facilmente, sua data de chegada ao canteiro, tendo o cuidado no sentido de protegê-lo de deterioração, armazenando-o em pilhas de, no máximo, 10 sacos, durante um período nunca superior a 90 dias.

Se for utilizado cimento a granel, os silos de armazenamento serão esvaziados e, todavia, o intervalo entre duas limpezas sucessivas dos silos nunca será superior a 120 dias.

Água

Como algumas influências são benéficas e outras são nocivas, pode ser dito que a água e o concreto têm uma relação de amor e ódio. De fato, esse é o título de um capítulo do livro *"Neville on concrete: na examination of issues in concrete practice"*. Outro capítulo deste mesmo livro é intitulado *"Water: Cinderella ingredient of concrete"*. Por essas razões, a adequabilidade das águas de amassamento e para a cura deve ser estudada (NEVILLE, 2016).

A norma brasileira que trata do assunto é a NBR 15900 (ABNT, 2004). A água destinada ao amassamento do concreto deve ser límpida e isenta de teores prejudiciais de sais, ácidos, álcalis e substâncias orgânicas devendo ser convenientemente armazenada a fim de evitar contaminação. Considera-se que toda a água potável serve para a execução do concreto e deve-se proceder a uma pesquisa sistemática da qualidade das águas utilizáveis para o preparo do concreto no canteiro, de modo a estar seguro de que, em qualquer tempo, elas terão características não nocivas à qualidade do concreto. De modo geral, deve ter PH entre 6,0 e 8,0 ou possivelmente até 9,0 que não tenha sabor salobro e conter menos de 1000ppm de sólidos inorgânicos dissolvidos. Algumas águas minerais contêm quantidades indesejáveis de carbonatos e bicarbonatos alcalinos que podem contribuir para reação álcali-silica, bem como em algumas regiões áridas a água potável local pode ser salina e conter quantidade excessiva de cloretos, que pode ser prejudicial ao concreto. O limite de cloretos, de sulfatos e de álcalis são dados pela BS EN1008:2002 e pela ASTM C 1602-06.

Carbonatos e bicarbonatos de sódio e potássio têm efeitos diferentes sobre os tempos de pega dos diferentes cimentos. O carbonato de sódio pode causar pega muito rápida, enquanto os bicarbonatos tanto podem acelerar quanto retardar a pega. Em grandes concentrações, estes sais podem reduzir consideravelmente a resistência do concreto (ANDRIOLO, 2015).

Agregados

O agregado miúdo a ser utilizado para o preparo do concreto poderá ser natural, isto é, areia, de grãos angulosos, e áspera, ou artificial, proveniente da britagem de rochas estáveis, não devendo, em ambos os casos, conter quantidades nocivas de impurezas orgânicas ou terrosas, ou de material pulverulento.

Deverão sempre ser evitadas a predominância de uma ou duas dimensões (formas achatadas ou alongadas) e a ocorrência de mais de 4% de mica. O armazenamento de areia deverá oferecer condições que não permitam a mistura de materiais estranhos, tais como outros agregados graúdos, madeiras, óleos, etc.

Como agregado graúdo, poderá ser utilizado o seixo rolado do leito de rios ou pedra britada, com arestas vivas, isento de pó-de-pedra ou materiais orgânicos ou terrosos. Os materiais deverão ser duros, resistentes e duráveis. Os grãos dos agregados deverão apresentar uma conformação uniforme. A resistência própria de ruptura dos agregados deverá ser superior à resistência do concreto. O armazenamento do agregado graúdo deverá obedecer às mesmas recomendações relativas ao armazenamento da areia. Poderão ser utilizados, a depender da classe do concreto, os seguintes tipos de agregados graúdos:

- brita nº 0, diâmetro máximo de 6,3 mm a 12,5 mm;
- brita nº 1, diâmetro máximo de 12,5 mm a 19 mm;
- brita nº 2, diâmetro máximo de de 19 mm a 32 mm;
- brita nº 3, diâmetro máximo de 32 mm a 50 mm.

O diâmetro máximo será fixado em cada caso de acordo com a NBR 6118 (ABNT, 2014). O mesmo critério de classificação de brita será aplicado para os seixos.

O Dmáx tem que ser o menor valor das seguintes verificações:

- ¼ da menor dimensão entre as faces das formas;
- 1/3 da espessura da laje;
- 0,8 vez o espaçamento horizontal entre armaduras;
- 1,2 vez o espaçamento vertical entre armaduras;
- ¼ do diâmetro da tubulação de bombeamento
- 0,2 vez o cobrimento nominal da armadura adotado.

Os montes e silos de agregados devem ser previstos com um sistema de drenagem eficiente, impedindo-se a introdução de materiais estranhos e modificação da granulometria. Os depósitos devem ser dimensionados de tal modo que permitam onprograma de concretagem estabelecido.

Os agregados influenciam o comportamento do concreto pela sua composição mineralógica, qualidade, tamanho, textura e quantidade. Quanto maior o tamanho do agregado, menor será sua superfície específica, exigindo menor quantidade de argamassa e, consequentemente, menores teores de água e cimento.

Para o emprego no concreto, há que se proceder à caracterização das principais propriedades do agregado que interferem no proporcionamento das misturas, nas características de deformabilidade e resistência, bem como na durabilidade.

Para a produção do concreto, devem ser utilizados os materiais disponíveis na região, devido ao alto custo de transporte destes materiais para regiões distantes, inviabilizando o seu emprego.

Aditivos

É o produto que, adicionado ao concreto, antes ou durante a mistura, modifica algumas de suas propriedades, no sentido de melhorá-las e/ou adequá-las a determinadas condições. O uso de aditivo será definido no estudo de dosagem do concreto realizado pela empresa responsável pelo controle tecnológico do concreto.

Podemos classificar os aditivos em: modificadores da reologia da massa fresca, modificadores do tempo de pega, impermeabilizante ou hidrófugos e expansores.

Segundo esta classificação, podemos separá-los por suas ações durante a mistura, no tempo de cura ou no resultado final do concreto. De uma maneira bastante genérica temos as subdivisões a seguir relacionadas e as prováveis consequências.

O uso de aditivos químicos para melhorar as propriedades do concreto é uma das formas de conseguir resultados positivos na fabricação de concreto mais comumente utilizada em todo o mundo. A literatura mostra que os aditivos químicos são adicionados a 88% do concreto produzido no Canadá, 85% na Austrália e 71% nos Estados Unidos (MEHTA, 2008).

O problema em utilizar estas adições químicas está na compatibilidade entre as propriedades químicas e reológicas do concreto e os diversos materiais que o compõem. Os aditivos que apresentam bom comportamento com um determinado tipo de cimento podem não apresentar o mesmo desempenho com outros tipos de cimentos. Este fenômeno é conhecido como incompatibilidade cimento-aditivo superplastificante sendo evidenciado, sobretudo, em concretos com relações água-cimento muito baixas (menores que 0,30). Alguns fatores influenciam este fenômeno, entre eles a variedade de superplastificantes disponíveis no mercado com diferentes composições químicas (melaninas sulfonadas, naftalenos sulfonados, lignosulfonatos, entre outros). Segundo SANTI & LOBO (2002), quanto mais fino for o cimento, menor é a eficácia do aditivo, devido à diminuição da concentração específica das moléculas adsorvidas na superfície dos grãos sólidos, sendo que as substâncias químicas que mais influem sobre o desempenho são os teores de álcalis e sulfatos e a finura de moagem.

Para fins de comercialização de um produto, é razoável indicar um teor básico ou um intervalo dentro do qual o aditivo apresenta bom desempenho. Para uso em larga escala ou para avaliação do efeito do aditivo numa determinada situação, é conveniente que na verificação experimental sejam avaliados pelo menos três teores, o básico, um teor mais elevado e um teor mais reduzido, de forma a otimizar o efeito do aditivo nessas circunstâncias (TANGO, UEMOTO e HELENE, 1983).

Caso houvesse um cimento padrão, e também agregados e água padrões seria suficiente, para avaliar os efeitos de um aditivo, verificar as propriedades da pasta, da argamassa ou do concreto padrão com ele confeccionados.

O efeito do aditivo é afetado por fatores como: quantidade de água e cimento, finura do cimento, tipo de agregado e graduação, pelo tipo e tempo de mistura.

Fatores que afetam a perda de abatimento no concreto incluem o valor do abatimento inicial, tipo e quantidade de superplastificante, tipo e quantidade de cimento, tempo de adição do superplastificante, umidade, temperatura, forma de mistura.

O desempenho deve ser constantemente controlado, pois variações do efeito dos aditivos sobre o concreto podem ter consequências inconvenientes. A norma NBR 11768 (ABNT, 2011) estabelece limites para aceitação de aditivos. Porém, variações inesperadas, embora dentro dos limites da norma, podem trazer problemas para o usuário, podendo mesmo fazer com que o uso do aditivo deixe de ser vantajoso.

Do que se expôs, pode-se concluir que o uso de aditivos adequados permite a obtenção de muitas vantagens além das já inerentes ao concreto dosado em central. O bombeamento, uma operação muito vantajosa, devido ao rendimento e à eliminação de juntas frias, é bastante facilitado com o uso de aditivos.

Um concreto com aditivo deve ser um bom concreto, pois o aditivo não corrige os defeitos de materiais, dosagem, transporte, lançamento, adensamento e cura do concreto, estas três de responsabilidade da obra.

A EVOLUÇÃO DOS ESTUDOS DE DOSAGEM NO BRASIL

Entende-se por estudo de dosagem dos concretos de cimento Portland os procedimentos necessários à obtenção da melhor proporção entre os materiais constitutivos do concreto, também conhecido por traço. Essa proporção ideal pode ser expressa em massa ou em volume, sendo preferível e sempre mais rigorosa a proporção expressa em massa seca de materiais (HELENE, 2011).

É o processo de escolha dos componentes necessários e suas proporções para se obter o concreto mais econômico e adequado para atender às propriedades mínimas, como resistência, durabilidade e consistência.

Por o cimento ser um material mais caro que os agregados, aconselha-se evitar o consumo elevado de cimento, além de trazer algumas vantagens técnicas como liberação moderada de calor de hidratação, evitando fissuração em concreto massa, além de possuir menos riscos de ocorrência de retração em concretos estruturais.

Segundo especificações, os valores-limite que o concreto deve atender são (NEVILLE, BROOKS, 2013):

- Resistência à compressão "mínima" necessária para os aspectos estruturais;
- Relação água/cimento máxima e/ou consumo de cimento mínimo, e certas condições de exposição, teor mínimo de ar incorporado para conferir durabilidade adequada;
- Consumo máximo de cimento para a prevenção de fissuração devido aos cilcos de temperatura em obras de concreto massa;
- Consumo máximo de cimento para evitar a retração em condições de exposição à baixa umidade;
- Massa especifica mínima para barragens de gravidade e estruturas similares.

No Brasil, ainda não há um texto consensual de como deve ser um estudo de dosagem. A inexistência de um consenso nacional cristalizado numa norma brasileira sobre os procedimentos e parâmetros de dosagem tem levado vários pesquisadores a proporem seus próprios métodos de dosagem, muitas vezes confundidos com uma recomendação da instituição para a qual trabalham, ou através da qual foram publicados.

Segundo Helene (2013), assim ocorreu com o método de dosagem IPT (Instituto de Pesquisas Tecnológicas), proposto inicialmente por Ary Frederico Torres (1927), Simão Priszkulnik (1977) e Carlos Tango (1986); com o método de dosagem INT (Instituto Nacional de Tecnologia), no Rio de Janeiro, proposto por Fernando Luiz Lobo Carneiro (1937); com o método de dosagem ITERS (Instituto Tecnológico do Estado do Rio Grande do Sul), proposto por Eládio Petrucci (1985); com o método da ABCP, proposto, inicialmente, por Ary Torres e Carlos Rosman (1956), que atualmente adota uma adaptação do método americano do ACI. Vallete (1949), De Larrard (1990), Helene & Terzian (1992), Alaejos y Cánovas (1994), Isaia (1995), Berenice Carbonari 1996), Vitervo O'Reilly (1998), Aitcin (1998) e Tutikian (2007), entre outros, também são métodos de dosagem conhecidos e utilizados no Brasil. Apesar de os métodos de dosagem diferirem entre si, certas atividades são comuns a todos, como, por exemplo, o cálculo da resistência média de dosagem, a correlação da resistência à compressão com a relação água/cimento para determinado tipo e classe de cimento, sempre e quando um estudo de dosagem tiver por objetivo a obtenção de uma resistência especificada, sem descuidar da economia e da sustentabilidade.

Os métodos de dosagem podem ser:

1. Experimentais:

   - Partem de alguns parâmetros laboratoriais dos componentes, mas para chegar ao traço final dependem fundamentalmente de experimentos sobre amostras e corpos-de-prova do concreto.

2. Não experimentais:

   - Determinam o traço diretamente a partir do levantamento laboratorial das características dos componentes do concreto: granulometria dos agregados, resistência mecânica do cimento, etc.

Segundo Helene (2013), um estudo de dosagem deve ser realizado visando obter a mistura ideal e mais econômica, numa determinada região e com os materiais ali disponíveis, para atender a uma série de requisitos. Essa série será maior ou menor, segundo a complexidade do trabalho a ser realizado e segundo o grau de esclarecimento técnico e prático do usuário do concreto que demandou o estudo. Qualquer estudo de dosagem dos concretos tem fundamentos científicos e tecnológicos fortes, mas sempre envolve uma parte experimental em laboratório e/ou campo, o que faz com que certos pesquisadores e profissionais considerem a dosagem do concreto mais como uma arte do que uma ciência (MEHTA E MONTEIRO, 2008).

CONTROLE NA PRODUÇÃO

Fator Água Cimento

Principal fator a ser controlado quando se deseja atingir uma determinada resistência. A resistência do concreto é inversamente proporcional à relação água-cimento. O excesso água colocado na mistura para que se obtenha uma consistência necessária ao processo de mistura, lançamento e adensamento ocasionam, após o endurecimento, vazios na pasta de cimento. Quanto maior o volume de vazios, menor será a resistência do material.

Segundo a LEI DE ABRAMS: "Dentro do campo dos concretos plásticos, a resistência aos esforços mecânicos, variam na relação inversa da relação água/cimento".

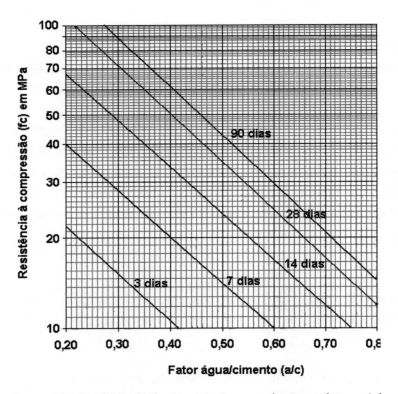

Figura 16.1: Resistência á compressão em relação ao fator a/c[4]

Idade do Concreto

A resistência do concreto progride com a idade, devido ao processo de hidratação do cimento que se processa ao longo do tempo. Em projetos, é usual utilizar a resistência do concreto aos 28 dias como padrão.

Forma e Graduação dos Agregados

Os concretos confeccionados com seixos rolados tendem a serem menos resistentes do que aqueles confeccionados com pedra britada, possuindo o mesmo fator água/cimento, devido a menor aderência pasta/agregado. Este efeito só é significativo para concretos de elevada resistência.

A granulometria do agregado graúdo também influencia a resistência do concreto. Concretos confeccionados com britas de menor diâmetro tendem a gerar concretos mais resistentes, mantida a relação água/cimento.

---

[4] Mehta/Monteiro, 1994

Tipo de Cimento

A composição química do cimento (proporção de C_3S e C_2S) influencia na resistência concreto, bem como a adição de escórias e pozolanas. Quanto mais fino possuir a mistura, maiores são as resistências iniciais do cimento.

Permeabilidade e Absorção

O concreto é um material poroso. A interconexão de vazios de água ou ar poderá tornar o concreto permeável. As razões da porosidade são:

- Quase sempre é necessário utilizar uma quantidade de água superior a que se precisa para hidratar o aglomerante; esta água, ao evaporar, deixa vazios.
- Com a combinação química, diminuem os volumes absolutos do cimento e água que entram na reação.
- Durante o amassamento ocorre incorporação ar na massa.

Para que se obtenham concretos com baixa absorção e permeabilidade, deve-se tomar as seguintes providências:

- Utilizar baixos fatores água/cimento (aumentar o consumo de cimento ou utilizar aditivos redutores de água como plastificantes, superplastificantes e incorporadores de ar);
- Substituir parcialmente o cimento por pozolanas (cinzas volantes, cinza da casca de arroz ou microssílica) para preencher os vazios capilares do concreto através da reação entre pozolana e hidróxido de cálcio liberado nas reações de hidratação do cimento.
- Utilizar agregados com maior teor de finos, mas não de natureza argilosa.

Deformação

As variações de volume dos concretos são devido aos fatores citados a seguir:

- Retração autógena: Variação de volume absoluto dos elementos ativos do cimento que se hidratam.
- Retração plástica: Variação de volume do concreto ainda no estado fresco com a perda de água.
- Retração hidráulica irreversível: Variação do volume de concreto endurecido pela saída de água dos poros capilares
- Retração hidráulica reversível: Variação de água dos poros capilares devido à mudanças na umidade do ar.

Dilatação e Retração Térmica

Variação do volume do material sólido com a temperatura. As variações de volume dos concretos são devidas à atuação de cargas externas que originam as deformações imediatas e deformações lentas, estas últimas relacionadas também à perda de água dos poros capilares.

Trabalhabilidade

A trabalhabilidade depende da dimensão mínima da seção a ser concretada e a taxa e espaçamento da armadura, além de depender também do método de adensamento a ser utilizado. A coesão esta estritamente relacionada à trabalhabilidade e depende da proporção de partículas mais finas na mistura.

É uma propriedade qualitativa que identifica a maior ou menor aptidão do concreto para ser aplicado e adensado com determinada finalidade sem perda de sua homogeneidade. A consistência é um dos principais fatores que influenciam a trabalhabilidade. A trabalhabilidade compreende duas propriedades essenciais: a Consistência ou Fluidez, que é função da quantidade de água adicionada ao concreto; e a Coesão, que é a medida da facilidade de adensamento e de acabamento, avaliada pela facilidade de desempenar e julgamento visual da resistência à segregação. Os principais fatores que afetam e determinam a trabalhabilidade são:

- **Fatores internos:** Consistência: Função da relação água/materiais secos (umidade do concreto); Traço: Proporção relativa entre cimento e agregados;-Granulometria: Distribuição granulométrica dos agregados e proporção relativa entre eles; Forma dos grãos dos agregados; Tipo e finura do cimento.

- **Fatores externos:** Tipo de aplicação (finalidade); Tipo mistura (manual ou mecânica); Tipo de transporte (calhas, bombas, etc.), lançamento, adensamento e dimensões das peças.

Para medir o grau de trabalhabilidade, utiliza-se o ensaio de abatimento de tronco de cone (slump test) normalizado no Brasil pela NM 67 (ABNT, 1998), que se baseia num molde que deve se encontrar imobilizado durante toda a operação e é um tronco de cone preenchido com três camadas de concreto, onde cada camada recebe 25 golpes com haste metálica normalizada. Logo após o preenchimento, o cone é lentamente erguido e o concreto sofre um abatimento. A diminuição na altura do centro do concreto após a realização do ensaio é denominada abatimento de tronco de cone e é medida com aproximação de 5 mm. O uso e o grau de trabalhabilidade requeridos estão descritos na Tabela 7.8.1, sendo divididos por classes de trabalhabilidade conforme Tabela 16.6.

Tabela 16.6 - Indicação do grau de trabalhabilidade e fator de compactação de concretos com agregados de dimensão máxima de 19 ou 38mm

Grau de trabalhabilidade	Abatimento de tronco de cone (mm)	Fator de compactação	Uso indicado do concreto
Muito Baixo	0 - 25	0,78	Pavimentos vibrados por máquinas vibratórias mecanizadas. Os concretos mais trabalháveis deste grupo podem ser adensados com equipamentos manuais.
Baixo	25 - 50	0,85	Pavimentos vibrados com equipamentos manuais. Os concretos mais trabalháveis deste grupo podem ser adensados manualmente em pavimentos que utilizem agregados de forma arredondada ou irregular. Concreto massa para fundações sem adensamento ou seções de concreto armado vibradas, com baixa taxa de armadura.

Grau de trabalhabilidade	Abatimento de tronco de cone (mm)	Fator de compactação	Uso indicado do concreto
Médio	25 - 100	0,92	Os concretos de menor trabalhabilidade deste grupo podem ser adensados para o uso de lajes lisas utilizando agregados britados. Concreto com taxa de armadura normal, com adensamento manual e seções densamente armadas com vibração.
Alto	100 - 175	0,95	Para seções com congestionamento de armaduras, usualmente de vibração inviável.

A NBR 8953 (ABNT, 2011) classifica em cinco classes os concretos em relação á trabalhabilidade medida pelo abatimento de tronco de cone apresentado na Tabela 16.7.

Tabela 16.7 - Classes de trabalhabilidade e variações do abatimento

Classe de trabalhabilidade	Abatimento (mm)
S10-Consistência seca	10-45
S50-Pouco trabalhável	50-95
S100-Aplicação normal	100-155
S160- Plásticos para bombeamento	160-215
S220 -Concretos fluidos	Acima de 215

Mistura e Transporte

Os componentes devem ser misturados de forma que o concreto fresco seja homogêneo, as partículas dos agregados sejam revestidas pela pasta e possua propriedades uniformes.

Segundo Neville e Brooks (2013), mistura consiste essencialmente na rotação ou agitação com o objetivo de cobrir todas as superfícies das partículas de agregados com pasta de cimento e misturar todos os ingredientes do concreto até uma massa uniforme.

A betoneira é o principal equipamento utilizado nesse processo e deve garantir uniformidade, assim como sua descarga, evitando segregação.

Tempo de Mistura

Segundo Neville *et al.* (2013), quanto ao tempo de mistura, deve-se seguir as especificações das normas ACI 304R e ASTM C 94-05 conforme a Tabela 16+8.

Tabela 16.8 - Tempos mínimos de mistura recomendados[5]

Capacidade da betoneira m³	Tempo de mistura (min)
0,8	1
1,5	1,25
2,3	1,5
3,1	1,75
3,8	2
4,6	2,25
7,6	3,25

Efeitos do Tempo e Temperatura

Parte da água é absorvida pelos agregados, fazendo o concreto enrijecer. Conforme o tempo passa, o concreto perde sua trabalhabilidade. A elevação da temperatura no processo da cura faz com que a hidratação ocorra mais rápido, melhorando sua resistência.

Exsudação

Forma particular de segregação, onde a água da mistura tende a elevar-se à superfície do concreto recentemente lançado. Fenômeno causado pela incapacidade de os constituintes sólidos do concreto fixarem toda água da mistura e depende muito das propriedades do cimento. O resultado da exsudação é o topo de cada camada de concreto tornar-se muito úmido e, se a água é impedida de evaporar pela camada que lhe é superposta, pode resultar em uma camada de concreto poroso, fraco e de pouca durabilidade. A exsudação provoca:

- enfraquecimento da aderência pasta-agregado e pasta-armadura;
- aumento da permeabilidade;
- formação da nata de cimento na superfície do concreto, precisando remove-la ao executar concretagem de nova etapa.

Causas principais para ocorrência de exsudação:

- Carência de finos nos agregados miúdos.
- Excesso de água;
- Excesso de aditivo plastificante.
- Procedimentos para evitar:
- Minimizar a quantidade de água usada no concreto
- Uso de agregados não lamelares

---

[5] NEVILLE, BROOKS, 2013, p. 125

- Aumentar a presença de finos nos agregados miúdos
- Aumentar a consistência ou diminuir o abatimento

Início e Fim de Pega

O cimento, ao ser misturado com água, perde a plasticidade depois de decorrido tempo. Tempo de início de pega é o intervalo de tempo entre a adição de água e o início de reações com os compostos do cimento e é evidenciado pelo aumento de temperatura e o aumento brusco de viscosidade da pasta. A pega de um cimento está relacionada à consistência que determinado constituinte, quando submetido à ação físico-quimica, possa resultar numa variação no grau de consistência, ao longo de seus estágios de mudança, dentro de períodos de tempo (ZANETTI, 2015).

Fatores que interferem na pega dos cimentos e consequentemente nas argamassas e nos concretos:

- Cimentos ricos em C_3A aceleram a pega, pois é o composto que reage imediatamente com a água.
- O tempo de pega varia inversamente proporcional ao grau de moagem. Maior de grau de moagem resulta em pega mais rápida.
- O tempo de pega é inversamente proporcional à temperatura da pasta, argamassa ou concreto. Quanto mais quente o concreto, menor o tempo de pega. Temperaturas próximas de 0°C podem paralisar a hidratação.
- Aditivos e adições.

Para aplicação na prática, aconselha-se rever aspectos físicos, como enrijecimento, pega e endurecimento.

O enrijecimento é a perda da consistência da pasta. A perda gradual da água do sistema faz com a pasta enrijeça e assim atingindo a pega. Pega se trata da solidificação da pasta plástica, o início de pega corresponde ao início dessa solidificação, ou seja, é quando a pasta deixa de ser trabalhável. A pasta não se solidifica instantaneamente, sendo necessário um tempo para deixar de ser manipulável. O tempo que leva para se solidificar, perdendo sua plasticidade, é denominado fim de pega.

Metha e Monteiro (2008) propõem que a sequência das principais operações do concreto é: proporcionamento dos materiais, homogeneização, transporte, lançamento do concreto plástico, adensamento e acabamento, enquanto a mistura ainda possui trabalhabilidade e cura úmida para atingir a maturidade desejada. Segundo eles, a mistura convencional de concreto normalmente leva de 6h a 10h para atingir a pega.

O ensaio de pega em concreto consiste em medir a força necessária para fazer a agulha penetrar 25 mm no concreto. O início de pega ocorre quando a resistência à penetração da agulha atinge 3,5 MPa, e o final de pega, quando necessita de 27,6 MPa para a mesma penetração. O ponto de início de pega é um ponto escolhido arbitrariamente e não indica que o concreto, ainda no estado fresco, teria a resistência de 3,5 MPa no ensaio de resistência à compressão, conforme ensaio da NBR 5739 (ABNT, 2007).

Metha e Monteiro (2008); Sprouse, J.H. e Peppler, R.B. (1978) *apud* Metha e Monteiro (2008) mostram o efeito do tipo de cimento, da temperatura e dos aditivos nos tempos de pega do concreto em ensaio realizado conforme a ASTM C 403.

364 **Gerenciamento de Obras, Qualidade e Desempenho da Construção**

Atualmente a utilização e o preparo do concreto causam muita polêmica, por liberar na atmosfera cerca de 600 kg de CO_2 na produção de uma tonelada de cimento, sem contar ainda as emissões para produzir e transportar os agregados e o próprio concreto e os recursos naturais necessários para a extração desses agregados. Há também uma grande quantidade de concreto desperdiçada por possuir vida útil de 150 minutos contados da mistura da água ao cimento (ZANETTI, 2015).

A referência desse tempo é encontrada na NBR 7212(ABNT, 2012), mas contradiz a NBR 12655 (ABNT, 2015) e a NBR NM 9 (ABNT, 2003), que são destinadas a preparo, controle e recebimento do concreto, e procedimento de ensaio de pega em concreto, respectivamente. O ensaio de pega do concreto realizado em campo de acordo com a NM NBR 9 (ABNT, 2003) demonstra que o tempo de utilização pode ultrapassar os 150 minutos propostos na NBR 7212 (ABNT, 2012), podendo chegar em até 360 minutos antes de aparentar início de pega mesmo sem o uso de aditivo retardador de pega.

Há inúmeros parâmetros variáveis envolvidos no processo de pega do cimento, o que torna questionável utilizar o tempo como instrumento para aceitação ou rejeição do concreto. O que pode prejudicar a resistência é a alteração do fator a/c, adicionando-se água ao concreto para retomada de consistência. Portanto, ao invés de utilizar o tempo como instrumento de aceitação ou não dos concretos, deve-se utilizar um controle do volume de água adicionado nas frentes de serviço.

O tempo de início e fim de pega é determinado pela NBR NM 65(ABNT, 2002), com uso do aparelho e agulha de Vicat. O início de pega é determinado quando a agulha penetra na pasta até uma distancia de (4±1) mm da placa base. O fim de pega é estabelecido no momento em que a agulha penetra 0,5 mm na pasta.

Segundo Zanetti (2015), na prática, o recebimento do concreto nas frentes de serviço utiliza o conceito de concreto fresco da NBR 12655 (ABNT, 2015) para a aceitação do concreto até o tempo de 150 minutos. Depois disso, independente de o concreto estar ainda no estado fresco, costuma ser rejeitado. O contraditório não se limita a isso. Os ensaios de tempo de pega com diversos autores em condições de temperatura e tipo de cimentos diferentes têm mostrado início de pega acima do tempo limite de 150 minutos. Os ensaios de resistência, tanto em laboratório como em campo, têm mostrado que não existe perda da qualidade do produto.

Conclui-se que o tempo máximo arbitrado pela NBR 7212(ABNT, 2012), da forma como tem sido aplicado, tem levado ao desperdício de concreto em condições de uso e que o tempo de utilização deve ser balizado pela definição do concreto fresco da NBR 12655 (ABNT, 2015), que coincide com a definição do tempo de início de pega dos concretos: "***Concreto Fresco - Concreto que está completamente misturado e que ainda se encontra em estado plástico, capaz de ser adensado por um método escolhido***".

Segregação

Segregação pode ser definida como a separação dos constituintes de uma mistura homogênea de modo que sua distribuição não seja mais uniforme (NEVILLE E BROOKS, 2013).

Há duas formas de segregação. Em uma, as partículas maiores tendem a se separar por possuírem maior facilidade em deslizar em superfícies inclinadas e se assentar que as partículas mais finas. A outra ocorre principalmente em misturas com excesso de água, é manifestada pela separação da pasta (cimento e água) da mistura. A probabilidade de ocorrer pode ser reduzida, caso os métodos de lançamento, transporte e manuseio sejam adequados (NEVILLE, BROOKS, 2013).

Principais causas para que ocorra a segregação do concreto são:

- Falta de argamassa (cimento, areia e água);
- Excesso de adensamento;
- Traço ruim;
- Excesso de água ou aditivos plastificantes;
- Arremessar com pá o concreto à distância;
- "Transportá-lo" sobre as formas com o vibrador;
- Queda sobre as formas altura superior a 2,5 m.

Sistemas de Formas

Um sistema de formas deve possuir resistência para suportar cargas provenientes do seu peso próprio, do peso do concreto durante seu lançamento, do aço da estrutura de concreto armado e das cargas acidentais de tráfego de pessoas durante a sua concretagem. Duas normativas nacionais são utilizadas para o dimensionamento das estruturas de forma de madeira: a NBR 7190 (ABNT, 1997), de estruturas de madeira; e a NBR15696 (ABNT, 2009), de formas e escoramentos para estruturas de concreto.

A Associação Brasileira de Cimento Portland (ABCP) definiu um sistema específico utilizando componentes de madeira seguindo as seguintes diretrizes para a montagem do sistema:

- Seguir rigorosamente as dimensões indicadas no projeto, contemplando as resistências necessárias, sem que haja deformações excessivas oriundas dos carregamentos de pesos próprio da estrutura, o peso e pressão do concreto fresco, do sistema peso das armaduras e das cargas acidentais. Na ocasião de grandes vãos, devem ser previstas sobre-elevações (contra flecha) para compensar deformações inevitáveis.
- Ser estanque, no propósito de evitar a perda de cimento do concreto arrastado pela água. Isso deve ser cuidado com a minimização de fendas na estrutura da forma, atentando para as ligações que formem ângulos. Possibilitar a desforma da forma a se evitar choques. Para tal, o escoramento deve ser apoiado sobre cunhas ou outros dispositivos facilmente removíveis.
- Possibilitar o maior número possível de reutilizações das peças.
- Empregar madeira aparelhada, nos moldes em que a estrutura de concreto será aparente.

No sistema da ABCP, assim como nos outros sistemas, os elementos são compostos na sua grande maioria de peças estruturais de madeira, necessitando da norma NBR 7190 (ABNT, 1997) para o dimensionamento das mesmas. O Projeto Construtivo ganhou destaque no Brasil dentro dos canteiros de obra, através de iniciativas privadas de construtoras nas décadas de 1980 e 1990. Essas parcerias entre a iniciativa privada e a academia renderam para o mercado de construção civil nacional profissionais de projetos que até então inexistiam no mercado. A norma NBR 14931 (ABNT, 2004) define que a retirada de escoramentos e formas deve ocorrer quando o material apresentar resistência à compressão e módulo de elasticidade compatíveis com as necessidades do projeto.

Lançamento e Adensamento do Concreto

Segundo Neville e Brooks (2013), as operações de lançamento e adensamento são interdependentes e executadas quase simultaneamente. Durante o lançamento, o principal o objetivo deve ser depositar o concreto o mais próximo possível de sua destinação final, evitando assim a segregação e permitindo seu total adensamento. Para alcançar esses objetivos, as seguintes regras devem ser obedecidas:

- Evitar arrastamento do concreto de forma manual e transporte por vibradores de imersão;
- O concreto deve ser lançado em camadas uniformes e não em grandes montes ou pilhas;
- A espessura da camada deve ser compatível com o método de vibração de modo que o ar aprisionado possa ser removido da base de cada camada;
- As velocidades de lançamento e adensamento devem ser iguais;
- Em pilares e paredes onde um bom acabamento e uniformidade de coloração forem necessários, as formas devem ser preenchidas em uma velocidade de no mínimo 2 m por hora, evitando retardos (tempo excessivo pode causar a formação de juntas frias);
- Cada camada deve ser totalmente adensada antes do lançamento da próxima, e cada camada subsequente deve ser lançada enquanto a camada anterior ainda esteja no estado plástico, obtendo assim uma construção monolítica;
- Devem ser evitados os impactos entre o concreto e as fôrmas ou armaduras. Para seções mais latas, um tubo ou um funil garantem o lançamento do concreto com um mínimo de segregação;
- O concreto deve ser lançado em um plano vertical. Em formas horizontais ou inclinadas, o concreto deve ser lançado verticalmente, junto ao concreto lançado anteriormente. Para inclinações maiores que 10°, deve ser utilizada régua deslizante.

Cura do Concreto

É o procedimento de hidratação do concreto em seus estágios iniciais de endurecimento para desenvolver sua resistência. Objetivo desse processo é manter o concreto saturado, até que os espaços que antes eram cheios de água sejam preenchidos com os produtos de hidratação do cimento.

Boas Práticas para Execução de Estruturas de Concreto 367

Tabela 16.9 – Período mínimo de proteção requerido por diferentes cimentos e condições de cura, conforme prescrições da BS 8110-1:1997[6]

Condições de cura	Tipo de cimento	Período mínimo de cura e proteção para temperatura média da superfície do concreto (dias)	
		Entre 5 a 10°C	Qualquer temperatura, t entre 10 e 25°C
Boa: úmida e protegida (umidade relativa > 80%, protegida do sol e vento)	Todos os tipos	Nenhuma exigência especial	
Média: entre boa e ruim	Portland de classe 42,5 ou 52,5 e Portland resistente a sulfatos de classe 42,5	4	60/(t + 10)
	Todos os tipos exceto os acima	6	80/(t + 10)
Ruim: seca ou não protegido (umidade relativa < 50%, não protegida do vento e sol)	Portland, classes 42,5 e 52,5 e Portland resistente a sulfatos de classe 42,5	6	80/(t + 10)
	Todos os tipos exceto os acima	10	140/(t + 10)

Cura úmida: Superfície de concreto fica constantemente em contato com a água, por um período de tempo especificado. A qualidade da água usada na cura deve ter a mesma qualidade da água de amassamento, além de não possuir substâncias que possam prejudicar o concreto depois de endurecido. A diferença de temperatura entre a água e o concreto deve ser de no máximo 11°C, a fim de evitar choque térmico ou grandes gradientes de temperatura. Esse processo é recomendável para concretos de baixas relações água/cimento.

Cura por membrana: Superfície de concreto fica coberta por lâminas de polietileno e papel reforçado, impossibilitando a perda de água, ou por uma película de resinas sintéticas de hidrocarbonetos. Esse processo é recomendável para concretos com relações água/cimento maiores que 0,50.

CONSIDERAÇÕES FINAIS

Os engenheiros responsáveis técnicos devem acompanhar a estrutura desde a concepção do projeto à fase de manutenção da estrutura, o que muitas vezes, devido à renovação de Tabelas técnicos das empresas, não é possível, porém com relação ao recebimento do concreto e execução da estrutura deve procurar certificar-se de modo a garantir que o *slumptest* passe no valor exigido em projeto, e atente para os processos que sucedem o *slump test*, como transporte, lançamento, adensamento, a cura; posteriormente acompanhe e analise os resultados dos ensaios de resistência para aceitação ou não do lote. Com relação à aceitação do lote, percebe-se

---

[6] NEVILLE, BROOKS, 2013

certo despreparo ou falta de experiência dos profissionais, uma vez que nos cursos de engenharia são passados conceitos teóricos que muitas vezes não são ligados aos conceitos práticos.

Quanto à durabilidade, de uma forma geral, o Eurocode 2 (1992) se mostra o mais completo no que diz respeito à garantia de durabilidade. Apesar de as normas brasileiras abordarem classes de agressividade, o Eurocode 2 (1992) exemplifica situações que pertencem a cada uma dessas classes, facilitando o desenvolvimento do projeto e diminuindo a possibilidade de erros. É interessante como a norma europeia divide as classes de agressividade em função dos mecanismos de deterioração da estrutura.

Porém, mesmo assim, o Brasil ainda possui normas conservadoras e muito bem elaboradas. De acordo com especialistas que participaram do Concrete Show 2015, eles enfatizaram que a prova disso é que em todo o continente americano o Brasil é o único país que não segue as normas da ACI (American Concrete Institute) dos Estados Unidos.

Para 50 nações, seja na América do Norte, Central ou do Sul, quando o assunto é **concreto estrutural**, vale a ACI 318-14 – Building Code Requirements for Structural Concrete (Exigências do código de construção para concreto estrutural). Na Europa, prevalece a EN 206: 2013. Já em território nacional vigoram as normas técnicas ABNT NBR 6118 – **Projeto de estruturas de concreto** – Procedimento; ABNT NBR 12655 – Concreto de Cimento Portland – Preparo, controle e recebimento, e ABNT NBR 7680:2015 – Concreto – Extração, preparo, ensaio e análise de testemunhos de **estruturas de concreto.**

Essas três normas, no entender de algumas das principais autoridades brasileiras em **engenharia estrutural**, possuem requisitos para fazer do concreto produzido no país o melhor do mundo. Tanto a EN 206: 2013 quanto a ACI 318-14 Building Code Requirements for Structural Concrete, segundo os especialistas que participaram do evento, são mais flexíveis que as ABNT NBR 6118, ABNT NBR 12655 e ABNT NBR 7680:2015. No Brasil, as normas técnicas dizem que não se pode aceitar nenhum valor de fci (resistência de cada exemplar de corpo de prova) abaixo do fck (resistência característica do concreto). Já a ACI 318-14 aceita variação de 3,5 MPa a 4 MPa, enquanto a EN 206: 2013 considera um fci até 10% abaixo do fck. É por isso que, no que depender das exigências técnicas impostas pelas normas, o Brasil, em tese, produz o **melhor concreto do mundo.**

REFERÊNCIAS BIBLIOGRÁFICAS

ASSOCIAÇÃO BRASILEIRA DE NORMAS TÉCNICAS (ABNT): NBR 5735: Cimento portland de alto forno. Rio de Janeiro, 1991.

ASSOCIAÇÃO BRASILEIRA DE NORMAS TÉCNICAS (ABNT): NBR 5736: Cimento portland pozolânico. Rio de Janeiro, 1991.

ASSOCIAÇÃO BRASILEIRA DE NORMAS TÉCNICAS (ABNT): NBR 5737: Cimento portland resistente a sulfatos. Rio de Janeiro, 1991.

ASSOCIAÇÃO BRASILEIRA DE NORMAS TÉCNICAS (ABNT): NBR 5738: Procedimento para moldagem e cura de corpos de prova. Rio de Janeiro, 2008.

ASSOCIAÇÃO BRASILEIRA DE NORMAS TÉCNICAS (ABNT): NBR 5739: Concreto – Ensaios de compressão de corpos de prova cilíndricos. Rio de Janeiro, 2007.

ASSOCIAÇÃO BRASILEIRA DE NORMAS TÉCNICAS (ABNT). NBR 5674: Manutenção de Edificações- Procedimento – Especificação. Rio de Janeiro: 1999.

ASSOCIAÇÃO BRASILEIRA DE NORMAS TÉCNICAS (ABNT). NBR 6118: Projeto de

estruturas de concreto - Procedimento. Rio de Janeiro, 2014.

ASSOCIAÇÃO BRASILEIRA DE NORMAS TÉCNICAS (ABNT): NBR 7190: Projeto de e

estruturas de madeira Rio de Janeiro, 1997.

ASSOCIAÇÃO BRASILEIRA DE NORMAS TÉCNICAS (ABNT): NBR 7211: Agregados para concreto - Especificação. Rio de Janeiro, 2009.

ASSOCIAÇÃO BRASILEIRA DE NORMAS TÉCNICAS (ABNT): NBR 7212: Execução de concreto dosado em central- Procedimento. Rio de Janeiro, 2012.

ASSOCIAÇÃO BRASILEIRA DE NORMAS TÉCNICAS (ABNT): NBR 7680: Concreto – Extração, preparação, e ensaios de testemunhos de concreto - Procedimento. Rio de Janeiro, 2015.

ASSOCIAÇÃO BRASILEIRA DE NORMAS TÉCNICAS (ABNT): NBR 8953: Concreto – para fins estruturais – Classificação pela massa específica, por grupos de resistência e consistência. Rio de Janeiro, 2009.

ASSOCIAÇÃO BRASILEIRA DE NORMAS TÉCNICAS (ABNT): NBR 11768: Aditivos para concreto- Requisitos Rio de Janeiro, 2011.

ASSOCIAÇÃO BRASILEIRA DE NORMAS TÉCNICAS (ABNT): NBR12653: materiais pozolânicos -Requisitos. Rio de Janeiro: 2014.

ASSOCIAÇÃO BRASILEIRA DE NORMAS TÉCNICAS (ABNT): NBR12655: Concreto de cimento portland- preparo,controle e recebimento-Procedimento.Rio de Janeiro: 2015.

ASSOCIAÇÃO BRASILEIRA DE NORMAS TÉCNICAS (ABNT): NBR 14037 (versão corrigida 2014): Diretrizes para elaboração de manuais de uso, operação e manutenção das edificações – Requisitos para elaboração e apresentação dos conteúdos. Rio de Janeiro: ABNT, 2011.

ASSOCIAÇÃO BRASILEIRA DE NORMAS TÉCNICAS (ABNT). NBR 14931: Execução de Estruturas de Concreto- Procedimento – Especificação. Rio de Janeiro: 2004.

ASSOCIAÇÃO BRASILEIRA DE NORMAS TÉCNICAS (ABNT). NBR 15900-1: Água para amassamento de concreto- Parte 1 Requisitos. Rio de Janeiro: 2004.

ASSOCIAÇÃO BRASILEIRA D. Rio de Janeiro, 2013.

ASSOCIAÇÃO BRASILEIRA DE E NORMAS TÉCNICAS (ABNT): NBR 15575 – Edificações Habitacionais – Desempenho NORMAS TÉCNICAS(ABNT):NBR NM 9: Concreto e argamassa – Determinação dos tempos de pega por meio da resistência a penetração. Rio de Janeiro, 2013.

ASSOCIAÇÃO BRASILEIRA DE NORMAS TÉCNICAS (ABNT): NBR NM 33: Concreto – Amostragem do concreto fresco. Rio de Janeiro, 2013.

ASSOCIAÇÃO BRASILEIRA DE NORMAS TÉCNICAS (ABNT): NBR NM 67: determinação da consitência pelo método do abatimento de tronco de cone. Rio de Janeiro, 1998.

EUROPEAN COMMITEE FOR STANDADIZATION. Eurocode 2: Design of concrete structures. 1992.

BOND, A. J. et al. How to design concrete structures using Eurocode 2. 2009.

FURNAS. Concretos: massa, estrutural, projetado e compactado com rolo - ensaios e propriedades. In: Pacelli, Walton (ed.)._____. São Paulo: PINI, 1997.

REOLOGIA E AGREGADOS, Anotações de aula J. Marques Filho, José de Almendra Freitas Jr e Marienne M. M. da Costa, Curitiba- UFPR, 2007.

DURABILIDADE , Anotações de aula J.Marques Filho,José de Almendra Freitas Jr e Marienne M. M. da Costa, Curitiba- UFPR, 2007.

ISAIA, G. C., ed II. T. Materiais de construção civil e princípios de ciência e engenharia de materiais. São Paulo: IBRACON, 2007. 2v. 1712 p.

GJORV, O.E. Projeto da durabilidade de estruturas de concreto em ambientes de severa agressividade. São Paulo: OFICINA DE TEXTOS, 2015.

HELENE, P. R. L. Manual para Reparo, Reforço e Proteção de Estruturas de Concreto. 2. ed. São Paulo: PINI, 1992.

HELENE, P.; PACHECO, J. Controle da Resistência do Concreto — 1ª Parte. Concreto e Construções, Espírito Santo — ES, 2013a.

HELENE, P.; PACHECO, J. Controle da Resistência do Concreto — 2ª Parte. Concreto e Construções, Espírito Santo — ES, 2013b.

LIMA, F. B.; BARBOSA, A. H.; ASSIS JR., E. C. Análise estatística do concreto

produzido em Alagoas nos últimos 4 anos. 44º Congresso Brasileiro do Concreto, Belo

Horizonte- MG, 2002.

LOBO, A. V. L, CAMPANER, S, CARVALHO, M. Deterioração, Durabilidade e Intervenção em estruturas de concreto.Revista Concreto nº 20 IBRACON (2007).

MEHTA, P. K.; MONTEIRO, P. J. M. Concreto: Microestrutura, Propriedades e Materiais. 3. ed. São Paulo: IBRACON, 2008.

NEVILLE, A. M. Propriedades do concreto. Tradução de: Carmonini, Ruy. 5. ed. Porto Alegre: Bookman, 2016.

NEVILLE, A. M.; BROOKS, J.J. Tecnologia do Concreto. Tradução de: Carmonini, Ruy. 2. ed. Porto Alegre: Bookman, 2013.

PINHEIRO, L. M.; MUZARDO, C. D.; SANTOS, S. P. Estruturas de Concreto – Capítulo 2. Universidade de São Paulo, Departamento de Engenharia de Estruturas, São Paulo – SP, 2004.

Silva, M. G. - Materiais de Construção Civil, Ibracon, V1, p.792 - 2010.

RED REHABILITAR, editores. Manual de reabilitação de estruturas de Concreto, reparo, Reforço e Proteção. São Paulo, 2003.

ZANETTI, J. J. Tempo de utilização do concreto em estado fresco:contestação de paradigma. 57º Congresso Brasileiro do Concreto, Bonito- MT, 2015.

Capítulo 17

MANIFESTAÇÕES PATOLÓGICAS EM ESTRUTURAS DE CONCRETO ARMADO

Adriana Verchai de Lima Lobo, MSc.

Mestre em Engenharia da Construção Civil, UFPR Especialista em Segurança de Barragens
verchai.adriana@gmail.com

INTRODUÇÃO

O envelhecimento das cidades brasileiras, especialmente as expostas a maior agressividade ambiente como zonas urbanas e marinhas, a forte tendência e ampla utilização da tecnologia do concreto armado no subsistema estrutura, associada à péssima prática na cultura de manutenção, especialmente preventiva, que abrange os gestores das edificações tanto públicas como privadas, têm ampliado rápida e precocemente a atuação de especialistas em manifestações patológicas em estrutura de concreto nos últimos anos.

Segundo Souza e Ripper (1998), trata-se de um novo ramo da Engenharia das Construções, onde se abrange o estudo das origens, formas de manifestação, consequências e mecanismos de ocorrência das falhas e dos sistemas de degradação das estruturas. Helene (1992) acrescenta que a patologia pode ser entendida como a parte da engenharia que estuda os sintomas, os mecanismos, as causas e origens dos defeitos das construções civis, ou seja, é o estudo das partes que compõem o diagnóstico do problema.

O Brasil ficou chocado e assustado com o desabamento do Edifício Liberdade e de outros dois prédios adjacentes, no Centro do Rio de Janeiro. As três edificações desabaram por volta das 20h30min do dia 25 de janeiro de 2012, e o colapso resultou em 23 vítimas fatais e dezenas de empresários "sem teto". Os mais otimistas acreditavam ser esse um fato isolado, porém, por volta das 19h40 do dia 6 de fevereiro do mesmo ano, um novo desabamento aconteceu, desta vez em São Bernardo do Campo – SP, com duas vítimas fatais. Quando o tema é discutido no Brasil, é impossível não registrar o colapso total do edifício Areia Branca, em Jaboatão dos Guararapes – Recife – Pernambuco, no dia 14 de outubro de 2004, que produziu uma cena no mínimo impressionante e ao mesmo tempo inédita no contexto nacional. Um edifício concebido em estrutura articulada de concreto armado com 12 pavimentos tipo, em poucos segundos, de forma espontânea, se tornou um grande volume de entulhos limitados ao terreno da edificação (BERNHOEFT, 2014).

Além dos casos mais marcantes apresentados, outros fatos isolados, com frequência bastante regular, mostram a importância do estudo das manifestações das estruturas de concreto armado, não apenas para a segurança dos usuários, mas muitas vezes e principalmente pela boa gestão de recursos, afinal a intervenção em momento adequado é menos onerosa, complexa e por consequência causa menos transtorno, segundo HELENE (1986), *"as correções serão mais duráveis, mais efetiva, mais fáceis de executar e muito mais baratas quanto mais cedo forem executadas".*

A CIÊNCIA

Patologia é uma palavra de origem grega, e "Pathos" significa doença, e logos, estudo, logo patologia seria o estudo das doenças. A palavra não da única da área originaria no dicionário da medicina, juntamente com ela foram herdadas expressões como diagnóstico, prognóstico e terapia. Na análise das causas e origens das manifestações patológicas nas estruturas de concreto armado, é possível fornecer um diagnóstico, tornando importante alertar quanto a possíveis agravamentos e riscos (prognóstico), e por fim e principalmente propor a terapia (tratamento adequado) segundo cada caso.

Um correto diagnóstico é parte fundamental tanto para o sucesso do reparo/conserto como para execução de obras e estruturas mais duráveis. É importante definir sucesso em reparo, que é a melhor solução estética, funcional, econômica e durável. Na verdade, na associação desses quatros fatores o último item, "durabilidade", é o mais recente e vem se tornando o mais importante, assim como o maior desafio.

Segundo norma do IBAPE (Instituto Brasileiro de Avaliação e Pericia) de 2011, as origens das manifestações patológicas podem ser:

- Endógena - Originária da própria edificação (projeto, materiais e execução);
- Exógena - Originária de fatores externos à edificação, provocados por terceiros;
- Natural - Originária de fenômenos da natureza;
- Funcional - Originária do mau uso, falha ou falta de manutenção.

Nas falhas de origem endógena, as fontes mais comuns são: falhas ou ausência de detalhamento de projeto, falhas de execução; não observância das Normas Técnicas (especialmente preventivas/durabilidade); falhas de desempenho ou especificação de materiais.

Dentre as outras causas, a funcional merece destaque, uma vez que a ausência de cultura de manutenção, especialmente preventiva, gera danos, gastos e riscos que muitas vezes são erroneamente classificados em outras causas (falha de diagnóstico).

NORMALIZAÇÃO

Para o estudo das manifestações patológicas da estrutura de concreto armado, muitas são as normas técnicas que precisam ser atendidas, observadas e estudadas. Lembrando ainda que, apesar de não serem leis, as normas da ABNT (Associação Brasileira de Normas Técnicas) têm força de lei, uma vez que a legislação, via de regra, a coloca como parte integrante das obrigações do prestador de serviço ou material, com destaque ao Código de Defesa do Consumidor, Código Civil, e no caso específico das construções os códigos de obras municipais.

Porém, dentre as diversas normas importantes ao assunto, 04 (três) merecem grande destaque:

NBR 6118/2014

Norma referente a projeto de estrutura em concreto armado e protendido, desde a sua primeira versão em 1978, quando a NB1 se transformou na NBR 6118, vem apresentando evolução significativa no que diz respeito à durabilidade das estruturas. Sua nova versão apresenta dois capítulos exclusivos ao tema, capítulo 6 - Diretrizes para durabilidade das estruturas de concreto, e o capítulo 7 - Critérios de projeto que visam a durabilidade, além do capítulo 25, que apresenta pontualmente Interfaces do projeto com a construção, utilização e manutenção. A tabela 17.1 ilustra bem evolução da importância do requisito durabilidade.

Tabela 17.1 – Evolução da NB1 a NBR 8118/2014 – quanto à durabilidade das estruturas em concreto armado

FCk	NB 1 / 1960 Usual 15MPa	NBR 6118/ 1978 Usual 18 MPa	NBR 6118/ 2014 Mínimo 20MPa
Cobrimento Pilar (cm)	1,5 cm	2,0 cm	De 2,5 cm a 5,0 cm
Cobrimento Viga (cm)	1,0 cm	1,5 cm	De 2,5 cm a 5,0 cm
Cobrimento Laje (cm)	0,5 cm	1,0 cm	De 2,0 a 4,5 cm
Durabilidade	Não considera	Consideração incipiente	Considera

A variação possível apresentada na coluna referente à NBR 6118/2014 da tabela 1 se dá, uma vez que essa norma, em seu item 6.1, indica textualmente que "*As estruturas de concreto devem ser projetadas e construídas de modo que, sob as condições ambientais previstas na época do projeto e quando utilizadas conforme preconizado em projeto, conservem sua segurança, estabilidade e aptidão em serviço durante o prazo correspondente à sua vida útil*", ou seja, as condições ambientais, agressividade do meio ambiente são levadas em consideração. Antes desse princípio (em vigor desde 2003) um mesmo projeto arquitetônico teria o mesmo projeto estrutural (superestrutura) independente da localização da obra, fato que não é possível hoje, uma vez que essa norma identifica classes de agressividade ambientais (CAA) em quatro estágios: fraca, moderada, forte ou muito forte, segundo a tabela 17.2.

Tabela 17.2 - Classe de Agressividade Ambiental, segundo NBR 6118/2014

CAA	AGRESSIVIDADE	CLASSIFICAÇÃO	RISCO
I	Fraca	Rural / submersa	Insignificante
II	Moderada	Urbana	Pequeno
III	Forte	Marinha / industrial	Grande
IV	Muito Forte	Industrial / respingo de maré	Elevado

A NBR 6118 ainda alerta os projetista quanto aos mecanismos de envelhecimento e deterioração relativos ao concreto, destacando:

- Lixiviação: por ação de águas puras, carbônicas agressivas ou ácidas que dissolvem e carreiam os compostos hidratados da pasta de cimento;
- Expansão por ação de águas e solos que contenham ou estejam contaminados com sulfatos, dando origem a reações expansivas e deletérias com a pasta de cimento hidratado;

374 Gerenciamento de Obras, Qualidade e Desempenho da Construção

- Expansão por ação das reações entre os álcalis do cimento e certos agregados reativos;
- Reações deletérias superficiais de certos agregados decorrentes de transformações de produtos ferruginosos presentes na sua constituição mineralógica.

Estabelecendo no capítulo 6 as diretrizes de durabilidade, no capítulo 7, são apresentados critérios quanto a fatores que possuem correlação direta com a durabilidade das estruturas, ou seja, resistência do concreto, porosidade (relação água/cimento), cobrimento de cada elemento estrutural e cobrimento das armaduras, segundo observa-se nas tabelas 17.3 e 17.4.

Tabela 17.3 - Apresentação da tabela 7.1 da NBR 6118/2014, Correspondência entre a classe de agressividade e a qualidade do concreto para CA e CP.

Concreto [a]	Tipo [b, c]	Classe de agressividade (Tabela 6.1)			
		I	II	III	IV
Relação água/cimento em massa	CA	≤ 0,65	≤ 0,60	≤ 0,55	≤ 0,45
	CP	≤ 0,60	≤ 0,55	≤ 0,50	≤ 0,45
Classe de concreto (ABNT NBR 8953)	CA	≥ C20	≥ C25	≥ C30	≥ C40
	CP	≥ C25	≥ C30	≥ C35	≥ C40

[a] O concreto empregado na execução das estruturas deve cumprir com os requisitos estabelecidos na ABNT NBR 12655.
[b] CA corresponde a componentes e elementos estruturais de concreto armado.
[c] CP corresponde a componentes e elementos estruturais de concreto protendido.

Tabela 17.4 - Apresentação da tabela 7.2 da NBR 6118/2014, Correspondência entre a classe de agressividade ambiental e cobrimento das armaduras para CA e CP.

Tipo de estrutura	Componente ou elemento	Classe de agressividade ambiental (Tabela 6.1)			
		I	II	III	IV [c]
		Cobrimento nominal mm			
Concreto armado	Laje [b]	20	25	35	45
	Viga/pilar	25	30	40	50
	Elementos estruturais em contato com o solo [d]	30		40	50
Concreto protendido [a]	Laje	25	30	40	50
	Viga/pilar	30	35	45	55

[a] Cobrimento nominal da bainha ou dos fios, cabos e cordoalhas. O cobrimento da armadura passiva deve respeitar os cobrimentos para concreto armado.
[b] Para a face superior de lajes e vigas que serão revestidas com argamassa de contrapiso, com revestimentos finais secos tipo carpete e madeira, com argamassa de revestimento e acabamento, como pisos de elevado desempenho, pisos cerâmicos, pisos asfálticos e outros, as exigências desta Tabela podem ser substituídas pelas de 7.4.7.5, respeitado um cobrimento nominal ≥ 15 mm.
[c] Nas superfícies expostas a ambientes agressivos, como reservatórios, estações de tratamento de água e esgoto, condutos de esgoto, canaletas de efluentes e outras obras em ambientes química e intensamente agressivos, devem ser atendidos os cobrimentos da classe de agressividade IV.
[d] No trecho dos pilares em contato com o solo junto aos elementos de fundação, a armadura deve ter cobrimento nominal ≥ 45 mm.

Ainda é importante citar que a tabela 17.4 da NBR 6118/2014 indica limites de fissuração também segundo a CAA, variando da menor exigência em concreto armado em CAA I de 0,4 mm a concreto protendido em CAA II de 0,2 mm.

NBR 12655/2006 - Concreto - Preparo, Controle e Recebimento

Como sugere o título da norma, esta fixa as condições exigíveis para o preparo, controle e recebimento de concreto destinado à execução de estruturas de concreto simples, armado ou protendido, fato absolutamente relevante ao assunto desse capítulo, uma vez que os resultados das falhas no processo (preparo, controle e recebimento de concreto), via de regra, geram manifestações patológicas a médio ou longo prazos, ou seja, têm ligação com a durabilidade e não funcionalidade da estrutura.

É importante destacar que essa norma apresenta as responsabilidades de cada profissional envolvido na composição e propriedades do concreto, que se encontra resumida na tabela 175.

Tabela 17.5 – Responsabilidade do Profissional

PROFISSIONAL	RESPONSABILIDADE
Projetista estrutural	• Registro da resistência característica do concreto (todos os desenhos e memórias que descrevem o projeto tecnicamente); • Especificação dos valores de resistência para as etapas construtivas, tais como: retirada de cimbramento, aplicação de protensão ou manuseio de pré-moldados; • Especificação dos requisitos correspondentes à durabilidade da estrutura (consumo mínimo de cimento, relação água/cimento);
Executor da obra	• Escolha da modalidade de preparo do concreto; • Escolha do tipo de concreto a ser empregado e sua consistência, dimensão máxima do agregado e demais propriedades, de acordo com o projeto e com as condições de aplicação; • Aceitação do concreto; • Cuidados requeridos pelo processo construtivo e pela retirada do escoramento, levando em consideração as peculiaridades dos materiais (em particular do cimento) e as condições de temperatura

O responsável pelo recebimento do concreto é o proprietário da obra ou o responsável técnico pela obra, designado pelo proprietário. A documentação comprobatória do cumprimento da Norma (relatórios de ensaios, laudos e outros) deve estar disponível no canteiro de obra, durante toda a construção, e ser arquivada e preservada pelo prazo previsto na legislação vigente.

A norma detalha condições para armazenamento, formas de mistura, estudo de dosagem e principalmente ensaios para recebimento do concreto: consistência e resistência a compressão.

NBR 15.575/2013 - Edificações Habitacionais - Desempenho

Conhecida popularmente como norma de desempenho, esta norma é dividida em 06 partes. A primeira discorre sobre Requisitos Gerais, as demais sobre requisitos ligados aos sistemas estruturais, sistemas de piso, sistemas de vedações verticais internas e externas, sistemas de coberturas e sistemas hidrossanitários. Obviamente para o tema de manifestações patológicas em estrutura de concreto a parte 1 (requisitos reais) e parte 2 (sistemas estruturais) são mais relevantes.

Dentre as diversas contribuições da norma de desempenho para durabilidade das estruturas, é importante destacar a aplicação do princípio da engenharia diagnóstica, que indica que não apenas as fases de PROJETO e EXECUÇÃO são importantes para vida útil de uma edificação, mas tão importantes quanto essas temos as etapas de ENTREGA e USO.

A lógica da norma é expressa na Figura 17.1, onde são levadas em conta as exigências do usuário e a condição de exposição resultando em requisitos, critérios e métodos de avaliação de desempenho aplicados ao edifício e sua parte.

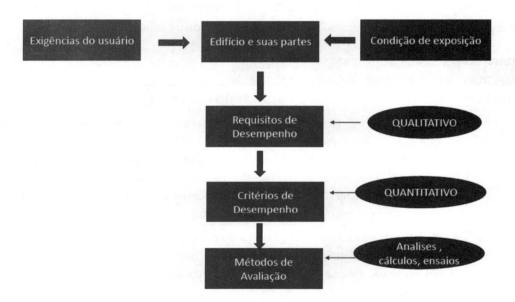

Figura 17.1 – Lógica da norma

Apesar de uma pratica antiga nos países desenvolvidos, a norma de desempenho é notadamente um grande avanço ao mercado brasileiro que deixa de se limitar apenas às normas prescritivas e cada vez mais busca resultados por desempenho, fato que favorece inclusive a inovação tecnológica, além de gerar transparência na relação com usuários por criar classificações de vida útil, uma vez que o foco da norma é o comportamento em uso, sendo importante lembrar que os princípios da norma "são considerados complementares às normas prescritivas, sem substituí-las".

A norma traz grande contribuição para manifestações patológicas nas estruturas, uma vez que esclarece definições, tais como: agende de degradação, condição de exposição, falha, durabilidade, manutenibilidade, dentre outros.

Dentre as definições, a de vida útil (VU) requer destaque, sendo "**Período de tempo em que um edifício e/ou seus sistemas se prestam para as atividades para as quais foram projetados e construídos atendendo nível de desempenho previsto, considerando a periodicidade e correta execução dos processos de manutenção especificados no manual de uso, operação e manutenção.**" Além de condicionar a VU, ao cumprimento dos procedimentos de manutenção previsto em manual, é importante ressaltar que os projetistas, os fornecedores e os executantes precisam indicar qual a Vida Útil de Projeto (VUP), que nada mais é que a previsão de vida útil, ou seja, a VUP é a previsão, e a VU é o real acontecido com a edificação.

A norma estabelece responsabilidades para todos os envolvidos, projetistas, incorporador, construtora, fornecedor e também usuários.

A tabela 17.6 a seguir ilustra a classificação de VUP mínima:

Tabela 17.6 - Vida útil de projeto mínima e superior

Tabela C.5 – Vida útil de projeto mínima e superior (VUP) [a]

Sistema	VUP anos		
	Mínimo	Intermediário	Superior
Estrutura	≥ 50	≥ 63	≥ 75
Pisos internos	≥ 13	≥ 17	≥ 20
Vedação vertical externa	≥ 40	≥ 50	≥ 60
Vedação vertical interna	≥ 20	≥ 25	≥ 30
Cobertura	≥ 20	≥ 25	≥ 30
Hidrossanitário	≥ 20	≥ 25	≥ 30

[a] Considerando periodicidade e processos de manutenção segundo a ABNT NBR 5674 e especificados no respectivo manual de uso, operação e manutenção entregue ao usuário elaborado em atendimento à ABNT NBR 14037.

NBR 16280/2014 - Reforma em Edificações

Em vigor desde de 18 de abril de 2014, essa norma regulamenta condições e critérios necessários para execução de reformas em edificações, estabelecendo um sistema de gestão de controle de processos, projetos, execução e segurança, incluindo meios para:

- Prevenção de perda de desempenho decorrentes de reformas e intervenções;
- Planejamento, projeto e análise técnica das implicações da reforma;
- Alteração de características ou funções;
- Descrição das características das obras;
- Segurança da edificação, do entorno e dos usuários;
- Registro documental;
- Supervisão dos processo e das obras.

Acontecimentos de sinistros, desastres ou perda de desempenho de edificações e consequentemente das estruturas, geraram a óbvia necessidade de uma norma como essa que obriga a necessidade de um plano de reforma que deve ser elaborado por profissional habilitado, e esse plano deve ser enviado ao responsável da edificação antes do início da obra e deve atender às condições:

- Atendimento de legislação e normas técnicas;

- Estudo que garanta a segurança da edificação e dos usuários durante após a obra;

- Autorização para circulação na edificação de funcionários e insumos;

- Apresentação de projetos, desenhos e memoriais (quando aplicáveis);

- Escopo dos serviços que serão executados;

- Identificação das atividades que propiciem geração de resíduos;

- Identificação de utilização de materiais tóxicos, combustíveis e inflamáveis;

- Localização e implicações no entorno da obra;

- Cronograma da obra;

- Dados das empresas, funcionários e profissionais envolvidos;

- Comprovação da responsabilidade técnica do projeto, execução e supervisão;

- Planejamento de descarte de resíduo segundo legislação;

- Implicações sobre procedimentos de uso, operação e manutenção.

A norma é uma grande evolução para segurança dos usuários, e ainda para prevenção de manifestações patológicas geradas pelo desconhecimento ações de curiosos não profissionais habilitados.

AS MANIFESTAÇÕES PATOLÓGICAS

Estruturas desprotegidas ou mal protegidas estão vulneráveis à perda de características originais fruto da degradação e modo que a proteção dos elementos estruturais garantem a VUP, e maximizando a VU.

Existem diversos tipos de ataques que podem ser sofridos por uma estrutura de concreto, destacando-se:

- **Mecânicos:** abrasão, choques, vibrações, fadiga;

- **Físicos:** temperatura, umidade;

- **Químicos:** águas agressivas, solos agressivos.

O desafio para alguns tipos de estruturas são agravados pela difícil condição / possibilidade de manutenção (especialmente preventiva), e ainda é majorado pela ausência de cultura (durabilidade), que se reflete na escassez de fontes no meio técnico e acadêmico, além da própria ausência de cultura de manutenção mesmo quando as condições são adequadas.

Grande parte dos mecanismos de agressão ao concreto (especialmente armado) depende da presença de mecanismos de transporte dos agentes agressivos através dos poros (inerente), fissuras do concreto, e da existência de dois fatores essenciais:

- Disponibilidade de água no interior da massa de concreto;

- Disponibilidade de oxigênio do ar.

É possível afirmar que as agressões usuais que geram risco à integridade do concreto estão associadas a fenômenos expansivos no interior da massa de concreto já endurecido, ou à dissolução dos produtos de hidratação do cimento.

Pelos motivos citados, é considerado que a água é o principal agente de degradação do concreto armado, e a fonte ou origens dessas águas são diversas: dos processos construtivos, infiltração do solo (lençol freático), falhas ou ausência de impermeabilização, águas servidas e condensação.

Além das águas, tem-se ainda uma grande lista de agentes de degradação, tais como raízes, microorganismos, sulfatos, íons cloretos, dentre outros.

Lixiviação x Carbonatação

Parte do produto da reação de hidratação do cimento são cristais de $Ca(OH)_2$ e $Mg(OH)_2$, cal hidratada/hidróxidos de cálcio e de magnésio, componentes que são parcialmente solúveis em água(corrente). Na presença de água no interior da estrutura, a dissolução e transporte da cal hidratada são chamados lixiviação. (Figura 17.2)

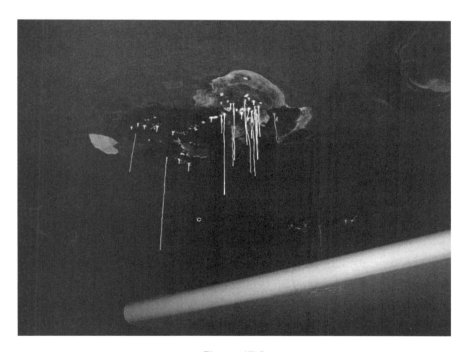

Figura 17.2

Como principais consequências da lixiviação temos:
- Remoção de sólidos gerando redução na resistência mecânica;
- Facilidade de gases e líquidos agressivos às armaduras;
- Penetração de água e oxigênio (corrosão de armaduras);
- Perda da proteção química pela carbonatação (transformação de hidroxilas em carbonatos) – queda do pH do concreto.

Sabe-se que a armadura inerente ao concreto armado ou protendido possui duas importantes formas de proteção:

- Barreira física, que é uma barreira gerada pela qualidade e espessura do cobrimento, fato que em parte justifica a grande importância dada na NBR 6118 às classes de agressividade ambientais e exigências quanto à espessura do cobrimento;

- Barreira química, que é o ambiente alcalino do concreto original, que se perde na redução do pH, favorecendo a corrosão.

A lixiviação que visualmente é evidenciada pela mancha ou estalaquitites esbranquiçadas nas estruturas de concreto, quimicamente é expressa na reação da Figura 17.3.

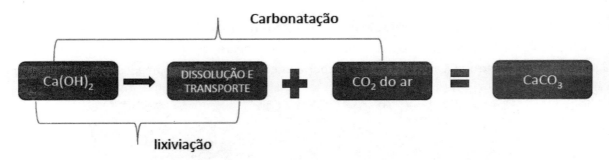

Figura 17.3

Corrosão Eletrolítica das Armaduras

Sem nenhuma dúvida, trata-se da manifestação patológica mais intensa, perigosa e comum no contexto brasileiro. Sua ocorrência é abundante, uma vez que fatores associados a temperatura, grande extensão marinha, diversas capitais localizadas na orla, ações dos ventos e umidade formam condições favoráveis à corrosão de armadura. O perigo está associado à perda da capacidade portante da estrutura, em primeiro ligar pelo comprometimento da seção de aço e posteriormente à seção da peça em concreto propriamente dita, e ainda perda de aderência entre o aço e o concreto, afinal a corrosão é um processo eletroquímico, que gera expansão da armadura (perda de seção), tensões internas na peça estrutural gerando fissuras e destacamentos do concreto (cobrimento).

Para se obter um metal, extrai-se em sua forma natural o minério pelo processo de redução, utilizando aplicação de energia. A oxidação nada mais é do que o processo inverso, uma reação espontânea, onde o metal tende a voltar ao seu estado original.

É importante diferenciar corrosão química e corrosão eletroquímica, a primeira, também denominada oxidação, é provocada por uma reação gás-metal, isto é, pelo ar atmosférico e o aço, formando compostos de óxido de ferro (Fe_2O_3). Este tipo de corrosão é muito lento e não provoca deterioração substancial das armaduras. Como exemplo, o aço estocado no canteiro de obra, aguardando sua utilização, sofre este tipo de corrosão, que muitas vezes pode até ser benéfica como capa protetora.

Já a corrosão eletroquímica ou eletrolílica, corrosão catódica ou simplesmente corrosão, ocorre em meio aquoso é o principal e mais sério processo de corrosão encontrado na construção civil, nesse caso se encontra o grande risco mencionado, uma vez que a circulação de íons, através do eletrólito – redução/oxidação, gera ânodo e catodo, migração de elétron e perda de seção, como ilustra a Figura 17.4, sendo possível observar um pilar em processo de corrosão com suas zonas anódicas e catódicas claramente evidenciadas.

Figura 17.4

A Figura 17.5 indica a expansão gerada pelo aumento de volume do aço, fruto da corrosão e consequente fissuração e destacamento.

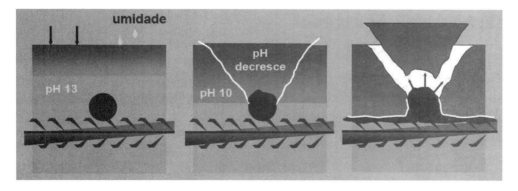

Figura 17.5

Para existir a corrosão eletrolítica das armaduras, basicamente 4 condições precisam existir simultaneamente: presença de um eletrólito (água), existência de condutores elétricos (armadura), presença de oxigênio (porosidade) e diferença de potencial (diferença de pH).

Fica claro que os condutores elétricos (as armaduras) jamais serão removidos do concreto armado ou protendido, e ainda sendo a porosidade uma condição inerente ao concreto, que pode ser minimizada mas nunca eliminada, o caminho para prevenção da corrosão de armadura passa fortemente pela não permissão de penetração de água que, além de eletrólito da pilha de corrosão, baixa o pH da estrutura através da lixiviação. A Figura 17.6 apresenta uma condição absolutamente real, em que 2 pilares estão na mesma edificação, expostos a mesma zona de agressividade ambiental, distantes um do outro 3 metros, têm mesma qualidade de concreto e mesma idade. Um, porém, com elevada degradação de corrosão pela intensa exposição à umidade gerada por infiltração na laje.

Figura 17.6

RAA - Reação Alcali Agregado

Reação química no concreto de hidróxidos alcalinos (principal fonte cimento) e minerais reativos presentes no agregado. Na presença de água existe a formação do gel de sílica expansivo, gerando tensões internas ao concreto e posterior fissuração, perda da monoliticidade e, consequentemente, comprometimento da estrutura.

Se, por um lado, pode-se entender como positivo, trata-se de uma reação lenta, por outro, a manifestação conduz a um quadro patológico irreversível, gera produtos expansivos capazes de fissurar, desmonolitizar o concreto, devido a tensões internas gerando perda/comprometimento de resistência mecânica e principalmente durabilidade.

Apesar de a prática e as normas indicarem formas eficientes de evitar que a RAA se desenvolva (ações preventiva), após a instalação do processo deletério, os danos causados são irreversíveis e as soluções de recuperação ainda são paliativas, por não corrigirem o problema, mas apenas mitigarem as consequências e requererem monitoramento.

No Brasil, por muito tempo o problema foi subestimado em edificações residenciais, acreditando-se que sua existência estaria restrita a grandes maciços de concretos, especialmente barragens. Após o colapso do edifico Areia Branca na Região Metropolitana de Recife, quando o laudo elaborado por equipe multidisciplinar coordenada pelo CREA PE apontou como causa principal falhas executivas nos elementos de fundações, instalou-se a cultura de escavações preventivas na execução de desses laudos técnicos nas edificações dessa Região. Com as escavações, o diagnóstico de RAA vem sendo cada vez mais presente, acrescentando elementos de fundações, blocos de coroamento e/ou sapatas como elementos estruturais de relevante probabilidade de observação do problema.

Figura 17.7

As características visuais do problema são um quadro fissuratório desorientado, sendo indicada nesse caso extração de testemunhos, onde nesses é possível observar a presença do gel (resultado da reação), sendo indicado ainda o envio a um geólogo especialista para análise petrográfica e estudo do potencial de reatividade dos agregados utilizados.

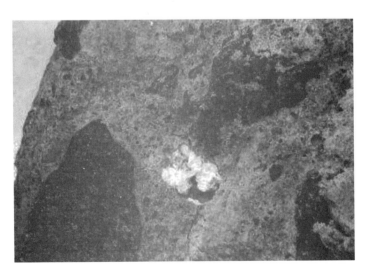

Figura 17.8

Sendo a ação preventiva a melhor forma de combater a reação, nas novas estruturas, na prática, sendo muito complicado mapear a reatividade dos agregados segundo a sua origem, a forma mais utilizada de precaução se dá pela utilização de cimentos com baixo teor de álcalis, além da adição de inibidores da reação sílica ativa ou metacaulim, sendo também indicada a impermeabilização dos elementos estruturais, especialmente por cristalização, aditivo no concreto no estado fresco.

Ataque por Sulfato

Basicamente existem duas formas de ataque por sulfatos:

- Reação com os produtos de hidratação do aluminato tricálcico não hidratado (C3A) produzindo etringita;
- Reação com o hidróxido de cálcio produzindo gipsita.

Assim como o gel no RAA, a formação da etringita leva à expansão e devido à baixa resistência à tração do concreto se instala um quadro fissuratório com características inclusive similares às do RAA, não sendo rara a ação conjunta das duas manifestações patológicas.

A fonte da contaminação por sulfato são diversas, merecendo destaque: o solo, águas contaminadas (industriais e chuvas), águas servidas e água do mar.

A prevenção da manifestação patológica se dá pelo uso de concretos menos permeáveis, com baixa relação a/c, uso de cimentos de alto-forno, pozolânicos ou resistentes aos sulfatos (RS).

A tabela 17.7 indica um balizamento do grau de agressividade no qual a estrutura estará exposta, dando ao profissional projetista parâmetro para as indicações preventivas.

NÍVEL DO ATAQUE	PERCENTUAL DO SOLO (%)	EXISTÊNCIA NA ÁGUA (ppm)
Negligenciável	até 0,1	até 150
Moderado	0,1 a 0,2	150 a 1500
Severo	0,2 a 2	1500 a 10000
Muito Severo	acima de 2	acima de 1000

ENSAIOS E DIAGNÓSTICO

Para uma adequada indicação de solução, a etapa de diagnóstico é de fundamental importância para o sucesso do reparo, sendo importante indicar que dentre os requisitos do "sucesso" temos a durabilidade.

É sabido que a inspeção/vistoria visual é a fase mais importante de todo o estudo, pois nela serão definidos os futuros passos necessários para que possa se estabelecer através do correto diagnóstico,o prognóstico e principalmente a terapia ideal a ser sugerida.

Após a inspeção visual e o mapeamento das manifestações patológicas, tais como infiltrações de água, corrosão de armaduras, fissuras, deformações em elementos estruturais, é que se pode planejar a necessidade e a quantidade de ensaios complementares que podem contribuir ou ser necessários para a correta análise das manifestações patológicas.

Existem diversos tipos de ensaios possíveis, porém a relação a seguir indica os mais importantes, os mais básicos e práticos, que no dia a dia respondem pela grande maioria dos casos de diagnóstico, por se apresentarem viáveis, resultando em um excelente custo-benefício.

Pacometria

Trata-se de um detector de armadura conhecido como pacômetro, em que o ensaio leva o nome do aparelho. A leitura da interação entre as armaduras e a baixa frequência de um campo eletromagnético criado pelo próprio aparelho. A partir dos dados recolhidos (intensidade e frequência), é possível localizar as barras de aço, em alguns casos estimar o diâmetro e cobrimento das armaduras (SANTOS, 2008) (Figura 17.9).

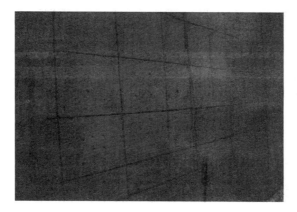

Figura 17.9

Além da importância das informações apresentadas, esse ensaio se apresenta como um importante marco inicial de um diagnóstico, pois com as marcações/ localizações de armadura é possível se obter melhores condições para execução de outros ensaios, sejam eles destrutivos ou não.

Extração de Testemunho para Obtenção da Resistência a Compressão

Apesar de um ensaio destrutivo, trata-se de um importante procedimento para obtenção de informações ligadas não apenas a funcionalidade e comportamentos estranhos à Vida Útil de projeto, mas também à durabilidade, uma vez que a resistência à compressão do concreto resulta em relações direta ou indiretamente proporcionais com requisitos importantes, como indica a Figura 17.10.

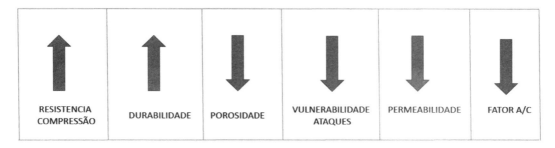

Figura 17.10

A desvantagem óbvia desse ensaio é o fato de o mesmo ser destrutivo e por isso requer necessidade de reparo, e em alguns locais (posição da estrutura) é inviável. É fundamental, antes da execução do ensaio, localizar as armaduras para de forma nenhuma proceder ao rompimento das mesmas (Figura 17.11).

Figura 17.11

A lista das principais vantagens:

- Resultado muitas vezes direto, sendo essa a medida mais confiável da resistência à compressão do concreto;
- Possibilidade de reaproveitamento e análise química do testemunho extraído, por exemplo profundidade de carbonatação;
- Calibração e/ou referência de outros ensaios não destrutivos;
- Avaliação da espessura e das camadas do pavimento.

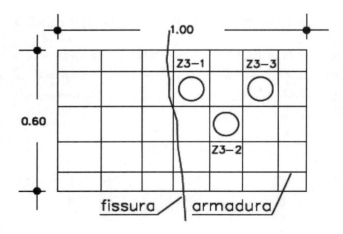

Figura 17.12

Um cuidado a ser observado na obtenção dos resultados é a aplicação dos fatores de correção, seja pela relação altura/diâmetro (H/D), seja pelo diâmetro do cilindro do testemunho, conforme descrito na tabela xx.

CONDIÇÃO	FATOR DE CORREÇÃO
Relação H/D = 2	1,00
Relação H/D = 1	0,87
Diâmetro 150 mm	0,98
Diâmetro 100 mm	1,00
Diâmetro 50 mm	1,06

Esclerômetro de Reflexão

Trata-se de um típico ensaio não destrutivo e por isso proporciona pouco dano à estrutura, e ainda como características desse tipo de ensaio são aplicados com a estrutura em uso.

É um método normatizado (NBR 7584/2012) que mede a dureza superficial do concreto, fornecendo elementos para a avaliação da qualidade do concreto endurecido, para sua execução se utiliza o Martelo de Schmidt - aplicação de impacto sobre a superfície do concreto e posterior medida do índice de reflexão de um corpo impulsionado por uma mola.

Recomendações importantes:

- Evitar leituras com distâncias inferiores a 5 cm das arestas;
- Efetuar, no mínimo, 9 leituras em cada área e sempre que possível 12;
- Não realizar mais de 1 impacto no mesmo ponto;
- Usar distância ideal entre impactos de 3 cm.
- Nunca fazer ensaio em peças com menos de 14 dias, sendo ideal mínimo 28 dias de cura;
- As superfícies de concreto devem ser secas e limpas, preferencialmente lixadas e planas;
- Desviar as bolhas, agregados, armaduras, ou qualquer outro fator que deve falsear os resultados;
- O esclerômetro deve ser aferido/calibrado após 3000 impactos realizados, ou a cada ano.

Desprezar todo índice individual que esteja afastado em mais de 10% do

valor médio obtido. Após desprezar valores, calcular a média novamente com os valores restantes; o índice deve ser obtido com no mínimo cinco valores individuais, caso contrário, a área deve ser abandonada.

As vantagens do ensaio são a execução fácil e rápida com baixo custo e ainda possibilita a redução da quantidade de testemunhos extraídos.

É importante o cuidado com influência de fatores, tais como tipo de agregado, textura superficial, teor de umidade, cura e carbonatação.

Ultrassonografica (v) (m/s)

Normatizado nacionalmente através da NBR 8802/2013, trata-se de um ensaio não destrutivo onde se mede a velocidade de propagação de ondas ultrassonoras através do concreto.

Através das medições realizadas, é possível fazer uma avaliação da homogeneidade e da compacidade do concreto de forma mais profunda, uma vez que a esclerometria nos fornece resultados superficiais. A velocidade aumenta com aumento da compacidade do concreto, uma vez que vazios comprometem a propagação de ondas sonoras.

Como vantagem do ensaio, registra-se execução rápida e simples, relativo baixo custo de execução, e destaca-se a eficiência para detectar ninhos de concretagem e alta porosidade do concreto.

Como desvantagem, é importante ressaltar a Influência de muitos fatores, tais como teor de umidade, mau contato superficial, presença de armaduras, erros frequentes de execução do ensaio e má correlação com a resistência à compressão.

PONTES (2008) indica a tabela a seguir como uma interessante referência de se balizar os resultados.

VELOCIDADE DE PROPAGAÇÃO (m/s)	CONDIÇÕES DO CONCRETO
Superior a 4500	Excelente
3500 a 4500	Bom
3000 a 3500	Regular (duvidoso)
2000 a 3000	Geralmente Ruim
inferior a 2000	Ruim

Medição de Frente de Carbonatação

A penetração de carbonatação no concreto armado é uma das principais causas da corrosão de armadura. Esse ensaio mede a profundidade de carbonatação com o objetivo principal de analisar a proximidade dessa frente junto às armaduras.

O concreto, em sua condição original, é extremamente alcalino, com pH variando entre 12,5 a 13,5. Quando esse concreto se encontra carbonatado, existe uma redução de pH que chega a 9,0, sendo essa redução a principal causa de despassivação das armaduras.

O ensaio é parcialmente destrutivo e para sua execução se faz necessária a quebra de parte do elemento estrutural, via de regra uma de suas arestas, e a aplicação de uma solução de fenolfetaleína e álcool aplicado na fratura recente e ortogonal à armadura. Após alguns minutos, o indicador altera a sua cor em pH maior que 9,8 para vermelho carmim, ou seja, a coloração será alterada em profundidade não carbonatada. Onde não existir alteração de cor existe a indicação de que nesse ponto o concreto está carbonatado e assim se executa a leitura da espessura (profundidade) com a precisão de milímetro.

Figura 17.13

Para análise de vantagens e desvantagens desse ensaio, observar a tabela a seguir.

VANTAGENS	DESVANTAGENS
• Ensaio simples com resultado imediato; • Baixíssimo custo, ferramentas simples • Essencial para o estudo da corrosão, sendo bom indicador da possibilidade de ocorrência de corrosão, sugestões preventivas.	• Parcialmente destrutivo, necessidade de reparos; • Grande variação de resultado segundo o grau de exposição da peça estrutural análise, requerendo experiência em interpretação; • Necessidade de execução imediata após fratura intencional na peça estrutural.

Perfil de Penetração de Íons Cloretos

Não apenas para análise correta de reparos ou proteção da estrutura, mas também para estimativa de sua durabilidade, a medição da concentração de cloretos livres no concreto é muito importante.

O ensaio se baseia na recolha de amostra de concreto, in loco, em pó, através de furadeira. Cada amostra deve representar diferentes profundidades em cada etapa visando fornecer um gráfico/perfil de cloretos.

Após a remoção das amostras, recomenda-se a medição de cloretos totais em laboratório, sendo indicado o limite de 0,4% da massa de cimento ou 0,1% da massa do concreto como valores seguros para se evitar a corrosão por cloreto.

Nesse ensaio é muito importante localizar as barras da armadura e executar um perfil relacionando os percentuais e profundidade.

Figura 17.14

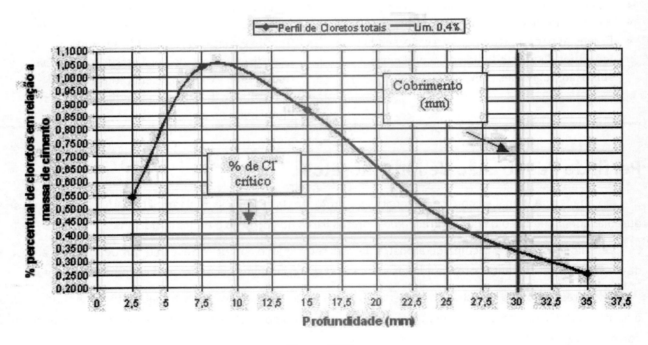

Figura 17.15

REFERÊNCIA BIBLIOGRÁFICA

ASSOCIAÇÃO BRASILEIRA DE NORMAS TÉCNICAS. NBR 6118: Projeto de estruturas de concreto - Procedimento. Rio de Janeiro, 2013.

Capítulo 18

BOAS PRÁTICAS PARA EXECUÇÃO DE ESTRUTURAS METÁLICAS

Cleverson Gomes Cardoso, MSc.

INTRODUÇÃO

A construção em estrutura metálica é recente no Brasil, país com tradição em construção em concreto e alvenaria, considerado sistema tradicional. Essa tradição vem sendo culturalmente imposta a sociedade e atores da construção civil. O próprio meio acadêmico, as universidades brasileiras, devota pouca atenção à estrutura metálica. É pratica comum ter-se apenas uma disciplina, em um semestre, de dimensionamento, voltada à estrutura em aço. Já as disciplinas voltadas ao concreto têm recebido desproporcional atenção nas grades do curso de engenharia civil. Em geral, dedicam dois semestres para dimensionamento, dois semestres para projeto, isso sem contar que o conteúdo dado nas disciplinas de materiais de construção, planejamento, construção civil é voltado ao sistema construtivo em concreto. Esse ambiente, associado ao conteso cultural, tem levado à construção de vários "mitos" associados à construção metálica. Segundo CBCA (Centro Brasileiro da Construção em Aço), em países desenvolvidos como Inglaterra, Japão e EUA, as construções em estrutura metálica é maioria, 65%, 60% e 50%, respectivamente, já no Brasil a proporção é de apenas 12%.

Em geral, se descarta a estrutura metálica por acreditar-se ser mais cara. Segundo Pinho F.O. (2010), "em alguns casos, a simples afirmação de que a estrutura em aço ficaria mais cara encerra uma análise sem maior aprofundamento. Em outras situações, a opção por sistemas ditos convencionais, pelos simples desconhecimento de outros sistemas, mesmo que o resultado seja de uma estrutura mais barata, não garante que a decisão tenha sido a mais adequada". Ou seja, deve ser feita uma análise com os diversos parâmetros envolvidos para o empreendimento, deve ser feita uma análise do maior número possível de aspectos representativos da obra. O "mito" de a estrutura metálica ser mais cara tem levado ao descarte dessa análise.

Alguns construtores têm a prática de fazer o projeto arquitetônico em estrutura de concreto e fazer o orçamento, também, em estrutura metálica para comparação, com resultado desfavorável à estrutura metálica. A consequência dessa prática é a perda de algumas vantagens da estrutura metálica, como a possibilidade de vencer grandes vãos, redução do número de pilares, redução da carga de fundação etc. Devido a isso, o projeto tem que ser concebido já em estrutura metálica, para melhor aproveitamento de suas características.

Outro mito associado à construção metálica é que a estrutura se corrói, consequentemente, tem menor vida útil. O conhecimento dos variados tipos de tintas e suas propriedades, associado ao plano de manutenção, assegura adequada proteção à estrutura à corrosão. Com o advento dos aços anticorrosivos, estruturas metálicas expostas a intempéries adquirem camada protetora, chamada pátina, que protege a estrutura da corrosão, adequada a ambientes marinhos, ou com proximidade da orla. Neste artigo serão apresentadas formas de proteção à corrosão em estrutura metálica.

Existe o mito de que a estrutura metálica não resiste a incêndio. Os elementos em concreto perdem aproximadamente 50% da resistência e rigidez a aproximadamente 600ºC. Os elementos em aço também perdem 50% da resistência e rigidez a 600ºC. Qual seria a diferença entre os dois sistemas? A diferença é que os elementos metálicos atingem 600ºC rapidamente. A norma ABNT NBR 14432 -Exigências de resistência ao fogo de elementos construtivos de edificações - estabelece um TRRF (tempo requerido de resistência ao fogo) para determinadas tipologias de edificações. Esse é o tempo que a estrutura deve resistir, sem entrar em colapso. Como a estrutura metálica atinge altas temperaturas rapidamente, deve-se verificar a temperatura que a estrutura resiste (temperatura crítica). Se a temperatura no perfil no TRRF for maior que a crítica, é necessária a proteção da estrutura. Existem diversas formas de proteger a estrutura metálica, que serão apresentadas neste artigo. Essas proteções não inviabilizam a construção em aço.

A construção metálica tem várias vantagens, e algumas desvantagens que devem ser analisadas levando em consideração as características de cada empreendimento. Ou seja, antes de taxar que a estrutura é adequada ou não, deve ser feita análise detalhada dos parâmetros envolvidos na edificação.

Propõe-se, neste artigo, a descrição geral da construção em aço, as etapas, as formas de proteção e manutenção, a montagem e boas práticas de execução em estrutura metálica.

ESTRUTURA METÁLICA

Serão apresentados aspectos relevantes à construção em estrutura metálica.

Vantagens e Desvantagens

A construção em estrutura metálica apresenta várias vantagens, sendo a mais conhecida a possibilidade de vencer grandes vãos, que é potencializada quando há a contribuição da laje (vigas mistas). O tempo de execução é outra vantagem bastante comentada. Lembrando que essa velocidade pode ser anulada quando se usam processos não industrializados, como fechamento em alvenaria convencional. O peso próprio da estrutura é outra grande vantagem, tendo como consequência o alívio de cargas na fundação. Para solos com baixa capacidade de suporte, a estrutura metálica pode até mesmo viabilizar a construção.

O material aço (liga de ferro com adição de carbono), por ser produzido em um processo de alto controle tecnológico, possui maior confiabilidade, que culmina em menor coeficiente de segurança e consequentemente maior aproveitamento do material. O aço é um material 100% reciclável, eisso possibilita o reaproveitamento do material após o ciclo de vida útil da estrutura, promovendo um valor residual da estrutura. Outra vantagem é a possibilidade de uso da estrutura em outra localidade, ou seja, a estrutura pode ser desmontada e montada em outro local.

Por se tratar de um processo industrializado, associado à ausência ou pouca utilização de escoras e fôrmas, a construção metálica produz baixo acúmulo de resíduos.

Outra grande vantagem da estrutura metálica é a facilidade em reforços. Apenas a inclusão de uma chapa metálica em uma viga, por exemplo, produz aumento de inércia e resistência, produzindo menor flecha e possibilitando aumento da carga suportada.

Um estudo realizado pela PINI, em 2011, com profissionais com mais de dez anos de mercado, identificou que 92,2% dos entrevistados que utilizaram estruturas de aço em construções avaliaram a experiência como ótima ou boa, 63,2% dos profissionais disseram que nunca realizaram cursos ou participaram de seminários/palestras específicas sobre estruturas de aço e 43,3% apontaram a falta de domínio sobre o assunto como motivo de não usarem estruturas de aço em seus projetos. Ou seja, falta de conhecimento técnico não impede que o aço tenha imagem positiva no setor de construção.

Tipos de Aço

Existem mais de 3500 tipos diferentes de aços, a quantidade de carbono presente no aço define sua classificação. Os aços de baixo carbono possuem um máximo de 0,3% deste elemento e apresentam grande ductilidade. São bons para o trabalho mecânico e soldagem, utilizados na construção de edifícios, pontes, navios, automóveis, dentre outros. O aço carbono mais comum é o ASTM A 36, que tem resistência de escoamento de 250 MPa. Existem hoje os aços de alta resistência, por exemplo, o ASTM A 572 Grau 50 com resistência de escoamento de 345 MPa. Contam-se também com o aço de alta resistência mecânica e patinável, ASTM A 588, que quando exposto a intempéries assume uma camada (pátina) que impede a oxidação do aço. A tabela 18..1 apresenta alguns tipos de aço patinável.

Tabela 18.1 - Aços resistentes à corrosão

Tipo de Aço	f_y (MPa)	f_u (MPa)
COS-AR-COR 350	350	500
COS-AR-COR 300	300	400
USI-SAC-350	350	500
USI-SAC-300	300	400
CSN-COR-500	380	500
CSN-COR-420	300	420

- **COS-AR-COR** - aços de alta resistência à corrosão atmosférica, especificado pela COSIPA;
- **USI-SAC** - aços de alta resistência à corrosão atmosférica, especificado pela USIMINAS;
- **CSN-COR** - aços de alta resistência mecânica e de alta resistência à corrosão atmosférica,especificados pela CSN.

Observa-se que o aço galvanizado não é propriamente um tipo de aço, e sim uma proteção, um revestimento das chapas de aço, que promove grande durabilidade ao aço. Em geral, é feito sobre chapas laminadas a frio, podendo ser realizado por imersão a quente em zinco líquido puro ou com outros metais ou ainda por processo eletrolítico. Existe também a galvanização a frio, que é uma pintura feita com tinta rica em zinco.

Tipos de Perfis

É conhecida por perfil a seção formada para os elementos metálicos. De acordo com o processo de fabricação, os perfis podem ser soldados, eletrosoldados, laminados ou dobrados a frio.

Os perfis soldados são obtidos através do corte de chapas de aço planas e da união das partes por meio de cordões de solda. Para dimensionamento, é utilizada a norma ABNT NBR 8800/2008 - Projeto de estruturas de aço e de estruturas mistas de aço e concreto de edifícios, já a NBR 5884/2013 - Perfil I estrutural de aço soldado por arco elétrico - Requisitos Gerais estabelece a padronização e tolerâncias. Nesta última encontram-se tabelas normativas de perfis soldados, separados por CS — Coluna soldada, VS — Viga solda e CVS — Coluna viga soldada. Os perfis VS são adequados para vigas, pois possuem as mesas afastadas do centro de gravidade, provocando maior inércia, adequada para vigas, pois são submetidas à flexão (Figura 1a). Consequentemente, nos perfis VS a altura é maior que a base. Já os perfis CS possuem base aproximadamente igual à altura, adequado a elementos submetidos à compressão, pois necessitam apenas de área de seção.

Já os perfis laminados são obtidos a partir de tarugos de aço reaquecidos ao rubro e laminados pelo sistema universal de laminação, nas siderúrgicas. No Brasil, os perfis laminados são produzidos pela Gerdau Açominas, com dimensões e padrões divididos em perfis W (indicados para vigas, por possuírem maior inércia) e HP, sendo os HP de seção aproximadamente quadrada adequados ao uso em pilares.

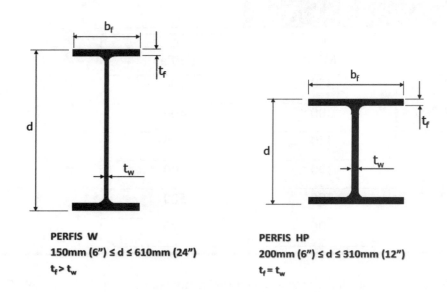

Figura 18.1: Perfis laminados tipo W e HP.[1]

Os perfis dobrados a frio, como o próprio nome indica, são perfis de chapa fina dobrados em temperatura ambiente. A norma para dimensionamento é a ABNT NBR 14762/2010 -Dimensionamento de estruturas de aço constituídas por perfis formados a frio, já a padronização dos perfis é regida pela ABNT NBR 6355/2003 - Perfis estruturais de aço formados a frio - Padronização. A espessura máxima da chapa para dobra é de 8mm,

---

[1] Fonte: Gerdau.

porém costuma-se dobrar na prensa dobradeira, no máximo, 6,25 mm ou 1/4". Pode -se ter peças de 3m ou 6m, dependendo do tamanho da prensa.

As chapas também podem ser perfiladas, que consiste na introdução da chapa na perfiladeira através de uma bobina e adquire a forma desejada - Figura 18.2. Pode-se obter o tamanho que necessário, pois a perfiladeira forma perfis contínuos com qualquer comprimento. É muito utilizado em telhas metálicas, forma para laje steel deck, perfis para steel frame e draywall e telha autoportante. Geralmente os perfilados são produzidos com chapas de aço galvanizado.

Figura 18.2: Processo de perfilação.

As telhas metálicas podem ser simples ou sanduíche. As telhas simples possuem várias alturas comerciais. Quanto maior a altura, maior a inércia e consequentemente maior o vão suportado. A telha sanduíche, por ter maior inércia (massas afastadas do centro de gravidade), vence maior vão entre terças, em comparação com a telha metálica simples, além disso oferece maior proteção térmica e acústica, cujo nível de proteção depende do material de enchimento. Os catálogos fornecidos pelos fabricantes indicam a resistência da telha, dados o vão, a espessura e o número de apoios, bem como o índice de proteção térmica e acústica (Figura 18.3). As telhas metálicas são galvanizadas e podem ser pré-pintadas, oferecendo maior proteção e durabilidade à telha.

Coeficientes de Condutibilidade Térmica (λ)

ISOLAMENTO	FATOR λ
Poliuretano Rígido Expandido (PUR)	0,022
Poliestireno Expandido (ISOPOR)	0,028
Lã de rocha	0,030
Lã de vidro	0,039

Coeficiente de Condutibilidade Térmica do Aço Zincado = 39,4 Kcal/ mh°C

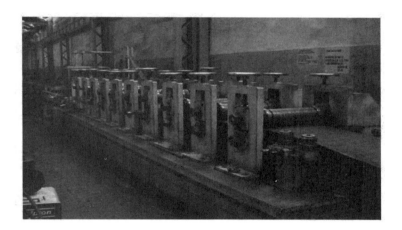

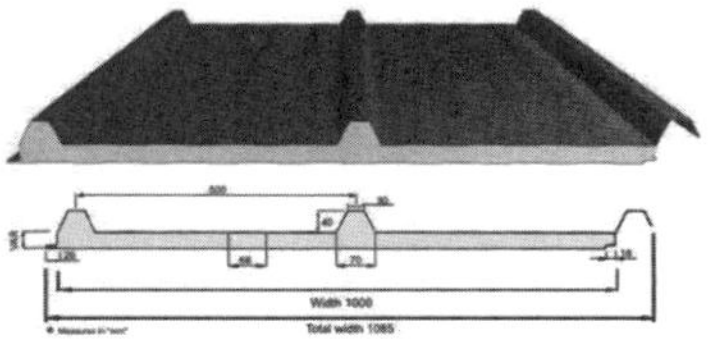

Figura 18.3: Coeficientes de condutibilidade térmica (quanto menor o coeficiente, mais isolante é o material).

Outro uso dos perfilados são as estruturas steel frame, que consistem em montantes pouco espaçados (40 a 60 cm) de perfis com chapa fina com capacidade de suportar vigas de laje ou cobertura (Figura 2.4). A fundação é composta por radier, o fechamento interno é feito através de placas de gesso acartonado e o externo em placas cimentícias. O drywall se difere do steel frame por se tratar de estrutura apenas de fechamento, ou seja, não tem capacidade portante.

Figura 18.4: Edificação em steel frame.[2]

2.4 - Tipos de Vigas

As vigas, quando não treliçadas, são ditas de alma cheia. As vigas de alma cheia estão sujeitas aos esforços de flexão e cisalhamento, sendo necessária inércia para serem eficientes. Se viga I, essa inércia é obtida pelo afastamento das mesas (massas distantes do centro de gravidade). Já as vigas treliçadas são compostas por dois banzos (superior e inferior), diagonais e montantes, que são submetidos apenas à tração e compressão (Figura 18.5).

Figura 18.5: Viga de alma cheia e treliçada.

---

[2] Fonte: CBCA.

As vigas podem ser também casteladas (Figura 18.6), cuja produção é através de corte feito na alma da viga I e posterior soldagem com a defasagem. A grande vantagem desse tipo de viga é a obtenção de maior inércia com o mesmo perfil e a possibilidade de passagem de instalações elétricas, hidrossanitárias, ar condicionado, etc.

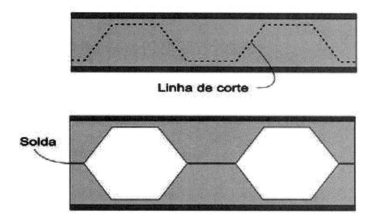

Figura 18.6: Viga Castelada.

Um tipo de viga muito utilizado e com grande expansão no cenário nacional é a viga mista, que consiste na interação entre o aço e o concreto da laje. Quando os dois materiais estão isolados, cada um terá uma deformação diferente e haverá um deslizamento entre as superfícies. Para que a viga de aço e a laje de concreto trabalhem em conjunto, é necessária a colocação de conectores na inteface dos dois materiais. Esses conectores têm a função de absolver a força de cisalhamento que surge na superfície de ligação, resultando em uma só deformação e na ação conjunta dos dois materiais, aço e concreto (laje). Percebe-se que na viga isolada há duas linhas neutras, ou seja, tanto o concreto quanto aço trabalham a tração e compressão, já na viga mista a consolidação entre a viga e a laje provoca o surgimento de apenas uma linha neutra, com o concreto trabalhando a compressão e o aço com quase toda seção trabalhando a tração - Figura 18.7. A vantagem é uma redução substancial da altura da viga e de sua flecha. Enquanto na viga de concreto a relação entre vão e altura da viga é em torno de L/10, na viga metálica isolada é de L/20, na viga mista é de L/30. Tem-se, dessa forma, melhor aproveitamento da estrutura.

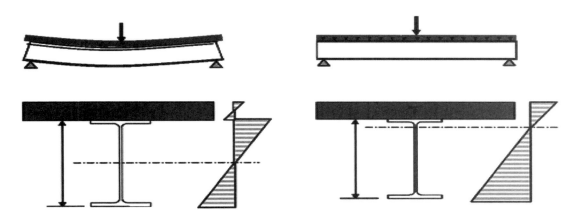

Figura 18.7: Diagramas de tensão de viga isolada e mista.

A laje mista consiste na interação entre a forma de aço, Steel Deck ou outras, com o concreto da laje. A interação é dada por mossas (ranhuras) na fôrma metálica (Figura 18.8), a fôrma da laje comporta-se como armadura positiva. A laje mista tem a grande vantagem de, dependendo do vão, não necessitar de escoramento. A verificação de resistência e necessidade de escoramento podem ser consultadas pelos catálogos dos fabricantes.

Figura 18.8: Laje Steel Deck.

Sistemas Estruturais

Em relação ao sistema estrutural, a estrutura metálica pode ter ligações rígidas ou flexíveis. Nas ligações flexíveis não há transferência de momento para o apoio, seja esse apoio um pilar, viga ou até mesmo a fundação, quando se trata se ligação com o bloco de fundação. Se a edificação tiver nos flexíveis, a viga é tida como biapoiada e as ações horizontais (vento) serão absolvidas apenas pelos pilares (Figura 18.9). Para edificações "baixas" (até 3 pavimentos, mezaninos etc.), pode-se adotar esse esquema. Para estruturas mais "altas", os pilares apenas não suportam as ações horizontais, sendo necessário o uso de estrutura de contraventamento ou pórticos rígidos. No sistema de pórtico rígido, a ligação entre pilar e viga é rígida (execução mais complicada e maior custo, comparado com a ligação flexível), as ações horizontais são absolvidas pelo pórtico, haverá transmissão de momento fletor para o pilar e para fundação (Figura 18.7). Já no sistema contraventado o contraventamento absolve as ações horizontais e a tramite á fundação, não havendo transmissão de momento fletor. A estrutura de contraventamento pode ser, também, em núcleo de concreto, rígido, onde podem ser usados a caixa de escada e elevadores (Figura 18.10).

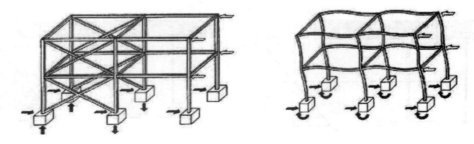

Figura 18.9: Ligações rígidas e flexíveis.

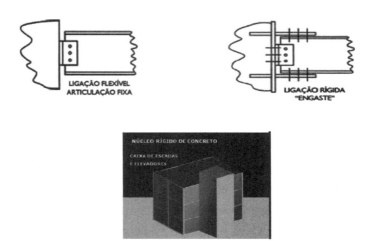

Figura 18.10: Estabilidade da estrutura por núcleo rígido de concreto.[3]

Fechamento

O fechamento em obras de estrutura metálica pode ser através de alvenaria comum ou algum sistema pré-fabricado. O uso de alvenaria não é recomendado por ser um sistema artesanal e lento, acarretando maior lentidão na construção metálica, cuja característica é de rapidez. A alvenaria pode ser vinculada à estrutura ou não. Para panos de alvenaria maiores, o ideal é que a parede trabalhe isoladamente (uso de EPS nas extremidades, por exemplo) (tabela 18.2), evitando fissuras. Para vãos menores, a parede pode ser vinculada à estrutura (ferro cabelo, que são estribos soldados nos pilares ou chapisco), conforme visto na tabela 18.2, retirada do Manual Alvenarias produzido pelo CBCA, Nascimento, O.L. (2002).

Tabela 18.2 - Vínculos da estrutura metálica com a alvenaria

Tamanho do Vão	Ligação com	Tipo de ligação	Tipo de sistema
Vãos até 4,5m	Atrito lateral (rugosidade), chapisco	Tipo vinculada	Sistema rígido
Vãos de 4,5 a 6,5m	Fixação lateral e superior com tela soldada ou ferro dobrado de amarração	Tipo vinculada	Sistema semi-rígido
Vãos acima de 6,5m	Fixação lateral e superior com folha de EPS (cantoneira) ou argamassa expansiva	Tipo desvinculada	Sistema deformável

Tabela 2 - Fonte: Manual da Construção em Aço - Alvenarias
Otavio Luiz do Nascimento - Ed. CBCA – 2002

Os fechamentos podem ser também em placas pré-moldadas de concreto, telha sanduíche, placas cimentícias (drywall), placas de alumínio e outros.

---

[3] Fonte: CBCA.

Ligações

As ligações entre os elementos podem ser parafusada, soldada ou misto dos dois. A ligação deve cumprir o que foi proposto pela análise estrutural. Se na análise foi definida a união entre uma viga e pilar, flexível, a ligação deverá assumir essa condição, ou seja, a ligação não deverá impedir o giro (Figura 18.9).

As ligações parafusadas são mais precisas, usadas em obras com grande planejamento e maior detalhamento. Já as ligações soldadas possuem maior facilidade de se realizar modificações nos desenhos das peças e de corrigir erro durante a montagem a um custo menor do que as parafusadas. Outra vantagem da ligação soldada é que a área bruta é igual à área líquida, ou seja, não há furos, gerando economia de material, e permite também eliminar chapas de ligação, em comparação com a ligação parafusada. As uniões soldadas são, porém, mais rígidas, o que pode ser uma desvantagem, onde há necessidade de uma conexão mais simples, com pouca resistência ao momento fletor. A solda exige energia elétrica no local de montagem, que pode ser uma desvantagem em obras com energia elétrica insuficiente, exigindo o uso de geradores. O sistema parafusado exige maior tempo em fábrica e menor tempo de montagem, já com soldado ocorre o inverso, menor tempo na fábrica e maior tempo de montagem.

A ligação da estrutura metálica com a base (bloco de fundação) pode também ser rígida (engaste) ou flexível (rótula), conforme visto na Figura 18.11.

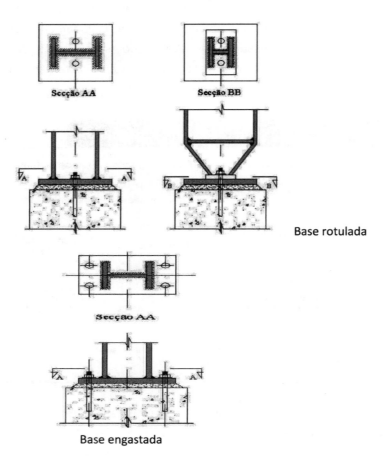

Figura 18.11: Aparelho de apoio da Estrutura - Rotula e Engastada.

As ligações da estrutura metálica com o concreto podem ser feitas através de chumbadores ou inserts, que são posicionados e instalados antes da concretagem da peça que receberá o perfil metálico. Os inserts são compostos de barras circulares lisas, com ou sem gancho na extremidade, e na extremidade exposta é feita a rosca na barra para receber a porca que fixará a chapa furada na ligação. Quando a estrutura já está concretada, é comum o uso de parabolts, que são elementos fixados através de furo feito no elemento de concreto. Os parabolts podem ser de fixação mecânica ou química (colocação de ampola com material que adere ao concreto). Para sua utilização, é necessário o uso de catálogos que dão a informação sobre resistência e posicionamento, Figura 18.12.

Figura 18.12: Parabolt de fixação mecânica.

Segurança Contra Incêndio

Os elementos da estrutura metálica perdem cerca de 50% de resistência e rigidez a aproximadamente 600ºC, eos elementos da estrutura de concreto também, então por que a estrutura metálica pode requerer proteção? Simplesmenteporque o aço atinge 600ºC muito mais rápido que o concreto.

Segundo a ABNT NBR 14432, algumas estruturas são isentas de verificação ao incêndio, conforme visto na tabela 18.3. Se a estrutura não for isenta, deve ter de atender ao tempo requerido de resistência ao fogo - TRRF, que pode ser 30, 60, 90 ou 120 minutos. O TRFF é o tempo mínimo que a estrutura deve resistir sem atingir a temperatura crítica de colapso. A temperatura crítica de colapso é definida pela norma ANBT NBR 14323 - Projeto de estruturas de aço e de estruturas mistas de aço e concreto de edifícios em situação de incêndio.

Quando a temperatura no ambiente no TRRF for superior à temperatura crítica, deve-se lançar mão da proteção da estrutura. A proteção tem a função de evitar que o aço atinja a temperatura crítica antes do TRRF. Os tipos de proteção podem ser argamassa projetada, tinta intumescente, gesso acartonado, concreto (estrutura mista), manta cerâmica, etc. A vantagem da tinta intumescente é o aspecto, que é mesmo da pintura comum, porém em altas temperaturas o material se expande (10 vezes a espessura aplicada), Figura 18.12, protegendo a estrutura e evitando que atinja temperatura crítica antes do TRRF. Já a argamassa projetada é ideal para estrutura não aparente, pois o aspecto final é bastante rústico, Figura 18.13.

Tabela 18.3 - Estruturas isentas de verificação de resistência ao incêndio

Área	Uso	Carga de Incêndio específica	Altura	Meios de proteção
≤ 750 m²	Qualquer	Qualquer	Qualquer	
≤1500 m²	Qualquer	≤ 1000MJ/m²	≤ 2 pav.	
Qualquer	Centros esportivos Terminais de pass.	Qualquer	≤ 23 m	
Qualquer	Garagens abertas	Qualquer	≤ 30 m	
Qualquer	Depósitos	Baixa	≤ 30 m	
Qualquer	Qualquer	≤ 500MJ/m²	Térrea	
Qualquer	Industrial	≤ 1200MJ/m²	Térrea	
Qualquer	Depósitos	≤ 2000MJ/m²	Térrea	
Qualquer	Qualquer	Qualquer	Térrea	Chuveiros automáticos
≤ 5000 m²	Qualquer	Qualquer	Térrea	Fachadas de aproximação

Figura 18.13: Tinta intumescente, para proteção contra incêndio.

Figura 18.14: Projeção contra incêndio por argamassa projetada.

Pré-dimensionamento

O pré-dimensionamento estimativo da altura dos elementos em estrutura metálica pode ser realizado através do limite inferior e um superior em relação ao vão da estrutura.

Viga I de alma cheia simplesmente apoiada

Altura:

- Vigas principais — 1/15 a 1/20 do vão (para vãos de 8,0 a 30,0 m)
- Vigas secundárias — 1/20 a 1/25 do vão (para vãos de 4,5 a 18,0 m

Treliça de aço

Altura:

- 1/15 a 1/20 (para vãos de 10,0 a 20,0 m);
- 1/20 a 1/25 do vão (para vãos de 20,0 a 35,0 m);
- 1/25 a 1/30 do vão (para coberturas).

Segundo Margarido, A.F (2001), o pré-dimensionamento de vigas é feito de acordo com os pontos de momento nulo e varia de vão/10 ao vão/15, conforme Figura 18.15.

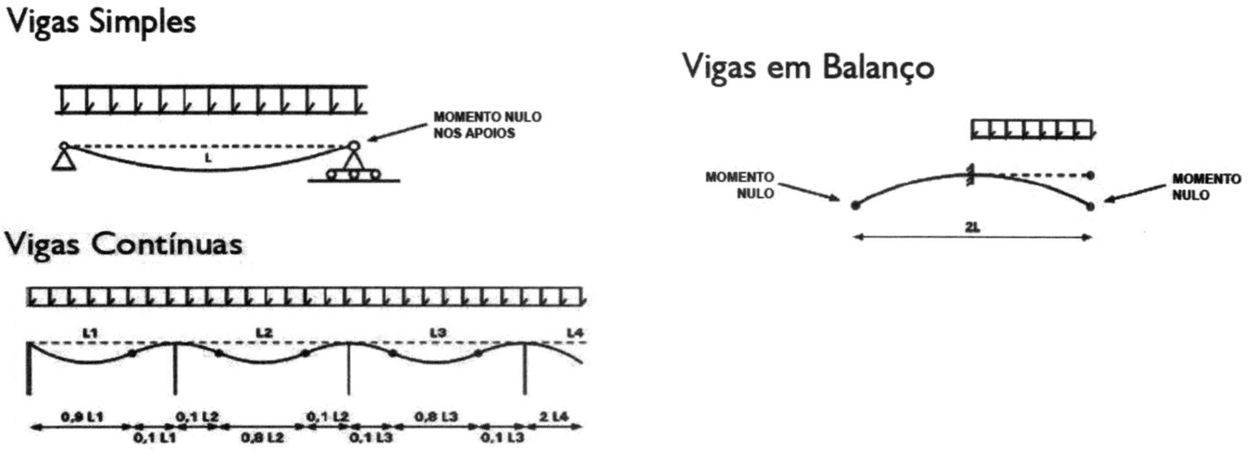

Figura 18.15: Pré-dimensionamento de vigas.

Segure-se a relação de vão/20, para pré-dimensionamento das vigas. Para pré-dimensionamento de pilares, usa-se a área de influência AI, de acordo com a equação 01.

$$S = 0,80.n.Ai$$
equação 1

404 Gerenciamento de Obras, Qualidade e Desempenho da Construção

onde:

Ai = área de influência (m²)

n = número de pavimentos

Ou pode-se adotar a ação aplicada ao pilar dividido por 1200 a 2000, equação 02.

$$S = \frac{P}{\sigma}$$ equação 2

onde:

$$\sigma \rightarrow 1200 \text{ a } 2000 \text{ kgf/m}^2$$
$$P \rightarrow \text{carga no pilar}$$

Corrosão e Pintura

A corrosão dos metais afeta a vida de nossa sociedade tecnológica de diferentes formas — todas onerosas. O custo da corrosão em países industrializados tem sido estimado como sendo de aproximadamente 3,5% de seu produto interno bruto.

O processo de corrosão depende da disponibilidade de oxigênio e água sobre a superfície metálica equação 03.

$$4Fe + 3O_2 + 2H_2O \rightarrow 4FeOOH$$ equação 3

Se for impedida a presença de água ou oxigênio na superfície metálica, não ocorrerá corrosão. Impedir a presença de oxigênio não é possível, logo conclui-se que se deve impedir a presença de água na superfície do aço.

A combinação da água com elementos como compostos de enxofre ou cloretos (ambientes marinhos) aumenta de modo muito característico a velocidade de corrosão dos aços carbono.

Em ambientes marinhos, a deposição de cloretos usualmente decresce fortemente com o acréscimo da distância da praia — as gotículas que compõem a névoa salina são decantadas por gravitação ou são filtradas quando o vento passa pela vegetação e edificações.

O detalhamento cuidadoso na etapa de projeto deve ser feito para que os constituintes agressivos (água) não sejam mantidos em contato com a estrutura por mais tempo do que o estritamente necessário, para preservação da estrutura, Figura 18.16.

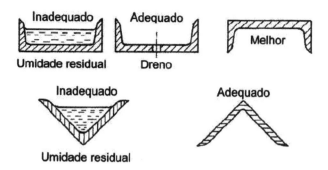

Figura 18.16: Disposições de projeto para evitar o acúmulo de água.

Segundo a norma ABNT NBR 8800/08, frestas estreitas e juntas sobrepostas são pontos potenciais para o ataque corrosivo. A corrosão potencial nesses locais pode ser evitada pela selagem, conforme visto na Figura 18.17.

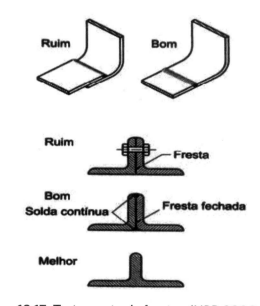

Figura 18.17: Tratamento de frestas (NBR 8800/08).

Ainda de acordo com a NBR 8800/08, as principais precauções dos projetistas são:
- projetar superfícies inclinadas ou chanfradas;
- eliminar seções abertas no topo ou seu arranjo em posição inclinada;
- eliminar "bolsas" e recessos, onde a água e a sujeira possam ficar retidas;
- permitir a drenagem da água e de líquidos corrosivos para fora da estrutura.

O procedimento de soldagem é de grande importância no controle da corrosão. Deve-se, dessa forma, evitar cordões de solda intermitentes ou descontínuos. Eles podem reter pós diversos, água, etc. O eletrólito retido não será rapidamente eliminado, propiciando o ataque. Os cordões de solda não devem possuir imperfeições asperezas, espirros, furos, etc. que dificultem o recobrimento do sistema de pintura escolhido (haverá pouca tinta nos "picos" e muita tinta nos "vales").

406 Gerenciamento de Obras, Qualidade e Desempenho da Construção

A multiplicidade dos tipos de tinta, a disponibilidade de múltiplas colorações, a ampla gama de processos de aplicação e a possibilidade de combinação das tintas com revestimentos metálicos têm contribuído em muito para a importância crescente desta forma de proteção.

O primeiro passo é conhecer a agressividade do ambiente, para determinar o processo de pintura adequado. Segundo a ISO 129442/1998 - Paintsandvarnishes – Corrosion protection of steel structures by protective paint systems, os ambientes atmosféricos são classificados em seis categorias de corrosividade:

C1	Muito baixa agressividade
C2	Baixa agressividade
C3	Média agressividade
C4	Alta agressividade
C5-I	Muito alta agressividade (industrial)
C5-M	Muito alta agressividade (marinha)

A mesma ISO 129442/1998 apresenta alguns sistemas de pintura para determinado ambiente e durabilidade estimada (tabela 18.4). A tabela da ISO indica o número de demãos, a espessura de cada demão e o tipo de tinta para primer (anticorrosiva) e acabamento. Incluíram-se, também, sistemas de pintura adequados à imersão em água doce (Im1), água do mar ou água salobra (Im^2).

Tabela 18.4 - Sistemas de pintura (ISO 129442/1998)

Sistema No.	Grau de Preparo de Superfície		Primer				Acabamento incluindo Camada intermediária			Sistema		Durabilidade Estimada		
	St 2	Sa 21/2	Resina	Tipo	Demãos	Espessura seca (μm)	Resina	Demãos	Espessura seca (μm)	Demãos	Espessura seca (μm)	Baixa 2 a 5 anos	Média 5 a 15 anos	Alta >15 anos
Sistemas de Pintura – Categoria de Agressividade C2														
C2.01	X		A	Vários	2	80	A	1-2	80	3-4	160		X	
C2.02	X		A	Vários	2	80	AC	1-2	80	3-4	160		X	
C2.03	X		A	Vários	1-2	80	A	2-3	120	2-5	200			X
C2.04		X	A	Vários	1-2	80	A	1-2	80	2-4	160			X
C2.05		X	EP	Vários	1-2	80	EP, P⁹	1-2	80	2-4	160			X
Sistemas de Pintura – Categoria de Imersão Im1, Im2 e Im3														
Im.01		X	EP	Vários	1	80	EP, P⁹	2	300	3	380		X	
Im.02		X	EP	Vários	1	80	EP	1	400	2	480			X
Im.03		X	EP	Vários	1	800	-	-	-	1	800			X

Resinas Para Fundo	Tintas líquidas			Resinas para Acabamento	Tintas Líquidas		
	No. de componentes		Possibilidade de base água		No. de componentes		Possibilidade de base água
	1 lata	2 latas			1 lata	2 latas	
A = Alquídica	X		X	A = Alquídica	X		X
AC = Acrílica	X		X	AC = Acrílica	X		X
EP = Epóxi		X	X	EP = Epóxi		X	X
ES = Etil Silicato	X	X		P = Poliuretano	X	X	
P = Poliuretano	X						

1) Zn(R) = primer rico em zinco
2) Se brilho e retenção de cor forem necessários, recomenda-se que a última demão seja baseada em poliuretano alifático
3) St 2 = limpeza manual, executada com ferramentas manuais, como escovas, raspadores, lixas e palhas de aço
4) Sa 2 ½ = jato abrasivo ao metal quase-branco

Carepa de Laminação

O aço já sai da siderúrgica com uma camada de óxidos de ferro formada na superfície do metal no processo de laminação a quente. A carepa se forma em perfis, tubos, vergalhões e chapas, na faixa de temperatura entre 1250°C e 450°C. Basta aquecer qualquer peça de aço em temperaturas dentro desta faixa que o oxigênio reage com o ferro e forma-se a carepa. Deve-se remover a carepa antes da pintura, pois com a dilatação e retração da superfície de aço essa carepa fissura e compromete o sistema de pintura. Para eliminar a carepa, é realizada a limpeza da superfície (decapagem). Quanto melhor a limpeza, maior a proteção do perfil, pois haverá melhor aderência da tinta.

Processo destinado à remoção de óxidos e impurezas inorgânicas, incluindo: a carepa de laminação, as camadas de ferrugem e as incrustações superficiais. São definidos:

- **St2 - Limpeza manual -** executada manualmente com ferramentas, como escovas, raspadores e lixas;
- **St3 - Limpeza mecânica -** executada com ferramentas como escovas rotativas pneumáticas ou elétricas;
- **Sa 2½ - Jato ao metal quase branco** – mais minucioso que o anterior, sendo 95% de carepas e ferrugens removidas. A coloração da superfície é cinza clara, sendo toleradas pequenas manchas. O rendimento aproximado é de 10 a 15 m^2/h por bico;
- **Sa 3 - Jato ao metal branco -** 100% das carepas e ferrugens removidas. É o grau máximo de limpeza. A coloração da superfície é cinza clara e uniforme. O rendimento aproximado é de 6 a 2 12 m^2/h por bico.

As esferas de aço são mais eficientes do que a areia, entretanto encarecem o processo, pois sua produção é onerosa. Lembrando que o jato de areia é proibido pela legislação brasileira por provocar doença pulmonar nos trabalhadores.

Como dito anteriormente, a decapagem provoca a criação de uma superfície que favoreça a aderência da proteção de revestimento - objetivo: criar uma rugosidade adequada à aderência do esquema metalização ou pintura.

Transporte e Montagem

O ato de unir as peças, produzidas na fábrica, no canteiro de obra é denominado montagem. Uma prática adequada, principalmente em estruturas parafusadas, é a pré-montagem em fábrica, para que os ajustes, se necessários, sejam feitos. Segundo Pinho, M.O. (2005), todos os elementos da estrutura deverão ser inspecionados antes do transporte para obra. Deve-se, dessa forma, elaborar um plano de inspeção e ensaio específico.

Para transporte, procura-se limitar as peças das estruturas ao comprimento máximo de 12 metros, para não ser necessário transporte especial, que pode necessitar de batedores e autorização especial.

Ainda segundo Pinho, M.O. (2005), pode-se enumerar os aspectos mais relevantes para o planejamento e execução do transporte das peças da estrutura:

1. Escolha da modalidade de transporte mais adequada (análise da disponibilidade de meios e vias).

2. Análise do veículo mais conveniente para o transporte (rendimento — quantidade de peças por viagem ou menor custo por tonelada).

3. Definição do ritmo de embarques levando-se em consideração as disponibilidades de peças prontas e de espaço de armazenagem no local da montagem:
   - excesso de embarques significaria falta de espaço na obra;
   - atraso nos embarques significaria paralisação da montagem.

4. Análise da ordem de embarque das peças em função da sequência de montagem e da maneira de se estocarem as peças no canteiro.
   - As primeiras a serem montadas devem ficar no alto da pilha, o que é obtido embarcando-as após.

5. A disponibilidade de espaço na própria fábrica também deve ser analisada ao se elaborar o planejamento de transporte, pois existem limitações na área de armazenagem – pode-se criar um entreposto.

6. Peças mais pesadas sob e as mais leves - utilização de caibros de madeira entre as camadas de peças - facilitam carga e descarga.

Na montagem todas as peças devem ser conveniente e previamente marcadas na fábrica para que, na montagem, não sujam dúvidas quanto à posição que ocupam e a que outros elementos se ligam.

As fundações e outras interfaces serão verificadas topograficamente.

Os dois tipos mais comuns de equipamentos de içamento vertical na montagem são as gruas e os guindastes. As gruas se caracterizam por possuírem uma torre vertical na qual se apoia uma lança horizontal. Os guindastes mais comuns são formados por um veículo de deslocamento sobre o solo, do qual parte uma lança que se projeta para cima formando variados ângulos com a horizontal.

Tanto o guindaste como a grua precisam ter o plano de rigging, produzido por profissional habilitado (Rigger); nele haverá a especificação de carga máxima, dada altura e ângulo de trabalho, no caso de guindaste (Figura 18.18).

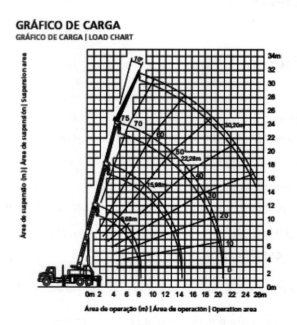

Figura 18.18: Gráfico de Carga de Guindaste.

Análise de Características para Escolha do Sistema Estrutural

Segundo Pinho, F.O. (2010), existem vários paradigmas relacionados com as estruturas de aço que podem estar impedindo uma análise correta desta alternativa de sistema estrutural nos estudos de análise da qualidade/viabilidade dos investimentos. Entre os paradigmas estão "a estrutura em aço é mais cara" ou "o aço enferruja" ou "existe dificuldade entre as interface" ou "o aço necessita de proteção contra incêndio".

De acordo com Pinho, F.O. (2010), com uma análise incompleta e distorcida pode-se perder os benefícios de uma boa solução. Em alguns casos, a simples afirmação de que a estrutura em aço ficaria mais cara encerra uma análise sem maior aprofundamento. Segundo o mesmo autor, a pergunta correta seria: **"Que tipo de estrutura é mais adequada para a minha obra?".** Para isso, criou uma planilha de análise **Característica x Sistema.** Com o peso variando de 1 a 5, faz-se a determinação se a característica é ou não impactante para a obra (1- indiferente e 5-importantíssimo), já as notas para os sistemas estruturais que melhor atendem, independente da importância que cada uma possa ter para a obra (1-não avaliado e 5- atende superior). No final é feita uma média de cada sistema, conforme a Figura 18.19.

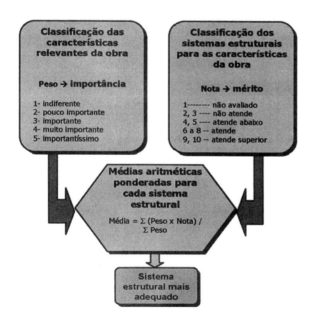

Figura 18.19: Análise de características para escolha do sistema estrutural.

CONCLUSÃO

Não se deve definir uma estrutura apenas pelo custo inicial dos materiais. Uma solução pode ser a mais econômica no sentido de consumo de materiais, mas impactar em outros aspectos, como estética, espaços livres, qualidade e durabilidade etc. Deve-se analisar também, o clico de vida das edificações. Segundo o Prof Yopanan, "o que não tem sentido é privilegiar um único requisito em detrimento dos demais. Infelizmente o único critério em que normalmente os empreendedores se baseiam é no econômico, pois o valor econômico é o mais fácil e objetivo de se comparar. É bom ter em mente que a melhor solução não é necessariamente a mais barata. O custo de uma estrutura não deve ser parâmetro para classificá-la como melhor, mas deve ser mais um motivo para se chegar a um bom projeto".

BIBLIOGRAFIA

ABNT NBR 14432 -Exigências de resistência ao fogo de elementos construtivos de edificações - Procedimento, Nov 2001.

ABNT NBR 6355/2003 - Perfisestruturais de aço formados a frio – Padronização.

ABNT NBR 8800/2008 - Projeto de estruturas de aço e de estruturas mistas de aço e concreto de edifícios, 2008.

ISO 129442/1998 - Paints and varnishes - Corrosion protection of steel structures by protective paint systems.

Margarido, A.F (2001) - Fundamentos de Estruturas, Zigurate, 2001.

Nascimento, O.L., Manual Alvenarias, produzido pelo CBCA - Centro Brasileiro de Construção em Aço, Rio de Janeiro, 2002.

NBR 14762/2010 - Dimensionamento de estruturas de aço constituídas por perfis formados a frio, 2010.

Pinho F.O, QUANDO CONSTRUIR EM AÇO? Roteiro para escolha do sistema estrutural mais adequado, Gerdau, 2010.

Pinho, M.O., Manual Transporte e Montagem,produzido pelo CBCA - Centro Brasileiro de Construção em Aço, Rio de Janeiro, 2005.

Capítulo 19

BOAS PRÁTICAS DE INSTALAÇÕES PREDIAIS

Cleidimar G. Pereira

MSc. Instituto de Pós-Graduação – IPOG.
engenheirodim@hotmail.com

Flavio Augusto Settimi Sohler,

PhD, DSc., MSc., PMI-PMP, PMI-RMP
Eletrobrás Furnas Centrais Elétricas,
Instituto de Pós-Graduação e Graduação-IPOG,
fsohler@gmail.com

Sergio Botassi dos Santos, DSc., MSc.
Pontifícia Universidade Católica de Goiás - PUC
e-mail: sbotassis@gmail.com

RESUMO

Este capítulo trata da implementação de boas práticas de instalações prediais. Neste universo, todo o cuidado nas etapas de elaboração de projetos e execução é crucial para se evitar, dentre outros problemas, grandes prejuízos financeiros. Nesse sentido, destacam-se alguns aspectos de vital importância com relação às normas de Instalações Elétricas, Redes Estruturadas, Água Fria, Esgoto e Boas Práticas de Serviços de Instalação.

Palavras-Chave: Boas práticas; serviços; instalações elétricas; redes estruturadas; água fria; esgoto e qualidade.

INTRODUÇÃO

As boas práticas de instalações prediais são de suma importância no contexto da arquitetura e construção civil. Procedimentos simples podem evitar grandes transtornos se implementados no momento adequado. Cita-se como exemplo o desperdício de materiais, atrasos nos prazos de entrega dos empreendimentos etc.

Dessa forma, a seguir destacam-se alguns pontos das respectivas normas NBR 5410 [1], NBR 16264 [2], NBR 5626 [7] e NBR 8160 [8], contempladas neste trabalho, e que são imprescindíveis para as etapas de elaboração de projetos e execução dos serviços de instalação de obras de construção civil.

BOAS PRÁTICAS DE INSTALAÇÕES ELÉTRICAS

A Norma NBR 5410

Esta Norma estabelece as condições a que devem satisfazer as instalações elétricas de baixa tensão, a fim de garantir a segurança de pessoas e animais, o funcionamento adequado da instalação e a conservação dos bens, Figura 19.1.

Figura 19.1: Tomada com dispositivo de segurança.

Esta Norma é direcionada principalmente às instalações elétricas de edificações, qualquer que seja seu uso (residencial, comercial, público, industrial, de serviços, agropecuário, hortifrutigranjeiro etc.), incluindo as pré-fabricadas. E, ainda, esta norma é aplicada às instalações novas e a reformas em instalações existentes.

Com relação aos níveis de tensão e às linhas elétricas, esta Norma aplica-se:

- aos circuitos elétricos alimentados sob tensão nominal igual ou inferior a 1000 V em corrente alternada, com frequências inferiores a 400 Hz, ou a 1500 V em corrente contínua;
- aos circuitos elétricos, que não os internos aos equipamentos, funcionando sob uma tensão superior a 1000 V e alimentados através de uma instalação de tensão igual ou inferior a 1000 V em corrente alternada (por exemplo, circuitos de lâmpadas a descarga, precipitadores eletrostáticos etc.);
- a toda fiação e a toda linha elétrica que não sejam cobertas pelas normas relativas aos equipamentos de utilização; e às linhas elétricas fixas de sinal (com exceção dos circuitos internos dos equipamentos).

Por outro lado, esta Norma não se aplica a:

- instalações de tração elétrica;
- instalações elétricas de veículos automotores;
- instalações elétricas de embarcações e aeronaves;
- equipamentos para supressão de perturbações radioelétricas, na medida em que não comprometam a segurança das instalações;
- instalações de iluminação pública;
- redes públicas de distribuição de energia elétrica;
- instalações de proteção contra quedas diretas de raios. No entanto, esta Norma considera as consequências dos fenômenos atmosféricos sobre as instalações (por exemplo, seleção dos dispositivos de proteção contra sobretensões);

- instalações em minas;
- instalações de cercas eletrificadas (ver IEC 60335-2-76).

A aplicação desta Norma não dispensa o atendimento a outras normas complementares, aplicáveis a instalações e locais específicos. Cita-se como exemplo a **NR 10 - Segurança em Instalações e Serviços em Eletricidade.** Esta norma estabelece os requisitos e as condições mínimas objetivando a implementação de medidas de controle e sistemas preventivos, de forma a garantir a segurança e a saúde dos trabalhadores que, direta ou indiretamente, interajam em instalações elétricas e serviços com eletricidade.

De acordo com o relatório Procobre [15] do ano de 2014, a segunda maior causa de incêndios no Estado de São Paulo são as instalações elétricas inadequadas, que não cumprem os requisitos mínimos de segurança. Entre os anos de 1999 e 2009, 43,9% dos boletins de ocorrência relativos a incêndios foram de origem acidental. Desse montante, 12,7% tiveram origem nas instalações elétricas, o que coloca os problemas com as instalações em primeiro lugar entre os fatores acidentais. A seguir são relacionados alguns dispositivos de proteção típicos utilizados em instalações elétricas que tem por objetivo proporcionar segurança no uso desses sistemas.

Dispositivos de Proteção

Além do disjuntor termomagnético (DTM), que é muito conhecido pela população, Figura 19.22, dois outros dispositivos muito importantes merecem ser destacados, haja vista a proteção que os mesmos proporcionam [9], [10], [11] e [14]:

Figura 19.2: Disjuntores termomagnéticos mono, bi e trifásicos. Fabricante: BHS.

Dispositivo Diferencial Residual (DR)

Trata-se de um dispositivo que é acionado sempre que uma corrente de fuga maior que a nominal é detectada, Figura 19.3. Segundo a NBR 5410, o uso de DR´s torna-se obrigatório quando:
- em circuitos que sirvam a pontos de utilização situados em locais contendo banheira ou chuveiro;
- em circuitos que alimentem tomadas de corrente situadas em áreas externas à edificação;
- em circuitos de tomadas de corrente situadas em áreas internas que possam vir a alimentar equipamentos no exterior;
- em circuitos que sirvam a pontos de utilização situados em cozinhas, copas-cozinhas, lavanderias, áreas de serviço, garagens e demais dependências internas molhadas em uso normal ou sujeitas a lavagens.

Figura 19.3: Dispositivo Residual (DR). Fabricante: **Schneider Electric**.

Dispositivo de Proteção contra Surto (DPS)

O DPS é um componente capaz de evitar o dano descarregando os surtos de corrente originários de descargas atmosféricas nas redes de energia, Figura 19.4. O uso de DPS não é obrigatório, conforme a NBR 5410, exceto nos casos em que a instalação for alimentada por linha total ou parcialmente aérea, ou incluir ela própria linha aérea, e se situar em região onde há ocorrência de trovoadas em mais de 25 dias por ano.

Figura 19.4: DPS. Fabricante: MG - MarGirius.

Cuidados em Instalações Elétricas

- **Uso de EPIs (Equipamentos de Proteção Individual)**: a falta de uso de EPIs é um grave problema. O uso dos mesmos é exigido por norma e visa resguardar a integridade física das pessoas.
- **Divisão de circuitos:** a divisão adequada dos circuitos de uma instalação elétrica combinada com uso inteligente de interruptores simples, three way e four way podem gerar muita economia de energia.
- **Desligamento Automático de Energia:** utilizar sensores de presença pode produzir também economia de energia.
- **Quadros de Energia:** um disjuntor mal dimensionado pode acarretar em um aquecimento do condutor que está protegendo, pois este passa a operar em uma corrente acima do seu limite de operação regular.
- Partes energizadas: atentar para as partes metálicas dos quadros e fiações. Toda parte que puder entrar em contato com pessoas e for metálica deve estar isolada adequadamente ou aterrada, evitando, dessa forma, possíveis choques.

- **Aquecimento excessivo de condutores:** deve-se dimensionar os condutores de forma adequada para se evitar riscos de incêndios.

- **Aterramento e SPDA em prédios:** aterramento é um item muitas vezes negligenciado em instalações elétricas residenciais e prediais. Para quem não sabe do que se trata, aterramento, na sua forma mais direta, é o componente que evita choques em contato com partes metálicas de aparelhos. Item essencial para segurança, o projeto de um sistema de proteção contra descargas atmosféricas (SPDA) não tem nenhuma eficácia caso a parte do aterramento seja mal dimensionada. Aterramento é essencial para a segurança de todos.

- **Extensões Elétricas:** a recomendação é que se evite usar estes dispositivos sempre que possível, pois as mesmas podem causar curto-circuitos. Dessa forma, a quantidade adequada de tomadas deve ser especificada.

- **Instalações elétricas em casas de madeira:** em regiões de periferia, boa parte das casas é feita de madeira e possui instalações elétricas precárias. Essa combinação aumenta significativamente a probabilidade de ocorrência de incêndios.

- **Mão de obra:** a falta de qualificação da mão de obra de eletricistas é provavelmente o problema maior de todos. Segundo estatísticas do dossiê Procobre [14], [15], 90% das construções do sudeste e nordeste não têm participação de engenheiro eletricista, que é um dos profissionais habilitados a supervisionar o trabalho de eletricistas. Resultam daí uma alta ineficiência energética e riscos de segurança em instalações elétricas, além da negligência de equipamentos mais modernos, como os citados anteriormente (DR e DPS).

Eficiência Energética em Instalações Elétricas

Ainda no contexto de instalações elétricas é importante destacar que os novos empreendimentos devem ser projetados se utilizando de conceitos de eficiência energética. Para tanto, as normas NBR 15.575 e NBR 15.220 devem ser tomadas como referências observando as suas recomendações sobre instalações elétricas e procedimentos para economia de energia como, por exemplo, o aproveitamento da iluminação e ventilação natural.

Além dessas normas, devem ser consultados também o Manual Nº 4 do Procel para Aplicação dos Regulamentos RTQ-C (Regulamento Técnico da Qualidade) e RAC-C (Regulamento de Avaliação de Conformidade) do Nível de Eficiência Energética de Edifícios Comerciais, de Serviços e Público.

BOAS PRÁTICAS DE REDES ESTRUTURADAS

A norma NBR 16264

Esta Norma especifica um sistema de cabeamento estruturado para uso nas dependências de uma residência ou um conjunto de edificações residenciais e especifica uma infraestrutura de cabeamento para três grupos de aplicações:

- Tecnologias da informação e telecomunicações (ICT, do inglês: *Information and communications technology*);
- Tecnologias de *broadcast* (BCT, do inglês: *Broadcast and Communications Technologies*);
- Automação residencial (AR).

Ela considera os seguintes meios físicos, Figura 19.5:

- Cabo balanceado;
- Cabo coaxial;
- Cabo óptico.

Figura 19.5: Exemplos de cabos: balanceado, coaxial e fibras óticas.

Esta Norma especifica os requisitos mínimos para:

- topologia;
- configuração mínima;
- desempenho de enlace permanente e canal;
- densidade e localização dos pontos de conexão;
- interfaces para equipamentos de aplicação específica e rede externa;
- coexistência com outros serviços da edificação.

Os requisitos de segurança (elétrica, incêndio etc.) e compatibilidade eletromagnética estão fora do escopo desta Norma e devem atender a outras normas específicas [12] e [13]. Para uma instalação de cabeamento estar em conformidade com esta Norma, aplicam-se os seguintes critérios:

- deve suportar aplicações ICT;
- aplicações ICT e BCT;
- aplicações CCCB (do inglês: *Commands, controls and communications in buildings*);
- as interfaces com o cabeamento na TO (Tomada de Telecomunicações, do inglês: *Telecommunications outlet*), BO (Tomadas de radiodifusão, do inglês: Broadcast Outlet (som e imagem)) e CO (Tomada de controle (automação), do inglês: Control Outlet) devem estar em conformidade com todos os requisitos para *hardware* de conexão que estão especificados na ABNT NBR 14565 em sua versão em vigor;

- todos os canais e enlaces devem atender aos níveis de desempenho especificados na ABNT NBR 14.565 [3], [4], [5] e [6].

Estrutura do Sistema para Aplicações ICT E/Ou BCT, Dimensionamento e Configuração

Esta seção da norma identifica os elementos funcionais de um sistema de cabeamento estruturado para suportar aplicações ICT e/ou BCT, descreve como eles são interligados para formar subsistemas e identifica as interfaces nas quais os componentes de aplicações específicas são conectadas à infraestrutura do cabeamento.

Os elementos funcionais de um cabeamento estruturado, ilustrados na Figura 19.6, são:

- distribuidor de campus (CD);
- *backbone* de *campus*;
- distribuidor de edificação (BD);
- *backbone* de edificação;
- distribuidor de piso (FD);
- cabeamento horizontal;
- tomada de aplicação (TO/BO).

Os elementos funcionais utilizados dependem dos ambientes atendidos e das aplicações servidas. É possível combinar um CD, BD e FD em um único distribuidor.

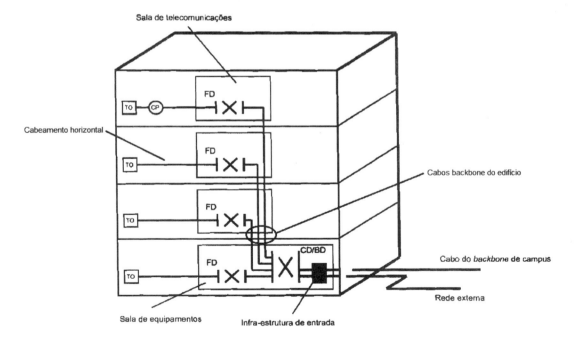

Figura 19.6: Elementos funcionais de um sistema de cabeamento estruturado.

418 Gerenciamento de Obras, Qualidade e Desempenho da Construção

Os elementos funcionais utilizados em uma implementação de um sistema de cabeamento estruturado são interligados para formar subsistemas de cabeamento. A conexão dos equipamentos às tomadas de aplicação e aos distribuidores deve atender às aplicações.

Os equipamentos ativos não fazem parte dos elementos funcionais. O arranjo dos elementos funcionais é feito da seguinte forma:

- **Distribuidores:** os distribuidores devem estar localizados de forma que os comprimentos de cabos estejam em conformidade com as especificações da ABNT NBR 14565.

  Os comprimentos máximos de canal da Tabela 1 devem ser observados. Além disso, os componentes usados em cada canal de cabeamento devem estar dentro das seguintes especificações requeridas:

  Um canal de cabeamento específico de cobre balanceado deve usar todos os componentes de mesma impedância nominal;

  Os canais ICT em fibra óptica na entrada primária de um subsistema residencial devem estar em conformidade com a ABNT NBR 14565;

  O canal de cabeamento coaxial deve usar componentes que satisfaçam as condições especificadas na NBR 14565, sendo reconhecidos os cabos Série 11 (cabeamento de *backbone*), Série 6 (cabeamento horizontal) e Série 59 (cordões de manobra).

  NOTA: Observar que alguns serviços de determinados provedores podem restringir o comprimento máximo de canal.

Tabela 19.1 – Comprimentos máximos de canal para implementações de referência de canais ICT/BCT – Norma NBR 16264.

Tipo de cabeamento		
ICT [m]	BCT-B [m]	BCT-C [m]
100	50[a]	100[a]

[a] O comprimento do canal BCT é restrito a 50 m quando se utiliza cabeamento BCT-B porque o cabeamento balanceado possui atenuação maior que o cabo coaxial.

- **Tomadas de aplicação:** para cabeamento que suporta apenas aplicações ICT, a tomada de aplicação é denominada TO e utiliza *hardware* de conexão especificado da ABNT NBR 14565 em sua versão em vigor. Uma TO pode suportar também aplicações BCT e CCCB quando necessário. Para cabeamento que suporta aplicações BCT, a tomada de aplicação é denominada BO e utiliza *hardware* de conexão conforme especificado na ABNT NBR 14565. Uma BO também pode ser usada para suportar aplicações ICT e CCCB quando necessário.

- **Tomada de telecomunicações (TO):** a TO deve ser localizada em posições acessíveis do ambiente, dependendo do projeto da edificação e de acordo com as necessidades do usuário. Cada TO deve ser terminada usando os quatro pares do cabo, de acordo com as especificações da ABNT NBR 14565 em sua versão em vigor.

- **Tomada de broadcast (BO):** a BO deve ser localizada em posições acessíveis do ambiente, dependendo do projeto da edificação e de acordo com as necessidades do usuário. Cada BO que utiliza cabo BCT-B (cabeamento balanceado) deve ser terminada de acordo com especificações da ABNT NBR 14565. Cada BO que utiliza cabo BCT-C (cabeamento coaxial) deve estar em conformidade com a IEC 61169-24 para canais coaxiais.

- **Cordões de equipamento:** no projeto do canal, deve-se levar em consideração a contribuição do desempenho dos cordões utilizados para conectar equipamentos específicos ao cabeamento, nos distribuidores e em tomadas de aplicação.

- **Infraestrutura de entrada:** a infraestrutura de entrada é o ponto de demarcação da rede, ou seja, o local até onde os provedores de serviços são responsáveis por estes e a partir de onde os proprietários ou usuários assumem tal responsabilidade.

Subsistemas de Cabeamento

Os esquemas de cabeamento estruturado para atender às aplicações ICT e/ou BCT contêm no máximo dois subsistemas de cabeamento: subsistemas de *backbone* e de cabeamento horizontal. Os mesmos deverão estar organizados conforme mostrado nas Figuras 19.7 e 19.8, respectivamente.

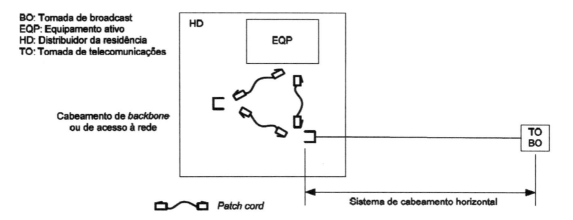

Figura 19.7: Esquema de cabeamento de backbone.

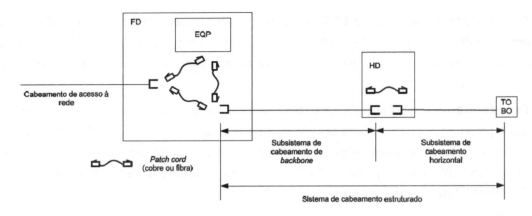

Figura 19.8: Esquemas de cabeamento de backbone e horizontal.

No texto acima, a norma NBR 16264 foi tomada como referência e nossa abordagem foi focada nos principais elementos da mesma com vistas às Boas Práticas de Instalações Prediais. Para maiores detalhes e compreensão do texto dessa norma, sugere-se o estudo preliminar da norma NBR 14565:2000 e NBR 14565:2007.

BOAS PRÁTICAS DE INSTALAÇÕES PREDIAIS DE ÁGUA FRIA E ESGOTO

A Norma NBR 5626 – Instalação Predial de Água Fria

Esta Norma estabelece exigências e recomendações relativas ao projeto, execução e manutenção da instalação predial de água fria, Figura 19.9. A seguir, enfatizam-se alguns pontos importantes dessa norma.

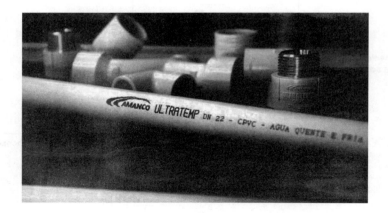

Figura 19.9: Tubulação típica de água fria e quente[1]

---

[1] fonte: www.amanco.com.br

Nesta norma são feitas exigências e recomendações sobre os materiais e componentes empregados nas instalações prediais de água fria. Tais exigências e recomendações baseiam-se em três premissas principais:

- Primeira, a potabilidade da água não pode ser colocada em risco pelos materiais com os quais estará em contato permanente.

- Segunda, o desempenho dos componentes não deve ser afetado pelas consequências que as características particulares da água imponham a eles, bem como pela ação do ambiente onde acham-se inseridos.

- Terceira, os componentes devem ter desempenho adequado face às solicitações a que são submetidos quando em uso.

Proteção contra corrosão ou degradação

A corrosão dos materiais metálicos e a degradação dos materiais plásticos são fenômenos particularmente importantes a serem considerados, desde a fase de escolha de componentes até a fase de utilização da instalação predial de água fria.

As instalações prediais de água fria devem ser projetadas, executadas e usadas de modo a evitar ou minimizar problemas de corrosão ou degradação. A norma prevê a utilização de materiais do tipo aço-carbono galvanizado, cobre, chumbo e ferro fundido galvanizado cada qual obedecendo às normas cabíveis para esses tipos de materiais.

Na utilização de componentes fabricados em material plástico, deve ser observado o valor máximo da temperatura a que estarão submetidos, em função da proximidade de fontes de calor ou do próprio ambiente. Os valores máximos recomendados devem ser observados segundo cada tipo de plástico empregado.

Outros materiais e componentes

Os reservatórios domiciliares fabricados em fibrocimento (cimento-amianto) devem obedecer à NBR 5649 – Reservatório de Fibrocimento para Água Potável. Na construção de reservatórios domiciliares de concreto armado deve ser obedecida a NBR 6118 – Projeto de Estruturas de Concreto - Procedimentos.

A impermeabilização de reservatórios domiciliares ou de outros componentes deve ser projetada e executada de acordo com as NBR 9575 – Impermeabilização – Seleção e Projeto e NBR 9574 – Execução de Impermeabilização, respectivamente. Os revestimentos eletrolíticos de metais e plásticos sanitários devem obedecer à NBR 10283 – Revestimentos Eletrolíticos de Metais e Plásticos Sanitários.

Um componente usado nas instalações prediais de água fria pode ser fabricado com materiais distintos (por exemplo, caixas de descarga em material plástico ou em fibrocimento - cimento amianto). Independentemente do material com o qual sejam fabricados, os componentes abaixo listados devem obedecer às respectivas normas a seguir descritas:

a. caixa de descarga   NBR 11852 – Caixa de Descarga;

b. chuveiro elétrico   NBR 12483 – Chuveiros Elétricos;

422 Gerenciamento de Obras, Qualidade e Desempenho da Construção

c. hidrômetros — NBR 8193 – Hidrômetro Taquimétrico para Água Fria;

d. torneira de bóia — NBR 10137 – Torneira de Bóia para Reservatórios;

e. torneira de pressão — NBR 10281 – Torneira de Pressão–Requisitos e Métodos de Ensaio;

f. válvula de descarga — NBR 12904 – Válvula de Descarga.

Elaboração de projeto

As instalações prediais de água fria devem ser projetadas de modo que, durante a vida útil do edifício que as contém, atendam aos seguintes requisitos:

- preservar a potabilidade da água;
- garantir o fornecimento de água de forma contínua, em quantidade adequada e com pressões e velocidades compatíveis com o perfeito funcionamento dos aparelhos sanitários, peças de utilização e demais componentes;
- promover economia de água e de energia;
- possibilitar manutenção fácil e econômica;
- evitar níveis de ruído inadequados à ocupação do ambiente;
- proporcionar conforto aos usuários, prevendo peças de utilização adequadamente localizadas, de fácil operação, com vazões satisfatórias e atendendo as demais exigências do usuário.

Quando for prevista utilização de água proveniente de poços, o órgão público responsável pelo gerenciamento dos recursos hídricos deve ser consultado previamente (o referido órgão na maioria das vezes não é a concessionária).

Abastecimento, reservação e distribuição

O abastecimento das instalações prediais de água fria deve ser proveniente da rede pública de água da concessionária.

Onde o abastecimento provém da rede pública, as exigências da concessionária devem ser obedecidas. Isto se aplica não só quando de uma nova instalação predial de água fria, como também nos casos de modificação ou desconexão de uma instalação já existente.

A instalação predial de água fria abastecida com água não potável deve ser totalmente independente daquela destinada ao uso da água potável, ou seja, deve se evitar a conexão cruzada. A água não potável pode ser utilizada para limpeza de bacias sanitárias e mictórios, para combate a incêndios e para outros usos onde o requisito de potabilidade não se faça necessário.

Os reservatórios destinados a armazenar água potável devem preservar o padrão de potabilidade. Em especial não devem transmitir gosto, cor, odor ou toxicidade à água nem promover ou estimular o crescimento de micro-organismos.

O reservatório deve ser um recipiente estanque que possua tampa ou porta de acesso opaca, firmemente presa na sua posição, com vedação que impeça a entrada de líquidos, poeiras, insetos e outros animais no seu interior. E, ainda, o reservatório deve ser construído ou instalado de tal modo que seu interior possa ser facilmente inspecionado e limpo. O material do reservatório deve ser resistente à corrosão ou ser provido internamente de revestimento anticorrosivo.

Toda a tubulação que abastece o reservatório deve ser equipada com torneira de bóia, ou qualquer outro dispositivo com o mesmo efeito no controle da entrada da água e manutenção do nível desejado. O dispositivo de controle da entrada deve ser adequado para cada aplicação, considerando a pressão de abastecimento da água.

Reservatórios: aviso, extravasão e limpeza

Em todos os reservatórios devem ser instaladas tubulações que atendam às seguintes necessidades:
- aviso aos usuários de que a torneira de bóia ou dispositivo de interrupção do abastecimento do reservatório apresenta falha, ocorrendo como, consequência, a elevação da superfície da água acima do nível máximo previsto;
- extravasão do volume de água em excesso do interior do reservatório, para impedir a ocorrência de transbordamento ou a inutilização do dispositivo de prevenção ao refluxo previsto, devido à falha na torneira de bóia ou no dispositivo de interrupção do abastecimento;
- limpeza do reservatório, para permitir o seu esvaziamento completo, sempre que necessário.

Essas são algumas das recomendações básicas destacadas da norma NBR 5626. Sugere-se o estudo da norma com toda a atenção para a correta especificação, instalação e funcionamento dos sistemas de prediais de água fria.

A Norma NBR 8160 - Sistemas Prediais de Esgoto Sanitário

Esta Norma estabelece as exigências e recomendações relativas ao projeto, execução, ensaio e manutenção dos sistemas prediais de esgoto sanitário, para atenderem às exigências mínimas quanto à higiene, segurança e conforto dos usuários, tendo em vista a qualidade destes sistemas, Figura 19.10.

Figura 19.10: Tubulações típicas usadas em esgoto sanitário[2]

---

[2] fonte: www.tigre.com.br

424 Gerenciamento de Obras, Qualidade e Desempenho da Construção

O sistema de esgoto sanitário tem por funções básicas coletar e conduzir os despejos provenientes do uso adequado dos aparelhos sanitários a um destino apropriado.

O sistema predial de esgoto sanitário deve ser projetado de modo a:

- evitar a contaminação da água, de forma a garantir a sua qualidade de consumo, tanto no interior dos sistemas de suprimento e de equipamentos sanitários, como nos ambientes receptores;
- permitir o rápido escoamento da água utilizada e dos despejos introduzidos, evitando a ocorrência de vazamentos e a formação de depósitos no interior das tubulações;
- impedir que os gases provenientes do interior do sistema predial de esgoto sanitário atinjam áreas de utilização;
- impossibilitar o acesso de corpos estranhos ao interior do sistema;
- permitir que os seus componentes sejam facilmente inspecionáveis;
- impossibilitar o acesso de esgoto ao subsistema de ventilação;
- permitir a fixação dos aparelhos sanitários somente por dispositivos que facilitem a sua remoção para eventuais manutenções.

O sistema predial de esgoto sanitário deve ser separador absoluto em relação ao sistema predial de águas pluviais, ou seja, não deve existir nenhuma ligação entre os dois sistemas.

A disposição final do efluente do coletor predial de um sistema de esgoto sanitário deve ser feita:

- em rede pública de coleta de esgoto sanitário, quando ela existir;
- em sistema particular de tratamento, quando não houver rede pública de coleta de esgoto sanitário.

Componentes do subsistema de coleta e transporte de esgoto sanitário

Os aparelhos sanitários a serem instalados no sistema de esgoto sanitário devem:

- impedir a contaminação da água potável (retrossifonagem e conexão cruzada);
- possibilitar acesso e manutenção adequados;
- oferecer ao usuário um conforto adequado à finalidade de utilização.

Todos os trechos horizontais previstos no sistema de coleta e transporte de esgoto sanitário devem possibilitar o escoamento dos efluentes por gravidade, devendo, para isso, apresentar uma declividade constante.

Recomendam-se as seguintes declividades mínimas:

- 2% para tubulações com diâmetro nominal igual ou inferior a 75 mm;
- 1% para tubulações com diâmetro nominal igual ou superior a 100 mm.

Os tubos de queda devem, sempre que possível, ser instalados em um único alinhamento. Quando necessários, os desvios devem ser feitos com peças formando ângulo central igual ou inferior a 90°, de preferência com curvas de raio longo ou duas curvas de 45°.

Dispositivos complementares e caixas e dispositivos de inspeção

As caixas de gordura, poços de visita e caixas de inspeção devem ser perfeitamente impermeabilizados, providos de dispositivos adequados para inspeção, possuir tampa de fecho hermético, ser devidamente ventilados e constituídos de materiais não atacáveis pelo esgoto.

O interior das tubulações, embutidas ou não, deve ser acessível por intermédio de dispositivos de inspeção. Para garantir a acessibilidade aos elementos do sistema, devem ser respeitadas no mínimo as seguintes condições:

- a distância entre dois dispositivos de inspeção não deve ser superior a 25,00 m;
- a distância entre a ligação do coletor predial com o público e o dispositivo de inspeção mais próximo não deve ser superior a 15,00 m; e
- os comprimentos dos trechos dos ramais de descarga e de esgoto de bacias sanitárias, caixas de gordura e caixas sifonadas, medidos entre os mesmos e os dispositivos de inspeção, não devem ser superiores a 10,00 m.

Instalação de recalque e materiais

Os efluentes de aparelhos sanitários e de dispositivos instalados em nível inferior ao do logradouro devem ser descarregados em uma ou mais caixas de inspeção, as quais devem ser ligadas a uma caixa coletora, disposta de modo a receber o esgoto por gravidade.

A partir da caixa coletora, por meio de bombas, devem ser recalcados para uma caixa de inspeção (ou poço de visita), ramal de esgoto ligado por gravidade ao coletor predial, ou diretamente ao mesmo, ou ao sistema de tratamento de esgoto.

Os materiais a serem empregados nos sistemas prediais de esgoto sanitário devem ser especificados em função do tipo de esgoto a ser conduzido, da sua temperatura, dos efeitos químicos e físicos, e dos esforços ou solicitações mecânicas a que possam ser submetidas as instalações. Não podem ser utilizados nos sistemas prediais de esgoto sanitário, materiais ou componentes não constantes na normalização brasileira.

Neste texto destacaram-se somente algumas exigências e recomendações da Norma NBR 8160. É importante deixar claro que a norma deve ser consultada a fim de que todas as orientações sejam seguidas.

BOAS PRÁTICAS DE EXECUÇÃO DE SERVIÇOS DE INSTALAÇÃO

Estudos referentes à conservação de energia no Brasil vêm adquirindo projeção destacada dentro da construção civil, no intuito de conseguirmos elaborar projetos de edifícios que atendam a todas as necessidades para o exercício das atividades, com o menor consumo de energia [19].

Figura 19.11: Projetos de construção civil.

Aliado a todos os aspectos técnicos, não se pode esquecer a necessidade de atendermos itens como compatibilidade com as normas existentes, expansibilidade e flexibilidade que são fatores extremamente corriqueiros, dentro das necessidades de mudança, quer em função de acréscimos ou mudança de novas atividades ou substituição de equipamentos. Citam-se ainda neste universo as normas NBR 15.575 – Edificações Habitacionais - Desempenho e NBR 15.220 – Desempenho Térmico de Edificações.

Neste contexto as boas práticas de execução de serviços de instalação são muito importantes para se atingir os objetivos supracitados. Sugere-se o uso efetivo das metodologias de gerenciamento de projetos preconizadas pelo PMI (Project Management Institute) através de seu guia PMBOK (Project Management Body of Knowledge).

A seguir faz-se um resumo de boas práticas de execução de serviços e demais considerações pertinentes.

Etapas Típicas e Planejamento de Execução de Serviços de Instalações

Com relação às Etapas de Projeto, pode-se dividir as mesmas em 3 etapas. São elas: Estudo Preliminar, Projeto Básico e Projeto Executivo. As mesmas são descritas a seguir.

Estudo Preliminar

Deverá ser desenvolvido um programa básico das instalações complementares e especiais, destinado a compatibilizar o estudo preliminar arquitetônico com as diretrizes a serem adotadas no desenvolvimento do projeto. Este programa deverá ser efetuado dentro do melhor critério técnico e econômico, visando à elaboração de proposições com embasamento funcional.

Projeto Básico

A partir das diretrizes estabelecidas no estudo preliminar e baseado no projeto básico arquitetônico, deverão ser desenvolvidos os projetos complementares específicos.

Projeto Executivo

Após a apresentação do projeto básico pelo órgão competente e/ou cliente, deverá ser elaborado o projeto executivo das instalações complementares, atentando para os projetos executivos de arquitetura e projeto executivo estrutural, de modo a permitir a completa execução das obras. Em geral, deverão compor esta etapa os documentos:

- Memoriais descritivos e explicativos das instalações complementares e especiais, indicando fórmulas, dados e métodos utilizados nos dimensionamentos (tensão elétrica, corrente, demanda, índice luminotécnico, consumo de água, consumo de vapor, consumo de água quente, consumo de gases medicinais, necessidade de troca de ar, filtragem).

- Memoriais descritivos das ordens de serviço a serem executadas e recomendações quanto aos métodos e técnicas a serem utilizados.

- Documentação gráfica da obra.

Projeto para Execução de Instalações Prediais

É a representação gráfica da solução final das instalações hidrossanitárias, elétricas, de gás e outras que forem previstas na ficha de informações. Os projetos para execução de instalações nas diversas modalidades devem ser desenvolvidos a partir do projeto para execução de Arquitetura devidamente aprovado pelo Empreendedor ou por outro profissional por este indicado (coordenador do projeto).

Os projetos para execução das instalações prediais, além das peças gráficas de desenho, devem conter um memorial descritivo das instalações, memorial de especificação de materiais e serviços, e tendo sido acordado entre as partes (Empreendedor e Projetistas) o levantamento quantitativo detalhado de materiais. Os projetos para execução das instalações prediais em edifícios de alvenaria estrutural em geral terão como seus produtos finais pranchas com os seguintes conteúdos [21]:

Produtos finais do Projeto de Instalações Prediais Hidrossanitárias

- planta geral de implantação em escala conveniente (por exemplo: 1:50);
- planta dos pavimentos e da cobertura em escala conveniente (por exemplo: 1:50);
- planta e elevações das paredes que contenham instalações na cozinha, banheiros e áreas úmidas com detalhamento das redes de esgoto e posicionamento das tubulações dentro dos "shafts" em escala conveniente (por exemplo: 1:20);
- detalhamento do barrilete em escala conveniente (por exemplo: 1:20);
- detalhamento dos reservatórios em escala conveniente (por exemplo: 1:20).

Produtos finais do Projeto de Instalações Prediais Elétricas

- planta geral de implantação em escala conveniente (por exemplo: 1:50);
- planta dos pavimentos e da cobertura em escala conveniente (por exemplo: 1:50);
- desenhos de paginação (elevação de todas as paredes com instalações elétricas - prumadas) com legenda para os diversos tipos de tubulação (telefonia, eletricidade, interfone etc) em escala conveniente (por exemplo: 1:20).

Produtos finais do Projeto de Instalações Prediais de Gás

- localização e detalhamento do abrigo de bujões (GLP) na planta de implantação geral em escala conveniente (por exemplo: 1:50);

- localização e detalhamento do quadro de medidores (gás de rua) na planta de implantação geral em escala conveniente (por exemplo: 1:50);

- planta dos pavimentos com caminhamento das tubulações até o ponto de consumo, posicionamento das prumadas e eventuais medidores em escala conveniente (por exemplo: 1:50);

- detalhes da embutidura das tubulações de alimentação dentro de "shafts" com a devida proteção em escala conveniente (por exemplo: 1:20);

- detalhes de chaminés de ventilação em escala conveniente (por exemplo: 1:20).

Planos de Verificação dos Serviços

A implantação de um sistema da qualidade dentro de uma empresa auxilia no gerenciamento dos processos e atividades, através da documentação de formulários e registros para assegurar a existência de um controle e ordem na forma de como a organização conduz seu negócio para que tempo, custos, escopo e os recursos, sejam utilizados com eficiência.

Diante desse cenário, alguns procedimentos e ferramentas são necessários para a elaboração de um Sistema de Gestão da Qualidade. Dentre elas, podem-se destacar as seguintes:

- Definição da equipe responsável;

- Requisitos gerais;

- Requisitos de documentação;

- Generalidades;

- Manual de Qualidade;

- Fichas de verificação;

- Controle de documentos;

- Controle de registros;

- Rotinas de fiscalizações.

No âmbito do controle da qualidade algumas metodologias são adotadas de forma a identificar e corrigir problemas que possam surgir durante a construção de uma edificação. A seguir descrevem-se as mais difundidas.

Controle da Qualidade e os Modelos de Conformidades

A ISO 9000: a ISO (International Organization for Standardization), sediada em Genebra, na Suíça, começou a funcionar oficialmente em 23 de fevereiro de 1947. As normas elaboradas por essa comissão uniformizaram conceitos, padronizaram modelos para a garantia da qualidade e forneceram diretrizes para a gestão da qualidade nas diversas organizações.

A série ISO 9000 é constituída por três normas destinadas ao Gerenciamento da Qualidade e à Qualidade Assegurada. O objetivo das mesmas é complementar os requisitos dos produtos e serviços prestados pela organização que pretende implementar seus padrões de qualidade, podendo tornar-se, assim, mais competitiva nos mercados interno e externo. A normatização ISO 9000, portanto, trata dos elementos do Sistema de Qualidade que devem ser implementados na organização.

A ISO 9001:2008 foi organizada com termos que são facilmente reconhecidos por todas as áreas de negócios. Ela especifica requisitos para um sistema de gestão da qualidade que podem ser usados pelas organizações para aplicação interna, para certificação ou para fins contratuais, estando focada na eficácia desse sistema em atender aos requisitos dos clientes. Uma organização que possui um sistema de gestão da qualidade de acordo com a norma ISO 9001 pode solicitar a certificação e obter o "selo de conformidade ISO 9001".

A norma ISO 9001:2008 especifica requisitos para um SGQ (Sistema de Gestão da Qualidade) que podem ser usados pelas organizações para aplicação interna, para certificação ou para fins contratuais, estando focada na eficácia do sistema de gestão da qualidade em atender aos requisitos do cliente.

O PBQP-H: uma vez que as normas da ISO não foram desenvolvidas visando à indústria da construção civil, é fundamental a discussão dos seus requisitos de forma a viabilizar a sua implantação também nesse importante setor produtivo.

Como resposta a este desafio, o Governo brasileiro instituiu o denominado "Programa Brasileiro de Qualidade e Produtividade no Habitat" (PBQP-H), que foi elaborado em 1991 pelo governo Collor, mas aplicado em 1998 na construção civil, cujo objetivo primordial é melhorar a qualidade e produtividade das organizações brasileiras que estão ligadas ao setor [16].

Juntamente com a ISO 9001:2008, as empresas estão adotando a certificação do PBQP-H, que é um programa que atende aos requisitos da norma, mas que possui um deles relacionado a projetos, com especificidades para a construção civil. Pelo fato de este programa ser semelhante à NBR ISO 9001:2008, as construtoras acabam solicitando uma pós-auditoria para obter os dois certificados, e isso é aceito, pois, se a empresa possui o PBQP--H, automaticamente ela também estará atendendo aos requisitos da ISSO 9001.

O PBQP-H, Programa Brasileiro da Qualidade e Produtividade do Habitat é um instrumento do Governo Federal para cumprimento dos compromissos firmados pelo Brasil quando da assinatura da Carta de Istambul (Conferência do Habitat II/1996). A sua meta é organizar o setor da construção civil em torno de duas questões principais: **a melhoria da qualidade do habitat** e a **modernização produtiva**.

O SiAC (Sistema de Avaliação da Conformidade de Empresas de Serviços e Obras da Construção Civil) é um sistema do PBQP-H que tem como objetivo avaliar a conformidade de Sistemas de Gestão da Qualidade em níveis adequados às características específicas das empresas do setor de serviços e obras atuantes na Construção Civil, visando contribuir para a evolução da qualidade nesse setor. O documento foi criado visando estabelecer os itens e requisitos do Sistema de Qualificação de Empresas de Serviços e Obras válido para empresas construtoras que atuem no subsetor de edifícios, o chamado SiQ-Construtoras [16].

A coordenação do PBQP-H decidiu estabelecer serviços e materiais que deveriam ser obrigatoriamente controlados pelas empresas, garantindo, desta forma, a qualidade do produto da construção civil. A ISO não possui níveis de certificação, mas exige a implantação de todos os requisitos para solicitação de auditoria, já o SiAC possui os níveis de avaliação. No programa PBQP-H a própria empresa estabelece uma lista de serviços que deverão ser controlados, e estes níveis estão relacionados com a porcentagem de controle de serviços alcançados. Esse controle é feito através de registros com fichas de inspeção que são elaborados para a auditoria. O Sistema propõe a evolução dos patamares de qualidade do setor em quatro níveis: D (Declaração de Adesão), C, B e A.

PBQP-H - Implementação: o PBQP-Habitat é um programa de adesão voluntária, onde o Estado é um agente indutor e mobilizador da cadeia produtiva da construção civil. A implementação do Programa ocorre basicamente nas etapas descritas na Figura 19.12 [18]:

Figura 19.12: Etapas de implementação do PBQP-H.

- **Sensibilização e Adesão:** os diversos segmentos da cadeia produtiva, reunidos por unidade da federação, assistem a uma apresentação do Programa, feita por técnicos da Coordenação Geral do PBQP-H. Essa etapa busca sensibilizar e mobilizar o setor privado e os contratantes públicos estaduais para aderirem ao PBQP-H.

- **Programas Setoriais:** em um segundo momento, as entidades do setor se organizam para realizar um diagnóstico do segmento da construção civil na sua unidade da federação, resultando na formulação de um Programa Setorial de Qualidade (PSQ).

- **Acordos Setoriais**: o diagnóstico feito na fase anterior fundamenta um Acordo Setorial entre o setor privado, o setor público estadual e a CAIXA, bem como demais agentes financeiros, definindo metas e cronogramas de implantação dos Programas de Qualidade e, com isso, estabelecendo a prática do uso do poder de compra.

Haja vista o exposto, o Manual da Qualidade é o documento que especifica o sistema de gestão da qualidade da organização, que serve como referência para implementação e manutenção desse sistema. Dessa forma, elaborado o Manual que prevê tudo que ser feito e como, critérios de aceitação e toda operação do Sistema da Qualidade, resta administrar o cumprimento do Manual [17].

CONCLUSÕES

As normas asseguram as características desejáveis de produtos e serviços, como qualidade, segurança, confiabilidade, eficiência, intercambiabilidade, bem como respeito ambiental [20]. No estabelecimento das normas, deve-se garantir que os princípios internacionais de normalização sejam atendidos, **pois são eles que** permitem que a norma seja reconhecida pelas partes interessadas como o documento a ser utilizado como referência técnica.

Podemos, portanto, afirmar que a norma, estabelecida de acordo com esses princípios, contempla os interesses daqueles que são as partes afetadas pelo tema objeto da norma. Isso é tão importante que a Organização Mundial do Comércio (OMC), no seu Acordo de Barreiras Técnicas ao Comércio reconhece a norma internacional como a referência técnica em casos de disputas comerciais.

Em geral, as normas têm uma contribuição enorme e positiva para a maioria dos aspectos de nossas vidas. Quando os produtos, sistemas, máquinas e dispositivos trabalham bem e com segurança, em princípio, é porque eles atendem às normas que os contemplam.

Neste contexto e conforme visto, a NBR 5410 se propõe a normatizar as instalações elétricas de baixa tensão. Além do escopo da norma, foram verificados os dispositivos de proteção comumente utilizados em instalações elétricas além de se relacionar alguns dos principais pontos de atenção na execução de obras.

A norma NBR 16264 discorre, em síntese, a respeito dos cabeamentos voltados para telecomunicações. Neste escopo, os procedimentos a serem seguidos durante as etapas de projeto foram estabelecidos contemplando os tráfegos de voz, dados e vídeos através de cabos balanceados, coaxiais e de fibra ótica. Para a completa compreensão desta norma, ressaltou-se a importância do conhecimento preliminar da norma NBR 14565.

As normas NBR 5626 e NBR 8160 tratam das exigências e recomendações normatizadas a serem seguidas durante as etapas de projeto e execução das instalações de água fria e esgoto sanitário. Haja a vista complexidade do tema e o escopo da mesma, várias outras normas também foram referenciadas. Discorreu-se ainda a respeito dos componentes dos subsistemas, da proteção contra corrosão e degradação dos materiais e componentes. Cuidados na elaboração dos projetos foram externados, assim como importantes considerações sobre abastecimento, reservação, distribuição e reservatórios. Comentaram-se adicionalmente sobre dispositivos complementares de inspeção, instalações de recalque e materiais utilizados.

Por fim, neste capítulo discutiram-se, dentre as boas práticas de execução de serviços de instalação, as etapas típicas de projeto, cuidados durante a fase de execução dos serviços e os planos de verificação dos serviços utilizando-se de sistemas de controle de qualidade.

REFERÊNCIAS BIBLIOGRÁFICAS

[1] ASSOCIAÇÃO BRASILEIRA DE NORMAS TÉCNICAS. NBR 5410 – Instalações Elétricas de Baixa Tensão – Rio de Janeiro: ABNT, 2004.

[2] ASSOCIAÇÃO BRASILEIRA DE NORMAS TÉCNICAS. NBR 16264 – Cabeamento Estruturado Residencial – Rio de Janeiro: ABNT, 2014.

[3] ASSOCIAÇÃO BRASILEIRA DE NORMAS TÉCNICAS. NBR14565 - Procedimento Básico para Elaboração de Projetos de Cabeamento de Telecomunicações para Rede Interna Estruturada – Rio de Janeiro: ABNT, 2000.

[4] ASSOCIAÇÃO BRASILEIRA DE NORMAS TÉCNICAS. NBR14565 - Cabeamento de Telecomunicações para Edifícios Comerciais – Rio de Janeiro: ABNT, 2007.

432 Gerenciamento de Obras, Qualidade e Desempenho da Construção

[5] ASSOCIAÇÃO BRASILEIRA DE NORMAS TÉCNICAS. NBR14702 - Cabos coaxiais flexíveis com impedância de 75 ohms para redes de banda larga- Especificação - Rio de Janeiro: ABNT, 2004.

[6] ASSOCIAÇÃO BRASILEIRA DE NORMAS TÉCNICAS. NBR14770 - Cabos coaxiais rígidos com impedância de 75 ohms para redes de banda larga - Especificação - Rio de Janeiro: ABNT, 2004.

[7] ASSOCIAÇÃO BRASILEIRA DE NORMAS TÉCNICAS. NBR 5626 - Instalação Predial de Água Fria - Rio de Janeiro: ABNT, 1998.

[8] ASSOCIAÇÃO BRASILEIRA DE NORMAS TÉCNICAS. NBR 8160 - Sistemas Prediais de Esgoto Sanitário - Projeto e execução - Rio de Janeiro: ABNT, 1999.

[9] CREDER, Hélio. Instalações elétricas. 14.ed. Rio de Janeiro: Editora LTC, 2014.

[10] NISKIER, Júlio. Manual de Instalações Elétricas. 2 ed. Rio de Janeiro: Editora LTC, 2015.

[11] COTRIN, ADEMARO A. M.B. Instalações elétricas. 5 ed. São Paulo: Editora Mc Graw Hill do Brasil Ltda, 2008.

[12] MARIM, P. S.. Cabeamento Estruturado - Desvendando Cada Passo: Do Projeto à Instalação. 2ª ed. São Paulo: Editora Érica, 2011.

[13] HAYKIN, S.; MOHER, M.. Introdução aos Sistemas de Comunicação. 2ª ed. São Paulo: Editora Bookman, 2008.

[14] http://ocalev.com.br/os-desafios-das-instalacoes-eletricas-brasileiras/

[15] http://procobre.org/pt/noticias/dossie-analisa-instalacoes-eletricas-no-brasil/

[16] FRAGA, Samira Vitalino. - A qualidade na construção civil: uma breve revisão bibliográfica do tema e a implementação da ISO 9001 em construtoras de Belo Horizonte, 2011.

[17] ZONENSCHAIN, C.; PROCHNIK, V. - Controle da Qualidade na construção civil

habitacional - Trabalho feito para o Governo do Estado de São Paulo, São Paulo, 2009.

[18] http://pbqp-h.cidades.gov.br/pbqp_apresentacao.php.

[19] http://pmkb.com.br/artigo/projetos-de-engenharia-para-onde-vamos/

[20] http://www.abnt.org.br/normalizacao/o-que-e/importancia-beneficios.

[21] VIOLANI, Marco Antônio Falsi. As instalações Prediais no Processo Construtivo de Alvenaria Estrutural. Seminário Ciências Exatas/Tecnologias. Londrina, v. 13, n. 4, p. 242-255, dez. 1992.

Capítulo 20

ANÁLISE E SOLUÇÕES PARA DESEMPENHO ACÚSTICO EM EDIFÍCIOS

Francisco Buarque de Gusmão Neto

Com o crescimento exponencial das populações nas grandes cidades do mundo a partir da revolução industrial, vieram a reboque as fábricas, a verticalização dos edifícios, o crescimento do número de veículos, estações ferroviárias, rodoviárias, aeroportos e outros equipamentos urbanos geradores de ruídos. Surgiu também a poluição do ar, dos lagos, dos rios, dos mares e o ruído urbano.

A ONU considera a poluição sonora como um grave problema de saúde pública e a segunda maior queixa de poluição nos grandes centros urbanos. Altos níveis de pressão sonora causam ao homem desde a perda da concentração para o trabalho e o estudo, passando por problemas de saúde cardiovasculares, do sistema nervoso central, aumento do stress e podendo chegar à perda parcial ou total e irreversível da audição.

A evolução construtiva dos nossos edifícios passa pela busca de novos materiais, mais leves, menos robustos, mais resistentes e de menor custo. Tais características estão na contramão do isolamento acústico entre as unidades que compõem um edifício, trazendo aos usuários a perda do conforto acústico. Materiais construtivos de maior massa e maior densidade possuem características isolantes acústicas de melhor performance.

No intuito de mitigar os efeitos produzidos pela poluição sonora nas cidades e nos edifícios, diversas normas e leis relativas aos níveis de ruídos aceitáveis foram criadas nas últimas décadas. O poder público busca através do controle urbano, das instalações de equipamentos públicos de menor potencial de ruído aéreo e de transmissão e da normatização dos materiais e das construções dos edifícios para resolver um problema secular.

Som é energia e se propaga em qualquer meio elástico, a exemplo dos gases, líquidos e sólidos, com velocidades variáveis de acordo com a densidade e a temperatura, só não se propaga no vácuo. No ar o som se propaga de forma esférica em uma relação de intensidade e distancia, onde $I=P/4\P r^{2}$, que denominamos ruído aéreo. Nesse caso, quanto maior a distancia da fonte, menor será a intensidade sonora. Os ruídos aéreos, ao se chocarem com anteparos sólidos, permitem a transmissão dos mesmos, desde que o TL do material seja inferior à energia sonora incidente. Os sons propagados nos sólidos por vibração possuem maior velocidade e são denominados ruídos de transmissão. Em um edifício vertical com vários pisos, o ruído de impacto transmitido por uma laje no último andar pode ser percebido em todos os pavimentos.

Diversos são os problemas causados pelos ruídos aéreos e de transmissão através dos seus usuários e equipamentos em nossos edifícios, seja através do caminhar de pessoas e animais, o arrastar de móveis, brincadeiras de crianças, reformas e outras atividades de contato nos trazem o ruído de impacto; pelos ruídos aéreos nos sistemas de pisos, fechamentos verticais internos, onde escutamos a conversa dos vizinhos, o tocar de um instrumento musical e o som de uma TV ligada no quarto ao lado; pelo ruído aéreo ou de impacto como o da chuva no sistema de cobertura; pelos ruídos provocados pelas tubulações hidrossanitárias, a retrossifonagem de um vaso sanitário e equipamentos geradores de ruídos, a exemplo de bombas pneumáticas, grupo geradores, unidades condensadoras, dentre outros. Não podemos nos esquecer dos ruídos aéreos externos (ruídos de

434 Gerenciamento de Obras, Qualidade e Desempenho da Construção

fundo), provocado pelos automóveis, equipamentos urbanos, dos bares, construção civil, etc., que transmitem o som para o interior dos nossos edifícios. Os fechamentos verticais externos devem ser projetados pensando no isolamento acústico para atender ao conforto acústico no interior dos edifícios.

Tão importante quanto o controle do isolamento acústico dos edifícios e dos espaços públicos, é o controle do nível de pressão sonora dentro dos edifícios de uso público como os bares, restaurantes, shoppings centers e outros. Locais com ruídos acima de 45dB(A) nos privam de um sono qualitativo, acima de 55dB(A) perdemos a concentração para o estudo e o trabalho e acima de 85 dB(A), a depender do tempo de exposição, poderemos ter perda auditiva parcial ou total. Podemos dar como exemplo as boates, que comumente utilizam sons eletroacústicos com níveis sonoros acima de 110dB(A), onde deveríamos permanecer no máximo 15 minutos, pois acima disso podemos ter graves problemas de perda auditiva. A tabela a seguir nos mostra uma relação dos níveis de pressão sonora e o tempo máximo de permanência dentro desses espaços sem que haja perda da audição.

ANEXO Nº 1
LIMITES DE TOLERÂNCIA PARA RUÍDO CONTÍNUO OU INTERMITENTE

NÍVEL DE RUÍDO dB (A)	MÁXIMA EXPOSIÇÃO DIÁRIA PERMISSÍVEL
85	8 horas
86	7 horas
87	6 horas
88	5 horas
89	4 horas e 30 minutos
90	4 horas
91	3 horas e 30 minutos
92	3 horas
93	2 horas e 40 minutos
94	2 horas e 15 minutos
95	2 horas
96	1 hora e 45 minutos
98	1 hora e 15 minutos
100	1 hora
102	45 minutos
104	35 minutos
105	30 minutos
106	25 minutos
108	20 minutos
110	15 minutos
112	10 minutos
114	8 minutos
115	7 minutos

Até que ponto os ruídos provocados por pessoas que habitam, trabalham e estudam em nossos edifícios são responsáveis por gerar ruídos e incômodos para os nossos vizinhos?

É bastante comum os litígios entre famílias que habitam em edifícios residenciais multifamiliares, tendo como causa a poluição sonora. Em alguns casos percebemos excessos por parte dos moradores ao escutar músicas com altos níveis de pressão sonora, promover festas, tocar instrumentos musicais e desenvolver atividades de impacto não compatível com o uso de uma unidade habitacional ou de uma área comum, porém são cada vez mais comuns as atividades diárias e compatíveis com a utilização dos espaços habitacionais, como caminhar calçado, assistir a TV, arrastar móveis para limpeza, receber amigos, serem percebidas pelos vizinhos, gerando incômodos, aborrecimentos e muitas vezes a falta de privacidade.

A verdade é que os nossos edifícios não foram projetados pensando no conforto acústico dos usuários, e a inexistência dos projetos de isolamento e condicionamento acústico dos espaços internos e externos é que nos traz na maioria das vezes conflitos com os nossos vizinhos e com o poder público. Esquecemos que os edifícios foram entregues sem isolamento acústico e que a unidade que habitamos também gera ruídos para os outros. Não podemos privar as pessoas de exercerem suas atividades normais dentro de seus apartamentos.

A partir da década de 1980, várias leis e normas referentes a poluição sonora e conforto acústico surgiram no Brasil em resposta ao aumento dos ruídos provocado pela construção civil, pelo crescimento da nossa frota de veículos, pela proximidade dos logradouros com os edifícios, do crescimento de problemas de saúde provocadas pelo excesso de ruídos e de exigências trabalhistas.

No ano de 1987 foram criadas duas normas brasileiras: A NBR 10151/2000, que trata da avaliação do ruído em áreas habitadas, visando ao conforto da comunidade e aos procedimentos de medições dos níveis de pressão sonora em áreas internas e externas, sendo revisada em 1999. A NBR 10152/1987 trata dos níveis de pressão sonora para o conforto acústico das diversas tipologias de edifícios habitados, estabelecido pelos níveis máximos admissíveis nos ambientes construídos.

*GRUPOS	Nº de Empregados no Estabelecimento Nº de Membros da CIPA	0 a 19	20 a 29	30 a 50	51 a 80	81 a 100	101 a 120	121 a 140	141 a 300	301 a 500	501 a 1000	1001 a 2500	2501 a 5000	5001 a 10.000	Acima de 10.000 para cada grupo de 2.500 acrescentar
C-18	Efetivos				2	2	4	4	4	4	6	8	10	12	2
	Suplentes				2	2	3	3	3	4	5	7	8	10	2
C-18a	Efetivos				3	3	4	4	4	4	6	9	12	15	2
	Suplentes				3	3	3	3	3	4	5	7	9	12	2
C-29	Efetivos									1	2	3	4	5	1
	Suplentes									1	2	3	3	4	1

A NBR 15.575/2013 foi criada para atender a uma demanda histórica que trata do desempenho de edifícios residenciais multifamiliares visando à segurança, habitabilidade e sustentabilidade. Passou a vigorar a partir de julho de 2013, composta de 06 partes, mas apenas as quatro últimas se referem ao atendimento aos níveis aceitáveis de ruído dos sistemas de piso, dos fechamentos verticais internos e externos, do sistema de cobertura, dos equipamentos e das instalações hidrossanitárias preconizados na NBR 10.152/1987.

A NBR 15.575-3 trata do desempenho acústico dos sistemas de piso. A tabela 1 descreve os limites mínimos de isolamento acústico ao ruído de impactos.

436 Gerenciamento de Obras, Qualidade e Desempenho da Construção

TABELA 01NBR 15.575-3 ISOLAMENTO AO RUÍDO DE IPACTO EM SISTEMAS DE PISOS					
PARÂMETRO		**CRITÉRIO**	**DESEMPENHO**		
			MIN	**INT**	**SUP**
Nível de pressão sonora de impacto padrão ponderado	L'nT,w	Sistema de piso separando unidades habitacionais autônomas posicionadas em pavimentos distintos.	≤80dB	≤65dB	≤55dB
		Sistema de piso de áreas de uso coletivo (atividades de lazer e esportivas, tais como home theater, sala de ginástica, salão de festas, salão de jogos, banheiros e vestiários coletivos, cozinhas e lavanderias coletivas) sobre unidades habitacionais autônomas.	≤55dB	≤50dB	≤45dB

A NBR 15.575-3 trata do desempenho acústico dos sistemas de piso. A tabela 2 descreve os limites mínimos de isolamento acústico ao ruído aéreo.

TABELA 02NBR 15.575-3 ISOLAMENTO AO RUÍDO AÉREO EM SISTEMAS DE PISOS					
PARÂMETRO		**CRITÉRIO**	**DESEMPENHO**		
			MIN	**INT**	**SUP**
Nível de pressão sonora de impacto padrão ponderado	DnT,w	Sistema de piso separando unidades habitacionais autônomas de área em que um dos recintos seja dormitório.	≥45dB	≥50dB	≥55dB
		Sistema de piso separando unidades habitacionais autônomas de áreas comuns de trânsito eventual, tais como corredores e escadaria nos pavimentos, bem como em pavimentos distintos. Situada onde não haja dormitório	≥40dB	≥45dB	≥50dB
		Sistema de piso separando unidades habitacionais autônomas de áreas comuns de uso coletivo, para atividades de lazer e esportivas, tais como home theater, sala de ginástica, salão de festas, salão de jogos, banheiros e vestiários coletivos, cozinhas e lavanderias coletivas.	≥45dB	≥50dB	≥55dB

A avaliação do desempenho de isolamento ao ruído aéreo e de isolamento ao ruído de impacto consiste em medições acústicas conforme procedimentos padronizados especificados em normas internacionais. Poderá ser realizada por dois métodos, com procedimentos diferentes: engenharia e controle. A precisão do método de controle é inferior, levando a maiores incertezas nos resultados, que podem ser conflitantes na hora de avaliar o atendimento à norma. Por isso, recomenda-se a realização das medições pelo método de engenharia.

ISOLAMENTO ACÚSTICO AO RUÍDO AÉREO			
DESCRIÇÃO	PARÂMETRO	MÉTODO	NORMA
Diferença padronizada de nível ponderada	DnT,W	ENGENHARIA	ISO 140-4 ISO 717-1
		CONTROLE	ISO 10052 ISO 717-1

ISOLAMENTO ACÚSTICO AO RUÍDO DE IMPACTO			
DESCRIÇÃO	PARÂMETRO	MÉTODO	NORMA
Nível de pressão sonora de impacto padrão ponderado	L'nT,W	ENGENHARIA	ISO 140-7 ISO 717-2
		CONTROLE	ISO 10052 ISO 717-2

A NBR 15.575-4 trata dos sistemas de vedações verticais internas (paredes) e sistemas de vedações externas (fachadas). Estabelece os limites mínimos de isolamento acústico ao ruído aéreo (tabelas 03 e 04), assim como define níveis de desempenho informativos, Intermediário (I) e Superior (S) que proporcionam um maior conforto.

TAB. 03 NBR 15.575-4 ISOLAMENTO AO RUÍDO AÉREO DE SISTEMAS DE VEDAÇÕES INTERNAS

PARÂMETRO		CRITÉRIO	DESEMPENHO		
			MIN	INT	SUP
Diferença padronizada de nível ponderada	DnT,w	Paredes entre unidades habitacionais autônomas (parede de geminação) nas situações onde não haja ambiente dormitório	≥40dB	≥45dB	≥50dB
		Paredes entre unidades habitacionais autônomas (parede de geminação) no caso depelo menos um dos ambientes ser dormitório.	≥45dB	≥50dB	≥55dB

PARÂMETRO		CRITÉRIO	DESEMPENHO		
			MIN	INT	SUP
Diferença padronizada de nível ponderada	DnT,w	Parede cega de dormitórios entre uma unidade habitacional e áreas comuns de trânsito eventual, tais como corredores e escadaria nos pavimentos.	≥40dB	≥45dB	≥50dB
		Parede cega de salas e cozinhas entre uma unidade habitacional e áreas comuns de trânsito eventual, tais como corredores e escadaria nos pavimentos.	≥30dB	≥35dB	≥40dB
		Parede cega entre unidade habitacional e áreas comunsde permanência de pessoas, atividades de lazer e esportivas, tais como home theater, sala de ginástica, salão de festas, salão de jogos, banheiros e vestiários coletivos, cozinhas e lavanderias coletivas.	≥45dB	≥55dB	≥55dB
		Conjunto de paredes e portas de unidades distintas separadas por um hall (DnT,W) obtida entre unidades.	≥40dB	≥45dB	≥50dB

PAREDES

A avaliação do desempenho poderá ser realizada por dois métodos, com procedimentos diferentes: engenharia e controle. A precisão do método de controle é inferior, levando a maiores incertezas nos resultados, que podem ser conflitantes na hora de avaliar o atendimento à norma. Por isso, recomenda-se a realização das medições pelo método de engenharia.

ISOLAMENTO ACÚSTICO AO RUÍDO AÉREO			
DESCRIÇÃO	PARÂMETRO	MÉTODO	NORMA
Diferença padronizada de nível ponderada	DnT,W	ENGENHARIA	ISO 140-4 ISO 717-1
		CONTROLE	ISO 10052 ISO 717-1

Análise e Soluções para Desempenho Acústico em Edifícios 439

TAB. 04NBR 15.575-4 ISOLAMENTO AO RUÍDO AÉREO DE SISTEMAS DE VEDAÇÕES EXTERNAS

PARÂMETRO		RUÍDO EXTERNO		DESEMPENHO		
		Classe de ruído	LOCALIZAÇÃO	MIN	INT	SUP
Diferença padronizada de nível ponderada a 2 metros de distância da fachada.	D2m,nT,w	I	Habitação localizada distante de fontes de ruídos intenso de qualquer natureza.	≥20dB	≥25dB	≥30dB
		II	Habitação localizada em áreas sujeitas a situações de ruído não enquadráveis nas classes I e III.	≥25dB	≥30dB	≥35dB
		III	Habitação sujeita ao ruído intenso de meios de transporte e de outras naturezas, desde que esteja de acordo com a legislação.	≥30dB	≥35dB	≥40dB

FACHADAS

A avaliação do desempenho poderá ser realizada por dois métodos, com procedimentos diferentes: engenharia e controle. A precisão do método de controle é inferior, levando a maiores incertezas nos resultados, que podem ser conflitantes na hora de avaliar o atendimento à norma. Por isso, recomenda-se a realização das medições pelo método de engenharia.

ISOLAMENTO ACÚSTICO AO RUÍDO AÉREO			
DESCRIÇÃO	PARÂMETRO	MÉTODO	NORMA
Diferença padronizada de nível ponderada a 2 metros de distância da fachada.	D2m,nT,W	ENGENHARIA	ISO 140-5 ISO 717-1
		CONTROLE	ISO 10052 ISO 717-1

Os níveis de pressão sonora equivalentes **Laeq** incidentes nas fachadas das edificações para cada classe de ruído estão dispostos na tabela 05 abaixo:

CLASSE DE RUÍDO	NÍVEL DE PRESSÃO SONORA EQUIVALENTE Laeq - dB
I	Até 60 dB(A)
II	60 a 65 dB(A)
III	65 a 70 dB(A)

Para **Laeq** acima de 70 dB, realizar estudos específicos, lembrando que a tabela acima é informativa e não consta na norma.

Para a caracterização da Classe de Ruídos no entorno de terrenos, devem ser realizadas medições segundo a Norma ABNT NBR 10.151/2000, com estimativa ou simulação da incidência sonora nas fachadas futuras.

A NBR 15.575-5 trata dos sistemas de cobertura. A tabela 06 descreve os limites mínimos de isolamento acústico ao ruído aéreo.

TAB. 06 NBR 15.575-4 ISOLAMENTO AO RUÍDO AÉREO DE SISTEMAS DE VEDAÇÕES EXTERNAS

PARÂMETRO		RUÍDO EXTERNO		DESEMPENHO		
		Classe de ruído	LOCALIZAÇÃO	MIN	INT	SUP
Diferença padronizada de nível ponderada a 2 metros de distância da coberta.	D2m,nT,w	I	Habitação localizada distante de fontes de ruídos intenso de qualquer natureza.	≥20dB	≥25dB	≥30dB
		II	Habitação localizada em áreas sujeitas a situações de ruído não enquadráveis nas classes I e III.	≥25dB	≥30dB	≥35dB
		III	Habitação sujeita ao ruído intenso de meios de transporte e de outras naturezas, desde que esteja de acordo com a legislação.	≥30dB	≥35dB	≥40dB

COBERTURAS

Os níveis de pressão sonora equivalentes **Laeq** incidentes nas fachadas das edificações para cada classe de ruído estão dispostos na tabela 07 abaixo:

CLASSE DE RUÍDO	NÍVEL DE PRESSÃO SONORA EQUIVALENTE Laeq - dB
I	Até 60 dB(A)
II	60 a 65 dB(A)
III	65 a 70 dB(A)

A tabela 08 descreve os limites mínimos de isolamento acústico ao ruído de impacto em sistemas de cobertura.

TABELA 01NBR 15.575-3 ISOLAMENTO AO RUÍDO DE IPACTO EM SISTEMAS DE COBERTURA

DESCRIÇÃO	PARÂMETRO		DESEMPENHO		
			MIN	INT	SUP
Nível de pressão sonora de impacto padrão ponderado	L'nT,w	Sistema de piso separando unidades habitacionais autônomas posicionadas em pavimentos distintos.	≤55dB	≤50dB	≤45dB

A NBR 15.575-6 estabelece os limites de ruído em dormitórios para instalações e equipamentos prediais, assim como para sistemas hidrossanitários, classificados em três níveis de desempenho apenas informativos, Mínimo (M), Intermediário (I) e Superior (S), ou seja, é apenas uma recomendação, sem a obrigatoriedade do cumprimento da mesma.

Existem requisitos tanto para os ruídos integrados durante um período de tempo correspondente ao ciclo de operação do equipamento **(LAeq, nT)** como para os níveis sonoros máximos produzidos instantâneos **(LASmax,nT)**. Recomenda-se que sejam observados simultaneamente para atender a um nível de desempenho.

A tabela 09 descreve os limites mínimos de isolamento acústico ao ruído de impacto em sistemas de cobertura.

DESCRIÇÃO	PARÂMETRO	dB	NÍVEL DE DESEMPENHO
Nível de pressão sonoraequivalente padronizado	LAeq,nT	≤45dB	MÍNIMO
		≤45dB	INTERMEDIÁRIO
		≤45dB	SUPERIOR
Nível de pressão sonoramáximo padronizado	LASmax,nT	≤45dB	MÍNIMO
		≤45dB	INTERMEDIÁRIO
		≤45dB	SUPERIOR

A avaliação do desempenho poderá ser realizada por dois métodos, com procedimentos diferentes: engenharia e controle. A precisão do método de controle é inferior, levando a maiores incertezas nos resultados, que podem ser conflitantes na hora de avaliar o atendimento à norma. Por isso, recomenda-se a realização das medições pelo método de engenharia.

DESCRIÇÃO	PARÂMETRO	MÉTODO	NORMA
Nível de pressão sonora equivalente padronizado	LAeq,nT	ENGENHARIA	ISO 16032
		CONTROLE	ISO 10052
Nível de pressão sonora máximo padronizado	LASmax,nT	ENGENHARIA	ISO 16032
		CONTROLE	ISO 10052

O conceito de desempenho acústico nasceu na Europa no final da década de 1960 e é adotado por quase todos os países do continente. Analisando a norma NBR 15.575/2013 quanto às exigências de desempenho acústico dos edifícios residenciais multifamiliares, que é formada por um consórcio de normas brasileiras e europeias, verifica-se que, em relação aos outros países do mundo, o Brasil ainda é muito complacente com a transmissão de ruídos em nossos edifícios. Adotamos três níveis de desempenho: Mínimo, Intermediário e Superior, tendo a obrigatoriedade do atendimento ao primeiro, e os outros dois sendo apenas informativos. O desempenho mínimo do ruído de impacto em sistemas de pisos (80 dB) chega a ser o dobro do aceitável na média dos outros países. O atendimento à parte seis da norma, que trata dos ruídos provocados pelas instalações hidrossanitárias e equipamentos geradores de ruídos, é mera recomendação. Possivelmente quando da revisão da norma, teremos um debate mais amplo, avaliando os novos edifícios e as distorções hoje encontradas.

REFERÊNCIAS NORMATIVAS

Normas Nacionais

ABNT NBR 15575-1:2013: Edificações habitacionais – Desempenho Parte 1: Requisitos gerais.

ABNT NBR 15575-3:2013Edificações habitacionais – Desempenho Parte 3: Requisitos para os sistemas de pisos.

ABNT NBR 15575-4:2013Edificações habitacionais — Desempenho Parte 4: Requisitos para os sistemas de vedações verticais internas e externas SVVIE.

ABNT NBR 15575-5:2013Edificações habitacionais – Desempenho Parte 5: Requisitos para os sistemas de coberturas.

ABNT NBR 15575-6:2013Edificações habitacionais — Desempenho Parte 6: Requisitos para os sistemas hidrossanitários.

ABNT NBR 10151: 2000 Versão Corrigida: 2003 (em revisão) Acústica — Avaliação do ruído em áreas habitadas, visando o conforto da comunidade – Procedimento.

ABNT NBR 10152: 1987 Versão Corrigida: 1992 (em revisão) Acústica — Níveis de ruído para conforto acústico – Procedimento.

Normas Internacionais

ISO 140-4: 1998 Acoustics – Measurement of sound insulation in buildings and of building elements – Part 4: Field measurements of airborne sound insulation between rooms.

Substituídapela ISO 16283-1: 2014Acoustics – Field Measurement of sound insulation in buildings and of building elements – Part 1: Airbone sound insulation.

ISO 140-5: 1998 Acoustics – Measurement of sound insulation in buildings and of building elements – Part 5: Field measurements of airborne sound insulation of façade elements and façades.

(em revisão) com previsão de ser substituída pela ISO 16283-3 Acoustics – Field Measurement of sound insulation in buildings and of building elements – Part 3: Façade sound insulation.

ISO 717-1: 2013Acoustics – Rating of sound insulation in buildings and of building elements – Part 1: Airborne sound insulation.

ISO 717-2: 2013Acoustics – Rating of sound insulation in buildings and of building elements – Part 2: Impact sound insulation.

ISO 16032: 2004Acoustics – Measurementof sound pressure level from service equipment in buildings – Engineering method.

ISO 10052: 2004Acoustics – Fields measurementof airborne and impact sound insulation and of service equipment sound – Survey method.

ISO 10140-2: 2010Acoustics – Laboratory measurementof sound insulation of building elements – Part 2: Measurement of airborne sound insulation.

ISO 10140-4: 2010Acoustics – Laboratory measurementof sound insulation of building elements – Part 4: Measurement procedures and requirements.

ISO 10140-5: 2010Acoustics – Laboratory measurementof sound insulation of building elements – Part 5: Requeriments for test facilities and equipment.

ISO 15712-1: 2005Building acoustics – Estimation of acoustic performance of building from the performance of elements – Part 1: Airborne sound insulation between rooms.

ISO 15712-2: 2005Building acoustics – Estimation of acoustic performance of building from the performance of elements – Part 2: Impact sound insulation between rooms.

ISO 15712-3: 2005Building acoustics – Estimation of acoustic performance of building from the performance of elements – Part 3: Airborne sound insulation against outdoor sound.

ISO 15712-4: 2005Building acoustics – Estimation of acoustic performance of building from the performance of elements – Part 4: Transmission of indoor sound to the outside.

ISO 12354-1: 2000Building acoustics – Estimation of acoustic performance in building from the performance of elements. Airborne sound insulation between rooms.

ISO 12354-2: 2000Building acoustics – Estimation of acoustic performance in building from the performance of elements. Impact sound insulation between rooms.

ISO 12354-3: 2000Building acoustics – Estimation of acoustic performance in building from the performance of elements. Airborne sound insulation against outdoor.

Capítulo 21

PRÁTICAS CONSTRUTIVAS PARA CONFORTO TÉRMICO E EFICIÊNCIA ENERGÉTICA

Liliam Araujo, MSc.

Arquiteta, Mestre em Engenharia Civil, Professora IPOG e Consultora da Naturalmente
email: liliam@naturalmente.arq.br

IMPORTÂNCIA

Os usuários dos edifícios normalmente sofrem com o desconforto de baixas temperaturas internas com ambientes refrigerados mecanicamente e as altas temperaturas externas principalmente no verão, convivendo com diferenças bruscas de temperatura ao longo do dia. Essa situação traduz a influência dos usuários nos sistemas de climatização, mesmo com consumo de energia mais alto que os previstos em projeto: resultado de instalações não otimizadas, temperaturas não adequadas e uso inadequado.

Se o consumo de energia é reduzido, fica evidente a importância da eficiência energética, tornando o tema relevante. É necessário, portanto, mais integração dos projetos e disciplinas envolvidas e uma atenção maior à transdiciplinaridade do tema, envolvendo a qualidade do ambiente interno dos edifícios. Em outras palavras, o foco de engenharia deve mudar de redução de energia para otimização da energia (ARAUJO, 2012).

Projetar para um conforto interno dentro de baixo consumo energético de forma passiva implica uma série de desafios. Há uma grande necessidade de adaptar processos construtivos a padrões baixos de consumo energético. Os edifícios, mesmo passivos, necessitam de uma quantia pequena de energia durante sua vida útil para serem habitáveis dentro dos níveis de conforto adequados. E, assim, estratégias para ventilação e iluminação precisam ser planejadas para que possam maximizar o uso de fontes renováveis e, assim, limitar o impacto ambiental.

Outro desafio é otimizar as condições térmicas do envelope. A arquitetura deverá ser autossuficiente para, nos períodos de verão, minimizar as cargas de refrigeração, ou seja, a edificação deve ser planejada e projetada para baixos consumos de energia. Medidas passivas como sombreamento, escolha da correta geometria e orientação geográfica devem ser exploradas ao máximo, mas com cuidado para que proteções excessivas não deixem a edificação desprotegida no inverno. Deverão ser observadas as recomendações sobre a inércia da envoltória para o zoneamento climático do local da construção a partir das cartas climáticas (NIELSEN et al., 2011).

No Brasil, em praticamente todo o território, fontes de calor pela radiação solar acontecem ao longo de todo ano. O ganho térmico acontece principalmente pela radiação direta através de aberturas desprotegidas e pode ser responsável por centenas de W/m^2 excedendo a demanda prevista no projeto elétrico. O ganho térmico pela radiação solar direta combinado com cargas térmicas internas potencializa a necessidade de climatização ao longo do ano em praticamente todo o país.

446 Gerenciamento de Obras, Qualidade e Desempenho da Construção

Cerca de 40 a 50 % da energia elétrica produzida no Brasil é consumida pela operação dos edifícios (Figura 21.1). Nesse universo, nos edifícios que possuem sistema de climatização, quase 50% do total consumido é gasto com sistema de ar condicionado. No caso dos edifícios que não possuem climatização, tem cerca de 70% do total consumido com iluminação (Figura 21.2 e Figura 21.3).

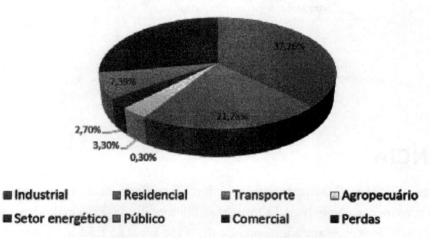

Figura 21.1: Consumo setorial de energia no Brasil[1]

Em ambos os casos, as duas variáveis, a necessidade de ar condicionado e iluminação são passíveis de serem controladas pelos projetistas.

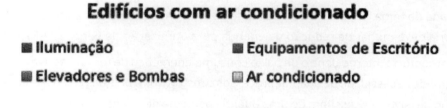

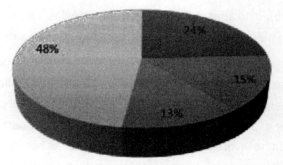

Figura 21.2: Consumo de energia por sistema em edifícios com sistema de ar condicionado[2]

---

[1] BRASIL, 2014

[2] Idem

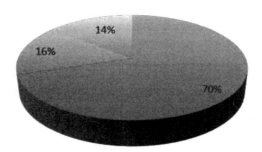

Figura 21.3: Consumo de energia por sistema em edifícios sem ar condicionado[3]

A partir da disseminação dos conceitos de greenbuilding e dos processos de certificação e etiquetagem de edifício de alto desempenho ambiental e/ou baixo consumo energético, algumas iniciativas apontam no cenário brasileiro, numa tentativa de mudar esse paradigma. Espera-se que o programa de eficiência energética brasileiro, através da Etiqueta Nacional de Conservação de Energia (ENCE) para edifícios, seja uma das alavancas desse processo, mesmo sendo um programa de adesão voluntária (ARAUJO, 2009).

O Procel Edifica ainda não é a etiqueta mais popular nesse cenário, apesar de comprovadamente ser a metodologia mais simples de aplicação por adotar um método prescritivo, dispensando recursos sofisticados como simulações computacionais do balanço energético da edificação, ficando mais acessível a todos os projetistas (INMETRO, 2012). A metodologia prevê uma redução de até 50% para edifícios novos e 35% para edificações existentes retrofitadas etiquetadas com nível A de eficiência, mas com várias lacunas que podem ser otimizadas para atingir um nível maior (ARAUJO, 2012).

ARQUITETURA E CLIMATOLOGIA

Em meados do século XX, um movimento ecológico contrário ao estilo Internacional de se projetar arquitetura se inicia com sucessivos estudos que posteriormente se convencionou chamar de arquitetura Bioclimática.

Pressupor que a arquitetura contemporânea deve ser universal opõe-se às últimas tendências que conduzem exatamente a uma regionalização, produto amadurecido da arquitetura bioclimática revigorada nas universidades nas últimas décadas com o aumento da consciência ecológica e preocupação com escassez dos recursos naturais.

É um engano pensar que as exigências do clima podem ser fator limitante da liberdade criativa dos projetistas. A partir do momento em que o arquiteto descobre, ao regionalizar seu projeto, que encontrou nessas exigências uma nova fonte de inspiração, surgem soluções estéticas e altamente adequadas a soluções dos problemas locais e conforto dos usuários.

---

[3] Idem

Uma das principais funções de uma construção é a de atenuar as condições negativas e aproveitar os aspectos positivos oferecidos pela localização e pelo clima, neutralizando as condições climáticas desfavoráveis, e potencializar as favoráveis, em busca do maior conforto dos usuários (ARAUJO, 2009).

Utilizar recursos passivos é, portanto, otimizar, no desenho arquitetônico, suas relações energéticas com o entorno e o meio ambiente. Aproveitar o sol no inverno e evitá-lo no verão, utilizar os benefícios da ventilação para combater a umidade e para extrair o ar quente, vale-se do isolamento para reduzir as trocas térmicas com o exterior, especialmente as perdas de calor em épocas frias.

A arquitetura bioclimática, uma etapa atual do movimento climático-energético, é uma forma de desenho lógico que reconhece a persistência do existente, é culturalmente adequada ao lugar e aos materiais locais e utiliza a própria concepção arquitetônica como mediadora entre o homem e o meio (Figura 21.4).

Figura 21.4: Relação entre o edifício, as questões ambientais e o conforto ambiental com a vida útil dos edifícios.

Pode- se entender que a arquitetura bioclimática não se restringe às características arquitetônicas adequadas. Preocupa-se, também, com o desenvolvimento de equipamentos e sistemas que são necessários ao uso da edificação (aquecimento de água, circulação de ar e de água, iluminação, conservação de alimentos, etc.) de forma que o consumo energético seja eficiente.

Tem-se tornado cada vez mais frequente o uso de dados climáticos em programas simuladores. Através destes, a avaliação do desempenho térmico das edificações quanto ao clima local é essencial, pois cria parâmetros para o ajuste das construções que visam maior eficiência energética cada vez com mais precisão.

Carta Bioclimática

Nos Estados Unidos, já na década de 1960, os irmãos Olgyay aplicaram a bioclimatologia na arquitetura considerando o conforto térmico humano e criaram a expressão "projeto bioclimático". Delimitando a relação entre clima e projeto arquitetônico, configurou-se um manual para projeto bioclimático, com particular referência à carta bioclimática, sendo esta a primeira representação gráfica a mostrar a conexão entre clima e o conforto humano (LAMBERTS et al., 2004).

Ela simplesmente relacionava a temperatura de bulbo seco com a umidade relativa. Baseada nesta relação, os irmãos Olgyay propuseram uma zona de conforto e sugere medidas corretivas para se tingir conforto quando o ponto em estudo estiver fora da zona de conforto. Essas medidas poderiam ser passivas ou ativas, dependo dos parâmetros climáticos, e buscam atingir conforto quando o ponto de estudo está fora da zona de conforto, quantificando a necessidade de estratégias passivas diante das condições climáticas oferecidas, ou ativas, quando necessárias.

Carta Bioclimática de Edificações de Givoni

Em 1969, Givoni, desenvolvendo a ideia de Olgyay, propõe uma carta bioclimática para edificações, baseada na carta psicrométrica, que inclui, além da temperatura de bulbo seco e da umidade relativa, a pressão de vapor e a temperatura de bulbo úmido (Figura 21.5). A principal diferença entre esses dois sistemas deve-se ao fato de que o diagrama de Olgyay é desenhado entre dois eixos (temperaturas secas e umidades relativas), enquanto a carta de Givoni é traçada sobre uma carta psicrométrica convencional e utiliza-se da umidade absoluta como referência (GIVONI, 1969).

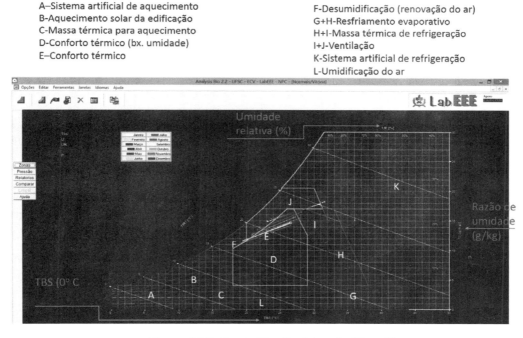

Figura 21.5: Carta Bioclimática de Givoni[4]

Com o perfil bioclimático do local, os profissionais da área de projeto podem obter indicações fundamentais sobre as estratégias a serem adotadas no projeto bioclimático. A carta bioclimática, que por uma simples definição é uma carta psicrométrica sobre a qual são traçados polígonos bioclimáticos, vem sendo utilizada com frequência até os dias de hoje.

---

[4] UFSC, 2007

Gerenciamento de Obras, Qualidade e Desempenho da Construção

Um diagrama psicrométrico cruza informações de temperatura de bulbo seco e úmido e unidades absoluta e relativa sobre uma determinada condição de pressão de vapor.

Estratégias Bioclimáticas

As estratégias Bioclimáticas são um conjunto de regras de caráter geral destinadas a influenciar a forma do edifício, bem como seus processos, sistemas e componentes construtivos.

Estas estratégias, corretamente utilizadas durante a concepção do projeto da edificação, podem proporcionar melhoras nas condições de conforto térmico e redução do consumo de energia (LAMBERTS et al., 2004).

Diante dos resultados obtidos com o estudo das condições climáticas de um determinado local, estas podem ser utilizadas para favorecer as condições de conforto em ambientes internos através de recursos arquitetônicos. De modo geral, a edificação funciona como um anteparo entre o usuário e o meio, dotado de mecanismos estratégicos projetados por profissionais, baseado nas variáveis oferecidas pelo clima. Esses mecanismos são criados para suprir as exigências das diretrizes bioclimáticas, sugeridas genericamente de acordo com os elementos e fatores climáticos apresentados.

A carta bioclimática de Baruch Givoni, adaptada para países de clima quente e em desenvolvimento, portanto adotada para o Brasil segundo LAMBERTS et al (2004), sintetiza num diagrama psicrométrico os tipos de estratégias que devem ser utilizados. Essas são determinadas a partir da distribuição dos pontos de convergência da temperatura de bulbo seco (TBS) e umidade relativa sobre as zonas estabelecidas como mostra a Figura 21.6.

Nesta carta, representada na Figura 21.6, devem registrar-se as ocorrências dos estados do ar (em termos de temperatura e umidade) verificados no exterior.

Existem dois tipos de dados climáticos que podem ser plotados na carta para observação climática de um local, durante um ano inteiro: dados climáticos horários, para todas as horas do ano do TRY e dados das médias mensais de um período de 30 anos (1961-1990), obtidos através das Normais Climatológicas.

Para os dados horários, cada par de dados de Temperatura de Bulbo Seco (TBS) e umidade relativa formam um ponto a ser marcado, e as diferentes localizações dessas ocorrências na carta assumem geralmente a forma de uma mancha (na Figura 21.6 representada pelos pontos vermelhos agrupados), sendo essa localização indicadora do tipo de clima do local e consequentemente o tipo de estratégias mais adequadas ao bom desempenho do edifício.

Para a confecção de uma carta com dados horários, utilizam-se softwares especializados em análise climática, que exigem uma formatação própria na geração dos dados de entrada. Dois exemplos são o Analysis, da Universidade Federal de Santa Catarina/UFSC, e o Climaticus, da Universidade de São Paulo/USP. Ambos fazem a plotagem das 8.760 horas de um ano e oferecem um relatório da porcentagem de cada estratégia necessária, o que não seria um procedimento nem prático e nem preciso se feito manualmente.

Práticas Construtivas para Conforto Térmico e Eficiência Energética 451

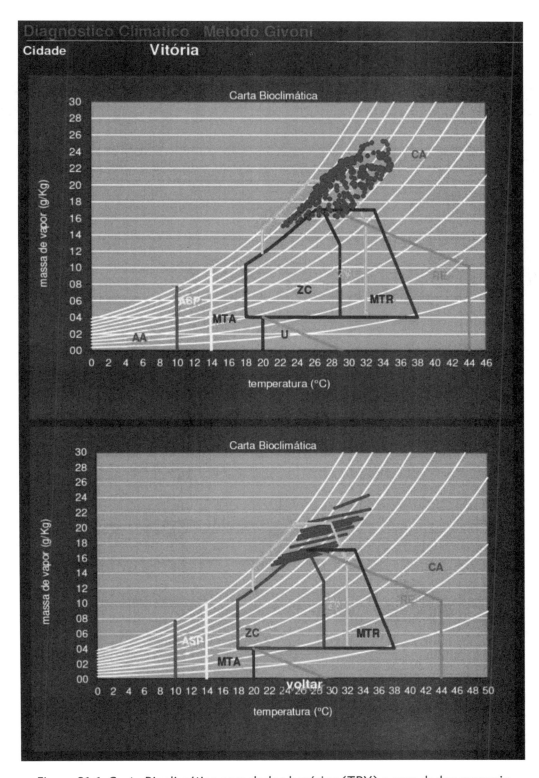

Figura 21.6: Carta Bioclimática com dados horários (TRY) e com dados mensais (normais climatológicas) para a cidade de Vitória[5]

---

[5] FERREIRA, 2011

452 Gerenciamento de Obras, Qualidade e Desempenho da Construção

Na utilização das Normais Climáticas, são plotadas retas na Carta Bioclimática, e cada reta corresponde a um mês do ano, como mostra a Figura 21.7.

Diagnóstico Climático					Método Givoni							
Balanço Térmico										**Vitória**		
hora	jan	fev	mar	abr	mai	jun	jul	ago	set	out	nov	dez
0	CA	CA	CA	ZV	ZV	ZV	ZV	ZV	ZV	ZV	ZV	CA
2	CA	CA	ZV	ZV	ZV	ZV	ZV	ZV	ZV	ZV	ZV	CA
4	CA	CA	ZV	ZV	ZV	ZV	ZV	ZV	ZV	ZV	ZV	ZV
6	CA	CA	ZV	ZV	ZV	ZV	ZV	ZV	ZV	ZV	ZV	ZV
8	CA	CA	ZV	ZV	ZV	ZV	ZV	ZV	ZV	ZV	ZV	ZV
10	CA	CA	CA	ZV	ZV	ZC	ZC	ZV	ZV	ZV	ZV	CA
12	CA	CA	CA	CA	CA	ZV/MTR/RE	ZV/MTR/RE	ZV	ZV	CA	CA	CA
14	CA	CA	CA	CA	CA	ZV/MTR/RE	ZV/MTR/RE	ZV	ZV	CA	CA	CA
16	CA	CA	CA	CA	CA	ZV	ZV	ZV	ZV	CA	CA	CA
18	CA	CA	CA	CA	CA	ZV	ZV	ZV	ZV	CA	CA	CA
20	CA	CA	CA	CA	ZV	ZV	ZV	ZV	ZV	CA	CA	CA
22	CA	CA	CA	ZV	ZV	ZV	ZV	ZV	ZV	CA	CA	CA

Figura 21.7: Percentual das retas cortando as zonas da carta bioclimática para definição das estratégias propostas por Givoni, no caso para cidade de Vitória[6]

Após plotar as 12 retas correspondentes de cada mês, no caso, cada reta tem uma cor representando um mês do ano, conforme legenda, fazem-se o cálculo das porcentagens de ocorrência em cada zona correspondente às estratégias de projeto.

Mede-se o comprimento total das linhas em qualquer escala, que equivalem a 100%. Em seguida mede-se o tamanho da linha entre as temperaturas-limite de cada zona e calcula-se o valor percentual desse comprimento em relação ao total. Esses valores representam a frequência de ocorrência da estratégia de projeto obtidas para aquele clima.

As zonas bioclimáticas estabelecidas na carta indicam o tipo de estratégias recomendadas para aquele clima. A quantificação dessas estratégias indicadas nos relatórios de saída dos softwares especializados, aliados aos recursos arquitetônicos projetados para atender a diretrizes de projeto ou adequação posterior, indica soluções de projeto baseados em parâmetros de exequibilidade e relação custo/benefício.

As estratégias naturais de aquecimento, resfriamento e iluminação são conhecidas como estratégias passivas, já o uso de sistemas de climatização e iluminação artificial é conhecido como estratégias ativas.

---

[6] FERREIRA, 2011

Quadro 21.1 - Resumo das estratégias bioclimáticas de projeto para Vitória[7]

% dentro da zona	Zona bioclimática e estratégia
2,1 %	Conforto (ZC)
54,5 %	Ventilação (ZV)
0,0 %	Massa Térmica Resfriamento (MTR)
0,0 %	Massa Térmica/Aquecimento (MTA)
3,1 %	Resfriamento Evaporativo (RE)
0,0 %	Aquecimento Solar passivo (ASP)
0,0 %	Aquecimento Artificial (AA)
43,8 %	Condicionamento Artificial (CA)
0,0 %	Umidificação (U)

Analisando os resultados encontrados no Quadro 2.1, pode-se dizer que apenas 2,1% do tempo estão na zona de conforto. Em 54,5% do tempo é necessário incrementar as condições de ventilação nos ambientes para dissipar a umidade excessiva que impede a evaporação do suor que tanto causa desconforto nas pessoas. E, em 43,8% do tempo, estratégias passivas não resolvem. Nesse caso, é necessário fazer uso de sistemas de refrigeração mecânica.

A sensação de conforto não depende apenas dos condicionantes climáticos. Outras variáveis do conforto térmico também vão contribuir, que são elas: temperatura (t^o) do ar, umidade relativa, temperatura radiante, velocidade do ar, atividade física executada, vestimenta usada, idade, sexo, raça, hábitos alimentares, altitude (a cada 100 metros acima do nível do mar, tem-se menos meio grau centígrado) (LAMBERTS et al., 2004).

---

[7] FERREIRA, 2011

Entendendo as Estratégias

Quadro 21.2 - Estratégias e zonas da carta bioclimática com as possibilidades de aplicação[8]

Zona da carta bioclimática	Definição e aplicação
	A Zona de Conforto, na qual os valores de temperatura entre 18ºC e 29ºC e umidade relativa entre 20% e 80%, ou umidade absoluta entre 4 e 17 g/kg, estabelecem grande probabilidade de que as pessoas se sintam em conforto térmico em um ambiente com tais condições. Givoni considera que as pessoas sentem-se confortáveis termicamente próximo aos 29ºC por vestirem roupas leves e estarem submetidas à pequena quantidade de ventilação, sendo estes costumes responsáveis pela aclimatação das pessoas. Desta forma, pode-se verificar que a sensação de conforto térmico pode ser obtida para umidade relativa variando de 20 a 80% e temperatura entre 18 e 29oC.
	Ventilação A Ventilação corresponde à estratégia de resfriamento natural do ambiente construído através da substituição do ar interno (mais quente) pelo externo (mais frio). Se a temperatura do interior ultrapassar 29ºC ou a umidade relativa for superior a 80%, a ventilação pode melhorar a sensação térmica. No clima quente e úmido, a ventilação cruzada é a estratégia mais simples a ser adotada, fazendo, porém, com que a temperatura interior acompanhe a variação da temperatura exterior. Supondo que a velocidade máxima permitida para o ar interior é da ordem de 2 m/s, a ventilação é aplicável até o limite de temperatura exterior de 32º C, pois a partir daí os ganhos térmicos por convecção tornam esta estratégia indesejável.
	Resfriamento Evaporativo É uma estratégia utilizada para aumentar a umidade relativa do ar e diminuir a sua temperatura. Pode ser feito de forma direta ou indireta. De forma indireta ocorre quando são utilizados, por exemplo, borrifos de água sobre o telhado com telhas cerâmicas ou quando a cobertura é isolada com tanques de água. A presença de vegetação no entorno é uma boa solução, pois permite otimizar as condições de conforto por resfriamento evaporativo através da evapotranspiração.

---

[8] ABNT, 2005; LAMBERTS et al, 2004; e INMETRO, 2010

Zona da carta bioclimática	Definição e aplicação
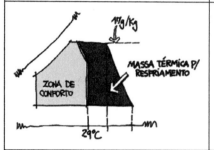	**Massa Térmica para Resfriamento** A utilização de componentes construtivos com inércia térmica (capacidade térmica) superior faz com que a amplitude da temperatura interior diminua em relação à exterior. A massa térmica indicada deve estar relacionada com a amplitude térmica, pois esta tem a função de tornar a edificação mais inerte às grandes variações térmicas externas. O calor armazenado na estrutura térmica da edificação durante o dia é devolvido ao ambiente somente à noite, quando as temperaturas externas diminuem. Deve-se tirar partido da massa térmica da terra ou de emprego de materiais isolantes. De forma complementar, a estrutura térmica resfriada durante a noite mantém-se fria durante a maior parte do dia, reduzindo as temperaturas interiores nestes períodos.
	**Resfriamento Artificial** O resfriamento artificial deve ser utilizado quando as estratégias de ventilação, resfriamento evaporativo e massa térmica não proporcionam as condições desejadas de conforto. Utilizado em conjunto com estratégias passivas, o tempo de operação e sobrecarga do equipamento são minimizados e consequentemente o consumo energético.
	**Umidificação** Recurso simples, como recipientes com água colocados no ambiente interno, podem aumentar a umidade relativa do ar. Recomendada quando a temperatura do ar apresentar-se menor que 27oC e a umidade relativa abaixo de 20%.
	Massa Térmica e Aquecimento Solar Neste caso, podem-se adotar componentes construtivos com maior inércia térmica, além de aquecimento solar passivo e isolamento térmico, para evitar perdas de calor, pois esta zona situa-se entre temperaturas de 14 a 20oC.

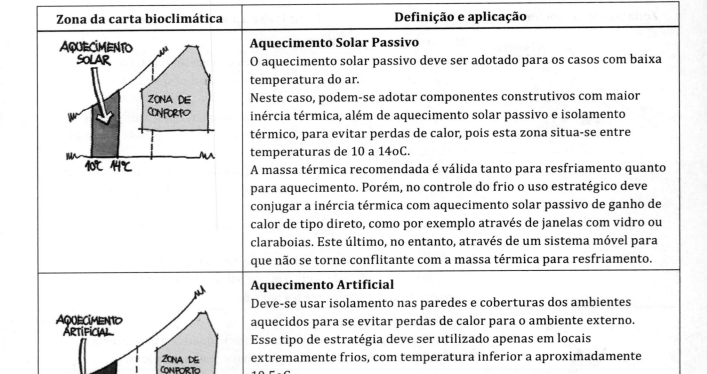

Zona da carta bioclimática	Definição e aplicação
Aquecimento Solar	**Aquecimento Solar Passivo** O aquecimento solar passivo deve ser adotado para os casos com baixa temperatura do ar. Neste caso, podem-se adotar componentes construtivos com maior inércia térmica, além de aquecimento solar passivo e isolamento térmico, para evitar perdas de calor, pois esta zona situa-se entre temperaturas de 10 a 14oC. A massa térmica recomendada é válida tanto para resfriamento quanto para aquecimento. Porém, no controle do frio o uso estratégico deve conjugar a inércia térmica com aquecimento solar passivo de ganho de calor de tipo direto, como por exemplo através de janelas com vidro ou claraboias. Este último, no entanto, através de um sistema móvel para que não se torne conflitante com a massa térmica para resfriamento.
Aquecimento Artificial	**Aquecimento Artificial** Deve-se usar isolamento nas paredes e coberturas dos ambientes aquecidos para se evitar perdas de calor para o ambiente externo. Esse tipo de estratégia deve ser utilizado apenas em locais extremamente frios, com temperatura inferior a aproximadamente 10,5oC.

ARQUITETURA BIOCLIMÁTICA

Segundo Lamberts et al. (2004), os projetistas têm possibilidade de intervir sobre as variáveis do meio para melhorar a qualidade térmica dos espaços, após conhecimento das estratégias de projeto. As ações deverão ser voltadas para:

- A forma e orientação dos volumes;
- Utilização de dispositivos de controle de radiação;
- Seleção adequada de materiais a partir das suas propriedades físicas de transmitância, absortância e capacidade térmica;
- Procedimentos e a previsão de ventilação adequada.

Para aplicar as estratégias de forma eficiente, os projetistas deverão conhecer outros fatores como radiação solar, frequência e intensidade dos ventos dominantes.

Radiação X Sombreamento

A radiação solar é a principal responsável pelo desconforto térmico em edificações em locais de clima quente. As proteções solares são muito favoráveis, uma vez que proteger a edificação da radiação contribui para minimizar o aquecimento das vedações térmicas.

Além disto, a eficiência desta estratégia não está sujeita às alterações de tempo e elementos externos à edificação. Conhecendo a trajetória solar local, o projeto de proteções solares baseia-se em cálculos geométricos relativamente simples com apoio da carta solar.

A aplicação de sombreamento na edificação deve ser feita de maneira a formar barreiras que controlem a recepção de radiação solar. Para isso, o estudo prévio com auxílio de diagramas solares próprios para a latitude local no posicionamento de fachadas, lay-out e até demarcações de loteamentos devem ser utilizados quando baseados nos conceitos de um projeto bioclimático (Figura 21.8).

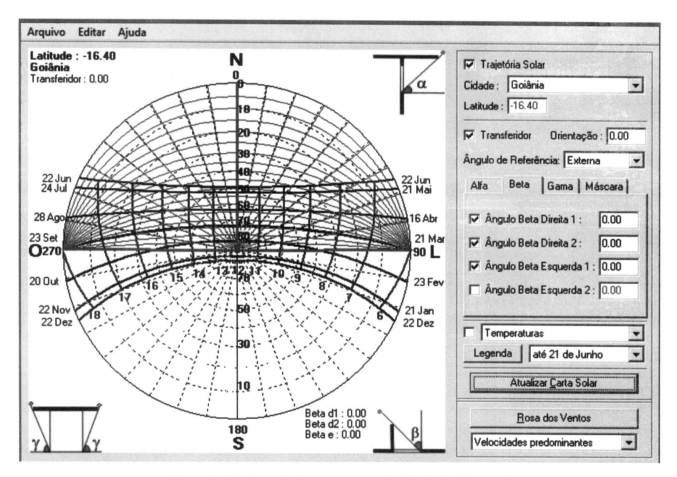

Figura 21.8: Exemplo de carta solar da cidade de Goiânia[9]

---

[9] UFSC, 2006)

Ventilação

A ventilação é responsável por estabelecer níveis de conforto, quando está fora da zona de conforto em locais de clima quente. É importante conhecer a dinâmica e o comportamento dos ventos no exterior e interior das edificações. Controlando o tamanho e a posição das aberturas, o projetista consegue controlar também a velocidade do vento internamente à edificação, evitando turbulências indesejadas ou favorecendo a dissipação de bolsas de calor internas através do efeito chaminé ou efeito Venturi.

Os critérios para definir a aceitabilidade da velocidade do ar são diferentes para edifícios residenciais e edifícios de escritórios. A ANSI/ASHRAE 55 (1981) especifica um limite máximo de 0,8 m/s no interior de escritórios para não levantar papéis, entretanto, em edifícios residenciais, o limite para velocidade do ar pode ser baseado no seu efeito para conforto, o que depende da temperatura.

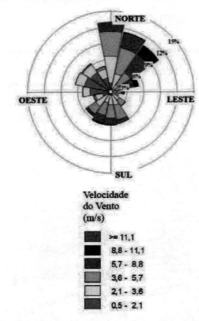

Figura 21.9: Frequência e velocidade do vento em Vitória[10]

Zoneamento Climático Brasileiro e Diretrizes construtivas

Para facilitar o conhecimento das estratégias de projeto, foi elaborada e publicada em 2005 a ABNT NBR 15.220 Desempenho térmico de edificações Parte 3: Zoneamento bioclimático brasileiro e diretrizes construtivas para habitações unifamiliares de interesse social. A norma apresenta recomendações quanto ao desempenho térmico aplicáveis na fase de projeto. Ao mesmo tempo em que se estabelece um zoneamento bioclimático brasileiro, são feitas recomendações de diretrizes construtivas e detalhamento de estratégias de condicionamento térmico passivo, com base em parâmetros e condições de contorno fixados a partir das Cartas Bioclimáticas de Olgyay e Givoni.

---

[10] IEMA, 2013.

Condições de exposição variam de acordo com o local onde o edifício será construído.

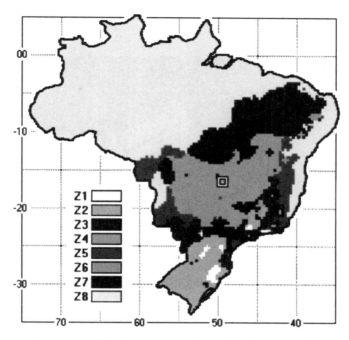

Figura 21.10: Zoneamento Climático Brasileiro[11]

Do mesmo conjunto de normas, a ABNT NBR 15220-2 Desempenho térmico de edificações Parte 2: Métodos de cálculo da transmitância térmica, da capacidade térmica, do atraso térmico e do fator solar de elementos e componentes de edificações estabelece procedimentos para o cálculo das propriedades térmicas citadas no próprio título, além de trazer exemplos e resistências térmicas superficiais a serem consideradas na aplicação da norma.

Um dos parâmetros fixados pela norma é o valor para absortância, transmitância térmica e capacidade térmica para a envoltória das edificações.

A Transmitância térmica ou Fator U é a transmissão de calor em unidade de tempo e através de uma área unitária de um elemento ou componente construtivo em W/(m2.K) calculada conforme ABNT NBR 15220-2 Desempenho térmico de edificações Parte 2: Métodos de cálculo da transmitância térmica, da capacidade térmica, do atraso térmico e do fator solar de elementos e componentes de edificações (ABNT, 2008).

A Capacidade térmica é a quantidade de calor necessária para variar em uma unidade a temperatura de um sistema em kJ/(m².K) calculada conforme ABNT NBR 15220-2 (ABNT, 2008).

A Absortância é (adimensional) e representa o Quociente da taxa de radiação solar absorvida por uma superfície pela taxa de radiação solar incidente sobre esta mesma superfície. Está diretamente relacionada à cor do revestimento (ABNT, 2008).

---

[11] ABNT, 2005)

A absortância é utilizada apenas para elementos opacos, com ou sem revestimento externo de vidro (exclui-se a absortância das parcelas envidraçadas das aberturas). O equipamento utilizado para medir a absortância é o Spectrofotômetro (Figura 21.11).

Figura 21.11: Spectofotômetro Alta II para medir a absortância dos revestimentos da envoltória.

Os valores vão variar considerando a absortância. Quanto mais o material utilizado absorve calor, menos ele deverá deixar o calor ser transmitido para dentro da edificação, ou seja, quanto maior a absortância térmica, menor deve ser a transmitância térmica do material.

Para tanto, deve ser conhecido do projetista o sistema construtivo com todas suas camadas com detalhes e medidas das espessuras de cada componente utilizado na envoltória da edificação.

Além da definição das oito zonas climáticas brasileiras, a ABNT NBR 15.220-3 traz para cada zona diretrizes construtivas para cada uma delas com base na carta de Givoni. Traz também um detalhamento qualitativo e quantitativo de cada diretriz para viabilizar a aplicação considerando o diagnóstico climático do local de implantação.

Parâmetros e condições de contorno

Para formulação das diretrizes para cada zona bioclimática brasileira e para o estabelecimento das estratégias de condicionamento térmico passivo, foram considerados os seguintes parâmetros e condições de contorno (ABNT, 2005):

- Tamanho das aberturas para ventilação;
- Proteção das aberturas;
- Vedações externas (tipo de parede externa e tipo de cobertura e os valores de Transmitância térmica, atraso térmico e fator solar);
- Estratégias de condicionamento térmico passivo.

Diretrizes Construtivas da ABNT NBR 15220-3

De modo a comentar as diretrizes e ilustrar a aplicação das mesmas, apenas a zona bioclimática 8 (destacando as cidades de Vitória, Rio de Janeiro e Salvador) terá suas diretrizes apresentadas. As diretrizes das demais zonas poderão ser consultadas na ABNT NBR 15220-3.

Quadro 21.3 - Resumo das estratégias de condicionamento térmico passivo para a zona bioclimática 8[12]

Aberturas para ventilação e sombreamento das aberturas para a zona Bioclimática 08	Aberturas para Ventilação	Grandes (ver definição no Quadro 3.3).
	Sombreamento das aberturas	Sombrear Aberturas
Vedação Externa	Parede	Leve refletora (ver definição no Quadro 3.4).
	Cobertura	Leve refletora (ver definição no Quadro 3.4).
Estratégias de Condicionamento Térmico Passivo	Verão	J) Ventilação cruzada permanente (ver detalhamento no Quadro 3.1).
	Inverno	Não existem recomendações para inverno nessa zona, pois a temperatura raramente fica inferior a 19º C.

Detalhamento das estratégias de condicionamento térmico conforme carta bioclimática de Givoni, conforme ABNT 2005.

Quadro 21.4.2: Detalhamento das estratégias de condicionamento térmico a partir da carta bioclimática de Givoni[13]

Estratégia	Detalhamento
A	O uso de aquecimento artificial será necessário para amenizar a eventual sensação de desconforto térmico por frio.
B	A forma, a orientação e a implantação da edificação, além da correta orientação de superfícies envidraçadas, podem contribuir para otimizar o seu aquecimento no período frio, através da incidência da radiação solar. A cor externa dos componentes desempenha papel importante no aquecimento dos ambientes através do aproveitamento da radiação solar.
C	A adoção de paredes internas pesadas pode contribuir para manter o interior da edificação aquecido.
D	Caracteriza a zona de conforto térmico (a baixas umidades).

---

[12] ABNT, 2005

[13] ABNT, 2005

462 Gerenciamento de Obras, Qualidade e Desempenho da Construção

Estratégia	Detalhamento
E	Caracteriza a zona de conforto térmico.
F	As sensações térmicas são melhoradas através da desumidificação dos ambientes. Esta estratégia pode ser obtida através da renovação do ar interno por ar externo através dos ambientes.
G e H	Em regimes quentes e secos, a sensação térmica no período de verão pode ser amenizada através da evaporação da água. O resfriamento evaporativo pode ser obtido através do uso de vegetação, fontes de água ou outros recursos que permitam a evaporação da água diretamente no ambiente que se deseja resfriar.
I-J	A ventilação cruzada é obtida através da circulação de ar pelos ambientes da edificação. Isso significa que, se o ambiente tem janelas em apenas uma fachada, a porta deve permanecer aberta para permitir a ventilação cruzada. Também deve-se atentar para os ventos predominantes da região e para o entorno, pois o entorno pode alterar significativamente a direção dos ventos.
K	O uso de resfriamento artificial será necessário para amenizar eventual sensação de desconforto térmico por calor.
L	Nas situações em que a umidade relativa do ar for muito baixa e a temperatura do ar estiver entre 21 e 30º C, a umidificação do ar proporcionará sensações térmicas mais agradáveis. Pode ser obtida através da utilização de recipientes com água e do controle da ventilação, pois esta é indispensável por eliminar o vapor proveniente de plantas e atividades domésticas.

As aberturas para ventilação são dimensionadas tendo como referência a área do piso do ambiente em ambientes de permanência prolongada.

Quadro 21.5 - Definição do tamanho das aberturas conforme Classificação[14]

Abertura para Ventilação	A (em % da área do piso)
Pequenas	10% < A < 15%
Médias	15% < A < 25%
Grandes	A > 40%

Definição do envelope da edificação que deve ser atendido considerando transmitância térmica, atraso térmico e fator de calor solar admissível para o tipo de vedação.

---

[14] ABNT, 2005

Práticas Construtivas para Conforto Térmico e Eficiência Energética 463

Quadro 21.6 - Classificação do envelope desejado[15]

Vedação Externa		Transmitância Térmica – U W/m2.K	Atraso térmico – h	Fator solar % FSo
Paredes	Leve	U ≤ 3,00	φ ≤ 4,3	FSo ≤ 5,00
	Leve refletora	U ≤ 3,60	φ ≤ 4,3	FSo ≤ 4,00
	Pesada	U ≤ 2,20	φ ≥ 6,5	FSo ≤ 3,50
Coberturas	Leve isolada	U ≤ 2,00	φ ≤ 3,3	FSo ≤ 6,50
	Leve refletora	U ≤ 2,30 FT	φ ≤ 3,3	FSo ≤ 6,50
	Pesada	U ≤ 2,00	φ ≥ 6,5	FSo ≤ 6,50

Exemplo da aplicação das estratégias propostas na ABNT NBR 15220-3

O Quadro 3.5 apresenta o sistema construtivo utilizado em uma residência na Serra, ES, que buscou a ENCE - Etiqueta Nacional de Conservação de Energia do Programa Procel Edifica. O primeiro pré-requisito atendido para a obtenção da etiqueta foi o controle da envoltória, com valores de U que atendem às diretrizes da ABNT NBR 15220-3.

Quadro 21.7 - Definição e propriedades térmicas do Sistema construtivo utilizado na Residência BRUM[16]

	Material	Descrição	Propriedades	Recomendação NBR 15220-3
Parede		Alvenaria em Bloco cerâmico vazado medindo 0,24 x 0,19 x 0,14 (LxHxP) de 6 furos assentado com argamassa de 1,5 cm. Lado externo e interno com reboco 2 cm com pintura acrílica Latex acrílica branco neve sobre emassamento.	U = 2,20 W/(m2.K)	Leve refletora = U ≤ 3,60 Atendido
			CT = 169 KJ/ (m2.K)	Sem exigência
			α = 0,20	Leve refletora = cor clara para refletir a radiação
Cobertura		Telha termoRoof com núcleo isolante em PUR/PIR espessura 30 mm e superfície em aço pré-pintado Branco RAL 9003 e inclinação de 5%	U = 0,61	Leve refletora = U ≤ 2,30 FT Atendido
			α = 0,20	Leve refletora = cor clara para refletir a radiação

---

[15] ABNT, 2005

[16] ARAUJO, 2012

	Material	Descrição	Propriedades	Recomendação NBR 15220-3
Cobertura	Cobertura verde		U = 1,62	Leve refletora = U ≤ 2,30 FT Atendido
			α = Não necessário	Não exigido em caso de cobertura verde

Figura 21.12: Residência BRUM no Espírito Santo.

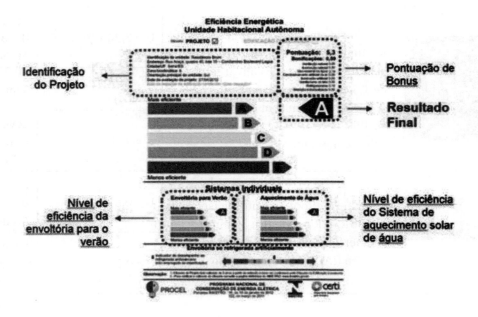

Figura 21.13: Etiqueta de projeto recebida pela Residência BRUM[17]

---

[17] ARAUJO, 2012

Segundo Araujo (2012), o projeto, conhecido como Residência BRUM, foi a primeira residência unifamiliar privada que alcançou a Etiqueta de projeto, sendo avaliada com nível A para a envoltória para o verão e o sistema de aquecimento de água.

ENCE – ETIQUETA NACIONAL DE CONSERVAÇÃO DE ENERGIA

A Etiqueta PBE Edifica faz parte do Programa Brasileiro de Etiquetagem (PBE) e foi desenvolvida em parceria entre o Inmetro e a Eletrobras/PROCEL Edifica.

O programa de Etiquetagem Brasileiro complementa o que foi preconizado na Lei 10.295, de 17 de outubro de 2001, que dispõe sobre a Política Nacional de conservação e uso racional de energia, e os requisitos foram desenvolvidos através de convênio firmado entre a Eletrobras no âmbito do programa PROCEL EDIFICA e o Laboratório de Eficiência Energética em Edificações (LabEEE) da Universidade Federal de Santa Catarina (UFSC).

Para as edificações comerciais, de serviço e públicas, esta regulamentação inclui três requisitos principais: o desempenho térmico da envoltória, a eficiência e potência instalada do sistema de iluminação e eficiência do sistema de condicionamento do ar para edifícios condicionados; parcialmente condicionados ou não condicionados (ARAUJO, 2009).

Figura 21.14: Etiqueta para Edifícios Públicos[18]

---

[18] www.PBEedifica.com.br, 2015)

Para os edifícios residenciais, são avaliados o desempenho térmico da envoltória para o inverno e verão e o sistema de aquecimento de água. No caso dos edifícios multifamiliares, podem ser avaliadas unidades privativas isoladamente, o edifício como todo e também as áreas comuns (ARAUJO, 2012).

Figura 21.15: Exemplo de Etiquetas para edifícios Residenciais[19]

Nas duas situações é possível não avaliar todos os sistemas, mas é obrigatória a avaliação da envoltória.

Para obter a ENCE, é necessário contatar um OIA - Organismo de Inspeção Acreditado. Os OIAs constituem-se de pessoas jurídicas, de direito público ou privado, cuja competência é reconhecida formalmente pela Cgcre - Coordenação Geral de Acreditação do Inmetro (www.PBEedifica.com.br, acesso em 20 out. 2015).

O processo de implementação do certificado passa por duas etapas:

projeto e documentação: é emitido um certificado com a etiqueta atestando o nível de eficiência;

auditoria no edifício em uso (pós-habite-se e com sistemas instalados) realizada pelo auditor do organismo de inspeção: é fornecida uma placa com o certificado.

Requisitos

No sítio eletrônico do Programa Brasileiro de etiquetagem Procel Edifica há uma vasta lista de documentos e informações necessárias para obtenção da ENCE. Entre os regulamentos disponíveis para downloads estão o RTQ-C - Regulamento Técnico da Qualidade para o Nível de Eficiência Energética de Edifícios Comerciais, de Serviços e Públicos, RTQ-R - Regulamento Técnico da Qualidade para o Nível de Eficiência Energética de Edifícios Residenciais e RAC - Requisito de Avaliação da Conformidade para Edificações e suas Portarias Complementares. Também estão disponibilizadas planilhas eletrônicas que vão facilitar a organização dos dados da edificação para serem submetidos à avaliação, vídeos com instruções de preenchimento e outras informações importantes.

---

[19] www.PBEedifica.com.br, 2015

Em ambos os casos RTQ-C e RTQ-R o regulamento está dividido em requisitos, pré-requisitos e bonificações.

O primeiro pré-requisito refere-se à transmitância térmica, à capacidade térmica e à absortância solar de componentes opacos. Este pré-requisito distingue coberturas e paredes exteriores ao exigir diferentes limites de propriedades térmicas para cada caso. As aberturas e as paredes internas não entram no cálculo destes três parâmetros.

Estrutura do Regulamento Técnico da Qualidade para edifícios comerciais

O RTQ-C fornece uma classificação de edifícios através da determinação da eficiência de três sistemas: Envoltória, Iluminação e Condicionamento de ar.

Os três itens, mais bonificações, são reunidos em uma equação geral de classificação do nível de eficiência da edificação. Este nível será condicionado ao atendimento dos pré-requisitos gerais e específicos. É possível também obter a classificação de apenas um sistema, deixando os demais em aberto. Neste caso, no entanto, não é fornecida uma classificação geral da edificação, mas apenas do(s) sistema(s) analisado(s) (INMETRO, 2010).

A classificação da envoltória faz-se através da determinação de um conjunto de índices referentes às características físicas da edificação. Componentes opacos e dispositivos de iluminação zenital são definidos em pré-requisitos enquanto as aberturas verticais são avaliadas através de equações. Estes parâmetros compõem a "pele" da edificação (como cobertura, fachada e aberturas), e são complementados pelo volume, pela área de piso da edificação e pela orientação das fachadas.

A eficiência da iluminação é determinada calculando a densidade de potência instalada pela iluminação interna, de acordo com as diferentes atividades exercidas pelos usuários de cada ambiente. Quanto menor a potência utilizada, menor é a energia consumida e mais eficiente é o sistema, desde que garantidas as condições adequadas de iluminação (INMETRO, 2010).

A classificação da eficiência do sistema de condicionamento de ar pode ser dividida em duas classes diferentes. Uma classe está relacionada aos sistemas individuais e split, já classificados pelo INMETRO. Desta forma, deve-se apenas consultar os níveis de eficiência fornecidos nas etiquetas do INMETRO para cada um dos aparelhos instalados na edificação para posteriormente aplicar o resultado na equação geral da edificação. E a outra classe que trata a eficiência de sistemas de condicionamento de ar como os centrais, que não são classificados pelo INMETRO, devem seguir prescrições definidas no texto do regulamento. Assim, a classificação do nível de eficiência destes sistemas é mais complexa, pois sua definição depende da verificação de um número de requisitos e não pode ser simplesmente obtida pela consulta da etiqueta (INMETRO, 2010).

Após a finalização do cálculo da eficiência dos três sistemas: Envoltória, Iluminação e Condicionamento de Ar, os resultados parciais são inseridos na equação geral para verificar o nível de eficiência global da edificação.

No entanto, o cálculo dos níveis de eficiência parciais e do nível geral de eficiência pode ser alterado tanto por bonificações, que podem elevar a eficiência, quanto por pré-requisitos que, se não cumpridos, podem reduzir esses níveis. As bonificações constituem-se de pontos extras que visam incentivar o uso de energia solar para aquecimento de água, uso racional de água, cogeração, entre outros. Já os pré-requisitos são de caráter obrigatório, referem-se a cada sistema em particular e também ao edifício por completo.

Introdução ao Regulamento Técnico da Qualidade para o Nível de Eficiência Energética de Edificações Residenciais (RTQ-R)

O RTQ-R apresenta requisitos para a classificação da eficiência energética de unidades habitacionais autônomas (UH), edificações unifamiliares, edificações multifamiliares e áreas de uso comum.

Para as UHs e edificações unifamiliares há dois sistemas individuais que compõem o nível de eficiência energética de acordo com a Zona Bioclimática e a região geográfica em que a edificação se localiza: a envoltória e o sistema de aquecimento de água.

Para garantir níveis de eficiência mais elevados, é preciso atender a certos pré-requisitos para cada um dos sistemas analisados. Além disso, há a possibilidade de bonificações que representam pontos extras e visam incentivar o uso de estratégias mais eficientes. A partir destas verificações, será obtida a Pontuação Total da UH (PTUH) e seu nível de eficiência correspondente (INMETRO, 2012).

Em edificações multifamiliares pondera-se a pontuação total de todas as UHs pelas suas áreas úteis.

Para obter o nível de eficiência das áreas de uso comum, são avaliadas as áreas comuns de uso frequente (iluminação artificial, bombas centrífugas e elevadores) e as áreas comuns de uso eventual (iluminação artificial, equipamentos, sistema de aquecimento de água para banho, piscina e sauna) existentes na edificação. Para as áreas de uso comum, também é possível somar bonificações.

CONCLUSÕES

Existem algumas vantagens em se construir um edifício bioclimático, entre elas pode-se dizer que, por ser energeticamente mais eficiente, um edifício bioclimático possui uma classificação de certificação Energética A. Com isso, a melhoria da eficiência energética diminui a necessidade de iluminação, ventilação e climatização artificiais e com a utilização das energias renováveis e de equipamentos eficientes leva à diminuição do consumo de energia. A sustentabilidade da construção através da escolha de materiais e técnicas com menor impacto ambiental, em todo seu ciclo de vida, possui maior durabilidade e necessita de menos manutenção, trazendo ganhos financeiros ao usuário e maior nível de conforto e satisfação.

Mas também pode-se destacar que, apesar dos ganhos sabidos, ainda existem algumas barreiras da Eficiência Energética nas edificações atualmente nas cidades brasileiras. Podemos destacar como alguns dos empecilhos para melhorias das edificações:

- Deficiência nos códigos de obras das cidades brasileiras;
- Inadequações de projeto como, por exemplo:
- Orientação inadequada da edificação em relação à trajetória solar;
- Aberturas mal dimensionadas;
- Especificação inadequada de material para cobertura e vedações de fachadas, inclusive aberturas;
- Desconsideração de ventos dominantes e ausência de ventilação cruzada.
- Ausência de simulação energética na fase de projeto;

- Pouco aproveitamento de energia renovável;
- Má escolha de materiais construtivos na fase de execução;
- Utilização de equipamentos não eficientes;
- Falta de integração entre profissionais envolvidos;
- Pouca especialização da mão de obra utilizada na construção civil;
- Dificuldades de financiamento.

As soluções arquitetônicas ou de engenharia, passivas ou ativas, encontradas para adaptação da edificação ao clima, que antes eram vistas como limitações de projeto, são hoje tidas como inspirações e desafios a serem ultrapassados. É um instrumento que nas mãos de cada profissional passível de tal conhecimento é capaz de gerar resultados autênticos diante da subjetividade de cada indivíduo aplicada às diretrizes bioclimáticas existentes para cada clima.

Porém, não bastam apenas adequações físicas. De forma a atingir e manter níveis mais elevados de eficiência, a participação dos usuários é muito importante, conforme mencionado anteriormente. Uma edificação eficiente com usuários ineficientes pode tornar-se uma edificação ineficiente. Da mesma forma, edificações ineficientes podem aumentar de forma considerável a sua eficiência se houver um empenho dos seus usuários nesse sentido.

REFERÊNCIAS BIBLIOGRÁFICAS

ASSOCIAÇÃO BRASILEIRA DE NORMAS TÉCNICAS. NBR 15.220-2: Desempenho térmico de edificações Parte 2: Métodos de cálculo da transmitância térmica, da capacidade térmica, do atraso térmico e do fator solar de elementos e componentes de edificações. Rio de Janeiro, 2008.

ASSOCIAÇÃO BRASILEIRA DE NORMAS TÉCNICAS. NBR 15.220-3: Desempenho térmico de edificações Parte 3: Zoneamento bioclimático brasileiro e diretrizes construtivas para habitações unifamiliares de interesse social. Rio de Janeiro, 2005.

ARAUJO, L. S. Low-energy Brazilian 650 m2 single family house design challenges to approach PROCEL Edifica level A. In: 4th CIB International Conference on Smart and Sustainable Built Environments, 2012, São Paulo – SP. Proceedings. 2012.

ARAUJO, L. S. Desempenho Ambiental em Unidades Municipais de Saúde na cidade de Vitória: ensaio projetual e recomendações para certificação LEED-NC 2.2. 2009. Dissertação (Mestrado em Engenharia Civil). Universidade Federal do Espírito Santo, Vitória, 2009.

BRASIL, Empresa de Pesquisa Energética. Consumo de Energia no Brasil, Análises Setoriais. Rio de Janeiro, 2014.

BROWN, G. Z.; DEKAY, M. - Sol, vento e luz: estratégia para projeto de arquitetura. Brookman, 2 ed. Porto Alegre, 2004.

GIVONI, B. Man, climate and architecture. London, Elsevier, 1969.

INSTITUTO ESTADUAL DE MEIO AMBIENTE E RECURSOS HÍDRICOS. Relatório da qualidade do Ar na grande Vitória ano 2013. Governo do Estado do Espírito Santo. Vitória, 2013.

INMETRO. Regulamento Técnico da Qualidade para o Nível de Eficiência Energética Edificações Comerciais, de Serviços e Públicas. Anexo da Portaria INMETRO Nº 372 2010, Rio de Janeiro.

INMETRO. Regulamento Técnico da Qualidade para o Nível de Eficiência Energética Edificações Residenciais. Anexo da Portaria INMETRO Nº 018/ 2012, Rio de Janeiro.

FERREIRA,G. CLIMATICUS_2011 (beta).xlsm. Banco de dados climático para elaboração da carta climática d Givoni e a classificação do clima segundo Mahoney e diagramas de geometria ótima. Versão Beta, São Paulo: FAU, 2005. Disponível para download em: http://www.fau.usp.br/pesquisa/laboratorios/labaut/ conforto/. Microsoft Excel. Acesso em: 25 nov 2015.

LAMBERTS, R.; DUTRA, L e PEREIRA, F. Eficiência Energética na Arquitetura. 2ª edição. São Paulo: Pro Livros, 2004. 188 p.

NIELSEN, L. S. et al. A Low Exergy Approach to Low Energy House Design. In: PHN11 proceedings, Helsinki, 2011

OLGYAY, V. Design with Climate. Bioclimatic Approach to Architectural Regionalism. Princeton University Press. 4th ed. Princeton, New Jersey, 1963.

PBEEDIFICA. Como Obter o Selo Procel. Disponível em: www.PBEedifica.com.br, acesso em 20 out. 2015.

RORIZ, M. LUZ DO SOL.EXE. Programa para estimar o Calor e a Luz provenientes do Sol. Versão 1.1, São Carlos: UFSC, 1995. Disponível para download em: http://www.labee.ufsc.br/software/luzDoSol.html. 374Kb. Microsoft Visual Basic, versão 2.0.Configuração mínima. PC 486 ou mais avançado, Windows 95 ou superior.

UNIVERSIDADE FEDERAL DE SANTA CATARINA. Laboratório de eficiência energética em edificações.SOL-AR. EXE. Software auxiliar no processo de adequação de edificações ao clima local. Versão 6.1.1, Florianópolis, 2006. Disponível para download em: < http://www.labeee.ufsc.br/software/analysisSOLAR.htm>. 8.0 Mb. Configuração mínima. PC 4Pentium ou mais avançado, Windows 95 ou superior.

UNIVERSIDADE FEDERAL DE SANTA CATARINA. Laboratório de eficiência energética em edificações. ANALYSIS BIO.EXE. Software auxiliar no processo de adequação de edificações ao clima local. Versão 2.1.3, Floria-nópolis, 2007. Disponível para download em: < http://www.labeee.ufsc.br/software/analysisBIO.html>. 5,35 Mb. Configuração mínima. PC 4Pentium ou mais avançado, Windows 95 ou superior.